"十三五"江苏省高等学校重点教材

普通高等学校机械类一流本科专业建设创新教材

液压与气压传动

（第三版）

主　编　游有鹏　李成刚

副主编　缪群华　朱玉川

主　审　朱兴龙

科学出版社

北　京

内 容 简 介

本书为“十三五”江苏省高等学校重点教材(编号：2020-1-081)。

本书系统、全面地介绍了液压与气压传动方面的知识，分为液压传动与气压传动两篇，共16章。第一篇液压传动内容包括：液压传动基础知识、液压动力元件、液压执行元件、液压控制元件、液压辅助装置、液压传动系统基本回路、典型液压系统、液压系统的设计与计算、液压伺服与电液比例控制。第二篇气压传动内容包括：气压传动基础知识、气源装置及气动辅助元件、气动执行元件、气动控制元件、气压传动基本回路、气压传动系统设计、气压传动系统实例。

本书深入浅出，内容丰富，系统性强。在注重基本原理和基本方法的同时，突出应用，旨在培养学生的工程应用与设计能力。

本书可作为普通高等学校机械类相关专业的本科生教材，也可供相关工程技术人员参考。

图书在版编目(CIP)数据

液压与气压传动 / 游有鹏，李成刚主编. —3版. —北京：科学出版社，2023.3

“十三五”江苏省高等学校重点教材·普通高等学校机械类一流本科专业建设创新教材

ISBN 978-7-03-075113-3

Ⅰ. ①液… Ⅱ. ①游… ②李… Ⅲ. ①液压传动－高等学校－教材 ②气压传动－高等学校－教材 Ⅳ. ①TH137 ②TH138

中国国家版本馆CIP数据核字(2023)第039882号

责任编辑：朱晓颖 邓 静 / 责任校对：王 瑞

责任印制：霍 兵 / 封面设计：迷底书装

科学出版社出版

北京东黄城根北街16号

邮政编码：100717

http://www.sciencep.com

天津市文林印务有限公司印刷

科学出版社发行 各地新华书店经销

*

2008年9月第 一 版 开本：787×1092 1/16

2023年3月第 三 版 印张：17 1/2

2023年3月第十二次印刷 字数：415 000

定价：69.00元

(如有印装质量问题，我社负责调换)

前　　言

本书为“十三五”江苏省高等学校重点教材，紧密结合学科专业发展和教育教学改革，面向普通高等学校机械类相关专业，融合编者多年的教学实践和科研成果，汲取国内外同类教材的精华，在第二版的基础上修订而成，并逐步推进立体化教材的建设。

本书的内容组织注重基础性、系统性，兼顾应用性、先进性。在编写过程中，贯彻少而精、理论联系实际、学以致用的原则，着重从元件、回路和系统各不同层次讲解其基本原理和基本方法，并注重通过各种典型回路和系统实例分析，使学生掌握液压与气压传动系统的分析和设计方法。在较全面介绍液压与气压传动基本内容的基础上，增添和液压与气压传动有关的新技术和发展趋势，如电液数字阀二次调节原理、电液伺服与比例控制、变频泵控调速、液压系统节能设计等，以拓展学生的知识面。在内容编排上，液压与气压独立成篇，既考虑到它们的共性，又保持了两者的完整性和独立性，便于读者理解和掌握。

本书通过二维码技术，将重点、难点的微课视频、仿真动画等嵌入书中，用以加深理解，提高学习兴趣，提升教学质量。

本书分为两篇。第一篇共9章，介绍液压传动基本知识；第二篇共7章，介绍气压传动基本知识。第1章概述液压传动基础知识；第2～5章分别介绍液压传动系统常用的动力元件、执行元件、控制元件和辅助装置；第6～8章介绍液压传动系统基本回路、典型液压系统分析、液压系统的设计与计算；第9章介绍液压伺服与电液比例控制；第10章介绍气压传动基础知识；第11～14章分别介绍气压传动系统的气源及气动辅助元件、气动执行元件、气动控制元件、气压传动基本回路；第15章介绍气压传动系统设计；第16章介绍气压传动系统实例。

本书由游有鹏、李成刚主编。参加编写与修订的有：南京航空航天大学游有鹏（第1章）、李成刚（第2～4、14、15章）、王化明（4.5节、15.2节）、缪群华（第5～8、11、13章）、朱玉川（9、10章），南京工业大学徐海璐（第12、16章）。参加二维码视频资源建设、教材校对工作的有：游有鹏、李成刚、王尧尧、姚佳烽、凌杰。

扬州大学朱兴龙教授对全书进行了仔细审阅，并提出了许多宝贵意见和建议，在此表示衷心感谢。

本书获得2020年“十三五”江苏省高等学校重点教材立项建设和江苏高校品牌专业建设工程资助。在本书编写过程中参阅了大量相关文献及教材，在此向相关作者、编者表示感谢。

由于编者水平所限，书中难免存在欠妥和不足之处，恳请广大读者批评指正。

编　者

2022年8月

目　录

绪论 1

第一篇　液压传动

第1章　液压传动基础知识 6
1.1　液压油 6
1.1.1　液压油的性质 6
1.1.2　对液压油的要求和选用 9
1.1.3　液压系统的污染控制 11
1.2　液体静力学 12
1.2.1　静压力及其特性 12
1.2.2　静压力基本方程 12
1.2.3　压力的表示法及单位 13
1.2.4　帕斯卡原理 13
1.2.5　静压力对固体壁面的作用力 14
1.3　流体动力学 14
1.3.1　基本概念 14
1.3.2　连续性方程 15
1.3.3　伯努利方程 15
1.3.4　动量方程 17
1.4　管道中的液流特性 18
1.4.1　流态与雷诺数 18
1.4.2　沿程压力损失 20
1.4.3　局部压力损失 21
1.4.4　管路系统中总压力损失 22
1.5　孔口和缝隙流动 22
1.5.1　孔口流量公式 22
1.5.2　缝隙流动 24
1.6　液压冲击和空穴现象 26
1.6.1　液压冲击 26
1.6.2　空穴现象 27
习题 28
第2章　液压动力元件 31
2.1　液压泵概述 31
2.1.1　液压泵的工作原理 31
2.1.2　液压泵的基本性能参数 32
2.1.3　液压泵的类型 33
2.1.4　液压泵的图形符号 34
2.2　齿轮泵 34
2.2.1　外啮合齿轮泵 34
2.2.2　内啮合齿轮泵 37
2.2.3　螺杆泵 38
2.3　叶片泵 39
2.3.1　双作用叶片泵 39
2.3.2　单作用叶片泵 43
2.3.3　限压式变量叶片泵 45
2.4　柱塞泵 47
2.4.1　径向柱塞泵 47
2.4.2　轴向柱塞泵 48
2.5　液压泵的使用 53
2.5.1　液压泵类型的选用 53
2.5.2　液压泵参数的确定 54
2.5.3　液压泵的噪声 54
习题 55
第3章　液压执行元件 56
3.1　液压马达 56
3.1.1　液压马达概述 56
3.1.2　液压马达的工作原理 57
3.1.3　液压马达的基本参数和性能 58
3.1.4　液压马达的图形符号 60
3.2　液压缸 60
3.2.1　液压缸的基本类型和特点 61
3.2.2　液压缸的结构 66
3.2.3　液压缸的设计计算 68
3.3　工程案例:汽车起重机的动力与执行元件 70

习题 …… 71
第 4 章 液压控制元件 …… 73
4.1 概述 …… 73
4.1.1 液压阀的结构、工作原理及基本要求 …… 73
4.1.2 液压阀的分类 …… 73
4.1.3 控制阀的性能参数 …… 74
4.2 方向控制阀 …… 74
4.2.1 单向阀 …… 74
4.2.2 换向阀 …… 76
4.3 压力控制阀 …… 83
4.3.1 溢流阀 …… 83
4.3.2 减压阀 …… 88
4.3.3 顺序阀 …… 91
4.3.4 压力继电器 …… 93
4.4 流量控制阀 …… 93
4.4.1 常用的节流口形式及特点 …… 94
4.4.2 节流口的流量特性及影响流量稳定的因素 …… 95
4.4.3 普通节流阀 …… 96
4.4.4 节流阀的压力和温度补偿 …… 97
4.5 插装阀 …… 99
4.5.1 插装阀(插装单元)的结构和工作原理 …… 100
4.5.2 插装阀用作方向控制阀 …… 100
4.5.3 插装阀用作压力控制阀 …… 102
4.5.4 插装阀用作流量控制阀 …… 102
4.6 液压阀的连接 …… 103
习题 …… 105
第 5 章 液压辅助装置 …… 108
5.1 油箱和热交换器 …… 108
5.1.1 油箱 …… 108
5.1.2 热交换器 …… 109
5.2 蓄能器 …… 110
5.2.1 蓄能器的功用 …… 110
5.2.2 蓄能器的类型 …… 111
5.2.3 蓄能器的容量计算 …… 112
5.2.4 蓄能器的使用和安装 …… 113
5.3 过滤器 …… 113
5.3.1 过滤器的功用和基本要求 …… 113
5.3.2 过滤器的分类 …… 114
5.3.3 过滤器的安装 …… 115
5.4 管件及压力表辅件 …… 115
5.4.1 管件 …… 115
5.4.2 压力表辅件 …… 117
5.5 密封装置 …… 118
5.5.1 密封装置的作用和对密封装置的要求 …… 118
5.5.2 密封装置的类型和特点 …… 119
习题 …… 121
第 6 章 液压传动系统基本回路 …… 122
6.1 压力控制回路 …… 122
6.1.1 增压回路 …… 122
6.1.2 卸荷回路 …… 123
6.1.3 保压回路 …… 124
6.1.4 锁紧回路 …… 125
6.2 速度控制回路 …… 126
6.2.1 调速回路 …… 126
6.2.2 快速运动回路 …… 138
6.2.3 速度换接回路 …… 139
6.3 方向控制回路 …… 140
6.4 多执行元件控制回路 …… 141
6.4.1 顺序动作回路 …… 142
6.4.2 同步回路 …… 143
6.4.3 互不干扰回路 …… 144
6.5 节能回路 …… 145
6.5.1 功率适应回路 …… 145
6.5.2 二次调节回路 …… 146
6.5.3 负载感应调速回路 …… 147
6.5.4 能量回收回路 …… 147
6.6 工程案例:飞机起落架液压系统 …… 148
习题 …… 149
第 7 章 典型液压系统 …… 152
7.1 组合机床动力滑台液压系统 …… 153
7.1.1 概述 …… 153
7.1.2 YT4543 型动力滑台液压系统的工作原理 …… 153
7.1.3 YT4543 型动力滑台液压系统的特点 …… 155
7.2 M1432A 型万能外圆磨床的液压系统 …… 155

7.2.1 概述 …………………………… 155
7.2.2 M1432 型外圆磨床液压系统工作原理 …………………… 155
7.2.3 M1432A 万能外圆磨床液压系统的特点 ……………………… 158
7.3 压力机液压系统……………… 158
7.3.1 概述 …………………………… 158
7.3.2 3150kN 通用液压机液压系统工作原理及特点……………… 159
7.3.3 3150kN 液压机插装阀集成系统原理 ……………………… 162
7.4 机械手液压系统……………… 164
7.4.1 概述 …………………………… 164
7.4.2 JS01 工业机械手液压系统工作原理及特点 ………………… 165
习题 ……………………………………… 168
第 8 章 液压系统的设计与计算 ……… 170
8.1 液压系统设计步骤……………… 170
8.1.1 明确设计要求,进行工况分析 ………………………… 170
8.1.2 液压系统主要参数的确定 … 172
8.1.3 拟定液压系统原理图 ……… 173
8.1.4 液压元件的计算和选择 …… 174
8.1.5 验算液压系统的性能 ……… 175
8.1.6 绘制工作图,编制技术文件 … 177
8.2 液压系统的节能设计………… 177
8.3 液压系统的设计计算举例…… 178
8.3.1 设计要求及工况分析 ……… 179
8.3.2 确定液压系统主要参数 …… 180
8.3.3 设计液压系统原理图 ……… 181
8.3.4 选择液压元件 ……………… 182
8.3.5 验算液压系统的性能 ……… 184
习题 ……………………………………… 186
第 9 章 液压伺服与电液比例控制 …… 188
9.1 液压伺服控制………………… 188
9.1.1 液压伺服系统的工作原理与基本组成 ……………………… 188
9.1.2 电液伺服阀 ………………… 191
9.1.3 电液伺服系统应用举例 …… 193
9.2 电液比例控制………………… 194
9.2.1 电液比例阀的特点及分类 … 194
9.2.2 电液比例压力阀…………… 194
9.2.3 电液比例流量阀…………… 196
9.2.4 电液比例方向阀…………… 197
9.3 电液数字阀…………………… 198
9.3.1 二进制组合数字阀 ………… 198
9.3.2 增量式数字阀 ……………… 198
9.3.3 数字高速开关阀…………… 199
9.4 电液比例控制系统实例-折弯机同步控制回路………………… 200
习题 ……………………………………… 202

第二篇 气压传动

第 10 章 气压传动基础知识……………… 203
10.1 空气的物理性质 ……………… 203
10.1.1 空气的组成 ……………… 203
10.1.2 空气的性质 ……………… 203
10.1.3 湿空气及其特性参数 …… 204
10.2 气体的流动规律 ……………… 205
10.2.1 气体流动的基本方程 …… 205
10.2.2 声速和马赫数 …………… 206
10.2.3 气体在管道中的流动特性 … 206
10.2.4 气体管道的阻力计算 …… 207
10.3 气动元件的通流能力 ……… 207
10.3.1 有效截面积 S 值 ………… 207
10.3.2 通流能力 C 值 …………… 208
10.3.3 流量 q 值 ………………… 209
习题 ……………………………………… 209
第 11 章 气源装置及气动辅助元件…… 210
11.1 气源装置 ……………………… 210
11.1.1 气动系统对压缩空气品质的要求 …………………………… 210
11.1.2 气源装置的组成和布置…… 210
11.1.3 气压发生装置 …………… 211
11.2 压缩空气净化、储存装置…… 212

11.2.1 后冷却器 …… 212
11.2.2 油水分离器 …… 213
11.2.3 储气罐 …… 213
11.2.4 干燥器 …… 213
11.3 气动三联件 …… 214
11.3.1 分水过滤器 …… 214
11.3.2 油雾器 …… 214
11.4 气动系统的管道设计 …… 216
11.5 气动辅助元件 …… 217
11.5.1 消声器 …… 217
11.5.2 转换器 …… 218
11.5.3 程序器 …… 219
11.5.4 延时器 …… 220
习题 …… 220
第12章 气动执行元件 …… 221
12.1 气缸 …… 221
12.1.1 气缸分类 …… 221
12.1.2 普通气缸 …… 222
12.1.3 特殊气缸 …… 222
12.2 气动马达 …… 225
习题 …… 225
第13章 气动控制元件 …… 226
13.1 方向控制阀 …… 226
13.1.1 方向控制阀的类型及主要特点 …… 226
13.1.2 单向型控制阀 …… 226
13.1.3 换向型控制阀 …… 228
13.2 压力控制阀 …… 232
13.2.1 减压阀 …… 232
13.2.2 溢流阀(安全阀) …… 234
13.2.3 顺序阀 …… 234
13.3 流量控制阀 …… 235
13.3.1 节流阀和单向节流阀 …… 235
13.3.2 排气节流阀 …… 236
13.3.3 柔性节流阀 …… 236
13.4 气动逻辑元件 …… 237
13.4.1 气动逻辑元件的分类及主要特点 …… 237
13.4.2 高压截止式逻辑元件 …… 237
13.4.3 高压膜片式逻辑元件 …… 239
13.4.4 气动逻辑元件的选用 …… 240
习题 …… 240
第14章 气压传动基本回路 …… 241
14.1 方向控制回路 …… 241
14.2 压力控制回路 …… 242
14.3 速度控制回路 …… 243
14.4 其他回路 …… 244
14.4.1 气液联动回路 …… 244
14.4.2 位置控制回路 …… 246
14.4.3 计数、延时回路 …… 247
14.4.4 安全保护回路 …… 247
14.4.5 顺序动作回路 …… 249
习题 …… 250
第15章 气压传动系统设计 …… 251
15.1 气动控制气压系统设计 …… 251
15.1.1 多缸单往复行程程序控制系统设计 …… 251
15.1.2 多缸多往复行程程序控制系统设计 …… 257
15.2 电气控制气压系统设计 …… 260
15.2.1 PLC 控制的行程程序系统设计步骤 …… 261
15.2.2 PLC 控制的多缸单往复行程程序系统设计 …… 261
习题 …… 263
第16章 气压传动系统实例 …… 264
16.1 气动机械手气压传动系统 …… 264
16.2 气动钻床气压传动系统 …… 266
16.3 气液动力滑台气压传动系统 …… 268
习题 …… 269
参考文献 …… 271

绪 论

液压与气压传动是以有压流体(液压油或压缩空气)为工作介质进行能量传递和控制的一种传动形式,又称为流体传动。它们都是利用各种元件组成不同功能的基本回路,再由若干基本回路有机地组合成具有一定控制功能的传动系统来实现能量的传递、转换与控制。

微课

近年来,随着机电一体化技术的发展,液压与气压传动与微电子、计算机技术相结合,进入了一个新的发展阶段,已成为机械设备中发展最快的技术之一。

1. 液压与气压传动的工作原理

1

液压与气压传动的基本工作原理是相似的,现以图1所示的液压千斤顶为例,简述液压传动的工作原理。当向上提起手柄使小液压缸1的活塞上移时,小液压缸下腔容积增大而形成局部真空,单向阀2关闭,油箱4的油液在大气压作用下经吸油管顶开单向阀3进入小液压缸下腔。当向下压动手柄使小液压缸的活塞下移时,小液压缸下腔容积减小,油液受挤压而压力升高,单向阀3关闭,单向阀2打开,小液压缸下腔的油液经排油管进入大液压缸6下腔,推动大活塞上移顶起重物。如此不断扳动手柄,油液就不断进入大液压缸下腔,将重物逐渐举起。如果打开截止阀5,大液压缸下腔油液在重物作用下排回油箱,重物下移回到原始位置。

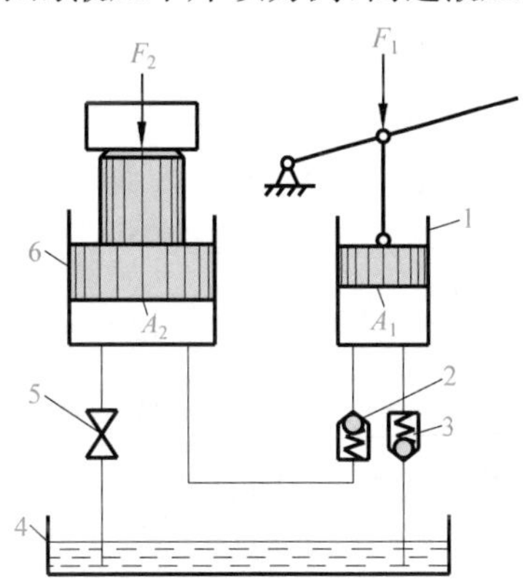

图1 液压千斤顶原理图

1-小液压缸;2、3-单向阀;4-油箱;5-截止阀;6-大液压缸

其中,手柄、小液压缸1、单向阀2和3一起完成吸油与排油,将手柄杠杆的机械能转换为油液的压力能输出,称为(手动)液压泵。大液压缸6将液压能转换为机械能输出,举起重物,称为(举升)液压缸。它们组成了最简单的液压传动系统,实现了力、运动和功率的传递。

1) 力比例关系

在图1中,设大液压缸活塞面积为A_2,重物作用在活塞上的负载为F_2,则该力在大液压缸下腔产生的压力为$p=F_2/A_2$。根据帕斯卡原理:"在密闭容器内,施加于静止液体上的压力可以等值地传递到液体各点",此压力将以同样大小传给作用面积为A_1的小液压缸活塞。为了克服负载使重物上升,作用在小液压缸活塞上的力应为

$$F_1 = pA_1 = F_2 \frac{A_1}{A_2} \tag{1}$$

由式(1)可知,如果A_2很大,A_1很小,则只需很小的力F_1便能克服很大的负载F_2而举起重物。可见这是一个力的放大机构,即液压传动具有增力效应。

由式(1)还可以看出,F_2越大,即负载越大,则油腔的压力p也就越大;反之亦然。这说

明，系统中的工作压力取决于负载，这是液压与气压传动的一个重要特征。

2）运动关系

如果不考虑液体的可压缩性、泄漏和缸体、管路的变形，小液压缸排出的液体体积应等于进入大液压缸的液体体积。设小液压缸活塞的位移为 h_1，大液压缸活塞的位移为 h_2，则

$$h_1A_1 = h_2A_2 \tag{2}$$

两边同除以时间 t，整理后得

$$q_2 = v_2A_2 = v_1A_1 = q_1 \tag{3}$$

式中，v_1、v_2 为小液压缸活塞的速度和大液压缸活塞的速度；q_1、q_2 为小液压缸输出的流量和大液压缸输入的流量。

由此可见，这又是一个速度变换机构，其速度的变换和传递是靠液体容积变化相等的原则进行的。式(3)还表明，活塞的运动速度只取决于输入流量的大小，而与负载无关，这是液压与气压传动的又一个重要特征。

3）功率关系

由式(1)和式(3)得

$$F_1v_1 = F_2v_2 \tag{4}$$

式(4)左端为输入功率，右端为输出功率，这说明在不计损失的情况下，输入功率等于输出功率。由式(1)和式(4)得

$$P = F_1v_1 = pA_1v_1 = pq_1 = pq_2 = pA_2v_2 = F_2v_2 \tag{5}$$

从式(5)可以看出，小液压缸将扳动手柄的机械功率 F_1v_1 转换成液压功率 pq_1 输入系统，经系统传递后变为液压功率 pq_2，再由大液压缸将液压功率 pq_2 转换为机械功率 F_2v_2 输出。

可见，液压与气压传动是以流体的压力能来传递动力的，系统中功率是压力和流量之积，压力和流量是流体传动中两个最基本、最重要的参数。

2. 液压与气压传动系统的组成

工程实际中的液压传动系统，除了液压泵和液压执行元件外，还需设置控制元件来控制执行元件的运动方向、运动速度和最大推力，设置辅助元件以保证系统正常工作。现以图 2 所示的机床工作台驱动液压传动系统为例，说明液压传动系统的组成。

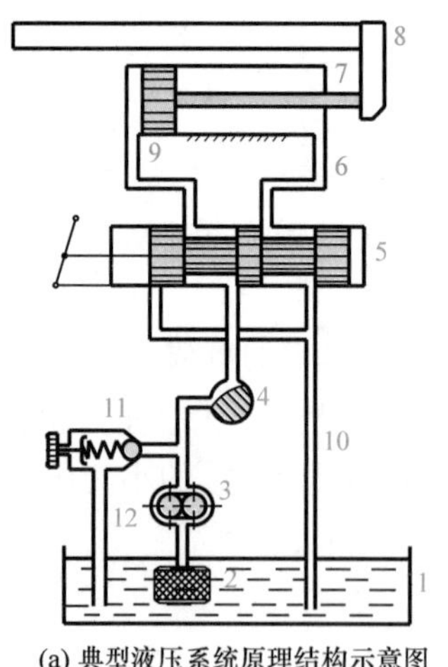

(a) 典型液压系统原理结构示意图

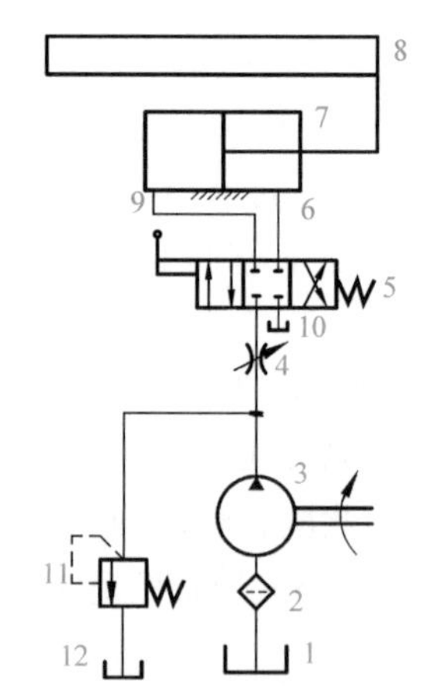

(b) 典型液压系统原理图形符号图

2

图 2 典型液压系统原理图

1-油箱；2-过滤器；3-液压泵；4-节流阀；5-换向阀；6、9、10、12-管道；7-液压缸；8-工作台；11-溢流阀

系统的工作原理是:液压泵3由电动机带动旋转后,从油箱1经过过滤器2吸油,并经液压泵输出进入压力油路。当换向阀5阀芯处于图2所示右端位置时,压力油经节流阀4、换向阀5和管道9进入液压缸7的左腔,推动活塞向右运动。液压缸右腔的油液经管道6、换向阀5和管道10流回油箱。若换向阀阀芯处于左端位置,液压缸活塞就反向运动。若换向阀阀芯停在中间位置,压力油不能进入液压缸,液压缸活塞就停止不动。

改变节流阀4的开口,可以改变进入液压缸的流量,从而控制液压缸活塞的运动速度。液压泵排出的多余油液经溢流阀11和管道12流回油箱。

液压缸的工作压力是由负载决定的。液压泵出口压力由溢流阀11调定,其调定值为液压缸的最大工作压力与油液流经各阀和管道进入液压缸的压力损失之总和。溢流阀的调定值决定了液压缸的最大推力,因此,溢流阀对系统具有过载保护作用。

由上例可以看出,液压传动系统主要由以下五部分组成。

(1) 能源装置。把机械能转换成液压能的装置。最常见的是液压泵,它为液压系统提供压力油。

(2) 执行元件。把油液的液压能转换成机械能输出的装置,包括做直线运动的液压缸、做回转运动的液压马达。

(3) 控制元件。对系统中油液压力、流量和流动方向进行控制或调节的装置,如上例中的溢流阀、节流阀和换向阀等。

(4) 辅助元件。保证系统正常工作所需的上述三种以外的其他装置,如油箱、过滤器、油管、蓄能器等。

(5) 传动介质。传递能量的流体,即液压油。

气压传动系统与液压传动系统的组成相似,除了能源装置为输出压缩空气的气源装置,执行元件是气缸或气马达,控制元件是气动阀,辅助元件是分水过滤器、油雾器、消声器、管件等外,常常还装有完成逻辑功能的逻辑元件等。

图2(a)是一种半结构式的系统原理结构示意图,它直观性强,容易理解,但绘制起来比较麻烦。为了简化液压与气压传动系统的表示方法,通常采用图形符号来绘制系统原理图。图形符号脱离了元件的具体结构,只表示元件的具体职能,用它表达元件的作用和整个系统的原理简单明了,便于绘制。我国已制定出《液压传动系统及元件图形符号和回路图 第1部分:用于常规用途和数据处理的图形符号》(GB/T 786.1—2009)。图2(b)就是按该标准绘制的图2(a)所示系统的原理图形符号图。

3. 液压与气压传动的优、缺点

思考

液压传动广泛应用于各类磨床和工程机械中,其主要原因是什么?

1)与机械传动和电气传动相比,液压传动的优点

(1) 功率质量比大。在同等功率下,液压装置的体积小、质量轻,即功率密度大。例如,液压马达的质量为同等功率电动机的12%~20%。当液压系统采用高压时,则更容易获得很大的力或力矩。

(2) 工作平稳。液压油几乎不可压缩,且具有吸振能力,因此执行元件运动平稳。同时,因其惯性小、反应快,所以易于快速启动、制动和频繁换向。

(3) 无级调速。能在运行过程中进行无级调速,调速方便,调速范围大。

(4) 自动控制。与电气、电子或气动控制相配合,易于对液体压力、流量和方向进行调节或控制,实现系统的远程操纵和自动控制。

(5) 过载保护。可方便地利用压力阀控制系统的压力,从而防止过载,避免事故发生。

(6) 元件寿命长。液压系统中使用的介质大多为矿物油,它对液压元件产生润滑作用,因而元件寿命较长。

(7) 标准化、系列化和通用化。液压元件标准化、系列化和通用化程度较高,有利于缩短液压系统的设计、制造周期,并可降低制造成本。

2)液压传动的缺点

(1) 易出现泄漏。液压系统的油压较高,液压油容易通过密封或间隙产生泄漏,引起液压介质消耗,并引起环境污染。

(2) 传动效率低。液压传动在能量传递过程中,常存在较多的能量损失(压力损失和流量损失等),使传动效率较低。

(3) 传动比不准确。由于传动介质的可压缩性、泄漏和管路弹性变形等因素影响,液压系统不能严格保证定比传动。

(4) 对温度敏感。油液的黏度随温度而变,黏度变化引起流量、泄漏量和阻力变化,容易引起工作机构运动不稳定。

(5) 制造成本高。为了减少泄漏,对液压元件的制造精度要求较高,从而提高了制造成本。

3)与液压传动相比,气压传动的独特优点

(1) 空气可以从大气中取之不尽,无传动介质成本问题。传动介质泄漏后,除引起部分功率损失外,不会污染环境。

(2) 空气的黏度很小,在管路中的压力损失远远小于液压传动系统,因此压缩空气便于集中供应和远程传输。

(3) 压缩空气的工作压力较低(一般在 1.0MPa 以下),因此对元件材料和制造精度的要求较低。

(4) 维护简单,使用安全,没有防爆问题,并且便于实现过载保护。

(5) 气动元件可以根据不同场合,采用相应材料,使其能够在恶劣的环境(如强振动、强冲击、强腐蚀和强辐射等)下正常工作。

4)与电气传动、液压传动相比,气压传动的缺点

(1) 气压传动装置的信号传递较慢,仅限制在声速范围内,所以它的工作频率和响应速度远不如电子装置,并且信号会产生较大的失真和迟滞,因此不便于构成较复杂的回路。

(2) 空气的压缩性远远大于液压油的压缩性,所以在动作的响应能力、速度的平稳性上不如液压传动。

(3) 气压传动出力较小,且传动效率较低。

总的来说,液压传动与气压传动的优点是主要的,它们的缺点将随着科学技术的进步,逐步得到克服或改善。

4. 液压与气压传动的应用及发展概况

液压与气压传动在国民经济各个部门中的应用广泛,出发点不尽相同。例如,工程机械、矿山机械、压力机械和航空工业中采用液压传动主要因其结构简单、体积小、质量轻、输出力大;机床上采用液压传动主要因其运动平稳、易于实现无级调速、易于实现频繁换向、易于实现自动化;在电子工业、印刷机械、包装机械、食品机械等行业应用气压传动主要是取其操作方便,且无油、无污染的特点。

液压传动技术的发展是与流体力学理论的发展密切相关的。1650 年帕斯卡提出了静止

液体的压力传递规律——帕斯卡原理,1686 年牛顿揭示了黏性液体的内摩擦定律,18 世纪相继建立了流体力学的两个重要原理——连续性方程和伯努利能量方程,这些理论成就为液压技术的发展奠定了基础。

18 世纪末,世界上第一台水压机在英国诞生,标志着液压传动技术开始进入工程领域。但是,液压传动技术在工业上被广泛采用并获得较快发展却是在 20 世纪中期。第二次世界大战期间,军事工业迫切需要提供反应速度快、动作精确和输出功率大的液压传动及控制装置,因而出现了以电液伺服系统为代表的高精度液压元件和控制系统,促使液压传动技术得到了迅速发展。20 世纪 50 年代,液压传动技术快速转入民用工业,在机床、工程机械、农用机械、汽车、船舶等行业得到了大幅度的应用和发展。60 年代以后,随着原子能、空间技术、电子技术等方面的迅速发展,液压传动技术不断向着更广阔的领域渗透,已发展成为具有传动、检测和控制技术特征的一门完整的自动化技术。

20 世纪后期,随着液压机械自动化程度的不断提高,所用液压元件的数量急剧增加,因而元件小型化、集成化就成为液压传动技术发展的必然趋势。随着传感器技术、微电子技术的发展以及与液压技术的紧密结合,出现了电液比例控制阀、电液比例控制泵和马达、数字阀等机电一体化器件,使液压技术向着高度集成化和柔性化的方向发展。

计算机技术的应用,使液压元件和液压系统的计算机辅助设计、辅助测试、计算机仿真和计算机控制得到快速发展,不仅提高了液压系统的设计和开发效率,也提高了液压设备的自动化水平。

随着液压传动技术向高压、高速、大流量方向发展,降低噪声、防止漏油便成为突出的问题。近年来,在新型密封和无泄漏管件的开发、液压元件和系统的优化设计等方面取得了重要的进展。

液压传动技术在发展初期,一直以水作为传动介质。直到 20 世纪初,随着石油工业的兴起,出现了矿物油,水传动介质才被矿物油取代。由于矿物油具有黏度大、润滑性能好、防锈、相容性好等优良的综合理化性能,克服了水压传动的许多缺点,使液压元件和系统的性能得到了极大提高,从而推动了液压传动技术的发展。但 20 世纪 70 年代出现的“石油危机”,以及随后出现的全球“生态危机”使成熟的油压传动技术面临严峻的挑战。虽然此后液压界掀起了高水基液的研究热潮,但是高水基液只能解决能源短缺而不能解决环保问题。水作为一种天然的清洁能源又进入了人们的视野,且其优点越来越得到认可。特别是近年来,材料学、摩擦学、润滑理论与密封技术、精密加工技术、表面处理等相关学科的发展,使水压传动技术的研究取得了突破性进展。目前,对水压传动技术的研究已经成为流体传动及控制技术领域国际学科前沿的重要研究方向。

以空气作为工作介质传递动力做功很早就有应用,如利用自然风力推动风车、带动水车提水灌田,近代用于汽车的自动开关门、火车的自动抱闸、采矿用的风钻等。到了 20 世纪 50 年代,随着工业自动化的发展,气动技术已发展成一门新兴的技术。由于以空气为工作介质具有防火、防爆、防电磁干扰、抗振动、抗冲击、抗辐射和结构简单等优点,气动技术已成为实现生产过程自动化不可缺少的重要手段。近年来,气动技术的应用领域已经从机械、冶金、采矿、交通运输等工业扩展到轻工、食品、化工、军事等各行各业。和液压传动技术一样,气动技术也已发展成为包含传动、控制与检测在内的自动化技术。随着微电子技术、计算机技术和传感器技术的发展,现代气动元件及系统正向着小型化、集成化、高速化、精确化、节能化和智能化的方向发展,为气动技术的广泛应用提供了更加广阔的前景。

第一篇　液压传动

第1章　液压传动基础知识

液体是液压传动的工作介质，因此，了解液体的基本性质、掌握液体平衡和运动的主要力学规律，对于正确理解液压传动原理、合理设计和使用液压系统都是十分必要的。

本章将简要叙述液压油液的性质、液压油液的要求和选用等内容，并着重阐述液体的静力学和动力学的几个重要方程式。

1.1　液　压　油

1.1.1　液压油的性质

1. 密度

单位体积液体的质量称为该液体的密度，即

$$\rho = \frac{m}{V} \tag{1-1}$$

式中，m 为液体质量；V 为液体体积。液体的密度会随温度的升高有所减小，随压力的提高稍有增大，但变化量一般很小，可以认为是常值。一般矿物型液压油的密度为 900kg/m^3。

2. 可压缩性

液体受压力作用而体积减小的性质称为液体的可压缩性。其大小用体积压缩系数 κ，即单位压力变化下的体积相对变化量来表示。体积为 V_0 的液体，如压力增大 Δp，体积减小 ΔV，则其体积压缩系数为

$$\kappa = -\frac{1}{\Delta p} \times \frac{\Delta V}{V_0} \tag{1-2}$$

由于压力增大时液体的体积减小，为使 κ 成为正值，式(1-2)右边应加负号。

液体体积压缩系数的倒数称为体积弹性模量 K，即 $K=1/\kappa$。实际应用中，常用 K 值来表示液体抵抗压缩的能力大小。

液体的体积模量会随温度、压力而变化。温度增加时，K 值减小；压力增大时，K 值增大，但这种变化不呈线性关系，当 $p\geqslant 3\text{MPa}$ 时，K 值基本不再增大。

纯液压油的体积弹性模量很大，K 值一般为 $(1.4\sim2.0)\times10^3\text{MPa}$。但若液压油中混有非溶解的空气，即气泡，其 K 值将大大减小。如液压油中混有 1%的气泡时，K 值降到纯油时的 5%；如混有 5%的气泡时，K 值仅为纯油时的 1%左右。因此，在设计、使用液压系统时应尽量避免空气混入液压油中。

液体的可压缩性在液压机械中会产生“液压弹簧效应”，它是造成液压系统低速爬行的一个重要原因。如图 1-1 所示，封闭在容器内的液体体积随外部作用力的大小而变化：外力增大，体积减小；外力减小，体积增大。这种弹簧的刚度 k_h，在液体承压面积 A 不变时，可以通过压力变化 $\Delta p=\Delta F/A$、体积变化 $\Delta V=A\Delta l$（Δl 为液柱长度变化量）和式(1-2)求出，即

$$k_h=-\frac{\Delta F}{\Delta l}=\frac{A^2K}{V_0} \tag{1-3}$$

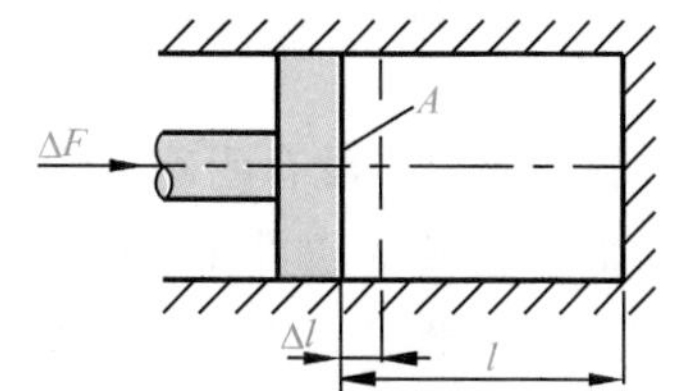

图 1-1　液压弹簧的刚度计算简图

液体的可压缩性对液压系统的动态性能影响较大，但对于动态性能要求不高，而仅考虑静态(稳态)下工作的液压系统，一般不予考虑。

3. 液体的黏性

1) 黏性的意义

液体在外力作用下流动(或有流动趋势)时，液体分子间的内聚力会阻碍分子相对运动，即分子之间产生一种内摩擦力，这一特性称为液体的黏性。液体只有在流动或有流动趋势时才会呈现出黏性，静止液体是不呈现黏性的。

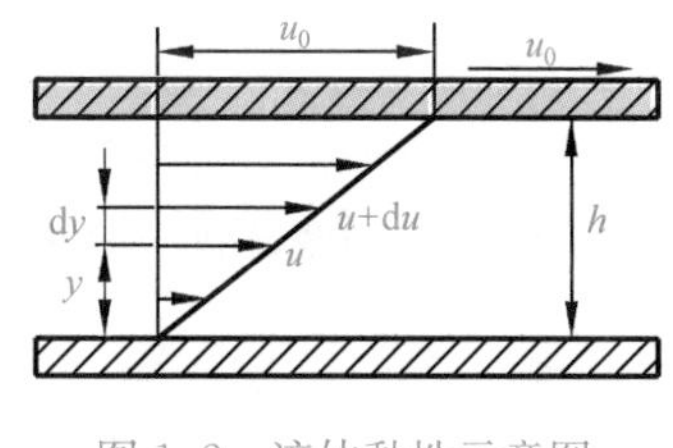

图 1-2　液体黏性示意图

黏性使流动液体内部各点的速度不等。如图 1-2所示，若两个平行平板之间充满液体，下平板不动，而上平板以速度 u_0 向右移动。由于液体的黏性，紧贴于上平板和下平板的液体层速度分别为 u_0 和 0，而中间各层液体的速度则从上到下近似呈线性递减的规律变化。这是由于相邻液体层间存在内摩擦力，对上层液体起阻滞作用，对下层液体则起拖拽作用。

实验测定结果表明，液体流动时相邻液层间的内摩擦力 F_f，与液层接触面积 A、液层间的速度梯度 $\mathrm{d}u/\mathrm{d}y$ 成正比，即

$$F_f=\mu A\frac{\mathrm{d}u}{\mathrm{d}y} \tag{1-4}$$

式中，μ 为比例系数。如以 τ 表示液层间单位面积上的内摩擦力，则

$$\tau=\frac{F_f}{A}=\mu\frac{\mathrm{d}u}{\mathrm{d}y} \tag{1-5}$$

这就是牛顿液体内摩擦定律。

2) 液体的黏度

液体黏性的大小用黏度来表示。常用的黏度有三种:动力黏度、运动黏度和相对黏度。

(1) 动力黏度μ。即式(1-5)中的比例系数,它直接表示液体内摩擦力的大小,其物理意义为:液体在单位速度梯度下流动时单位面积上产生的内摩擦力。由式(1-5)可知

$$\mu=\tau\Big/\frac{\mathrm{d}u}{\mathrm{d}y} \tag{1-6}$$

式中,动力黏度μ的单位为Pa·s(帕·秒)或N·s / m^2。

(2) 运动黏度ν。它是液体动力黏度μ与密度ρ的比值,即

$$\nu=\mu/\rho \tag{1-7}$$

式中,运动黏度ν的法定单位是m^2/s,常用mm^2/s表示。它们与以前沿用的非法定计量单位cSt(厘斯)之间的关系为

$$1m^2/s=10^6mm^2/s=10^6cSt$$

运动黏度ν没有明确的物理意义,因其量纲中只有运动学因子而得名。工程中常用它来标志液体的黏度,如我国液压油的牌号,就是这种油液在40℃的运动黏度(mm^2/s)的平均值。如L-AN32液压油在40℃时运动黏度ν的平均值为$32mm^2/s$。

(3) 相对黏度。由于液体的动力黏度和运动黏度难以直接测量,因此工程上常用特定的黏度计在规定的条件下直接测量液体的黏度,即相对黏度,又称条件黏度。根据测量条件的不同,各国采用的相对黏度的单位也不同。中国、德国及俄罗斯等国家采用恩氏黏度。

恩氏黏度由恩氏黏度计测定。在某标定温度t(如20℃、50℃)下,将$200cm^3$的被测液体在自重作用下从恩氏黏度计中直径为2.8mm的小孔流出的时间t_1,与同体积的蒸馏水在20℃时流过同一小孔所需的时间t_2之比,称为该液体在t时的恩氏黏度,即

$$^\circ E_t=\frac{t_1}{t_2} \tag{1-8}$$

恩氏黏度可方便地换算为运动黏度,换算关系式为

$$\nu=\left(7.31^\circ E_t-\frac{6.31}{^\circ E_t}\right)\times10^{-6} \tag{1-9}$$

3) 调和油的黏度

液压油的黏度对液压系统的工作性能影响很大。工程实际中经常会出现现有油液的黏度不能满足系统要求的情况,这时可把两种不同黏度的油液混合起来使用,称为调和油。调和油的黏度一般可用经验公式计算

$$^\circ E_t=\frac{a^\circ E_1+b^\circ E_2-c(^\circ E_1-{}^\circ E_2)}{100} \tag{1-10}$$

式中,$^\circ E_1$、$^\circ E_2$为混合前两种油液的黏度($^\circ E_1>{}^\circ E_2$);$^\circ E$为混合后的调和油的黏度;a、b为调和的两种油液各占的百分比($a\%+b\%=100\%$);c为实验系数,如表1-1所示。

表1-1 系数c的数值

a	10	20	30	40	50	60	70	80	90
b	90	80	70	60	50	40	30	20	10
c	6.7	13.1	17.9	22.1	25.5	27.9	28.2	25	17

4) 黏度与温度的关系

油液对温度十分敏感,当油液温度升高时,其黏度显著下降。油液黏度的变化直接影响液

压系统的性能和泄漏量，因此希望油液的黏度随温度的变化越小越好。油液的黏度与温度之间的关系称为油液的黏温特性，不同的油液有不同的黏温特性。黏温特性一般可用黏温图、经验公式或黏温指数来描述，图1-3为几种常用液压油的黏温特性曲线。

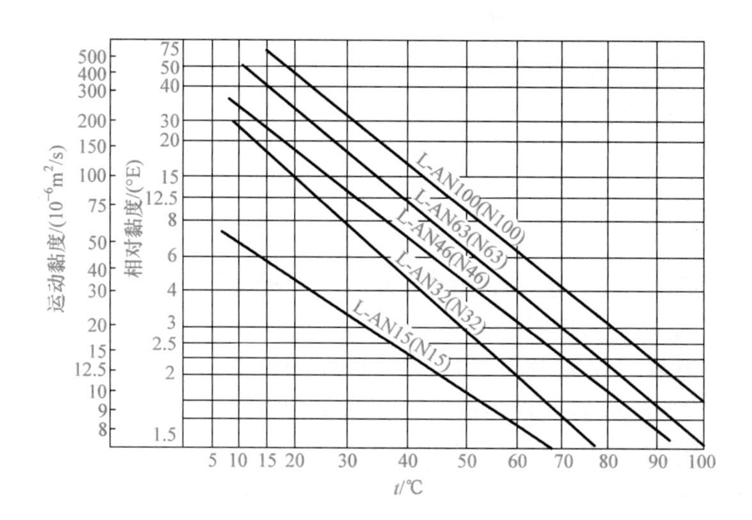

图1-3 几种常用液压油的黏温特性曲线

5) *黏度与压力的关系*

油液的黏度随压力的增加而增加。在压力小于20MPa时，油液的黏度变化不大；但当压力很高时，黏度将急剧增大。油液的黏度与压力之间的关系称为油液的黏压特性，不同的油液有不同的黏压特性。油液黏度随压力的变化关系式为

$$\nu_p = \nu_0 e^{bp} \tag{1-11}$$

式中，ν_p为压力为p时油液的运动黏度($10^{-6}m^2/s$)；ν_0为1个大气压下的油液的运动黏度($10^{-6}m^2/s$)；b为黏度压力系数，对一般液压油b=0.002～0.003。

4. 其他特性

液压油还有其他一些物理化学性质，如抗燃性、抗氧化性、抗泡沫性、抗乳化性、防锈性、润滑性、导热性、稳定性(热稳定性、氧化稳定性、水解稳定性、剪切稳定性等)以及相容性(主要指对密封材料、软管等不侵蚀、不溶胀的性质)等，这些性质对液压系统的工作性能有重要影响。不同品种的液压油，这些性质的指标也不同，具体应用时可查油类产品手册。

1.1.2 对液压油的要求和选用

1. 对液压油的基本要求

液压系统中，油液必须完成三个基本功能：传递动力、润滑和冷却。因此油液的性能会直接影响液压传动的性能，如工作的可靠性、灵敏性、工况的稳定性、系统的效率及零件的寿命等。

油液应具备如下性能：

(1) 适当的黏度，黏温特性好。

(2) 良好的润滑性。

(3) 质地纯净,杂质少。

(4) 化学稳定性好。

(5) 抗泡沫性、抗乳化性好。

(6) 对金属和密封件有良好的相容性。

(7) 膨胀小,比热容和传热系数高。

(8) 凝固点低,闪点和燃点高。

(9) 无毒,价格便宜。

2. 液压油的选用

正确而合理地选用液压油是保障液压系统正常而高效工作的条件。液压油的选择包括:油液品种的选择、合适黏度的选用。

液压油的品种很多,主要可分为三大类型:矿物油型、乳化型和合成型。其中,矿物油的润滑性和防锈性好,黏度等级范围宽,因而为目前90%以上的液压系统所选用。矿物油型液压油的最大缺点是可燃,不能用于高温、易燃、易爆的工作场合。在工作压力不高时,高水基乳化液是一种良好的抗燃液。合成型液压油价格较贵,通常只用于某些特殊设备中,如对抗燃性要求高、高压、温度变化范围大的液压系统。

确定了液压油的品种后,选用合适的油液黏度至关重要。油液的黏度过高,流动时的阻力大,导致系统的功率损失和发热量增大;黏度太低,会使泄漏量加大,导致系统的容积效率下降。

因此,要根据具体情况或系统的要求来选用黏度合适的油液。选择时一般考虑以下几个方面。

(1) 液压系统的工作压力。工作压力较高的液压系统,宜选用黏度较大的液压油,以减少系统泄漏;反之,可选用黏度较小的液压油。

(2) 环境温度。环境温度较高时宜选用黏度较大的液压油。

(3) 运动速度。液压系统执行元件运动速度较高时,为减小液流的功率损失,宜选用黏度较低的液压油。

(4) 液压泵的类型。在液压系统中,液压泵对液压油的黏度最为敏感。

各类泵对液压油的黏度有一个适用范围,如表1-2所示,其最大黏度取决于该类泵的自吸能力,而其最小黏度则主要考虑润滑和泄漏。因此,常根据液压泵的类型及要求来选择液压油。

表1-2 各类液压泵适用的黏度范围

液压泵类型		油液黏度 $\nu_{40}\times10^{-6}/(m^2/s)$	
		环境温度5~40℃	环境温度40~80℃
叶片泵	$p<7\times10^6$ Pa	30~50	40~75
	$p\geq7\times10^6$ Pa	50~70	55~90
齿轮泵		30~70	95~165
轴向柱塞泵		40~75	70~150
径向柱塞泵		30~80	65~240

1.1.3　液压系统的污染控制

液压油的污染是液压系统发生故障的主要原因。它严重影响液压系统的可靠性及液压元件的寿命，因此液压油的正确使用、管理以及污染控制，是提高液压系统的可靠性及延长液压元件使用寿命的重要手段。

1. 污染的根源

了解液压油污染的根源是控制污染的前提。进入液压油的固体污染物主要有四个来源：

(1) 已被污染的新油。油液在运输和储存过程中受到管道、油桶和储油罐的污染。其污染物为灰尘、砂土、锈垢、水分和其他液体等。

(2) 残留污染。液压系统和液压元件在装配和冲洗中的残留物，如毛刺、切帽、型砂、涂料、橡胶、焊渣和棉纱纤维等。

(3) 侵入污染。由于油箱密封不完善以及元件密封装置损坏，系统外部侵入的污染物，如灰尘、砂土以及水分等。

(4) 生成污染。液压系统运行中系统本身所生成的污染物。其中既有元件磨损剥离、被冲刷和腐蚀的金属颗粒或橡胶末，又有油液老化产生的污染物等。这一类污染物最具有危险性。

2. 污染引起的危害

液压系统的故障近 80%是由液压油污染所引起的，这些故障轻则影响液压系统的性能和使用寿命，重则损坏元件使元件失效，导致液压系统不能工作。

液压油中的污染物颗粒具有各种形状和尺寸并由各种材料构成，大多数是磨粒性的。它们与元件表面相互作用时，产生磨粒磨损和表面疲劳，加速元件磨损，使内泄漏增加，降低液压泵、液压阀等液压元件的效率和精度，最终使元件失效。

大的污染物颗粒可能使液压阀卡死，或者堵塞液压阀的控制节流孔，引起间歇失效或突发失效，使液压系统不能正常工作。

污染物和油液氧化变质生成的黏性胶质会堵塞过滤器，使液压泵运转困难，噪声增大。水分和空气的混入使液压油的润滑性能降低，并加速其氧化变质，使液压元件腐蚀加剧；还可使液压系统出现振动和爬行等现象。

3. 液压油的污染控制

液压油污染的原因复杂，油液自身又在不断产生污染物，因此要彻底解决其污染问题是很困难的，较为切实可行的办法是将液压油的污染控制在一定限度内。为此，可采取如下一些措施。

(1) 对元件和系统进行清洗。清除在加工和组装过程中残留的污染物，液压元件在加工的每道工序后都应净化，装配后应经严格的清洗。最后用系统工作时使用的液压油对系统进行彻底的冲洗，将冲洗液放掉，注入新的液压油后，才能正式运转。

(2) 防止污染物从外界侵入。油箱呼吸孔上应装设高效的空气滤清器或采用密封油箱，液压油应通过过滤器注入系统。活塞杆端应装防尘密封。

(3) 在液压系统合适部位设置合适的过滤器，并定期检查、清洗或更换。

(4) 控制液压油的温度。液压油温度过高会加速其氧化变质，产生各种氧化物，缩短使用期限。

(5) 定期检查和更换液压油。定期对液压系统的液压油进行抽样检查，如污染较重，必须立即更换。更换新的液压油前，必须将整个液压系统彻底清洗一遍。

1.2 液体静力学

液体静力学主要是讨论液体静止时的平衡规律以及这些规律的应用。所谓液体静止是指液体内部质点间没有相对运动，至于液体整体，完全可以像刚体一样进行各种运动。

1.2.1 静压力及其特性

作用在液体上的力有两种，即质量力和表面力。质量力作用于液体的每个质点，且与质量成正比，如重力、惯性力等。表面力作用在所研究的液体表面上，且与表面积成正比。表面力可以是其他物体作用在液体上的力(外力)，也可以是一部分液体作用在另一部分液体上的力(内力)。通常，表面力可以分解为法向力和切向力。当液体静止时，由于液体质点间没有相对运动，不存在摩擦力，其表面力只有法向力。静止液体在单位面积上所受的法向力称为静压力。若液体内某点处微小面积 ΔA 上所受到的法向力为 ΔF，则该点处的静压力定义为

$$p = \lim_{\Delta A \to 0} \frac{\Delta F}{\Delta A} \tag{1-12}$$

如法向力 F 均匀地作用于面积 A 上，则静压力可表示为

$$p = \frac{F}{A} \tag{1-13}$$

液体静压力在物理上称为压强，在工程实际应用中习惯上称为压力。

由于液体质点间的凝聚力很小，不能受拉，只能受压，所以液体的静压力具有两个重要特性：

(1) 液体静压力的方向总是和作用面的内法线方向一致。

(2) 静止液体内任一点的液体静压力在各个方向上都相等。

1.2.2 静压力基本方程

在重力作用下的静止液体，除了液体重力，还有液面上作用的外加压力，其受力情况如图 1-4(a)所示。如果计算离液面深度为 h 的某一点 A 的压力，可以取出一个底面通过该点，面积为 ΔA、高为 h 的微小垂直小液柱作为研究体，如图 1-4(b)所示。由于液柱处于受力平衡状态，所以液柱在垂直方向上的受力平衡方程为

$$p\Delta A = p_0 \Delta A + \rho g h \Delta A$$

等式两边同除以 ΔA，则

$$p = p_0 + \rho g h \tag{1-14}$$

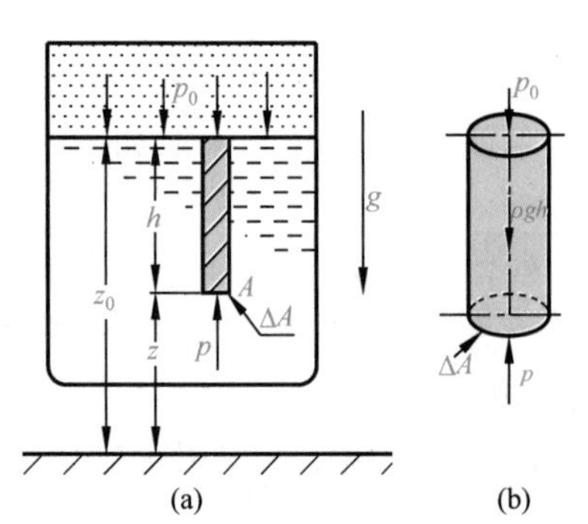

图 1-4 静止液体内压力分布规律

式(1-14)即为液体的静压力基本方程式。由式(1-14)可知：

(1) 压力组成。静止液体内任一点的压力由两部分组成：一部分是液面上的外加压力 p_0，另一部分是该点以上液体自重所形成的压力，即 ρgh。

(2) 垂直分布规律。静止液体内的任一点压力随该点距离液面的深度呈直线规律递增。

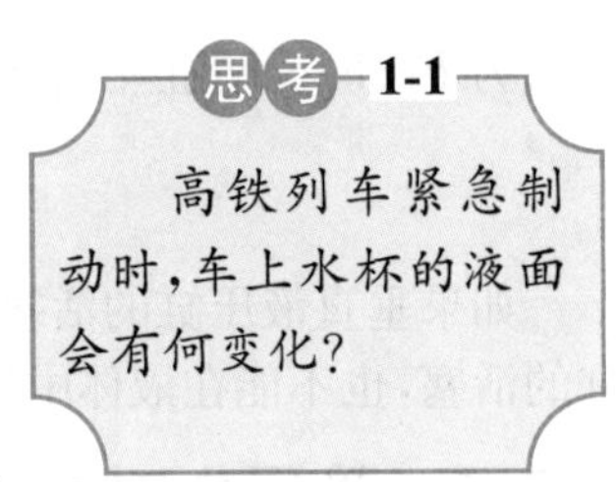

(3) 水平分布规律。离液面深度相同处各点的压力均相等，而压力相等的所有点组成的面称为等压面。在重力作用下静止液体中的等压面为水平面。

(4) 能量守恒。将式(1-14)按 z 坐标变换一下，即以 $h=z_0-z$ 代入，并整理可得

$$\frac{p_0}{\rho g}+z_0=\frac{p}{\rho g}+z \tag{1-15}$$

式中，$p/(\rho g)$ 为静止液体中单位质量液体的压力能；z 为单位重量液体的势能。

式(1-15)表明，静止液体中液体的压力能和势能可以相互转化，但任一质点的总能量保持不变。这就是静压力基本方程式所包含的物理意义。

1.2.3　压力的表示法及单位

压力的表示法有两种，一种是以绝对真空作为度量基准的压力，称为绝对压力；另一种是以大气压作为度量基准的压力，称为相对压力。常用压力表测得的压力值都是相对压力，故相对压力也称表压力。绝对压力与相对压力的关系为

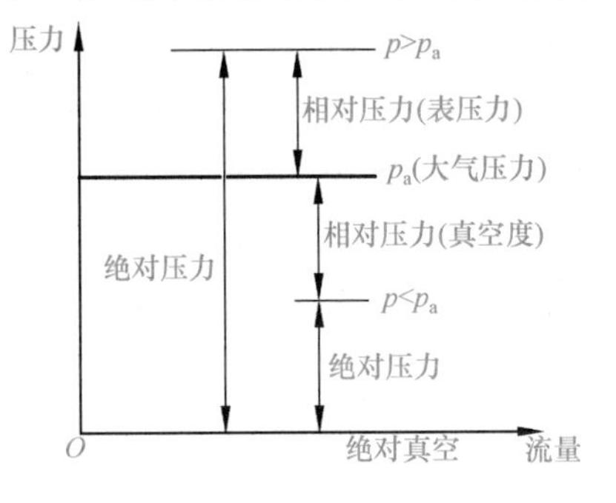

图 1-5　绝对压力、相对压力和真空度

绝对压力 = 相对压力 + 大气压

当液体中某点处的绝对压力低于大气压时，绝对压力不足于大气压的那部分压力值，称为真空度。即

真空度 = 大气压 − 绝对压力

由此可知，当以大气压为基准计算压力时，基准以上的正值是表压力，基准以下的负值就是真空度。绝对压力、相对压力和真空度的相互关系如图 1-5 所示。

压力的法定单位是 Pa(帕，N/m^2)。由于此单位很小，工程上常用 MPa(兆帕)和暂时还允许使用的单位 bar(巴)，以及以前常用的一些单位，如工程大气压(at)、水柱高(mH_2O)或汞柱高(mmHg)等。各种压力单位之间的换算关系为

$$1\text{MPa}=10^6\text{Pa}=10^6\text{N/m}^2$$

$$1\text{bar}=10^5\text{Pa}=10^5\text{N/m}^2$$

$$1\text{at}=9.8\times10^4\text{Pa}=9.8\times10^4\text{N/m}^2$$

$$1\text{mH}_2\text{O}=9.8\times10^3\text{N/m}^2$$

$$1\text{mmHg}=1.33\times10^2\text{N/m}^2$$

1.2.4　帕斯卡原理

在密闭容器内，施加于静止液体上的压力将以等值同时传到各点。这就是静压传递原理或称帕斯卡原理。

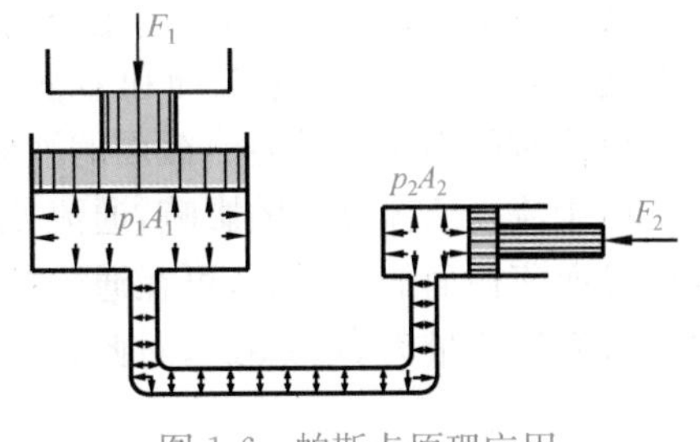

图 1-6　帕斯卡原理应用

图 1-6 所示是帕斯卡原理的应用实例。图中垂直液压缸、水平液压缸的截面积为 A_1、A_2，活塞上作用的

负载为F_1、F_2。两缸互相连通构成密闭容器，由帕斯卡原理，缸内压力处处相等，$p_1=p_2$，于是

$$F_2=\frac{A_2}{A_1}F_1$$

如果垂直液压缸的活塞上没有负载，并略去活塞重量及其他阻力，不论怎样推动水平液压缸的活塞，也不能在液体中形成压力。这说明液压系统中的压力是由外界负载决定的。

1.2.5 静压力对固体壁面的作用力

液体和固体壁面接触时，固体壁面将受到液体静压力的作用。

当固体壁面为一平面时，液体压力在该平面上的总作用力F等于液体压力p与该平面面积A的乘积，其作用方向与该平面垂直，即

$$F=pA \tag{1-16}$$

当固体壁面为一曲面时，液体压力在该曲面某x方向上的总作用力F_x等于液体压力p与曲面在该方向投影面积A_x的乘积，即

$$F_x=pA_x \tag{1-17}$$

1.3 流体动力学

流体动力学主要研究液体流动时流速和压力的变化规律，以及作用在液流上的力和液流运动特性之间的关系。流动液体的流量连续性方程、伯努利方程、动量方程是描述流动液体力学规律的三个基本方程式。其中流量连续性方程、伯努利方程反映了压力、流速与流量之间的关系，动量方程可用来解决流动液体与固体壁面间的作用力问题。它们是刚体力学中质量守恒、能量守恒及动量守恒在流体力学中的具体体现。

1.3.1 基本概念

1. 理想液体、定常流动

所谓理想液体是一种假想的既无黏性又不可压缩的液体。事实上，液体是既有黏性也可压缩的。之所以作这样的假设，是由于研究流动液体时考虑黏性的影响会使问题变得相当复杂，而液体的可压缩性又很小。因此，在研究液体流动时为便于分析，可以先作这样的假设，然后再通过实验对所得结论进行补充或修正。

液体流动时，若液体中任何一点的压力、速度和密度都不随时间而变化，则这种流动就称为定常流动或恒定流动；否则称为非定常流动或时变流动。在研究液压系统的静态性能时，可以认为液体做定常流动，但在研究其动态性能时则必须按非恒定流动来考虑。

2. 通流截面、流量和平均流速

液体流动时，与其流动方向正交的截面称为通流截面，截面上每点处的流动速度都垂直于这个面，如图1-7(a)中的A面和B面。

单位时间内通过某通流截面的液体的体积称为流量，以q表示，单位为m^3/s。

由于流动液体黏性的影响，通流截面上各点的流速u一般不相等，如图1-7(c)所示。在计算流过通流截面的流量时，可在通流截面上取一微小截面dA，其上各点的流速u是相等的，流过该截面的流量为$dq=udA$，对此式进行积分，可得到整个通流截面面积A上的流量为

$$q=\int_A u\mathrm{d}A \tag{1-18}$$

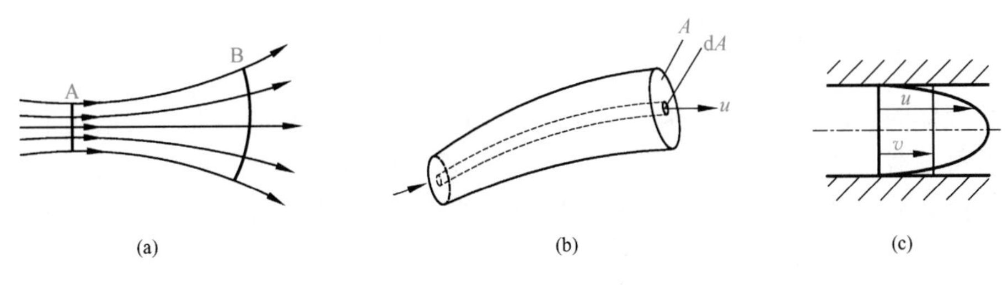

图1-7　通流截面、流量和平均速度

在工程实际中，通流截面上的流速分布规律很难真正知道，故难以直接应用式(1-18)计算流量。为此，引入平均流速的概念，即假定通流截面上各点的流速均匀分布，液体以此平均流速 v 流过通流截面的流量等于以实际流速流过的流量，即

$$q=\int_A u\,\mathrm{d}A=vA \tag{1-19}$$

由此得出通流截面上的平均流速为

$$v=\frac{q}{A} \tag{1-20}$$

3. 流动液体的压力

静止液体内任意点处的压力在各个方向上都是相等的，可是在流动液体内，由于惯性力和黏性力的影响，任意点处在各个方向上的压力并不相等，但数值相差甚微。当惯性力小，且把液体当作理想液体时，流动液体内任意点处的压力在各个方向上的数值可看作相等的。

1.3.2　连续性方程

连续性方程是质量守恒定律在流体力学中的一种表达形式。

在定常流动的导管中任取一段，如图1-8所示，两端通流截面面积为 A_1、A_2，在其中取一微小流束，两端的截面积分别为 $\mathrm{d}A_1$ 和 $\mathrm{d}A_2$，在微小截面上各点的速度可以认为是相等的，且分别为 u_1 和 u_2，密度分别为 ρ_1 和 ρ_2。根据质量守恒定律，在 $\mathrm{d}t$ 时间内流入此微小流束的质量应等于从此微小流束流出的质量，故有

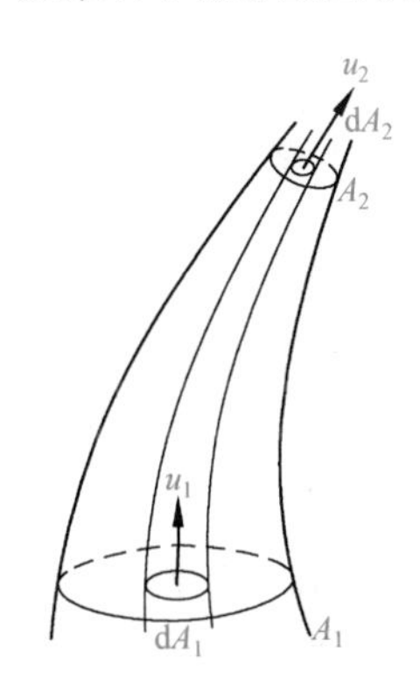

图1-8　连续性方程推导简图

$$\rho_1 u_1\,\mathrm{d}A_1\,\mathrm{d}t=\rho_2 u_2\,\mathrm{d}A_2\,\mathrm{d}t$$

不考虑液体的可压缩性，有 $\rho_1=\rho_2$，则

$$u_1\,\mathrm{d}A_1=u_2\,\mathrm{d}A_2$$

对整个流束，由上式积分得

$$\int_{A_1} u_1\,\mathrm{d}A_1=\int_{A_2} u_2\,\mathrm{d}A_2$$

即 $q_1=q_2$，如用平均速度表示，可得

$$v_1A_1=v_2A_2=C \tag{1-21}$$

式(1-21)称为连续性方程，它说明：不可压缩液体做定常流动时，通过任一通流截面的流量相等；平均流速和通流截面面积成反比。

1.3.3　伯努利方程

伯努利方程是能量守恒定律在流体力学中的一种表现形式。由于液体存在黏性，研究起来比较复杂，所以讨论伯努利方程时，先从理想液体着手，然后再将其修正，应用到实际液体中去。

1. 理想液体的伯努利方程

理想液体因无黏性，又不可压缩，因此在管内流动时没有能量损失。根据能量守恒定律，同一管道每一截面的总能量都是相等的。如前所述，对于静止液体，单位重量液体的总能量为单位重量液体的压力能 $p/(\rho g)$ 和单位重量液体的势能 z 之和；而对于流动液体，除以上两项外，还有单位重量液体的动能 $v^2/(2g)$。

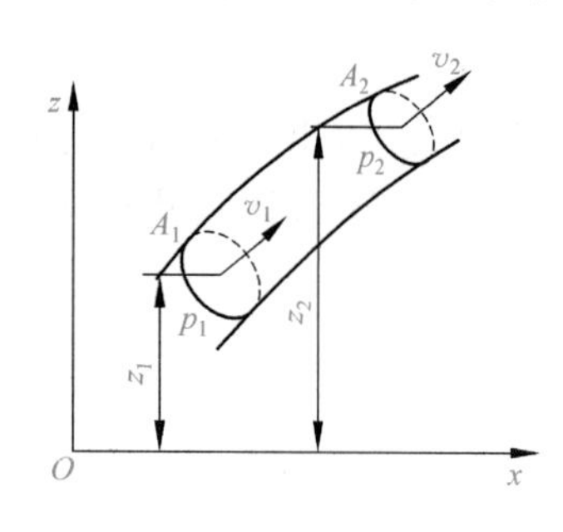

图 1-9 伯努利方程推导简图

在图 1-9 中，任取两个截面 A_1 和 A_2，它们距基准水平面的距离分别为 z_1 和 z_2，通流截面平均流速分别为 v_1 和 v_2，压力分别为 p_1 和 p_2。根据能量守恒定律有

$$z_1+\frac{p_1}{\rho g}+\frac{v_1^2}{2g}=z_2+\frac{p_2}{\rho g}+\frac{v_2^2}{2g} \tag{1-22a}$$

因两个截面是任取的，因此式(1-22a)可改写为

$$z+\frac{p}{\rho g}+\frac{v^2}{2g}=常数 \tag{1-22b}$$

式(1-22b)即为**理想液体的伯努利方程，其物理意义为：在管内做定常流动的理想液体具有压力能、势能和动能三种形式的能量，在任一截面上这三种能量可以相互转化，但其总和不变，即能量守恒。**

2. 实际液体的伯努利方程

式(1-22b)所表达的伯努利方程是在假设液体为理想液体时推导出来的，与实际液体具有一定的差异，应加以修正。

实际液体具有黏性，在管内流动时克服由黏性所引起的摩擦力而消耗能量；此外，由于管道形状和尺寸的变化，液流会产生扰动，也会消耗能量。因此，实际液体在管内流动时存在能量损失，不妨设单位重力液体在两截面之间流动的总能量损失为 h_w。

另外，实际流速 u 在管道截面上的分布是不均匀的，为计算方便，一般用平均速度代替实际流速计算动能。显然，这将产生误差。为修正这一误差，引入动能修正系数 α，它等于单位时间内某截面上实际动能与按平均速度计算的动能之比，即

$$\alpha=\frac{\int(u^2/2)\rho\mathrm{d}q}{(v^2/2)\rho q}=\frac{\int u^2\mathrm{d}q}{v^2 q}$$

动能修正系数 α 与液体流动状态即截面上流速分布有关，流速分布越均匀，其值越接近1。当液体在圆管中流动状态为层流时 $\alpha=2$，紊流时 $\alpha=1$(层流与紊流见 1.4.1 节)。

在引进了能量损失 h_w 和动能修正系数 α 后，实际液体的伯努利方程为

$$z_1+\frac{p_1}{\rho g}+\frac{a_1 v_1^2}{2g}=z_2+\frac{p_2}{\rho g}+\frac{a_2 v_2^2}{2g}+h_w \tag{1-23}$$

在应用式(1-23)进行计算时必须注意：

(1) 截面 1、2 应顺流向选取，且应取在流动平缓的通流截面上。

(2) z 和 p 应为通流截面的同一点上的两个参数，为方便起见，一般把这两个点都取在两截面的轴心处。

例1-1 如图1-10所示，设液压泵的流量为q，吸油口比油箱液面高h，吸油管路的总能量损失为h_w，计算液压泵的吸油腔的真空度。

解 以油箱液面为1-1截面，泵吸油口处为2-2截面，并取截面1-1为基准平面，列伯努利方程

$$z_1+\frac{p_1}{\rho g}+\frac{a_1 v_1^2}{2g}=z_2+\frac{p_2}{\rho g}+\frac{a_2 v_2^2}{2g}+h_w$$

式中，$z_1=0$；$z_2=h$；$p_1=p_a$；$v_1\ll v_2$，取$v_1=0$，$v_2=4q/(\pi d^2)$。故上式简化为

$$\frac{p_a}{\rho g}=\frac{p_2}{\rho g}+h+\frac{a_2 v_2^2}{2g}+h_w$$

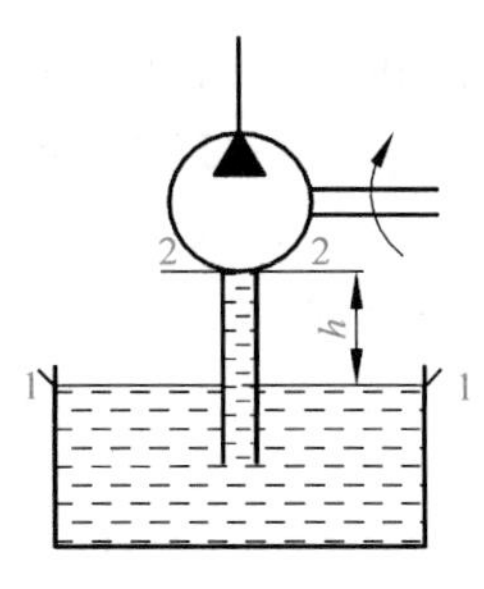

图1-10 泵从油箱吸油示意图

液压泵吸油口的真空度为

$$p_a-p_2=\rho gh+\rho\frac{a_2 v_2^2}{2}+\rho gh_w=\rho gh+\rho\frac{a_2 v_2^2}{2}+\Delta p_w$$

由此可见，液压泵吸油口的真空度由三部分组成：①把油液提升到一定高度所需的压力；②油液产生一定的流速所需的压力；③吸油管内压力损失。

为保障液压泵正常工作，液压泵吸油口真空度不能太大，即泵吸油口处的绝对压力不能太低，否则就会产生空穴现象，导致液压泵噪声过大。具体措施除增大吸油管直径、减小吸油管路局部阻力外，一般对吸油高度h加以限制，通常$h\leqslant 500$mm。有时采用浸入式或倒灌式安装，使液压泵的吸油高度小于零。

思考1-2

飞机在高空飞行时气压远低于地面大气压，如何保证飞机液压泵吸油口压力不会太低而产生空穴现象？

1.3.4 动量方程

动量方程是动量定理在流体力学中的具体应用。刚体力学的动量定理指出：作用在物体上的合外力等于物体在力作用方向上的动量变化率，即

$$\sum F=\frac{dI}{dt}=\frac{d(mv)}{dt} \tag{1-24}$$

为推导液体做定常流动时的动量方程，在图1-11所示的导管中，任取由通流截面1、2及管壁所限制的液体作为控制体。截面1、2的面积分别为A_1和A_2，平均速度分别为v_1、v_2。该控制体经dt后，从1-2运动到1′-2′，其动量变化为

$$dI=I_{Ⅲt+dt}+I_{Ⅱt+dt}-(I_{Ⅲt}+I_{Ⅰt})$$

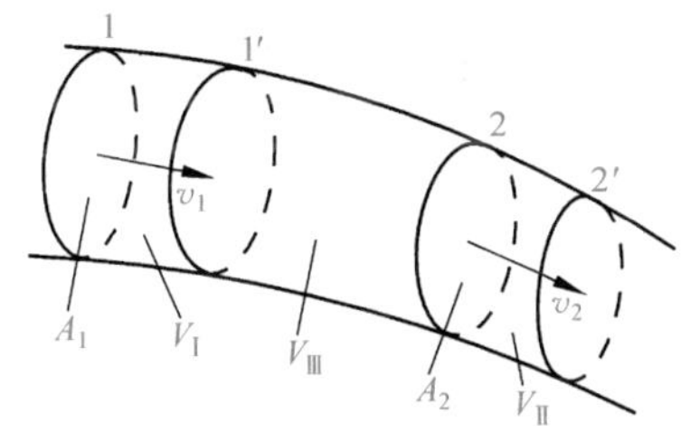

图1-11 动量方程推导简图

由于液体做定常流动，体积$V_Ⅲ$内动量无变化；而且不可压缩液体的密度ρ不变。所以有

$$dI=I_{Ⅱt+dt}-I_{Ⅰt}=\rho q\,dt(v_2-v_1)$$

将上式两边同除以dt，得

$$\sum F=\frac{dI}{dt}=\rho q(v_2-v_1) \tag{1-25}$$

式(1-25)是采用平均流速计算流体动量，与应用实际流速进行动量计算有一定的误差，因此引进动量修正系数加以修正。经修正后，液体做定常流动时的动量方程为

$$\sum F=\rho q(\beta_2 v_2-\beta_1 v_1) \tag{1-26}$$

式中，β_1、β_2为动量修正系数，液体在圆管中做层流时取$\beta=1.33$，紊流时取$\beta\approx 1$。

动量方程的物理意义是:作用于被控制液体上的合外力等于单位时间内流出与流入的动量之差。式(1-26)为矢量表达式,在应用时可根据问题的具体要求,采用投影形式。

应用动量方程可方便地求解流体作用在固体壁面上的力。但应注意,流体作用于固体壁面的力与式(1-26)计算出的结果是大小相等、方向相反的,称为液动力。

例 1-2 如图 1-12 所示的圆柱形滑阀,流量为 q、压力为 p 的压力油以流速 v_1 流入滑阀,流出时的速度为 v_2,求图示两种情况下滑阀所受到的轴向力的大小和方向(取动量修正系数 $\beta_1=\beta_2=1$)。

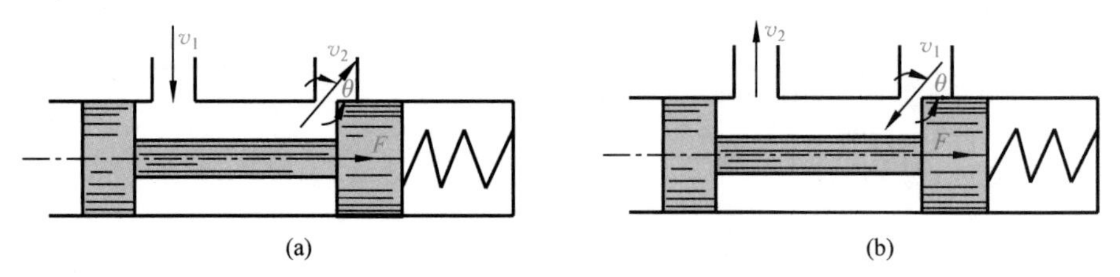

图 1-12 液流作用在滑阀上轴向力

解 取阀芯中部的液体为控制体,设阀芯作用在被控制液体上的力为 F,沿水平向右的方向列动量方程。

在图 1-12(a)中 $F=\rho q(v_2\cos\theta-v_1\cos 90°)=\rho q v_2\cos\theta$

阀芯所受到的轴向力 $F_1=-F=-\rho q v_2\cos\theta$

可知 F_1 的方向与 $v_2\cos\theta$ 反向。

在图 1-12(b)中 $F=\rho q(v_2\cos 90°-v_1\cos\theta)=-\rho q v_1\cos\theta$

阀芯所受到的轴向力 $F_2=\rho q v_1\cos\theta$

可知 F_2 的方向与 $v_1\cos\theta$ 相同。

由 F_1 和 F_2 的方向可知,滑阀阀芯所受的轴向力(液动力)总有使阀口关闭的趋势,这是液动力的特点。

1.4 管道中的液流特性

实际液体具有黏性,在管道中流动时会产生能量损失,这种能量损失主要表现为压力损失,即伯努利方程中的 h_w 项。压力损失包括沿程压力损失和局部压力损失两类,它们与液体的流动状态有关。

1.4.1 流态与雷诺数

1. 层流和紊流

19 世纪末,英国物理学家雷诺通过大量实验发现,液体在管道中的流动具有两种基本的状态,即层流和紊流。其实验装置如图 1-13(a)所示,水箱 4 由进水管 2 不断供水,多余的水由隔板 1 上部流出,以使实验过程中保持恒定水位。在水箱下部装有玻璃管 6 和开关阀 7,在玻璃管进口处放置与颜色水箱 3 相连的小导管 5。实验时首先将阀 7 打开,然后打开颜色水导管的开关,并用阀 7 来调节玻璃管 6 中水的流速。当流速较低时,颜色水的流动是一条与管轴平行的清晰的线状流,和大玻璃管中的清水互不混杂(图 1-13(b)),这说明管中的水流是分层的，这种流动状态叫层流。逐渐开大阀 7，当玻璃管中的流速增大至某一值时，颜色水流便开始抖动而呈波纹状态(图 1-13(c))，这表明层流开始被破坏。再进一步增大水的流速，颜色水流便和清水完全掺混在一起(图 1-13(d))，这种流动状态叫紊流。如果将阀 7 逐渐关小，则玻璃管中的流动状态便又从紊流恢复为层流。

非恒定流动

恒定流动

1-13

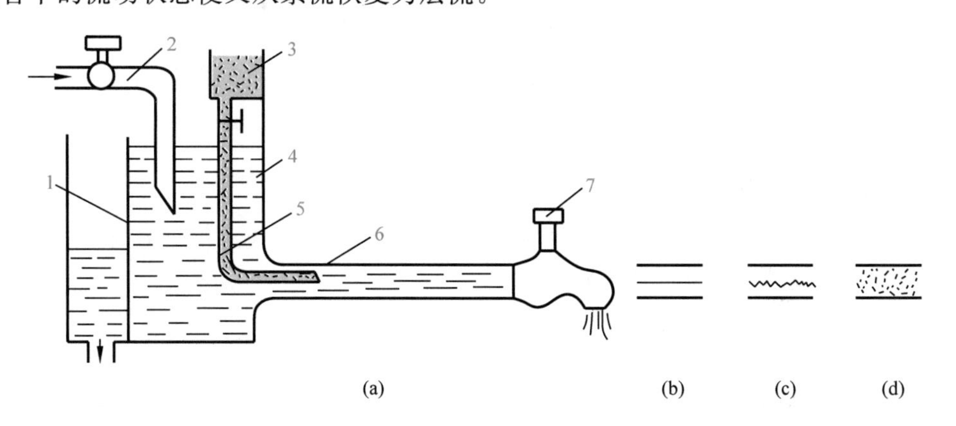

图 1-13　液流状态实验

1-隔板；2-进水管；3、4-水箱；5-导管；6-玻璃管；7-开关阀

层流与紊流是两种性质不同的流动状态。层流时，液体流速较低，质点受黏性的约束，不能随意运动，黏性力起主导作用；但在紊流时，因液体流速较高，黏性的制约作用减弱，惯性力起主导作用。

2. 雷诺数

实验表明，液体在圆管中的流动状态不仅与管内平均流速有关，还与管径及液体黏度有关。但真正决定液流状态的是用这三个数组成的一个无量纲组合数vd/ν，称为雷诺数，以 Re 表示，即

$$Re=\frac{vd}{\nu} \tag{1-27}$$

工程上常用临界雷诺数 Re_{cr} 来判别流动状态是层流还是紊流。当 $Re<Re_{cr}$ 时为层流；$Re>Re_{cr}$ 时为紊流。表 1-3 为常见液流管道的临界雷诺数 Re_{cr}。

表 1-3　常见液流管道的临界雷诺数

管道的形状	Re_{cr}	管道的形状	Re_{cr}
光滑的金属圆管	2000～2320	带环槽的同心环状缝隙	700
橡胶软管	1600～2000	带环槽的偏心环状缝隙	400
光滑的同心环状缝隙	1100	圆柱形滑阀阀口	260
光滑的偏心环状缝隙	1100	锥阀阀口	20～100

对于非圆截面的管道来说，Re 可用下式计算

$$Re=\frac{4vR}{\nu}$$

式中，R 为通流截面的水力半径。它等于液流的有效面积 A 和它的湿周(有效截面的周长)x 之比，即

$$R = \frac{A}{x}$$

例如，正方形每边长为 b，则湿周为 $4b$，面积为 b^2，则水力半径

$$R = \frac{b^2}{4b} = \frac{b}{4}$$

水力半径反映了管道的通流能力：水力半径大，表明液流与管壁接触少，通流能力大；水力半径小，表明液流与管壁接触多，通流能力小，容易堵塞。

1.4.2 沿程压力损失

液体在等径直圆管中流动时因黏性摩擦而产生的压力损失称为沿程压力损失。沿程压力损失也因流体的流动状态不同有所区别。

1. 层流时的沿程压力损失

层流是液压传动中最常见的流动状态，其液体质点做有规则的运动，可以方便地用数学工具来分析液流的速度、流量和压力损失。

1）通流截面上的流速分布规律

液体在直径为 d 的水平圆管中做层流运动，如图 1-14 所示。在液流中取一段与圆管同轴的微小圆柱体作为研究对象，设其半径为 r，长度为 l，作用在两端面的压力分别为 p_1 和 p_2，作用在其侧面的内摩擦力为 F_f。液流在做匀速运动时受力平衡，故有

$$(p_1 - p_2)\pi r^2 = F_f$$

式中，内摩擦力
$$F_f = -2\pi r l \mu \frac{du}{dr}$$

式中，负号是因流速 u 随 r 的增大而减小，$\frac{du}{dr}$为负值。令 $\Delta p = p_1 - p_2$，并将 F_f 代入上式整理可得

$$du = -\frac{\Delta p}{2\mu l} r dr$$

对上式积分，并应用边界条件，当 $r=R$ 时，$u=0$，得

$$u = \frac{\Delta p}{4\mu l}(R^2 - r^2) \tag{1-28}$$

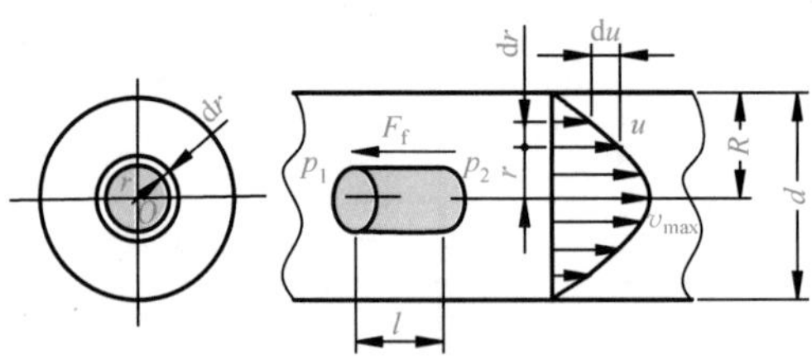

图 1-14 圆管层流运动

可见，管内液体质点的流速在半径方向上按抛物线规律分布。最小流速在管壁 $r=R$ 处，$u_{min}=0$；最大流速发生在轴线 $r=0$ 处，$u_{max}=\Delta p R^2/4\mu l$。

2）通过管道的流量

为计算流量，在半径 r 处取一微小环形通流截面（图 1-14），其面积 $dA=2\pi r dr$，通过的流量为

$$dq = u\mathrm{d}A = 2\pi ur\mathrm{d}r = 2\pi\frac{\Delta p}{4\mu l}(R^2 - r^2)r\mathrm{d}r$$

于是积分得

$$q = \int_0^R 2\pi\frac{\Delta p}{4\mu l}(R^2 - r^2)r\mathrm{d}r = \frac{\pi R^4}{8\mu l}\Delta p = \frac{\pi d^4}{128\mu l}\Delta p \tag{1-29}$$

3）管道内的平均流速

根据平均流速的定义，可得

$$v = \frac{q}{A} = \frac{1}{\pi R^2}\frac{\pi R^4}{8\mu l}\Delta p = \frac{R^2}{8\mu l}\Delta p = \frac{d^2}{32\mu l}\Delta p \tag{1-30}$$

将式(1-30)与 u_{max} 比较可知，平均流速 v 为最大流速的 1/2。

4）管道内的沿程压力损失

从式(1-30)中求出 Δp，即为其沿程压力损失

$$\Delta p_\lambda = \Delta p = \frac{32\mu lv}{d^2} \tag{1-31}$$

式(1-31)表明，液体在直管中做层流流动时，其沿程压力损失与管长、流速、黏度成正比，而与管径的平方成反比。适当变换式(1-31)可写成

$$\Delta p_\lambda = \frac{64}{Re}\frac{l}{d}\frac{\rho v^2}{2} = \lambda\frac{l}{d}\frac{\rho v^2}{2} \tag{1-32}$$

式中，λ 为沿程阻力系数，理论值 $\lambda=64/Re$。考虑实际流动中的油温变化不均等问题，因而在实际计算时，对金属管取 $\lambda=75/Re$，橡胶软管 $\lambda=80/Re$。在液压传动中，因为液体自重和位置变化对压力的影响很小可以忽略，所以在水平管的条件下推导的式(1-32)同样适用于非水平管。

2. 紊流时的沿程压力损失

液体在等径圆管中做紊流运动时的沿程压力损失要比层流时大得多，因为它不仅要克服液层间的内摩擦，而且要克服由液体横向脉动而引起的紊流摩擦，且后者远大于前者。实验证明，紊流时的沿程压力损失计算公式可采用层流时的计算公式，但式中的沿程阻力系数 λ 除与雷诺数有关外，还与管壁的粗糙度有关，即 $\lambda=f(Re,\Delta/d)$，这里 Δ 为管壁的绝对粗糙度，Δ/d 称为相对粗糙度。

1-3

目前我国 80%的成品油通过管道实现远距离输送，如何减少其沿程损失、保证必要的输送流量？

紊流时圆管的沿程阻力系数 λ 值可以根据不同的 Re 和 Δ/d 值从表 1-4 中选择公式进行计算。其中，管壁表面粗糙度 Δ 的值和管道的材料有关，计算时可参考下列数值：钢管 0.04mm，铜管 0.0015～0.01mm，铝管 0.0015～0.06mm，橡胶软管 0.03mm。

表 1-4　圆管紊流流动时的沿程阻力系数 λ 的计算公式

Re 范围	λ 的计算公式
$2320<Re<10^5$	$\lambda=0.3164\,Re^{-0.25}$
$10^5<Re<3\times10^6$	$\lambda=0.032+0.221\,Re^{-0.237}$
$Re>900(d/\Delta)$	$\lambda=\{2\lg[d/(2\Delta)]+1.74\}^{-2}$

1.4.3　局部压力损失

局部压力损失是液体流经如阀口、弯管、通流截面变化等局部阻力处所引起的压力损失。

液流通过这些局部阻力处时，由于液流方向和流速均发生变化，甚至形成旋涡，液体的质点间相互撞击，导致能量损耗。

局部压力损失的计算公式为

$$\Delta p_{\zeta}=\zeta\frac{\rho v^{2}}{2} \tag{1-33}$$

式中，ζ 为局部阻力系数，除少数几种能用理论推导方法外，一般由实验确定，也可查阅有关液压传动设计手册；v 为液体的平均流速。

对于液流通过各种标准液压元件的局部损失，一般可从产品技术规格中查得，但所查到的数据是在额定流量 q_n 时的压力损失 Δp_n，若实际通过流量 q 与其不一致时，可按式(1-34)折算

$$\Delta p=\left(\frac{q}{q_{n}}\right)^{2}\Delta p_{n} \tag{1-34}$$

1.4.4 管路系统中总压力损失

管路系统中总压力损失等于系统中所有直管沿程压力损失之和与局部压力损失之和的叠加，即

$$\begin{cases}h_{w}=\sum\lambda\dfrac{l}{d}\dfrac{v^{2}}{2g}+\sum\zeta\dfrac{v^{2}}{2g}\\ \Delta p=\sum\lambda\dfrac{l}{d}\dfrac{\rho v^{2}}{2}+\sum\zeta\dfrac{\rho v^{2}}{2}\end{cases} \tag{1-35}$$

式(1-35)仅在两相邻局部损失之间的距离大于管道内径10～20倍时才是正确的，否则液流受前一个局部阻力的干扰还没有稳定下来，就又经历后一个局部阻力，它所受扰动将更为严重，因而会使式(1-35)算出的压力损失值比实际数值小。

由式(1-27)、式(1-32)和式(1-35)可知：管路中的压力损失与管径 d、直管段长 l、液体黏度 ν 和流速 v 有关，其中受 v 影响最大，Δp 与 v^2 成正比。因此，为了减少系统中的压力损失，管道中液体的流速不应过高。同时，还应尽量减少截面变化和管道弯曲，管道内壁力求光滑，油液黏度适当。

1.5 孔口和缝隙流动

在液压传动系统中，经常遇到孔口和缝隙流动问题，如液体流经阻尼孔、节流元件、阀口以及通过缝隙泄漏等，尤其各类液压控制阀对流量、压力和方向的控制，通常都是通过一些特定的孔口实现的。因此，掌握孔口和缝隙的流动特性，对正确分析液压元件的工作原理、解决液压传动中的具体问题具有重要意义。

1.5.1 孔口流量公式

微课

孔口根据其通流长度 l 与孔径 d 之比不同可分为三种：$l/d\leqslant 0.5$ 时，称为薄壁小孔；$l/d>4$ 时，称为细长孔；介于二者之间时称为短孔。

1. 薄壁小孔

如图1-15所示，液体流经薄壁小孔时，由于惯性的作用，流过小孔后的液流形成一个收缩截面

2-2，然后再扩散。这一过程造成能量损失，并使油液发热，收缩截面面积A_0（对应直径 d_2 ）和孔口截面积 A（对应直径 d ）的比值称为收缩系数 C_c。即

$$C_c = \frac{A_0}{A}$$

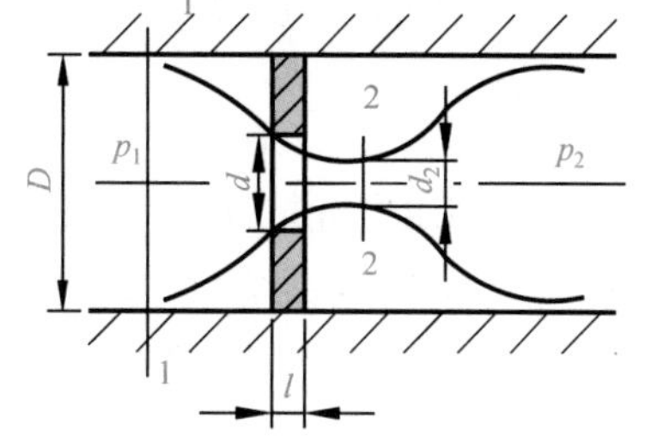

图 1-15　液体在薄壁小孔中的流动

1-15

收缩系数取决于雷诺数、孔口及其边缘形状、孔口离管道侧壁的距离等因素。如管道直径 D 与小孔直径 d 的比值 $D/d>7$ 时，收缩作用不受管道侧壁的影响，此时的收缩称为完全收缩。取截面 1-1 和收缩截面 2-2，同时考虑到收缩截面的流动为紊流，取 $\alpha=1$，列伯努利方程如下

$$\frac{p_1}{\rho} + \frac{v_1^2}{2} = \frac{p_2}{\rho} + \frac{v_2^2}{2} + \zeta\frac{v_2^2}{2}$$

由于 $D \gg d$，$v_1 \ll v_2$，故 v_1 可忽略不计，代入上式整理得

$$v_2 = \frac{1}{\sqrt{1+\zeta}}\sqrt{\frac{2}{\rho}(p_1 - p_2)} = C_v\sqrt{\frac{2}{\rho}\Delta p} \tag{1-36}$$

式中，C_v 为速度系数，$C_v = 1/\sqrt{1+\zeta}$。

因此，通过薄壁小孔的流量为

$$q = v_2 A_0 = C_v C_c A\sqrt{\frac{2}{\rho}\Delta p} = C_d A\sqrt{\frac{2}{\rho}\Delta p} \tag{1-37}$$

式中，C_c 为截面收缩系数，$C_c = A/A_0$；C_d 为流量系数，$C_d = C_v C_c$。

C_c 和 C_v 一般由实验确定。通常当 $D/d>7$，液流为完全收缩时，液流在小孔处呈紊流状态，雷诺数较大，薄壁小孔的收缩系数 C_c 取 0.61～0.63，速度系数 C_v 取 0.97～0.98，这时 $C_d=0.61$～0.62；当不完全收缩时，$C_d=0.7$～0.8。

薄壁小孔因其沿程阻力非常小，通过小孔的流量与油液黏度无关，所以对油温变化不敏感，因此薄壁小孔常被用作液压系统的节流口形式。

2. 短孔和细长孔

短孔的流量公式与薄壁小孔具有相同形式，只是流量系数不同而已。流量系数 C_d 可由图 1-16 查出。由图 1-16 可知，雷诺数较大时，流量系数基本稳定在 0.82 左右。短孔比薄壁小孔加工容易，因此特别适合于用作固定节流孔。

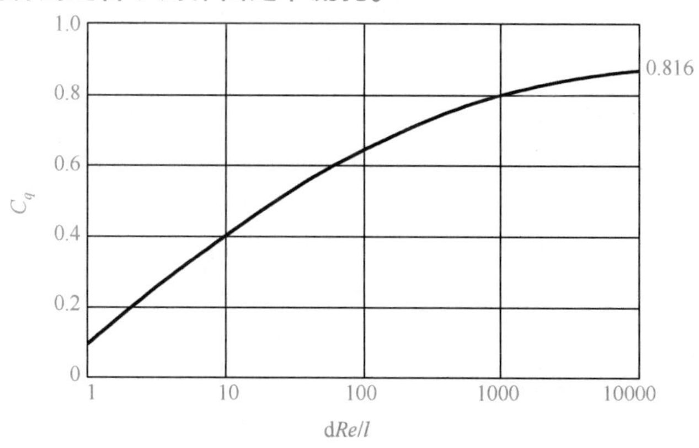

图 1-16　短孔的流量系数

液体流经细长孔时，一般都是层流状态，所以可直接应用前面已导出的直管流量公式(1-29)来计算，当孔口直径为 d，截面积为 $A=\pi d^2/4$ 时，可写成

$$q=\frac{d^2}{32\mu l}A\Delta p \tag{1-38}$$

微课

由式(1-38)可知，通过细长孔的流量与孔口前后压差成正比，与油液的黏度成反比，因此流量受油温变化的影响较大，这一点与薄壁小孔不同。

综合各孔口的流量公式，可以归纳出一个通用公式

$$q=KA\Delta p^m \tag{1-39}$$

式中，K 为由孔口的形状、尺寸和液体性质决定的系数，对薄壁孔和短孔有 $K=C_d\sqrt{2/\rho}$，对细长孔，$K=d^2/(32\mu l)$；A 为孔口截面的面积，m^2；Δp 为孔口前后的压力差，N/m^2；m 为由孔口长径比决定的指数，对薄壁小孔 $m=0.5$，对细长孔 $m=1$。

1.5.2 缝隙流动

液压元件的泄漏是典型的缝隙流动形式，它主要由间隙与压力差造成。泄漏会影响液压元件的性能，降低系统的效率。

由于液压元件中相对运动的零件之间的间隙很小，一般在几到几十微米，因此油液在间隙中的流动状态通常为层流。

1. 平行平板的间隙流动

图 1-17 所示的两平行平板之间充满液体，设平板长为 l，宽为 b(图 1-17 中未画出)，间隙为 h，且 $l\gg h$，$b\gg h$。两端压差为 $\Delta p=p_1-p_2$；上平板相对于下平板以速度 u_0 向右运动。对平板缝隙中的液体，存在如下三种流动情况。

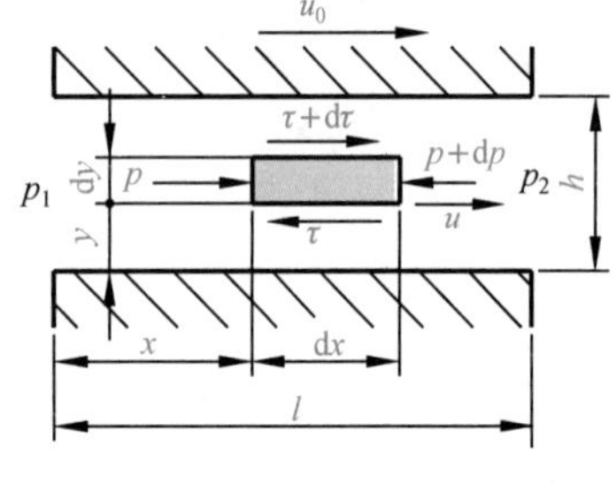

图 1-17 平行平板间隙流动

(1) 当 $\Delta p\neq 0$，$u_0=0$ 时，液体在压差 Δp 的作用下将产生流动，称为压差流动。

(2) 当 $u_0\neq 0$，$\Delta p=0$ 时，由于黏性作用，液体将在平板的拖拽作用下流动，称为剪切流动。

(3) 当 $\Delta p\neq 0$，$u_0\neq 0$ 时，即同时存在压差流动和剪切流动，这种流动为一般情况，称为压差与剪切作用下的联合流动。

现考虑 $\Delta p\neq 0$，$u_0\neq 0$ 时的一般情况。在平板缝隙中取一微小单元液体 $dxdy$(宽度方向取单位长)，质量力可忽略不计，作用在它与液流相垂直的两个表面(面积为 $dy\times 1$)上的压力为 p 和 $p+dp$，作用在它与液流相平行的两个表面(面积为 $dx\times 1$)上的单位面积摩擦力为 τ 和 $\tau+d\tau$，则微元体的受力平衡方程为

$$p\mathrm{d}y+(\tau+\mathrm{d}\tau)\mathrm{d}x=(p+\mathrm{d}p)\mathrm{d}y+\tau\mathrm{d}x$$

根据牛顿内摩擦定律，式中 $\tau=\mu du/dy$，代入上式并整理得

$$\frac{\mathrm{d}^2u}{\mathrm{d}y^2}=\frac{1}{\mu}\frac{\mathrm{d}p}{\mathrm{d}x} \tag{1-40}$$

对式(1-40)两次积分，并注意到如下两点。

① 对于缝隙中的层流运动，p 是 x 的线性函数，即式(1-40)中

$$\frac{\mathrm{d}p}{\mathrm{d}x}=\frac{p_2-p_1}{l}=-\frac{p_1-p_2}{l}=\frac{-\Delta p}{l}$$

②利用边界条件可确定积分常数：当 $y=0$ 时，$u=0$；当 $y=h$ 时，$u=u_0$。

于是，缝隙流的流速分布

$$u=\frac{\Delta p}{2\mu l}(h-y)y\pm\frac{u_0}{h}y \tag{1-41}$$

流量 q 为

$$q=\int_0 u\mathrm{d}A=\frac{bh^3}{12\mu l}\Delta p\pm\frac{bh}{2}u_0 \tag{1-42}$$

平行平板缝隙流量由两项组成，第一项为压差流动引起的流量，第二项为剪切流动引起的流量。当剪切流方向和压差流方向一致时取“+”；反之，取“−”。

从式(1-42)可以看出，压差作用下，通过固定平行平板缝隙的流量与缝隙量的三次方成正比。这说明液压元件内缝隙的大小对泄漏的影响是非常大的。

2. 圆柱环形的间隙流动

液压元件中的配合面多为圆环形间隙，如液压缸的活塞与缸体、滑阀的阀芯与阀体之间的间隙等。

1）同心环形间隙

图 1-18 所示为同心环形间隙间的液流，当 $h/r\ll 1$ 时，可以将环形缝隙间的流动近似地看作平行平板缝隙间的流动，只要将 $b=\pi d$ 代入式(1-42)，即

$$q=\frac{\pi d h^3}{12\mu l}\Delta p\pm\frac{\pi d h}{2}v \tag{1-43}$$

式中，“+”和“−”的确定同式(1-42)。

2）偏心环形间隙的压差流动

实际工程中，形成间隙的两个圆柱面不可能完全同心，而常带有一定的偏心量。如图 1-19 所示，内、外圆柱面的半径分别为 r 和 R，偏心量为 e。设在任意角度 β 处取 $\mathrm{d}\beta$ 所对应的内外圆柱表面所形成的间隙，其间隙大小为 h，由于 $\mathrm{d}\beta$ 取得很小，故可视作两条平行平板间的间隙，通过该间隙的流量为

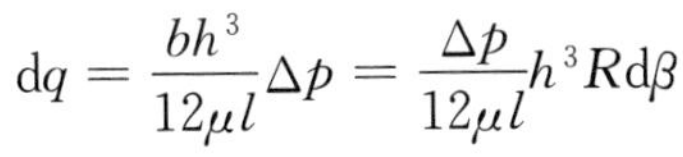

$$\mathrm{d}q=\frac{bh^3}{12\mu l}\Delta p=\frac{\Delta p}{12\mu l}h^3R\mathrm{d}\beta$$

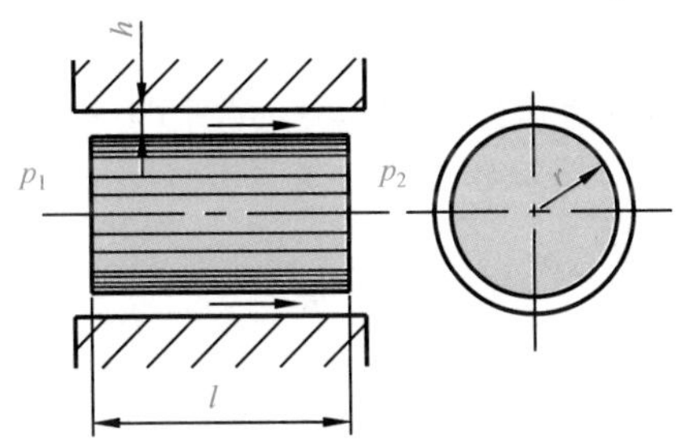

图 1-18　同心环形间隙间的液流

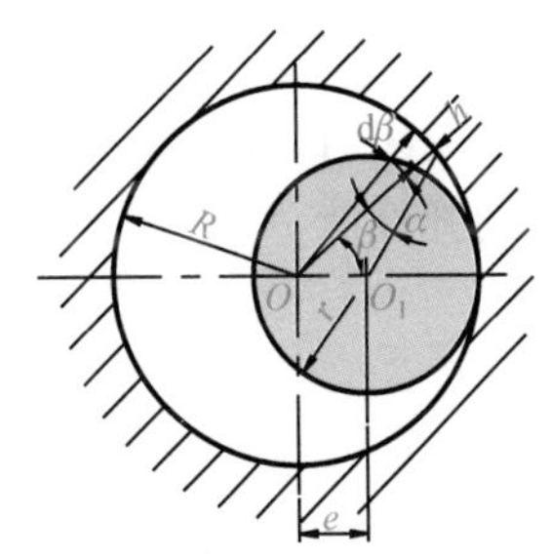

图 1-19　偏心环形间隙间的液流

由图 1-19 中可知：$h=R-e\cos\beta-y\cos\alpha$，又因 α 很小，所以上式可写成

$$h=R-r-e\cos\beta=h_0-e\cos\beta=h_0(1-\varepsilon\cos\beta)$$

式中，h_0 为在同心时的间隙量，$h_0=R-r$；ε 为相对偏心量，$\varepsilon=e/h_0$。所以

$$\mathrm{d}q=\frac{\Delta p}{12\mu l}h^3(1-\varepsilon\cos\beta)^3R\mathrm{d}\beta$$

对上式积分即可得到液体在压差作用下流过偏心环形间隙的流量

$$q=\int \mathrm{d}q=\int_0^{2\pi}\frac{\Delta p}{12\mu l}Rh_0^3(1-\varepsilon\cos\beta)^3\mathrm{d}\beta=\frac{\pi d h_0^3}{12\mu l}\Delta p(1+1.5\varepsilon^2) \tag{1-44}$$

当 $\varepsilon=0$ 时，式(1-44)即为同心时压差作用下的流量公式；当 $\varepsilon=1$ 时，即处于完全偏心时

$$q=2.5\frac{\pi d h_0^3}{12\mu l}\Delta p \tag{1-45}$$

由此可见，完全偏心时的流量为同心时的 2.5 倍。

3）偏心环形间隙在压差与剪切联合作用下的流动

由式(1-44)和式(1-45)可得到

$$q=\frac{\pi d h_0^3}{12\mu l}\Delta p(1+1.5\varepsilon^2)\pm\frac{\pi d h_0}{2}v \tag{1-46}$$

式中，第一项为压差流动的流量，第二项为纯剪切流动的泄漏，正负号意义同前。

1.6 液压冲击和空穴现象

1.6.1 液压冲击

在液压系统中，由于某种原因引起液体压力在瞬间突然升高，产生很高的压力峰值，这种现象称为液压冲击。液压冲击的压力峰值往往比正常工作压力高好几倍，且常伴有巨大的振动和噪声，有时会使某些液压元件(如压力继电器、液压控制阀等)产生误动作，甚至导致一些液压元件或管件损坏。因此，搞清液压冲击的本质，估算出它的压力峰值并研究抑制措施，是十分必要的。

在液压传动系统中的液压冲击，按其产生的原因可分为：①因管道中阀门的突然关闭或液流迅速换向使液流速度的大小或方向发生突然变化时，流动液体的惯性导致的液压冲击；②运动的工作部件突然制动或换向时，因工作部件的惯性而引起的液压冲击。下面对这两种常见的液压冲击进行分析。

1. 液体突然停止运动时产生的液压冲击

1-20

如图 1-20 所示，设管道的截面积为 A，长度为 l，管道中液流的流速为 v，密度为 ρ。当管道的末端突然关闭时，液体立即停止运动。根据能量转化和守恒定律，液体的动能 $\rho A l v^2/2$，转化为液体的弹性能 $Al\Delta p^2/(2K')$，即

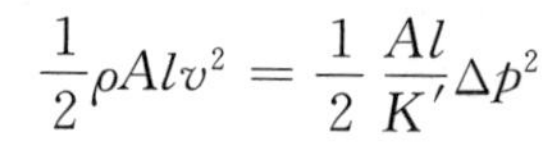

$$\frac{1}{2}\rho A l v^2=\frac{1}{2}\frac{Al}{K'}\Delta p^2$$

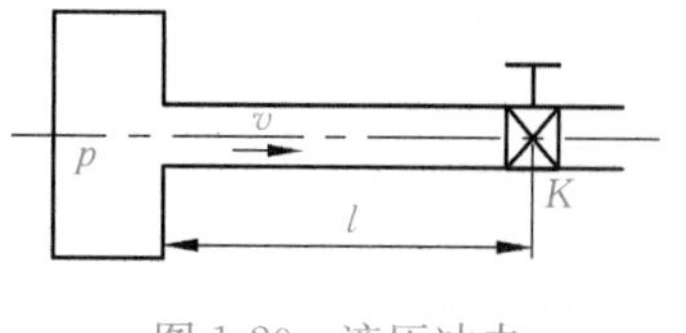

图 1-20 液压冲击

所以

$$\Delta p=\rho\sqrt{\frac{K'}{\rho}}v=\rho c v \tag{1-47}$$

式中，Δp 为液压冲击时压力的升高值，$\mathrm{N/m^2}$；K' 为液体的等效体积模量，$\mathrm{N/m^2}$；c 为冲击波在管中的传播速度，m/s，$c=\sqrt{K'/\rho}$。

由式(1-47)可知，对于一定的油液和管道材质来说，ρ 和 c 均为定值，因此唯一能减小 Δp 的方法是加大管道的通流截面以降低 v。一般若将 v 限制在 4.5m/s 以内，Δp 不会超过 5.0MPa，这一压力峰值在一般液压传动系统中可以认为是安全的。

液压冲击波在管中的传播速度 c 可按式(1-48)计算

$$c=\sqrt{\frac{K'}{\rho}}=\frac{\sqrt{K/\rho}}{\sqrt{1+\frac{d}{\delta}\frac{K}{E}}} \tag{1-48}$$

式中，K 为液压油的体积模量，N/m^2；d 为管道内径，m；δ 为管道壁厚，m；E 为管道材料的弹性模量，N/m^2。

冲击波在管道内液压油中的传播速度 c 一般为 890～1270m/s。

式(1-47)仅适应于管道瞬间关死的情况，亦即阀门的关闭时间 t 小于压力波来回一次所需的时间 t_c(临界关闭时间)的情况，即

$$t<t_c \quad (t_c=2l/c) \tag{1-49}$$

凡满足式(1-49)的称为完全冲击，否则便是非完全冲击。非完全冲击时引起的压力峰值比完全冲击时的低，按式(1-50)计算

$$\Delta p=\rho cv\frac{t_c}{t} \tag{1-50}$$

如果阀门不是关死，而是部分关闭，使液流流速从 v 降低到 v'，即冲击前后的稳态流速变化值为 $\Delta v=v-v'$，这种情况下只要在式(1-47)和式(1-50)中以 Δv 代替 v，便可求得相应条件下的压力升高值 Δp。

知道了 Δp，便可求得出现冲击后管道中的最大压力

$$p_{\max}=p+\Delta p \tag{1-51}$$

式中，p 为正常工作压力。

2. 运动部件制动时产生的液压冲击

设总质量为 m 的运动部件在制动时的减速时间为 Δt，速度的减小值为 Δv，液压缸的有效工作面积为 A，则根据动量定理可近似地求得系统中的冲击压力 Δp 为

$$\Delta p=\frac{m\Delta v}{A\Delta t} \tag{1-52}$$

因忽略了阻尼、泄漏等因素，式(1-52)所算得的结果比实际值大，在估算时偏于安全。

3. 减小液压冲击的措施

根据以上分析，为减小液压冲击可采取以下措施：

(1) 减慢阀的关闭速度和运动部件制动换向的速度，缩短油管长度，使直接冲击改变为间接冲击。

(2) 限制油管中油液的流速。

(3) 用橡胶软管或在冲击源处设置蓄能器，以吸收液压冲击的能量。

(4) 在容易出现液压冲击的地方，安装限制压力升高的安全阀。

1.6.2　空穴现象

在流动的液体中，因某点处的压力低于空气分离压而产生气泡的现象，称为空穴现象。空穴现象使液压装置产生噪声和振动，使金属表面受到腐蚀。为了解空穴现象产生的机理，先介绍一下液压油的空气分离压和饱和蒸气压。

1. 油液的空气分离压和饱和蒸气压

油液中都溶解有一定量的空气，一般溶解5%～6%体积的空气。油液能溶解的空气量与绝对压力成正比，在大气压下正常溶解于油液中的空气，当压力低于大气压时，就成为过饱和状态，在一定的温度下，如压力降低到某一值时，过饱和的空气将从油液中分离出来形成气泡，这一压力值称为该温度下的空气分离压。含有气泡的液压油的体积弹性模量将大大减小，所含的气泡越多，液压油的体积弹性模量将越低。

当液压油在某温度下的压力低于某一数值时，油液本身迅速汽化，产生大量蒸气气泡，这时的压力称为液压油在该温度下的饱和蒸气压。一般来说，液压油的饱和蒸气压相当小，比空气分离压小得多。因此，要使液压油不产生大量气泡，它的压力最低不得低于液压油所在温度下的空气分离压。

2. 液压传动中的空穴现象及其危害

液压传动中的空穴现象多发生在阀口和液压泵的吸油口处。液压阀口，特别是节流口（图1-21），其通道狭窄，流速很高，根据伯努利方程，该处的压力会很低，以致产生空穴现象。

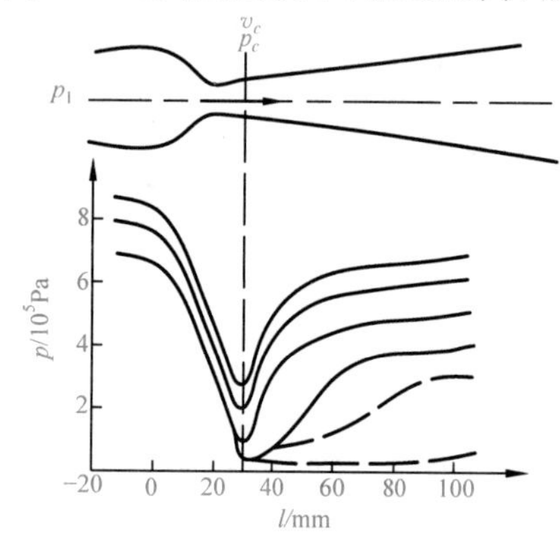

图1-21 节流口空穴现象

在液压泵吸油过程中，吸油口的绝对压力会低于大气压，如果液压泵安装太高，吸油管直径太小或滤网堵塞，泵吸油口的真空度会很大，也会产生空穴现象。

当液压系统出现空穴现象时，大量的气泡使液流的流动特性变坏，造成流量和压力的不稳定。这些气泡随着液流进入高压区时，周围的高压会使气泡迅速溃灭，产生局部的液压冲击，引起振动和噪声。当附着在金属表面上的气泡破灭时，它所产生的局部高温和高压会使金属表面疲劳，时间一长会造成金属表面的侵蚀、剥落，甚至出现海绵状的小洞穴。这种由空穴造成的对金属表面的腐蚀作用称为气蚀。

3. 减小空穴现象的措施

在液压系统中的任何地方，只要压力低于空气分离压，就会发生空穴现象。为了防止空穴现象的产生，就要避免液压系统中的压力过度降低。具体措施有：

（1）减小阀孔或其他元件通道前后的压力降，一般使压力比 $p_1/p_2<3.5$。

（2）尽量降低液压泵的吸油高度，采用内径较大的吸油管并少用弯头，过滤器要及时清洗或更换滤芯以防堵塞，必要时对大流量泵设置辅助泵供油。

（3）管路要有良好的密封，防止空气进入。

（4）对容易产生气蚀的元件，如泵的配油盘等，要采用抗腐蚀能力强的金属材料，提高零件的抗气蚀能力。

习 题

1-1 什么是相对压力、绝对压力和真空度？它们之间有何关系？液压系统中的压力指的是什么压力？

1-2 什么是液体的黏性？常用的黏度表示方法有哪几种？如何根据液压系统的工作条件选择合适的液压油黏度？

1-3　如图1-22所示为一黏度计，若$D=100\text{mm}$，$d=98\text{mm}$，$l=200\text{mm}$，外筒转速$n=8\text{r/s}$时，测定的转矩$T=0.4\text{N}\cdot\text{m}$，试求其油液的动力黏度。

1-4　如图1-23所示，密闭容器中装有水，液面高$h=0.4\text{m}$，容器上部充满压力为p的气体，管内液柱高$H=1\text{m}$，其上端与大气相通，问容器中气体绝对压力为多少？相对压力为多少？

1-5　有一恒压容器充满了密度为ρ的油（图1-24），其压力p由水银压力计的读数h确定。若测压计与容器以柔软胶管连接，现将测压管向下移动距离a，这时虽然容器中压力不变化，但测压管中的读数则由h变为$h+\Delta h$，试求Δh与a的关系式。

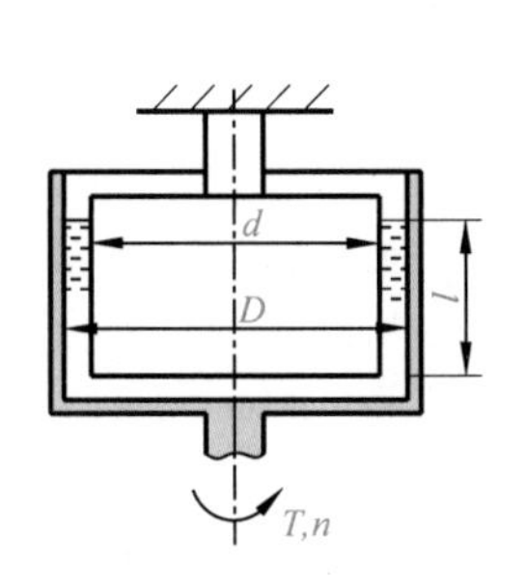

图1-22　题1-3图

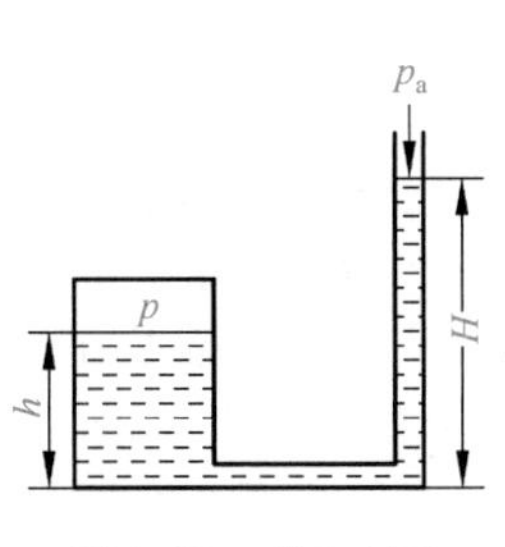

图1-23　题1-4图

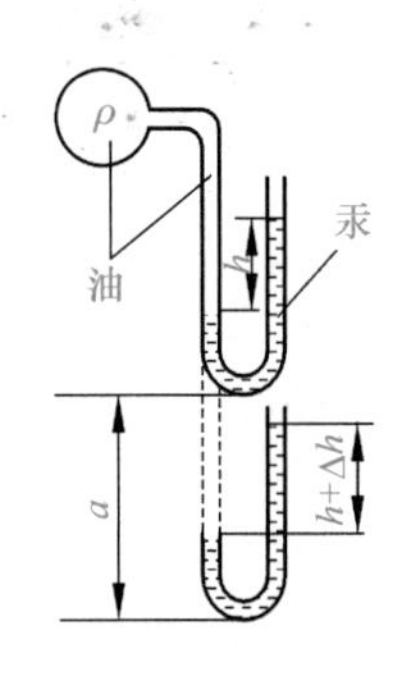

图1-24　题1-5图

1-6　试推导如图1-25所示的文丘里流量计的流量公式。

1-7　如图1-26所示，已知水深$H=10\text{m}$，截面$A_1=0.02\text{m}^2$和截面$A_2=0.04\text{m}^2$，求孔口的出流流量以及点2处的表压力（取$\alpha=1$，$\rho=1000\text{kg/m}^3$，不计损失）。

1-8　如图1-27所示，运动黏度$\nu=34\text{mm}^2/\text{s}$的油液通过$l=300\text{m}$长的光滑管道，管道两端连接两个液面差保持不变、截面大小相等的容器，容器两侧断面面积相同，液面差$H=30\text{cm}$，如仅计管道中的沿程损失，求：

(1) 当通过流量为10L/s，液体做层流运动的管道直径；

(2) 由(1)所得出直径，求不发生紊流时两容器最高液面差$H_{\max}$。

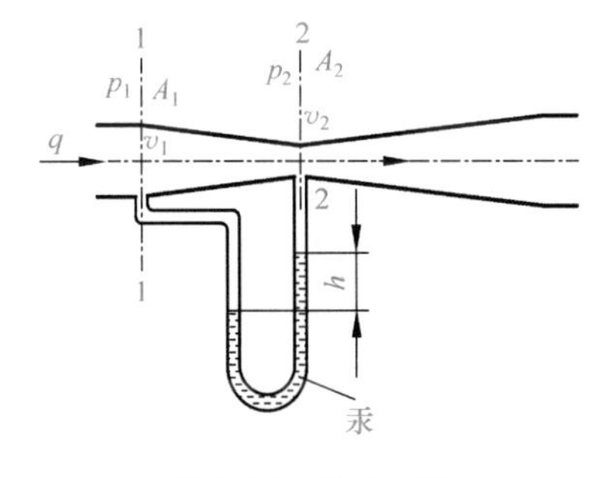

图1-25　题1-6图

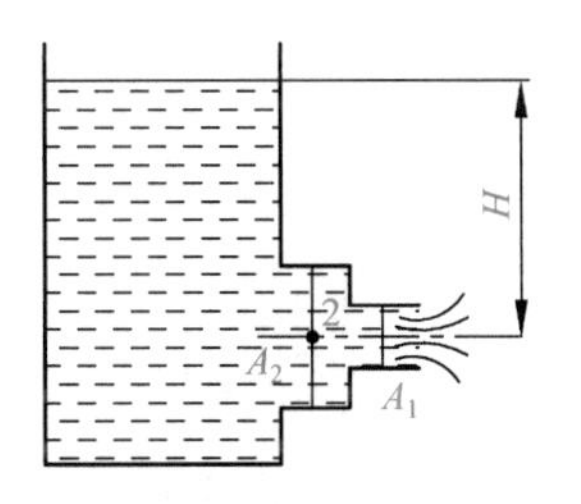

图1-26　题1-7图

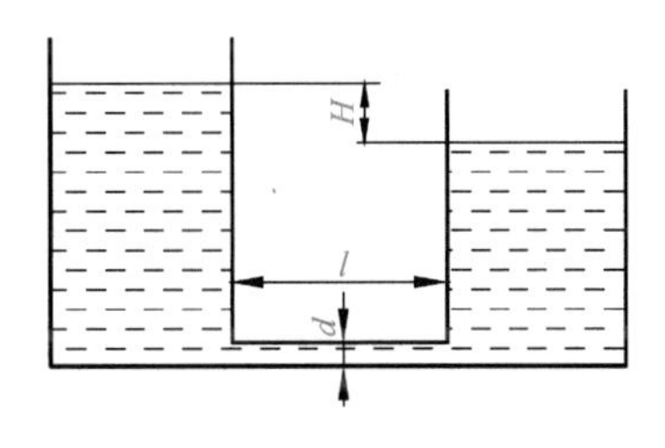

图1-27　题1-8图

1-9　如图1-28所示，液压泵从一个大的油池中抽吸油液，流量$q=150\text{L/min}$，油液的运动黏度$\nu=34\times10^{-6}\text{m}^2/\text{s}$，$\rho=900\text{kg/m}^3$，吸油管直径$d=60\text{mm}$，并设泵的吸油管弯头处局部阻力系数$\zeta=0.2$，吸油口粗滤网的压力损失$\Delta p=0.0178\text{MPa}$。如希望泵入口处的真空度不大于0.04MPa，试求泵的吸油高度H。

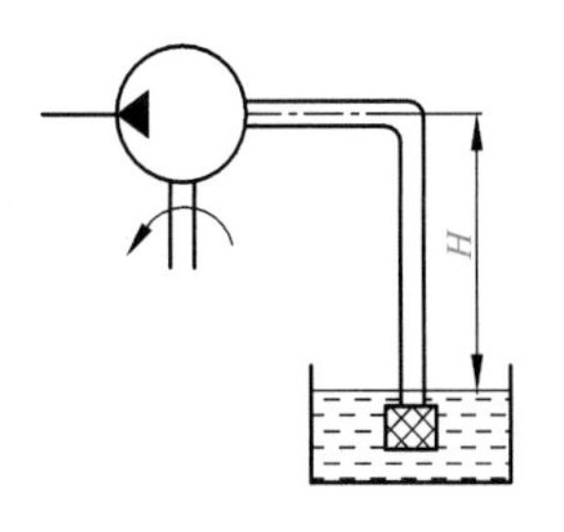

图1-28　题1-9图

1-10　将流量$q=16\text{L/min}$的液压泵安装在油面以下，已知油的运动黏度$\nu=11\text{mm}^2/\text{s}$，油的密度$\rho=880\text{kg/m}^3$，弯头处的局部阻力系数$\zeta=0.2$，其他尺寸如图1-29所示。求液压泵入口处的绝对压力。

1-11　如图 1-30 所示，一水平放置的固定导板。将直径 $d=0.1\text{m}$，流速 $v=20\text{m/s}$ 的射流转过 90°，求导板作用于液体的合力大小及方向（$\rho=1000\text{kg/m}^3$）。

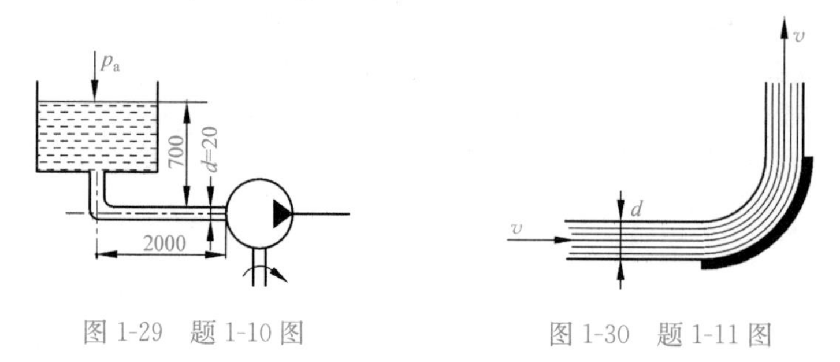

图 1-29　题 1-10 图　　　　图 1-30　题 1-11 图

1-12　如图 1-31 所示，一般在大气中的射流流量为 q，以速度 v 射到与射流中心线成 α 角的平板 A 后，射流分成两股，两股射流流量为 q_1 和 q_2，取动量修正系数等于 1。试求作用于平板 A 上的力 F。

1-13　力 $F=3000\text{N}$ 作用在 $D=50\text{mm}$ 的活塞上，使油从缸底孔口流出，如图 1-32 所示。孔口 $d=20\text{mm}$，$C_v=0.97$，$C_d=0.63$，$\rho=900\text{kg/m}^3$。忽略活塞摩擦，试求作用在缸底壁面上的力。

1-14　如图 1-33 所示，柱塞直径 $d=19.9\text{mm}$，缸套直径 $D=20\text{mm}$，长 $l=70\text{mm}$，柱塞在力 $F=40\text{N}$ 作用下向下运动，并将油液从缝隙中挤出，若柱塞与缸套同心，油液的黏度 $\mu=0.784\times10^{-3}\text{Pa}\cdot\text{s}$，问柱塞下落 0.1m 所需的时间。

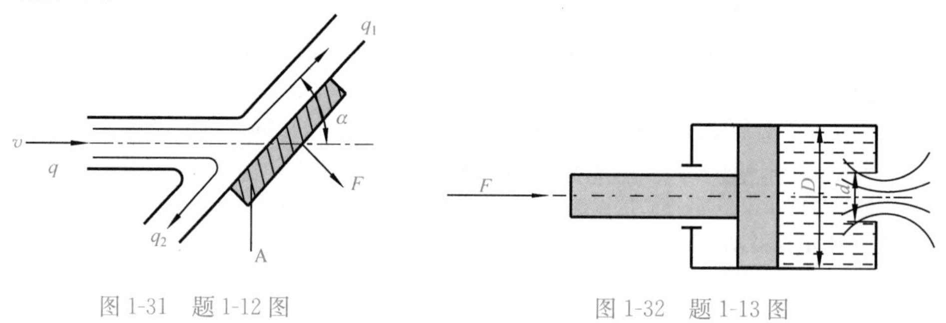

图 1-31　题 1-12 图　　　　图 1-32　题 1-13 图

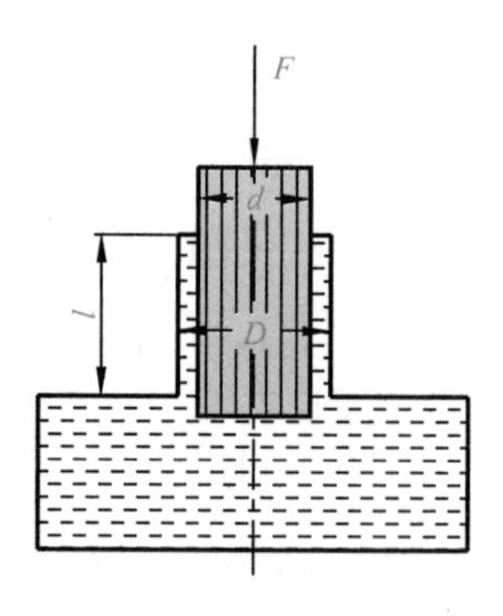

图 1-33　题 1-14 图

第2章 液压动力元件

液压泵是液压系统的动力元件，它是将原动机输入的机械能转变成液体的压力能的能量转换装置，能够为液压系统提供具有一定压力和流量的液体。液压泵对于液压系统来说是必不可少的核心元件，其性能的优劣直接影响系统的稳定性和可靠性。

微课

2.1 液压泵概述

2.1.1 液压泵的工作原理

单柱塞液压泵的工作原理如图 2-1 所示。图 2-1 中柱塞 2 和缸体 3 组成密封的容腔 a，当偏心轮 1 顺时针由 0°转动到 180°时，柱塞向右移动，密封容腔 a 增大，压力降低，形成局部真空；油箱中的油液在大气压的作用下，顶开单向阀 6 进入密封容腔 a 中，完成了液压泵的吸油过程。当偏心轮 1 顺时针由 180°向 360°的位置转动时，柱塞 2 向左移动，密封容腔 a 容积逐渐减小，容腔 a 中的油液压力逐渐升高，在油压力和弹簧力作用下关闭单向阀 6，同时将单向阀 5 打开，即容腔内的压力油液通过单向阀 5 被排到液压系统中，完成了液压泵的排油过程。这样液压泵就将原动机输入的机械能转换成液体的压力能，偏心轮 1 连续转动，液压泵就不断地吸油和排油。

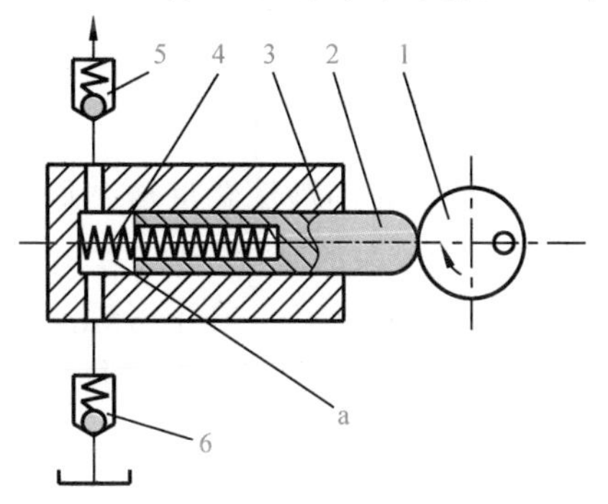

图 2-1 单柱塞液压泵工作原理图

1-偏心轮；2-柱塞；3-缸体；4-弹簧；5、6-单向阀

2-1

可见，上述液压泵的工作过程是依靠密封容积做周期性的变化来实现吸油和排油的，其输出流量的多少取决于柱塞往复运动的次数和密封容积变化的大小。这种依靠密封工作容积周期性变化，将机械能转换为压力能的液压泵，称为容积式液压泵。

从以上分析可以看出，容积式液压泵工作的基本条件应包括：

> **思考 2-1**
>
> 单柱塞液压泵在实际工程中是否可以应用？如何提升其实用化性能？

(1) 具有若干个密封且又可以周期性变化的空间。此空间的容积变化量和单位时间内的变化次数决定了液压泵的输出流量。

(2) 在吸油过程中，油箱必须与大气相通或保持一定压力，这是容积式液压泵能够吸入油液的外部条件。因此，为保证液压泵正常吸油，油箱常与大气相通或采用密封的充压油箱。

(3) 相应的配流机构。配流机构的作用是将吸油腔和排油腔隔开，保证液压泵有规律地连续吸排液体。液压泵的结构原理不同，其配流机构也不相同。图 2-1 所示的单柱塞泵的配油机构就是单向阀 5、6。

2.1.2 液压泵的基本性能参数

液压泵的基本性能参数主要是指液压泵的压力、排量和流量、功率和效率等。

1. 压力

(1) 工作压力 p:液压泵实际工作时的输出压力,即泵出口处的压力。在实际工作中,液压泵的压力是随负载的大小和排油管路上的压力损失而变化的。

(2) 额定压力 p_n:在正常工作条件下,液压泵按实验标准规定连续运转的最高压力。

(3) 最高允许压力:按实验标准规定,液压泵允许短暂超过额定压力运行的最高压力。

(4) 吸入压力:液压泵入口处的压力。

由于液压传动系统的应用场合不同,其所需的压力也不同。为了便于液压元件的设计、生产和使用,将压力分为几个等级,如表 2-1 所示。随着科学技术的不断发展和人们对液压传动系统要求的不断提高,压力分级也在不断地变化,压力分级的原则也不是一成不变的。

表 2-1 压力分级表

压力分级	低压	中压	中高压	高压	超高压
压力/MPa	≤2.5	2.5～8	8～16	16～32	>32

2. 排量和流量

(1) 排量 V:液压泵每转一周,由其密封容腔几何尺寸变化计算而得到的排出液体的体积,称为液压泵的排量,单位为 m^3/r。

(2) 理论流量 q_t:在不考虑泄漏的情况下,液压泵在单位时间内排出的液体体积,称为理论流量。显然,如果液压泵的排量为 V,其主轴转速为 n(r/s),则该液压泵的理论流量

$$q_t = Vn \tag{2-1}$$

单位为 m^3/s。

(3) 实际流量 q:液压泵在某一具体工况下,单位时间内所排出的液体体积,称为实际流量,它等于理论流量 q_t 减去泄漏、压缩等损失的流量 Δq,即

$$q = q_t - \Delta q \tag{2-2}$$

通常称 Δq 为容积损失,它与工作油液的黏度、泵的密封性及工作压力等因素有关,如图 2-2 所示。

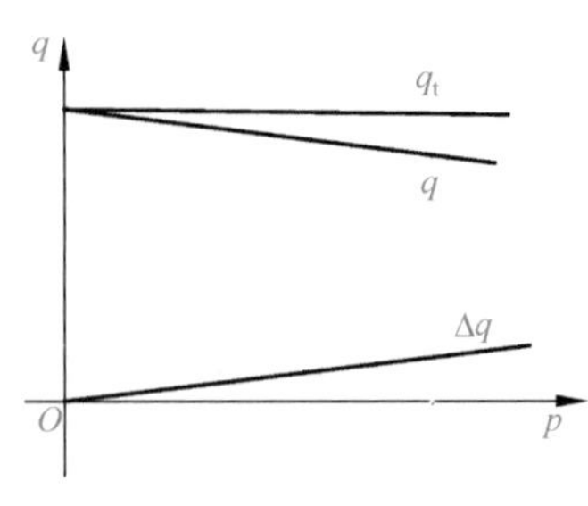

图 2-2 泵的流量 q 与工作压力 p 的关系曲线图

(4) 额定流量 q_n:液压泵在额定压力和额定转速下输出的实际流量称为额定流量。

(5) 瞬时流量 q_{sh}:液压泵在每一瞬时排出的流量称为瞬时流量,它一般指液压泵的瞬时理论流量。

3. 功率

(1) 输入功率 P_i:液压泵的输入功率是指作用在液压泵主轴上的机械功率,当输入转矩为 T、角速度为 ω 时,则

$$P_i = T\omega \tag{2-3}$$

(2) 输出功率 P：液压泵的输出功率是指液压泵在工作过程中实际吸、压油口间的压差 Δp 和输出流量 q 的乘积，即

$$P=\Delta pq \tag{2-4}$$

在实际的计算中，若油箱直接连通大气，液压泵吸、压油口的压力差 Δp 常常用液压泵出口压力代替。

液压泵的功率流程图如图 2-3 所示。

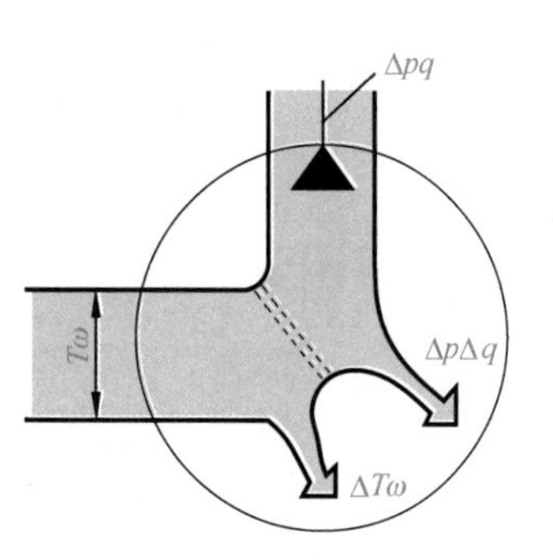

图 2-3 液压泵的功率流程图

4. 效率

(1) 容积效率 η_v：液压泵的实际输出流量总是小于其理论输出流量，这主要是液压泵内部存在泄漏等原因而导致。液压泵的实际输出流量 q 与理论输出流量 q_t 之比，称为液压泵的容积效率，即

$$\eta_v=\frac{q}{q_t}=\frac{q_t-\Delta q}{q_t} \tag{2-5}$$

(2) 机械效率 η_m：液压泵的实际输入转矩 T 总是大于理论上所需要的转矩 T_t，这主要是液压泵部件之间的相对运动和液体黏性产生的摩擦转矩而导致。液压泵的理论转矩 T_t 与实际输入转矩 T 之比，称为液压泵的机械效率，即

$$\eta_m=\frac{T_t}{T}=\frac{T-\Delta T}{T} \tag{2-6}$$

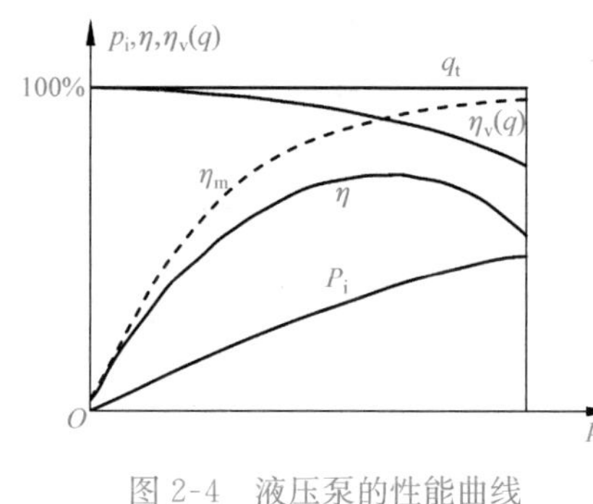

图 2-4 液压泵的性能曲线

(3) 总效率 η：液压泵的总效率是指液压泵的输出功率 P 与其输入功率 P_i 的比值，即

$$\eta=\frac{P}{P_i}=\frac{\Delta pq}{T\omega}=\frac{\Delta pq_t\eta_v}{T_t/\eta_m}=\eta_v\eta_m \tag{2-7}$$

液压泵的容积效率 η_v、机械效率 η_m、总效率 η 和输入功率 P_i 与工作压力 p 的关系曲线如图 2-4 所示。

例 2-1 某液压泵的输出压力 $p=10\text{MPa}$，转速 $n=1450\text{r/min}$，排量 $V=46.2\text{mL/r}$，容积效率 $\eta_v=0.95$，总效率 $\eta=0.9$。试求液压泵的输出功率和驱动泵的电动机功率。

解 (1) 液压泵的输出功率。

液压泵输出的实际流量为

$$q=q_t\eta_v=Vn\eta_v=46.2\times10^{-6}\times1450/60\times0.95=1.06\times10^{-3}(\text{m}^3/\text{s})$$

则液压泵的输出功率为

$$P=q\cdot p=1.06\times10^{-3}\times10\times10^6\text{W}=10.6\times10^3\text{W}=10.6\text{kW}$$

(2) 电动机的功率。

电动机功率，也就是液压泵的输入功率为

$$P_i=\frac{P}{\eta}=\frac{10.6}{0.9}\text{kW}=11.8\text{kW}$$

2.1.3 液压泵的类型

液压泵的种类较多，如图 2-5 所示。

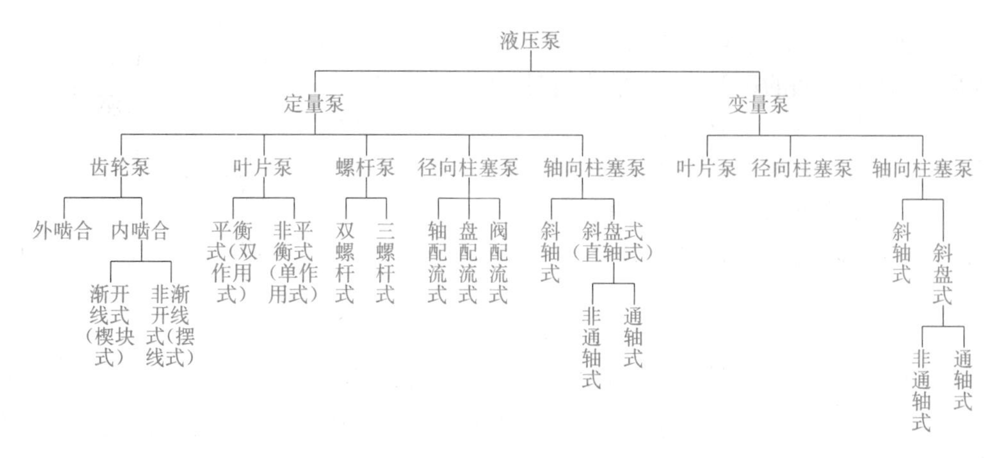

图 2-5 液压泵类型

2.1.4 液压泵的图形符号

国家标准《液压传动系统及元件图形符号和回路图 第 1 部分:用于常规用途和数据处理的图形符号》(GB/T 786.1—2009)规定了液压泵的图形符号,如图 2-6 所示。

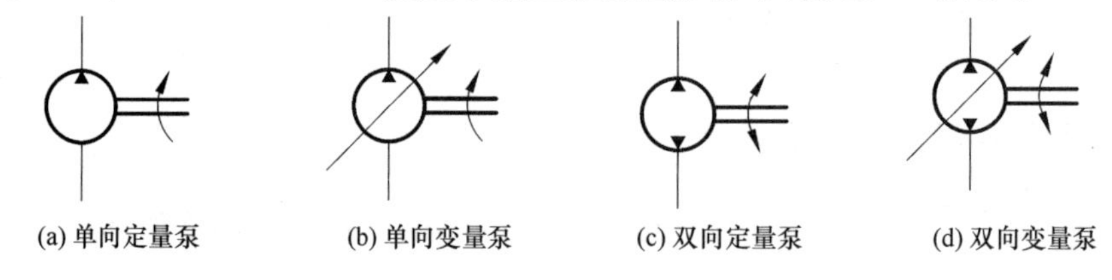

图 2-6 液压泵图形符号

2.2 齿 轮 泵

微课

齿轮泵是液压系统中广泛应用的一种液压泵,依据齿轮啮合形式不同分为外啮合齿轮泵和内啮合齿轮泵等。其中外啮合齿轮泵工艺简单、加工方便,在液压系统中应用十分广泛。因此,本节主要介绍外啮合齿轮泵。

2.2.1 外啮合齿轮泵

1. 外啮合齿轮泵工作原理

外啮合齿轮泵的工作原理如图 2-7 所示,一对齿轮 1 和 2 被封闭在由前盖、后盖及外壳构成的空间中啮合运转。在 A 区由于轮齿在脱离啮合时齿间容积扩大,出现负压,形成吸油腔。吸入的油液经过旋转的齿槽被带到轮齿再次进入啮合的 B 区,此时由于齿间容积的缩小而将油液压出,形成排油腔。液压油随着齿轮副的连续旋转由吸油腔输送到排油腔并压出。

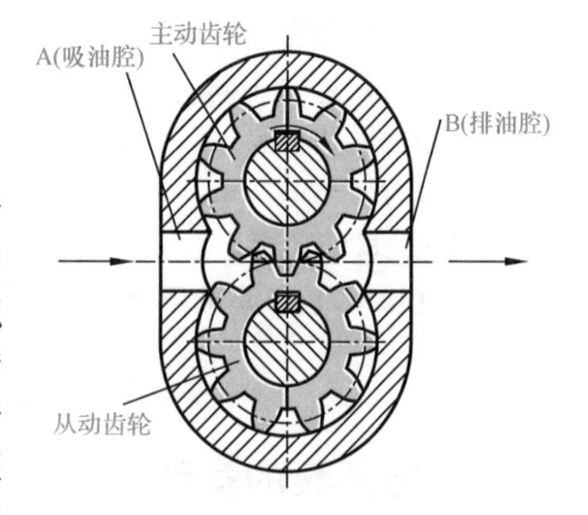

图 2-7 外啮合齿轮泵的工作原理

2-7

2. 外啮合齿轮泵的排量和流量计算

1）排量

外啮合齿轮泵精确的排量计算应根据齿轮啮合原理进行，这里介绍一种近似的计算方法。将外啮合齿轮泵的排量近似等于它的两个齿轮的齿间槽容积之总和，假设齿间槽的容积等于轮齿的体积，则齿轮泵的排量可近似等于其中一个齿轮的所有齿体积与齿间槽容积之和。该容积是以齿顶圆为外圆、齿根圆为内圆、齿宽为高所形成的环形筒的体积，当齿轮的模数为 m、齿宽为 B、齿数为 z 时，外啮合齿轮泵的排量为

$$V = \frac{\pi}{4}\{[(z+2)m]^2 - [(z-2)m]^2\}B = 2\pi m^2 zB \tag{2-8}$$

实际上齿间槽的容积比轮齿的体积稍大，因此通常取

$$V = 6.66m^2 zB \tag{2-9}$$

2）流量

当驱动齿轮泵的原动机转速为 n 时，外啮合齿轮泵的理论流量和实际输出流量分别为

$$q_t = 6.66zm^2 Bn \tag{2-10}$$

$$q = 6.66zm^2 Bn\eta_v \tag{2-11}$$

式中，η_v 为外啮合齿轮泵的容积效率。

3）流量脉动

上述所计算的外啮合齿轮泵的流量都是指平均流量，实际上随着啮合点位置的不断改变，吸、排油腔的每一瞬时的容积变化率是不均匀的，因此齿轮泵的瞬时流量是脉动的，其脉动量的大小可用流量脉动率来衡量。流量脉动率大小可按式(2-12)计算

$$\sigma = \frac{q_{max} - q_{min}}{q} \tag{2-12}$$

式中，σ 为流量脉动率；q_{max} 为最大瞬时流量，m^3/s；q_{min} 为最小瞬时流量，m^3/s；q 为平均流量，m^3/s。

流量脉动率是衡量液压泵流量均匀性好坏的一个重要指标。对齿轮泵来说，齿数越少，脉动率越大。泵的流量脉动直接影响系统工作的平稳性，可引起压力脉动，使系统产生振动和噪声等。内啮合齿轮泵的脉动率比外啮合齿轮泵要小。

3. 外啮合齿轮泵的主要问题及解决措施

1）泄漏与补偿

液压泵中的油液总是从高压向低压处泄漏，同时组成密封工作容积的零件做相对运动也增加了泄漏，泄漏将影响液压泵的性能。外啮合齿轮泵中的油液从高压腔向低压腔泄漏主要有三条途径。

(1) 端盖与齿轮端面间的轴向间隙泄漏。齿轮端面与前后盖之间端面间隙的泄漏路程短，泄漏面积大，因此其泄漏量最大，占总泄漏量的 70%～80%。

(2) 泵体内表面与齿轮齿顶圆间的径向间隙泄漏。由于齿轮转动方向与泄漏方向相反，压油腔到吸油腔通道较长，因此其泄漏量相对较小，占总泄漏量的10%～15%。

(3) 齿轮啮合线处的齿面间隙泄漏。由于齿形误差会造成沿齿宽方向接触不良而产生间隙，使压油腔与吸油腔之间造成泄漏，这部分泄漏量较少。

综上可知，外啮合齿轮泵由于泄漏量较大，其额定工作压力不高。要想提高齿轮泵的额定压力并保证较高的容积效率，首先要减少沿端面间隙的泄漏流量。解决这一问题的关键是要保证齿轮泵有一个较为合理的轴向间隙。轴向间隙过小，将增加机械摩擦，使机械效率下降，同时随着时间推移，由于端面磨损而增大的间隙不能补偿，容积效率又很快下降，压力仍不能提高；轴向间隙过大，直接导致泄漏增大。为此，在设计和制造时除严格控制轴向间隙外，在中、高压外啮合齿轮泵中常采用浮动轴套或浮动侧板以实现轴向间隙的自动补偿。

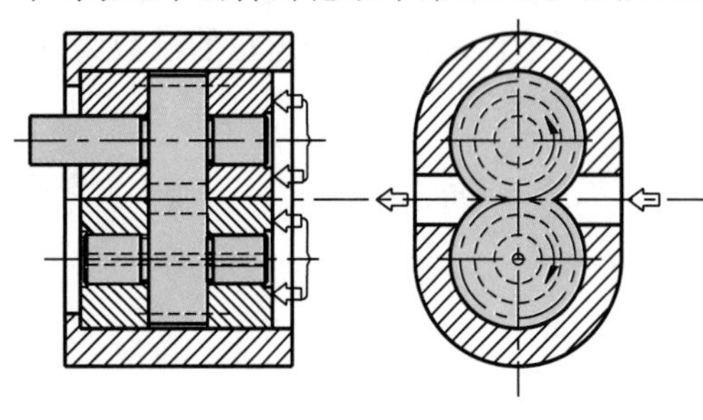

图 2-8　轴向自动补偿原理图

外啮合齿轮泵轴向自动补偿原理如图 2-8 所示，齿轮泵压油腔的压力油被引到轴套外侧或侧板上，产生液压力，使轴套内侧或侧板紧紧压在齿轮的端面上，压油腔压力越高，轴套或侧板与齿轮端面的间隙越小，从而自动补偿了由于端面摩擦产生的间隙。

2）径向不平衡力与减小措施

在齿轮泵中，作用在齿轮外圆上的压力是不相等的，在压油腔和吸油腔处齿轮外圆与齿廓表面承受着工作压力和吸油腔压力，在齿轮和壳体内孔的径向间隙中，可以认为压力是由压油腔压力逐渐下降到吸油腔压力，这些液体压力综合作用的结果相当于给齿轮一个径向的作用力（即不平衡力）使齿轮和轴承受载。工作压力越大，径向不平衡力就越大。径向不平衡力很大时能使轴弯曲，齿顶与壳体产生接触，同时加速轴承的磨损，降低轴承的寿命。

为了减小径向不平衡液压力的影响，一般采用以下方法。

(1) 缩小压油口的直径，使压力油仅作用在一个齿到两个齿的范围内，这样压力油作用于齿轮上的面积减少，从而减小作用于轴承上的径向力，径向不平衡力得到缓解。

(2) 增大高压区（低压区）泵体内表面与齿轮齿顶圆的间隙，只保留靠近吸油腔（压油腔）的一两个齿起密封作用，而大部分圆周的压力等于压油腔（吸油腔）的压力，于是对称区域的径向力得到平衡，减小了作用在轴承上的不平衡径向力。

(3) 开压力平衡槽，如图 2-9 所示。开两个压力平衡槽 1 和 2，分别与低、高压油腔相通，这样吸油腔与压油腔相对应的径向力得到平衡，使作用在轴承上的径向力明显减小。

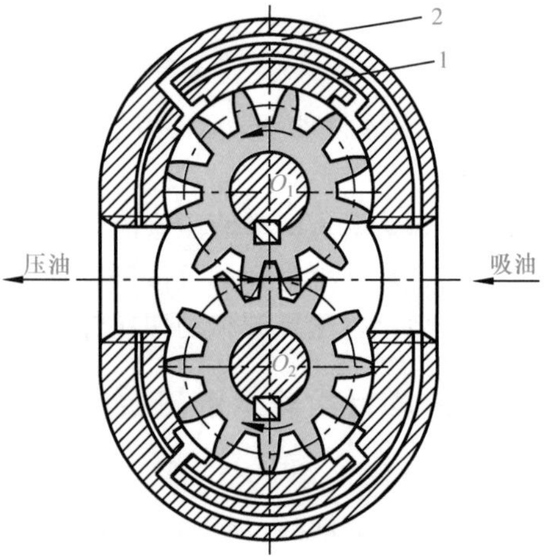

图 2-9　齿轮泵的压力平衡槽

1、2-压力平衡槽

需要指出的是，上述(2)、(3)两种平衡径向力的方案均会导致齿轮泵径向间隙密封长度缩短，径向间隙泄漏增加。因此，对高压齿轮泵，平衡液压径向力必须与提高容积效率同时兼顾。

3）困油现象

为了使外啮合齿轮泵运转平稳，根据齿轮的啮合原理，齿轮的重合度 ε 必须大于 1（一般取 $\varepsilon=1.05\sim1.3$），这样，齿轮在啮合过程中，就会出现前一对齿轮尚未脱开啮合，后一对齿轮已进入啮合的状态，即在齿轮泵工作时有两对齿轮同时啮合，因此，就有一部分油液困在两对轮齿及端盖所形成的密封容腔中，腔内油液与吸、压油腔均不相通。随着齿轮旋转，该封闭容积发生由大到小、由小变大的交替变化，使得其中被困油液膨胀或压缩，这种现象称为困油现象。

图 2-10 所示为困油腔内容积的变化过程。随着主动轮顺时针旋转，密封容腔由图 2-10(a)变化到图 2-10(b)，容积逐渐减小，被困油液受到挤压，形成高压后从缝隙中挤出，造成油液发热、轴承等零件承受额外的负载，使泵产生液压冲击；由图 2-10(b)变化到图 2-10(c)位置，密封容腔体积又逐渐增大，形成局部真空，使溶于油液中的气体分离出来，产生气穴，同时外面高压处的液体又从缝隙中挤进来补充，使泵产生噪声。

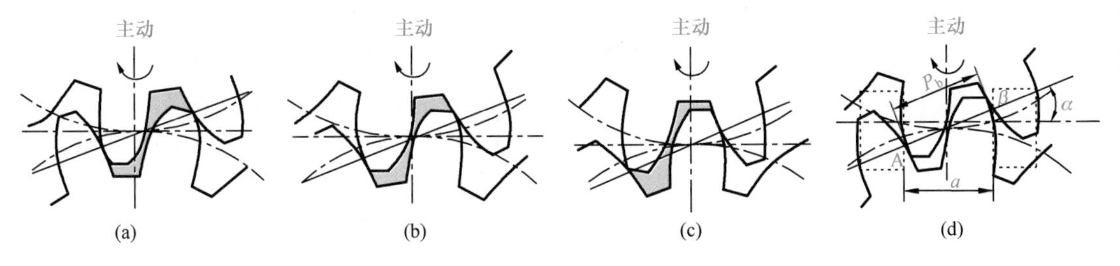

图 2-10 外啮合齿轮困油现象

消除困油的方法通常是在两侧端盖或浮动轴承套上开一对矩形卸荷槽(如图 2-10(d)虚线所示)。开卸荷槽的原则是：当封闭容积减小时，使卸荷槽与压油腔相通，以便将封闭容积的油液排出到压油腔；当封闭容积增大时，使卸荷槽与吸油腔相通，使吸油腔的油补入防止产生真空，这样使困油现象得以消除。在开卸荷槽时，必须保证齿轮泵吸、压油腔在任何时候都不能通过卸荷槽直接连通，否则将使齿轮泵的容积效率降低。若卸荷槽间距过大则困油现象不能彻底消除。对于齿侧间隙较小的齿轮泵，可将卸荷槽在分度圆压力角不变的条件下，向吸油腔一侧偏移，偏移尺寸可由试验确定，以泵工作时的振动与噪声最小为准。

4. 外啮合齿轮泵的优缺点

外啮合齿轮泵结构简单，尺寸小，质量轻，制造方便，价格低廉，工作可靠，自吸能力强，对油液污染不敏感，维护容易。但一些机件承受不平衡径向力，磨损严重，泄漏大，工作压力受到限制。同时其流量脉动大，造成压力脉动与噪声比其他类型液压泵大。

2.2.2 内啮合齿轮泵

内啮合齿轮泵有渐开线齿轮泵和摆线齿轮泵两种。

内啮合渐开线齿轮泵的结构如图 2-11 所示，主要由主动内齿轮 1、从动外齿轮 2 及月牙形隔板 3 等零件组成，这些零件都装于泵体与端盖组成的腔内。当内齿轮按图示方向绕其中心 O_2 旋转时，带动外齿轮绕其中心 O_1 同向旋转。月牙形隔板将吸油腔与压油腔隔开。图中两齿轮中心连线的上侧，轮齿逐渐脱开啮合，密封容积逐渐增大而形成局部真空，油液经配油盘上的吸油窗口 a(图 2-11 中虚线所示)吸入充满齿槽，形成吸油过程；在中心连线下侧，轮齿逐渐进入啮合，密封容积逐渐减小，随齿槽转动带过来的油液，受到挤压后经配油盘上的压油窗口 b 压出，形成压油过程。

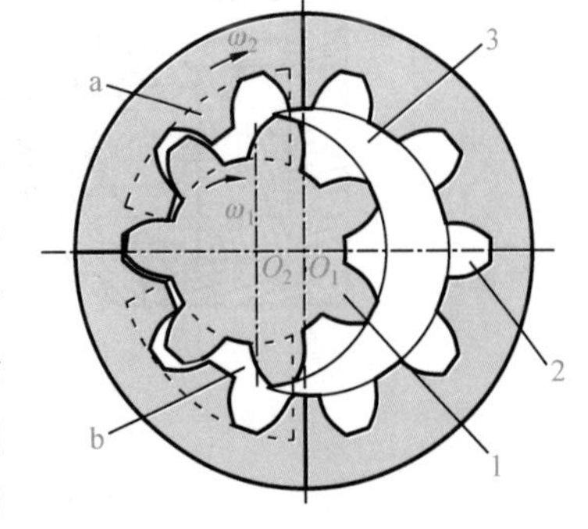

图 2-11 内啮合渐开线齿轮泵
1-内齿轮(主动齿轮)；2-外齿轮(从动齿轮)；3-月牙形隔板

内啮合渐开线齿轮泵与外啮合齿轮泵相比其流量脉动小，仅是外啮合齿轮泵流量脉动率的 1/20～1/10。此外，其

2-12

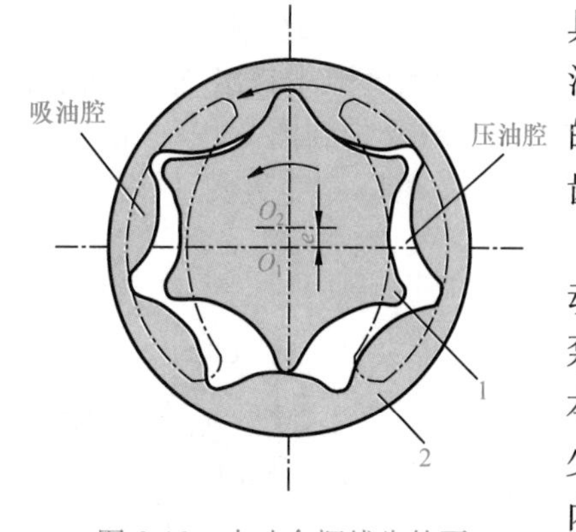

图 2-12 内啮合摆线齿轮泵
1-内齿轮；2-外齿轮

具有结构紧凑，质量轻，噪声小，效率高，还可以做到无困油现象等一系列优点。它的不足在于齿形复杂，需专门的高精度加工设备，但随着加工技术的高速发展，内啮合齿轮泵将会有广阔的应用前景。

内啮合摆线齿轮泵的结构如图 2-12 所示，主要由主动内齿轮 1、从动外齿轮 2 等零件组成，这些零件也装于泵体和端盖组成的腔内。其工作原理与渐开线齿轮泵基本相同，不同之处在于摆线齿轮泵的内齿轮只比外齿轮少一个齿，没有中间月牙形隔板，其吸油腔与压油腔是由内、外齿轮啮合线分隔的。

内啮合摆线齿轮泵的优点是结构紧凑，零件少，工作容积大，转速高，运动平稳，噪声低。由于齿数少（一般 4～7个），其流量脉动比较大，啮合处间隙泄漏大，所以此泵工作压力一般为 2.5～7MPa，通常作为润滑、补油等辅助泵使用。

2.2.3 螺杆泵

螺杆泵实质上是一种轴向分布的外啮合齿轮泵，按其螺杆根数可分为单螺杆泵、双螺杆泵、三螺杆泵、四螺杆泵和五螺杆泵等；按螺杆的横截面可分为摆线齿形、摆线-渐开线齿形和圆形齿形三种不同形式的螺杆泵。

图 2-13 所示为三螺杆泵的工作原理。在泵的壳体内有三根相互啮合的双头螺杆，中间的主动螺杆 3 是凸螺杆，两侧的从动螺杆 4、5 是凹螺杆。三根螺杆的外圆与壳体对应弧面保持良好的配合，螺杆的啮合线将主动螺杆和从动螺杆的螺旋槽分隔成多个相互隔离的、互补相通的密封工作腔。当主动螺杆带动从动螺杆按图方向旋转时，各密封工作腔便随着螺杆的转动一个接一个地在左端形成，并不断地从左向右移动，在右端消失。主动螺杆每转一周，每个密封工作腔便移动一个导程。密封工作腔在左端形成时逐渐增大将油液吸入来完成吸油过程，右边的工作腔逐渐减小直到消失因而将油液压出完成压油过程。螺杆直径越大、螺旋槽越深、导程越长，螺杆泵的排量越大；螺杆越长，吸油口与压油口之间的密封层次越多，密封越好，螺杆泵的额定压力就越高。

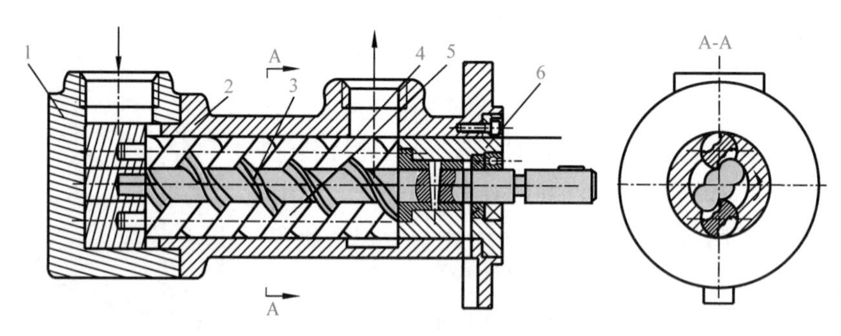

图 2-13 螺杆泵的结构原理
1-后盖；2-壳体；3-主动螺杆(凸螺杆)；4、5-从动螺杆；6-前盖

螺杆泵与其他容积式液压泵相比，具有结构紧凑、体积小、质量轻、运转平稳、自吸能力强、流量无脉动、噪声小、对油液污染不敏感、工作寿命长等优点，因此特别适合于对压力、流量稳

定要求较高的精密机械。因螺杆泵内的油液由吸油腔到压油腔为无搅动地提升,因此又常被用来输送黏度较大的液体,如原油。它的主要缺点是齿廓加工工艺复杂,不易保证精度,造成密封精度受限制,因此使容积效率、工作压力提高也受到制约。

2.3　叶　片　泵

由于普通齿轮泵的工作压力较低,流量脉动较大,且流量不能调节,因此在机床等中压系统中或要求运动平稳的机床上广泛采用了叶片泵。叶片泵根据密封工作腔在每一转中吸、排油次数的不同,分为双作用叶片泵和单作用叶片泵两类,前者只能是定量泵,后者多为变量泵。

2.3.1　双作用叶片泵

微课

1. 双作用叶片泵的工作原理

双作用叶片泵的工作原理如图 2-14 所示。该泵主要由转子 1、定子 2、叶片 3、配油盘以及泵体端盖等主要零件构成。转子 1 和定子 2 是同心的,定子内表面是由两段大半径为 R 的圆弧面,两段小半径为 r 的圆弧面以及它们间的四段过渡曲线构成的。叶片安装于转子槽内并可在槽内沿径向方向滑动。当转子旋转时,叶片在离心力和叶片底部压力油的共同作用下,使叶片顶部紧紧贴在定子内表面。这样,相邻叶片与泵体端盖之间形成了多个密封容积。当转子按图 2-14 所示方向旋转时,在对应吸油窗口 a 的两个位置上,叶片向转子外伸出,使密封容积逐渐增大,形成局部真空,于是经过吸油窗口将油吸入,实现吸油过程;同时在对应压油窗口 b 的两个位置上,叶片向转子内缩进,使密封容积逐渐减小,吸入的油液受挤压后经过压油窗口进入液压系统,实现压油过程。液压泵的转子每旋转一周,每个密封容腔完成两次吸油和压油,因此这种泵被称为双作用叶片泵;由于吸、压油窗口对称分布,因此转子和轴承上所受的径向液压力基本平衡,所以该泵又称为平衡式叶片泵。**该泵流量均匀,噪声小,但是这种泵的流量不可调节,一般只能做成定量泵。**

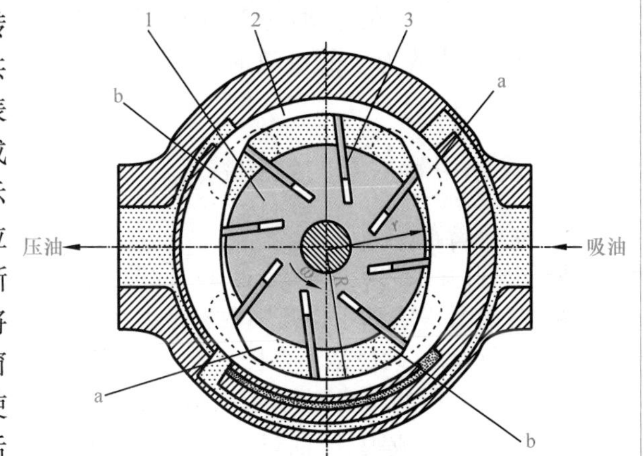

图 2-14　双作用叶片泵工作原理
1-转子;2-定子;3-叶片

2-14

2. 双作用叶片泵的排量和流量计算

如图 2-15 所示,当不考虑叶片厚度以及叶片倾角的影响时,双作用叶片泵排量 V_0 等于两叶片间最大容积 V_1 与最小容积 V_2 之差再乘以 2,即

$$V_0 = 2\pi B(R^2 - r^2) \tag{2-13}$$

式中,B 为叶片的宽度;R、r 为定子的大半径和小半径。

实际上叶片有一定厚度,叶片所占的空间不起吸油与压油的作用,因此转子每转因叶片所占体积而造成的排量损失为 V',即

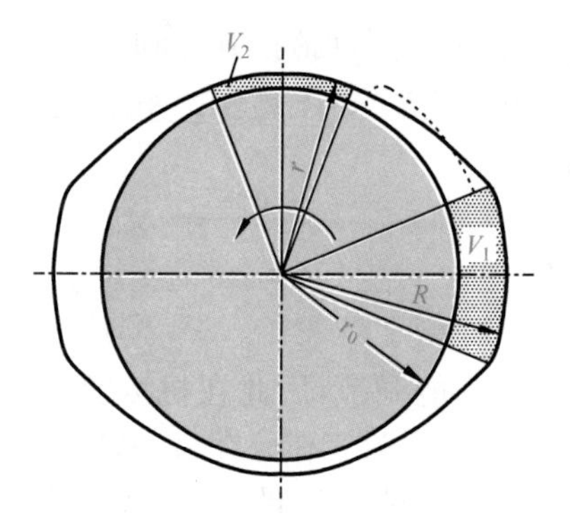

图 2-15　双作用叶片泵流量计算图

$$V' = \frac{2b(R-r)}{\cos\theta}Bz \tag{2-14}$$

式中，b 为叶片厚度；θ 为叶片倾角；z 为叶片数。

因此，双作用叶片泵的实际排量 V 为

$$V = V_0 - V' = 2B\left[\pi(R^2 - r^2) - \frac{R-r}{\cos\theta}bz\right] \tag{2-15}$$

双作用叶片泵的理论流量 q_t 为

$$q_t = Vn = 2B\left[\pi(R^2 - r^2) - \frac{R-r}{\cos\theta}bz\right]n \tag{2-16}$$

式中，n 为叶片泵的转速。

双作用叶片泵的实际流量 q 为

$$q = Vn\eta_v = 2B\left[\pi(R^2 - r^2) - \frac{R-r}{\cos\theta}bz\right]n\eta_v \tag{2-17}$$

式中，η_v 为叶片泵的容积效率。

如果不考虑叶片的厚度以及定子内表面曲线误差等因素影响，理论上双作用叶片泵不存在流量脉动，流量是均匀的。实际上由于制造工艺误差以及叶片的实际厚度，该泵的实际流量仍然存在脉动，但其脉动率除螺杆泵外是各类液压泵中最小的。通过理论分析还可知，叶片数为 4 的倍数时流量脉动率最小，所以双作用叶片泵的叶片数一般取为 12 或 16 片。

3. 双作用叶片泵的结构特点

1) 定子曲线

双作用叶片泵的定子曲线是由八段曲线连接而成的封闭曲线，如图 2-16 所示。其中两段是大半径圆弧（半径为 R，中心角为 β）、两段是小半径圆弧（半径为 r，中心角也为 β），它们所对应的容腔是封油区，泵工作时其中的容积不产生变化，不形成吸、压油过程，所以这些曲线段是非工作区。另外四段曲线是过渡曲线，各处的曲率半径不相等，转子旋转时，它们所对应的容腔容积产生变化，形成吸油或压油过程，因此这些曲线段是工作区。

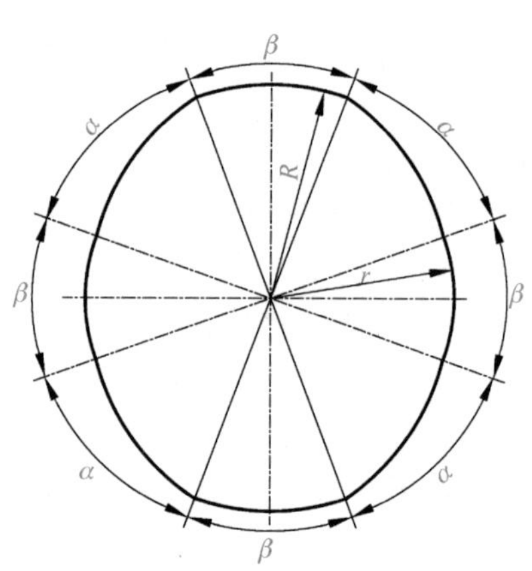

图 2-16　双作用叶片泵定子曲线

理想的过渡曲线应保证叶片在转子槽中滑动时径向速度和加速度变化均匀，并且应使叶片在过渡曲线和圆弧交接点处的加速度突变较小，叶片顶部与定子内表面时刻保持接触，从而保证叶片对定子内表面的冲击尽可能地小，对定子的磨损小，瞬时流量脉动小。

目前定子过渡曲线的类型有阿基米德螺线、等加速-等减速曲线、正弦曲线、余弦曲线和高次曲线等。

当采用阿基米德螺线时，由于叶片滑过过渡曲面的径向速度为常量，径向加速度为零，因此泵的瞬时流量脉动很小，但在过渡曲线与圆弧面连接处速度发生突然变化，从理论上讲加速度趋于无穷大，因此叶片会造成对定子的很大冲击——刚性冲击，使在连接处产生严重磨损和噪声，故近些年来很少采用。

采用等加速-等减速曲线时,如图 2-17 所示。曲线的极坐标方程为

$$\begin{cases}\rho=r+\dfrac{2(R-r)}{\alpha^2}\theta^2 & \left(0<\theta<\dfrac{\alpha}{2}\right)\\[2ex] \rho=2r-R+\dfrac{4(R-r)}{\alpha}\left(\theta-\dfrac{\theta^2}{2\alpha}\right) & \left(\dfrac{\alpha}{2}<\theta<\alpha\right)\end{cases}\tag{2-18}$$

式中,ρ 为过渡曲线的极半径;R、r 为圆弧部分的大半径和小半径;θ 为极半径的坐标极角;α 为过渡曲线的中心角。

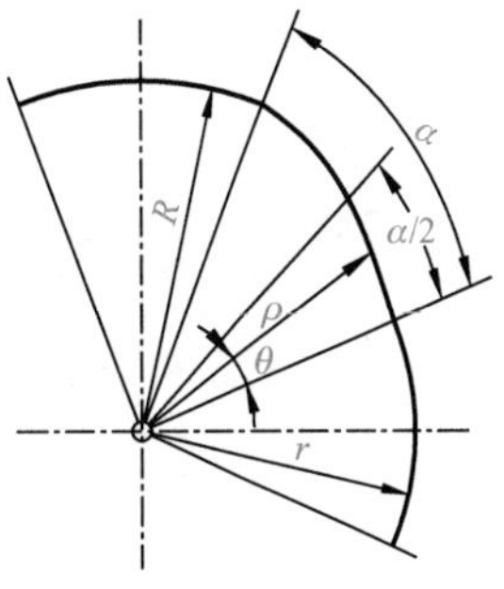

图 2-17　定子的过渡曲线

由式(2-25)得出叶片的径向速度 $\dfrac{d\rho}{dt}$ 和径向加速度 $\dfrac{d^2\rho}{dt^2}$ 如图 2-18 所示。从图 2-18中可以看出,当 $0<\theta<\alpha/2$ 时,叶片的径向运动为等加速;当 $\alpha/2<\theta<\alpha$ 时,叶片的径向运动为等减速。在 $\theta=0$,$\theta=\alpha/2$ 和 $\theta=\alpha$ 处叶片运动的加速度仍有突变,但突变值远比采用阿基米德螺线时小,因此叶片对定子造成的是有限冲击——柔性冲击。

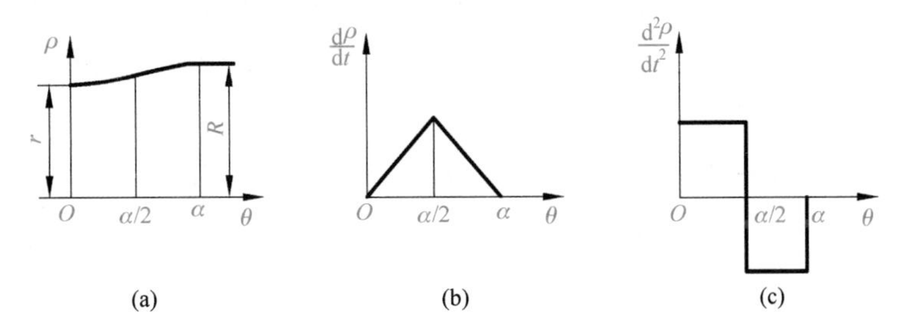

图 2-18　采用等加速-等减速过渡曲线的运动特征

目前我国设计的 YB 型双作用叶片泵定子过渡曲线一般采用等加速-等减速曲线。国外有些叶片泵采用高次曲线,它能充分满足叶片泵对定子曲线径向速度、加速度和加速度变化率特性的要求,为高性能、低噪声、高寿命的叶片泵广泛使用提供了条件。

2) **配油盘**

双作用叶片泵是通过配油盘实现配油的,其结构如图 2-19 所示。为了保证配油盘的吸、压油窗口在工作中能够隔开,就必须使配油盘上封油区夹角 ε 大于或等于两个相邻叶片间的夹角($2\pi/z$,z 是叶片数)。若夹角 ε 小于 $2\pi/z$,就会使吸油和压油窗口相通,泵的容积效率降低。此外定子圆弧部分的夹角 β 应当等于或大于配油盘上封油区夹角 ε,以避免产生困油和气穴现象。

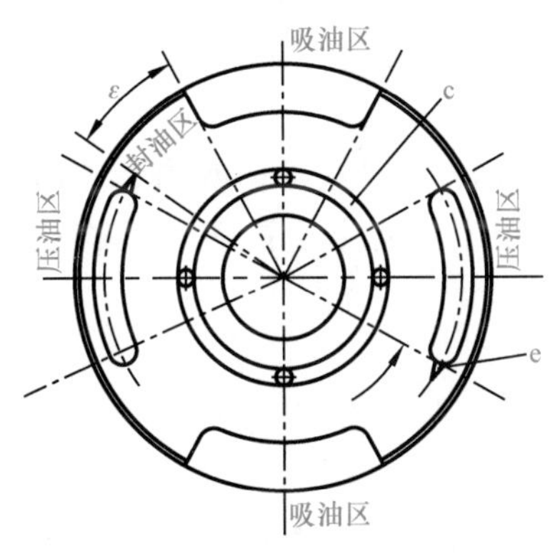

图 2-19　双作用叶片泵的配油盘

当两叶片间的密封油液从吸油区过渡到封油区时,其中的压力基本为吸油压力,但当转子继续旋转时,该密封工作腔突然与压油窗口相通,油液突然被压缩,外部油液快速倒流进入该腔,使其中的压力骤然升高,引起流量、压力脉动和噪声,造成液压冲击。为此,**在配油盘的压油窗口靠近叶片从封油区进入的一端开一个三角槽 e(眉毛槽),使油液从封油区进入压油区时压力缓慢升高,以减少液压冲击。**

环槽 c 通过其中的通孔与排油口相通,并与转子上的叶片槽底部相通。转子旋转时,叶片在离心力和根部液压力的共同作用下贴近定子内表面,保持可靠密封。

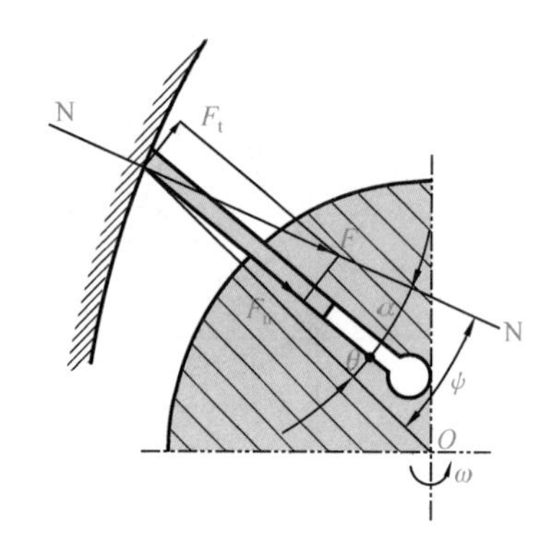

图 2-20 叶片的倾角

3）叶片倾角

双作用叶片泵在工作时，叶片在离心力和根部液压力作用下紧贴定子内表面。为了减小叶片与定子内表面的摩擦力和弯曲力矩，避免叶片在转子槽中卡死，这里分析叶片的安装角度。如图 2-20 所示，当叶片转至压油区时，定子内表面给叶片顶部反作用力为 F，其方向沿定子内表面曲线的法线方向，该力可分解为与叶片垂直的力 F_t 和转子槽方向的力 F_n。分力 F_n 将叶片压入槽内，而分力 F_t 则使叶片产生弯曲，同时使叶片压紧在转子槽的侧壁上，使磨损加剧，叶片运动不灵活。分力 F_t 的大小取决于压力角 α（即 F 与 F_n 的夹角）的大小，压力角越大则 F_t 越大。当转子按图 2-20 所示**旋转方向倾斜角 θ 时，叶片的压力角 α 较径向放置时减小，因此也减小了叶片所受的力 F_t，使叶片在转子槽中移动灵活，磨损减少**。由于不同转角处的定子曲线的法向方向不同，由理论和实践得出，一般叶片倾角 θ 为 10°～14°。但近年来的研究表明，叶片倾斜安装并非完全必要，某些高压双作用叶片泵的叶片是径向放置的，且使用效果良好。

4. 提高双作用叶片泵工作压力的措施

1）端面间隙自动补偿

与齿轮泵相比，端面间隙也是叶片泵的主要泄漏途径。为此，高压叶片泵采用了与齿轮泵端面间隙自动补偿类似的方法，即将配油盘的一侧与压油腔相通，使配油盘在液压油的推力作用下压向定子端面。泵的压力升高，配油盘就会自动压紧在定子端面上，同时产生适量的弹性变形，使转子与配油盘之间保持很小的间隙，从而提高双作用叶片泵的输出压力。

2）减少叶片对定子的作用力

为了保证叶片和定子内表面紧密接触，一般双作用叶片泵根部都通有压力油。在高压区，叶片顶部、根部均受到高压油作用，液压力基本平衡，而在低压区，叶片顶部作用的是低压油，根部作用的则是高压油，这一压差使叶片以很大的作用力压向定子内表面，在叶片与定子之间产生强烈的磨损，影响泵的寿命和工作压力的提高。为此，高压双作用叶片泵必须在结构上采取相应的措施，常见的措施包括：

(1) **减小作用在叶片根部的油压力**。将泵的压油腔的油液通过阻尼孔或内装式减压阀连接到吸油腔的叶片底部，这样使叶片经过吸油腔时，叶片压向定子内表面的作用力不至于过大。

(2) **减少叶片根部受压力油作用的面积**。

① 阶梯形叶片。阶梯形叶片如图 2-21 所示，转子槽也具有阶梯形状，因而在槽的中部形成中间油室，该油室与压油腔相通。同时，通过压力平衡孔将叶片根部与叶片所在工作腔相通。因此，在吸油腔叶片对定子内表面的压紧力，仅由离心力和中间油室的液压力所决定。

② 子母叶片。子母叶片如图 2-22 所示。子叶片可以在母叶片中滑动，中间油室 3 的压力油通过配油盘从压油腔引入。叶片根部经压力平衡孔与叶片所在工作腔连通，与阶梯形叶片工作原理相同。

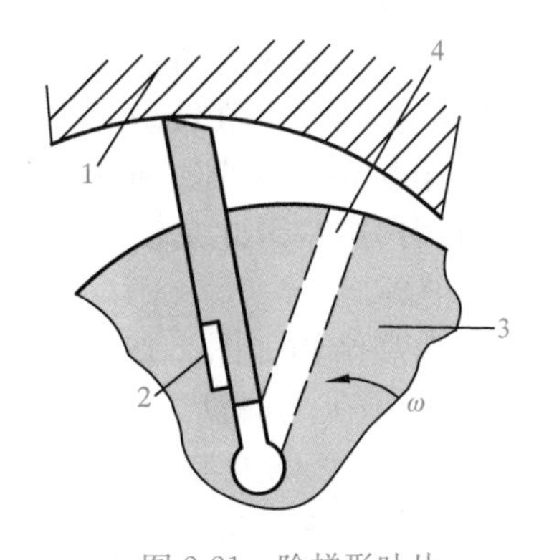

图 2-21　阶梯形叶片

1-定子；2-中间油室；3-转子；4-压力平衡孔

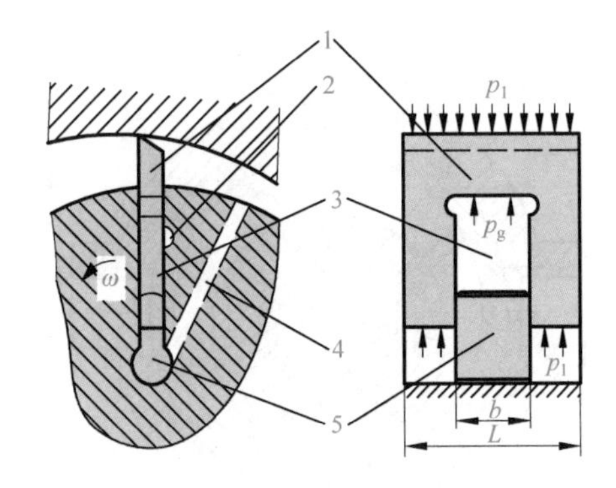

图 2-22　子母叶片

1-母叶片；2-压力油槽；3-中间油室；4-压力平衡孔；5-子叶片

(3) 使叶片顶部和根部的液压作用力平衡。

① 双叶片结构。双叶片结构如图 2-23 所示。在转子的叶片槽内装有两个可以互相滑动的叶片，每个叶片的内侧均有倒角，形成一个 V 形通道，使叶片顶、根部始终作用着相等的压力油。合理设计叶片顶部的形状，使叶片顶部的承压面积小于底部的承压面积，就可以保证叶片与定子内表面紧密接触，又不至于使接触力过大。

② 弹簧式叶片。弹簧式叶片结构如图 2-24 所示。在叶片的顶部和两侧有半圆形槽，在叶片根部有三个弹簧孔，并通过小孔与叶片顶部相通。这样，叶片的顶、底部及两侧的液压力都是平衡的。叶片与定子的接触力只取决于离心力和三根弹簧的合力。

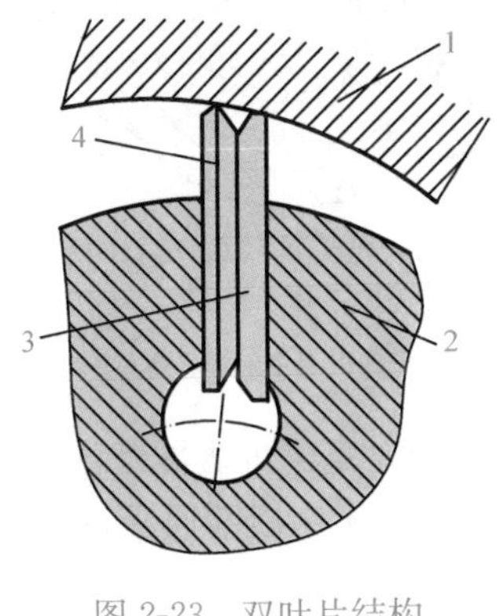

图 2-23　双叶片结构

1-定子；2-转子；3、4-叶片

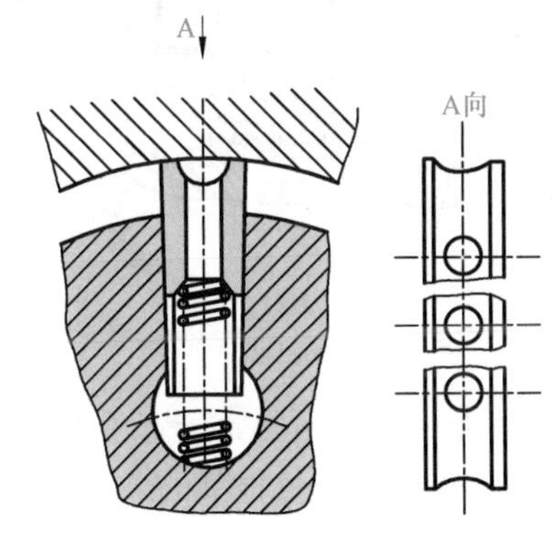

图 2-24　弹簧式叶片结构

2.3.2　单作用叶片泵

1. 单作用叶片泵的工作原理和基本结构

如图 2-25 所示，单作用叶片泵主要由转子 1、定子 2、叶片 3、配油盘 4 以及泵体端盖 5 等主要零件组成。其工作原理与双作用叶片泵相似，不同之处在于单作用叶片泵的定子内表面是圆柱形孔，定子与转子中心有一偏心距 e，配油盘上只有一个吸油窗口和一个压油窗口。当转子转动时，叶片在离心力作用下沿转子槽滑出，叶片顶部始终压在定子内表面上，这样相邻叶片与泵体端盖之间形成多个密封容积。当转子按图 2-25 所示方向旋转后，图中右侧叶片伸出，密封容积逐渐增大，产生局部真空，于是油液从吸油窗口 a 被吸入，实现吸油过程；同时左侧叶片被定子内表面压入转子槽内，使密封容积逐渐减小，油液被挤压从压油窗口 b 排出，实

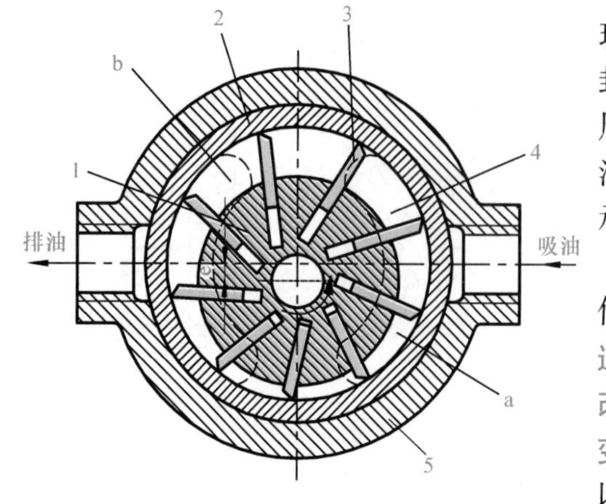

图 2-25 单作用叶片泵工作原理图

1-转子；2-定子；3-叶片；4-配油盘；5-泵体

2-25

现压油过程。在吸油区与压油区之间各有一段封油区将它们相互隔开，以保证泵在转子每转一周过程中，每个密封容积完成一次吸油和一次压油。由于吸、压油口相对分布，因此泵转子和轴承上所受的径向力不平衡。

单作用叶片泵的典型结构如图 2-26 所示。传动轴通过花键带动转子在配油盘之间转动。通过变量机构改变定、转子之间的偏心距 e，可改变叶片伸缩长度进而改变泵的排量使其成为变量泵。当改变定子与转子偏心量的方向时，可以改变泵的吸、压油口，即原来的吸油口变成压油口，原来的压油口变成吸油口。

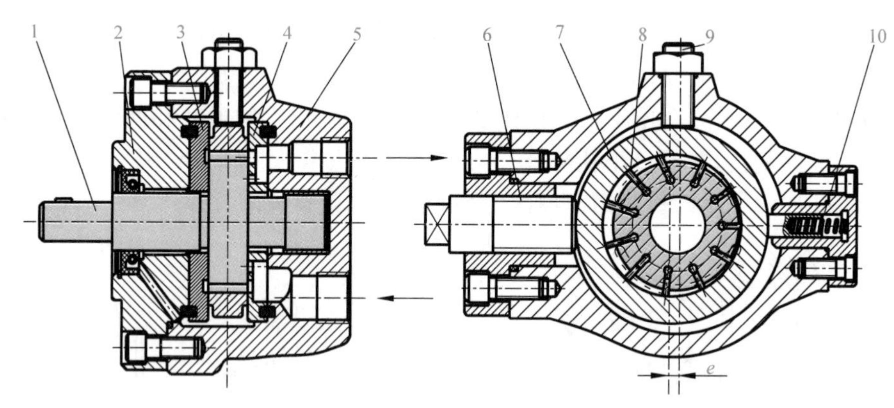

图 2-26 单作用叶片泵的典型结构

1-传动轴；2-前盖；3-平衡盘；4-配油盘；5-壳体；6-变量装置；7-定子；8-叶片；9-定心螺柱；10-补偿装置

为保证叶片能可靠伸出压紧于定子内表面，同时又不会对定子内表面产生过大的作用力，单作用叶片泵吸、压油区叶片根部的通油槽是分开的，吸油区叶片根部通吸油区的低压油，压油区叶片根部通压油区的高压油。工作状态下，叶片在转子槽中滑动，叶片根部封闭容积大小也在变化，在吸油区时参与吸油，在压油区时参与压油。叶片根部的吸油和压油正好补偿了工作容积中叶片所占的体积，因此叶片体积对泵的瞬时流量无影响。由于单作用叶片泵的叶片两端液压力基本平衡，为了叶片在离心力作用下能自由向外伸出，其叶片一般向着旋转方向后倾斜一小角度。

2. 单作用叶片泵的排量和流量计算

图 2-27 为单作用叶片泵排量和流量计算原理简图。当单作用叶片泵每转一周时，每相邻叶片间的密封容积变化量为 V_1-V_2。若近似把 AB 和 CD 分别看成过中心 O_1 的两段圆弧，则有

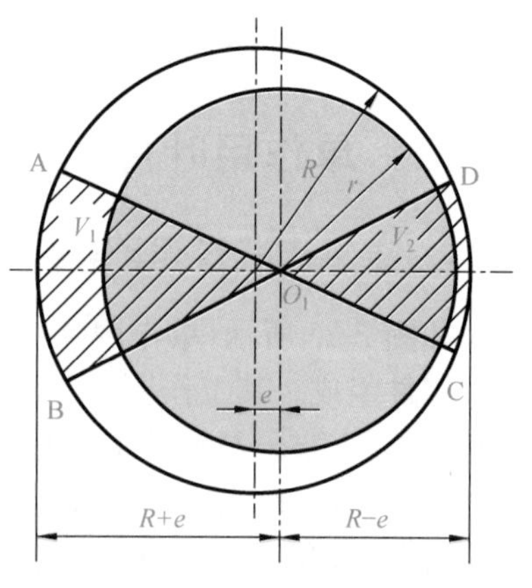

图 2-27 单作用叶片泵的排量和流量计算图

$$V_1 = \pi[(R+e)^2 - r^2]\frac{\beta}{2\pi}B \tag{2-19}$$

$$V_2 = \pi[(R-e)^2 - r^2]\frac{\beta}{2\pi}B \tag{2-20}$$

式中，R 为定子半径；r 为转子半径；B 为叶片宽度；β 为相邻两叶片间夹角，$\beta=\frac{2\pi}{z}$；z 为叶片数；e 为定子与转子的偏心距。

每旋转一周有 z 个密封容积发生变化，因此排量应为 $V=(V_1-V_2)z$，将式(2-19)和式(2-20)整理后，其排量近似表达式为

$$V = 2\pi DBe \tag{2-21}$$

因此，单作用叶片泵的理论流量 q_t 为

$$q_t=Vn=2\pi DBen \tag{2-22}$$

式中，n 为叶片泵的转速。

单作用叶片泵的实际流量 q 为

$$q=Vn\eta_v=2\pi DBen\eta_v \tag{2-23}$$

式中，η_v 为叶片泵的容积效率。

单作用叶片泵的流量是脉动的，叶片数越多流量脉动率越小，且奇数叶片泵比偶数叶片泵的流量脉动率小，因此，单作用叶片泵的叶片数通常为13或15片。

2.3.3　限压式变量叶片泵

1. 限压式变量叶片泵的工作原理

限压式变量叶片泵是单作用叶片泵中应用较广的一种变量泵，根据控制方式不同分为内反馈和外反馈两种。两者工作原理相似，这里仅介绍外反馈限压式变量叶片泵，其工作原理如图2-28所示。转子的中心 O_1 是固定的，定子可以左右移动，调压弹簧2压于定子左侧，定子被推向右侧，定子中心 O_2 与转子中心 O_1 有一个初始偏心量 e_0，反馈柱塞作用在定子右侧，反馈柱塞所在油腔与泵的压油腔相通。当转子按逆时针方向旋转时，转子下部分为吸油腔，上部为压油腔，压油腔的油将定子向上压在滚针滑块支撑上，使定子只能左右移动。

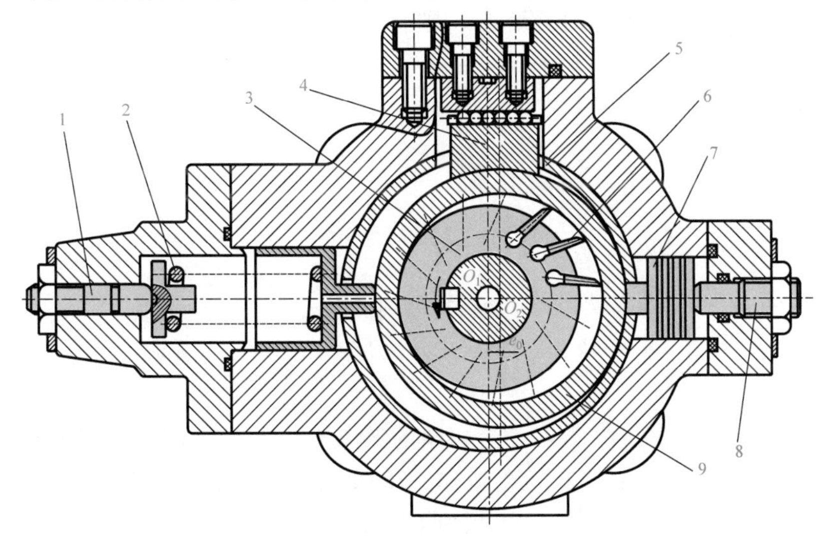

图2-28　外反馈限压式变量叶片泵工作原理图

1-压力调节螺钉；2-调压弹簧；3-转子；4-滑块；5-衬套；6-叶片；7-反馈柱塞；8-流量调节螺钉；9-定子

2-28

若调压弹簧刚度为 K_s，预压缩量为 x_0，反馈柱塞面积为 A，泵输出压力为 p，忽略滚针滑块支撑处的摩擦力，则泵的定子外侧所受的作用力有左侧弹簧力 $F_s=K_sx_0$ 和右侧反馈液压力 $F=pA$。调压弹簧和流量调节螺钉调定在某一工作位置，若 $F<F_s$，弹簧力将定子推至最右端，使反馈柱塞紧靠于流量调节螺钉上，这时，定子与转子间的偏心距处于这一工作点的最大值，即 $e=e_0$，泵的输出流量最大，此阶段是不变量的工况（相当于定量泵）。

泵的输出压力随负载增大而升高，当 $F=F_s$ 时，弹簧的预压缩力与液压力相平衡，定子处于临界稳定状态。此时的压力 p 称为泵的限定压力，用 p_b 来表示，则

$$p_bA=K_sx_0 \tag{2-24}$$

随着泵输出压力继续升高，$p>p_b$，则

$$pA>K_sx_0 \tag{2-25}$$

式(2-25)表明，反馈柱塞上的油液作用力大于弹簧的作用力，定子将向左运动，弹簧被压缩，偏心距将减小，泵的流量随之下降。设弹簧被压缩 x，则此时的偏心量 e 为

$$e=e_0-x \tag{2-26}$$

此时定子受力平衡方程为

$$pA=K_s(x_0+x) \tag{2-27}$$

将式(2-24)代入式(2-27)化简后再代入式(2-26)得

$$e=e_0-\frac{A(p-p_b)}{K_s}\quad(p>p_b) \tag{2-28}$$

式(2-28)表明当压油腔压力 p 超过泵的限定压力 p_b 时，偏心量 e 和泵的工作压力 p 之间的关系，即工作压力 p 越高，偏心量 e 越小，泵的流量也就越小。

2. 限压式变量叶片泵的特性曲线

当泵压力 $p<p_b$ 时，在限压式变量叶片泵定子上有 $pA<K_sx_0$。其中 x_0 为$e=e_0$ 时的弹簧初始压缩量，这时的泵流量为

$$q=k_qe_0-k_1p \tag{2-29}$$

式中，k_q 为泵的流量系数；k_1 为泵的泄漏系数。

当泵压力 $p>p_b$ 时，定子移动了距离 x，则有 $pA=K_s(x_0+x)$，进一步，$x=pA/K_s-x_0$。此时偏心量为

$$e=e_0-x=e_0+x_0-\frac{pA}{K_s} \tag{2-30}$$

将式(2-30)代入式(2-29)，则此时的流量为

$$q=k_q(e_0+x_0)-\frac{pAk_q}{K_s}-k_1p \tag{2-31}$$

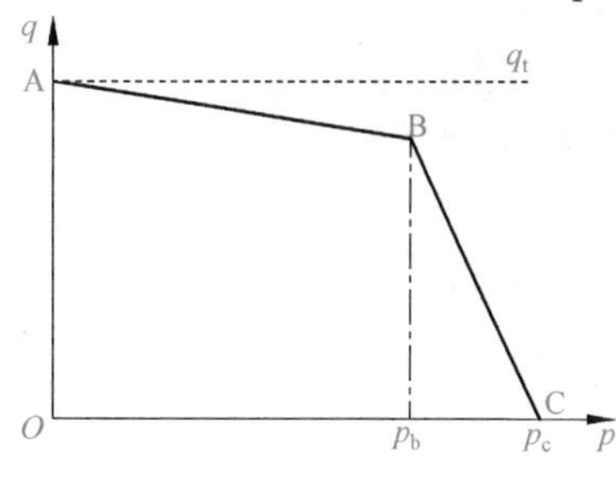

图 2-29　限压式变量叶片泵的流量-压力特性曲线

整理后，得到

$$q=k_q(e_0+x_0)-\frac{Ak_q}{K_s}\left(1+\frac{K_s}{Ak_q}k_1\right)p \tag{2-32}$$

以泵的工作压力 p 为横坐标、输出流量 q 为纵坐标，绘制式(2-32)的图形即为限压式变量叶片泵的流量-压力特性曲线，如图 2-29 所示。可以看出，当泵的工作压力小于 p_b 时，其流量 q 沿斜线 AB 变化，在该阶段变量泵相当于一个定量泵，图 2-29 中 B 点为曲线的拐点，其

对应的压力就是限定压力 p_b，它表示泵在原始偏心量 e_0 时可达到的最大工作压力。此时也是泵的最大输出功率点，是选择动力源的依据。当泵的工作压力 p 超过 p_b 时，偏心量 e 减小，输出流量随压力的增高而急剧减少，流量按 BC 段变化，C 点所对应的压力 p_c 为截止压力（又称为最大压力），限压式变量泵因此得名。

调节螺钉 8 可以改变泵的最大流量，使特性曲线 AB 段上下平移；调节螺钉 1 可改变限定压力 p_b 的大小，使特性曲线 BC 段左右平移；改变弹簧刚度可改变特性曲线 BC 段的斜率，弹簧刚度 K_s 越小，p_c 越小，特性曲线 BC 段越陡；反之，弹簧刚度越大，p_c 越大，特性曲线 BC 段越平缓。

3. 限压式变量叶片泵的应用

由于限压式变量叶片泵具有上述特点，因此它常被使用在执行机构需要快慢速的液压系统中。例如，用于机床滑台的进给系统，用来实现快进、工进、快退等工作循环；也可用于定位、夹紧系统。当执行机构快进或快退时，需要大流量和较小的工作压力，这样可利用限压式变量叶片泵流量-压力特性曲线的 AB 段；在工作进给时，需要较小流量和较大的工作压力，这样可利用 BC 段。在定位、夹紧系统中，定位、夹紧部件移动时需要低压大流量，即可用 AB 段；当定位、夹紧时，仅需要维持较大的压力和补偿泄漏量的流量，则可利用特性曲线的 C 点的特性。

从上述限压式变量叶片泵在液压系统的使用可以看出，该泵功率利用合理，可减少功率损耗，减少油液发热，并且可以简化系统回路。但由于限压式变量叶片泵结构比较复杂，泄漏比较大，会使执行机构运动速度不够平稳。

2.4 柱　塞　泵

微课

为了提高液压泵的工作压力，必须改善泵的密封性能和零件的受力情况。柱塞泵是依靠柱塞在缸体内往复运动形成密封容积变化实现吸油和压油的。由于柱塞和柱塞孔是圆柱形表面，在制造和装配中容易获得高精度的配合，使其达到良好的密封性能，从而在高压下仍能保持较好的容积效率；柱塞泵的主要零件在工作中都处于受拉或受压状态，故零件材料的机械性能能得到充分的利用，零件强度高。同时，柱塞泵易于变量、流量范围大，因此，柱塞泵是各类液压泵中工作压力最高的一类泵。但柱塞泵也存在对油液污染敏感、结构复杂、加工精度高、价格昂贵等缺点。

根据柱塞的布置和运动方向与传动轴相对位置的不同，柱塞泵分为径向柱塞泵和轴向柱塞泵两类，这两类泵都可做成定量泵也可做成变量泵。

2.4.1 径向柱塞泵

1. 径向柱塞泵的工作原理与基本结构

根据配油方式不同，径向柱塞泵可分为轴配油径向柱塞泵和阀配油径向柱塞泵两类。这里仅以轴配油径向柱塞泵为例介绍其工作原理，如图 2-30 所示。它由柱塞 1、缸体（转子）2、定子 3 和配流轴 4 等主要零件组

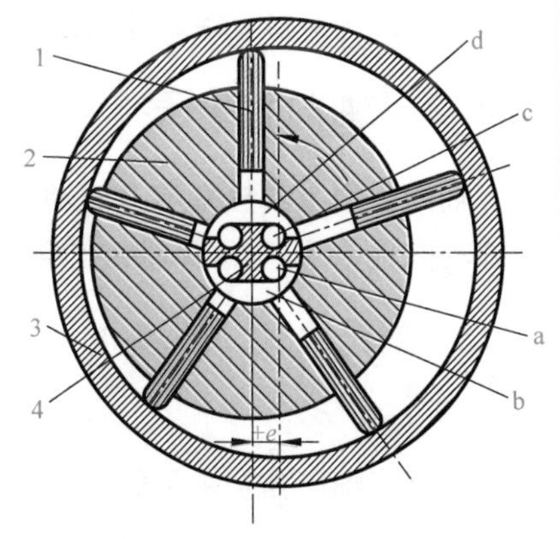

图 2-30　径向柱塞泵工作原理图

1-柱塞；2-缸体；3-定子；4-配流轴

2-30

成，定子与转子的内、外表面都是圆柱面，柱塞可在柱塞孔内自由滑动。配流轴4固定不动，配流轴的中心与定子中心有一个偏心距 e，定子能左右移动。传动轴通过连接装置带动转子旋转。

径向柱塞泵的工作原理与单作用叶片泵类似。当转子逆时针方向旋转时，柱塞在离心力和低压油的作用下，从柱塞孔向外伸出压紧在定子的内表面。由于定子与转子间存在偏心距 e，柱塞转到下半周时逐渐向外伸出，柱塞孔内的工作容积不断增大，形成局部真空，于是油液经配流轴上的轴向孔a进入吸油腔b，通过b腔分配到吸油区的各柱塞孔内，完成吸油过程；柱塞转到上半周时，逐渐向孔内压入，柱塞孔的工作容积不断变小，压油区各柱塞孔的油液受压后从配流轴上的压油腔d经轴向孔c排出，完成压油过程。转子每转一周，每个柱塞在柱塞孔内完成吸油和压油各一次。通过变量机构改变定子与转子间的偏心距 e，就可改变泵的排量。改变偏心距 e 的方向，泵的吸、压油方向将发生变化。因此径向柱塞泵可以做成单向或双向变量泵。

径向柱塞泵的优点是轴向尺寸小，可以做成多排柱塞结构，流量大。缺点是径向尺寸大，结构较复杂，自吸能力较差，配流轴存在径向不平衡液压力作用，配流轴必须做得直径较粗，以免变形过大，同时在配流轴与缸体之间磨损后的间隙不能自动补偿，泄漏较大，这些因素限制了其转速与压力的提高。

2. 径向柱塞泵的排量和流量计算

当径向柱塞泵的转子与定子间的偏心距为 e 时，柱塞在柱塞孔内的行程为 $2e$，若柱塞数为 z，柱塞直径为 d，则泵的排量为

$$V=\frac{\pi}{4}d^2\cdot 2ez \tag{2-33}$$

若泵的转速为 n，容积效率为 η_v，则泵的实际流量为

$$q=Vn\eta_v=\frac{\pi}{4}d^2\cdot 2ezn\eta_v \tag{2-34}$$

由于柱塞在缸体内的径向移动速度是变化的，而且各个柱塞在同一瞬时径向移动速度也不一样，所以径向柱塞泵的瞬时流量是脉动的。理论分析与实践证明，当柱塞数为奇数时，径向柱塞泵的流量脉动率较小，因此一般径向柱塞泵的柱塞数为7个或9个。

2.4.2 轴向柱塞泵

轴向柱塞泵的柱塞与缸体轴线平行或接近于平行，当缸体轴线与传动轴线重合时，称为斜盘式轴向柱塞泵；当缸体轴线与传动轴线有一个夹角时，称为斜轴式轴向柱塞泵。

1. 斜盘式轴向柱塞泵

1）工作原理

斜盘式轴向柱塞泵又称为直轴式轴向柱塞泵，其工作原理如图2-31所示。它主要由传动轴1、斜盘2、柱塞3、缸体4以及配流盘5等组成，柱塞中心线平行于传动轴中心线。传动轴带动缸体旋转，斜盘和配流盘固定不动。缸体上径向均匀分布多个轴向排列的柱塞孔，柱塞可在孔内沿轴向移动，斜盘中心线相对于传动轴中心线倾斜一个角度 γ。柱塞头部靠机械装置和

低压油作用下紧压在斜盘上。当传动轴按图 2-31 所示方向旋转时，在缸体的后半周，柱塞随缸体自下而上旋转，同时柱塞还在缸体孔（柱塞孔）内向外伸出，使缸体孔内密封工作容积不断增大，形成局部真空，油液从配流盘上的吸油窗口 a 吸入充满缸孔，实现吸油过程；在缸体的前半周，柱塞随缸体自上而下旋转，同时柱塞在缸体孔内由于斜盘的推压而向内缩回，使得缸体孔内密封工作容腔不断缩小，油液受到挤压后经配流盘的压油窗口 b 进入系统，实现压油过程。缸体每旋转一周，每个柱塞往复运动一次，完成吸、压油过程各一次。如果改变斜盘的倾角 γ 的大小，就能改变柱塞的行程长度，从而改变泵的流量。

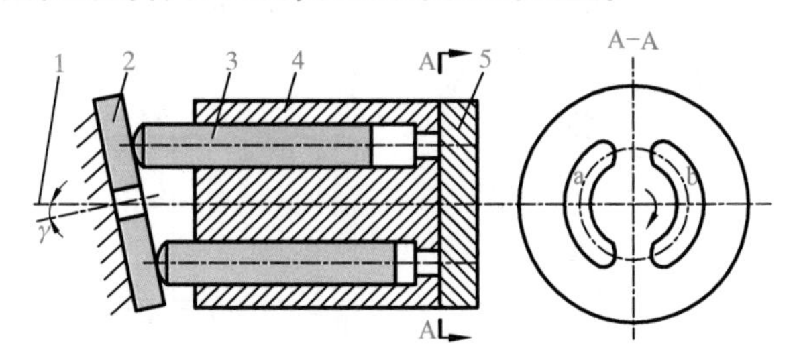

图 2-31　斜盘式轴向柱塞泵工作原理图

1-传动轴；2-斜盘；3-柱塞；4-缸体；5-配流盘

2）排量与流量计算

根据图 2-31，柱塞的直径为 d，柱塞分布圆直径为 D，斜盘倾角为 γ 时，柱塞的行程 $s = D \cdot \tan\gamma$，所以当柱塞数为 z 时，轴向柱塞泵的排量为

$$V = \frac{\pi}{4} d^2 Dz \tan\gamma \tag{2-35}$$

设泵的转速为 n，容积效率为 η_v，则泵的实际流量为

$$q = Vn\eta_v = \frac{\pi}{4} d^2 Dzn \tan\gamma\eta_v \tag{2-36}$$

以上计算所得流量是实际平均流量，实际上柱塞的轴向位移速度随其转动角度 ϕ 而变化，因此各柱塞在每一瞬时的输出流量也随着 ϕ 而变化，所以泵的瞬时流量是脉动的，如图 2-32所示。当柱塞数为奇数时，脉动较小，柱塞数目越多，脉动也越小，柱塞泵一般常用的柱塞数为 7 个、9 个或 11 个。

3）结构特点

（1）典型结构。图 2-33 所示为 CY 型手动变量斜盘式轴向柱塞泵的结构图，它由主体部分和变量机构两部分组成。传动轴 9 通过花键带动缸体 5 旋转，使轴向均匀分布在缸体上的七个柱塞绕传动轴的轴线旋转。每个柱塞的头部都装在滑靴 3 里，滑靴与柱塞是球铰连接，可以任意转动。这里滑靴的作用是增大接触面积，改善柱塞的工作受力状况，同时在滑靴与斜盘之间采用了静压支撑技术，可有效减小滑动摩擦力。定心弹簧 11 的作用有二：一是通过内套筒 12、钢球 14 和回程盘 15，将滑靴 3 压紧在斜盘上；二是通过外套筒 13，使缸体 5 压紧在配流盘 10 上。圆柱滚子轴承 2 用来承受缸体的径向力，配流盘上开有吸、压油窗口，分别与前泵体上的吸、压油口分布在前泵体的左右两侧。

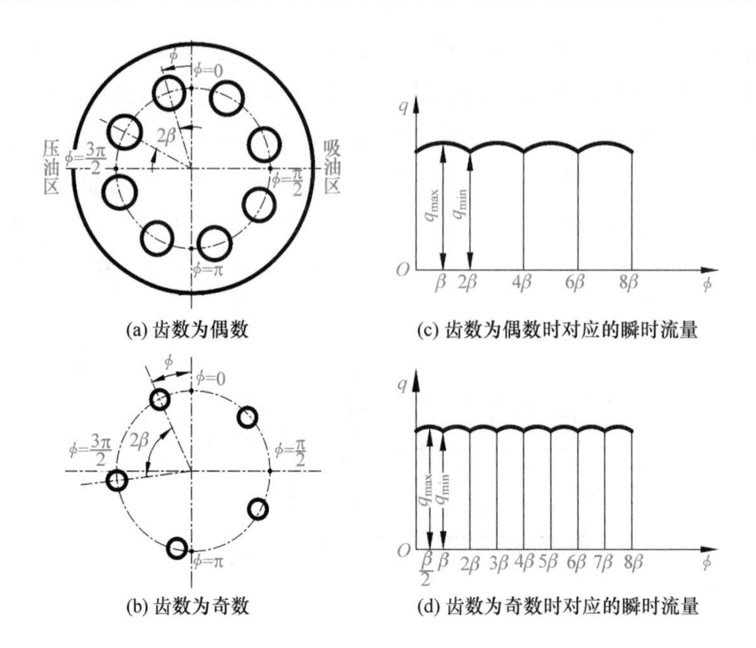

(a) 齿数为偶数　　(c) 齿数为偶数时对应的瞬时流量

(b) 齿数为奇数　　(d) 齿数为奇数时对应的瞬时流量

图 2-32　瞬时流量脉动图

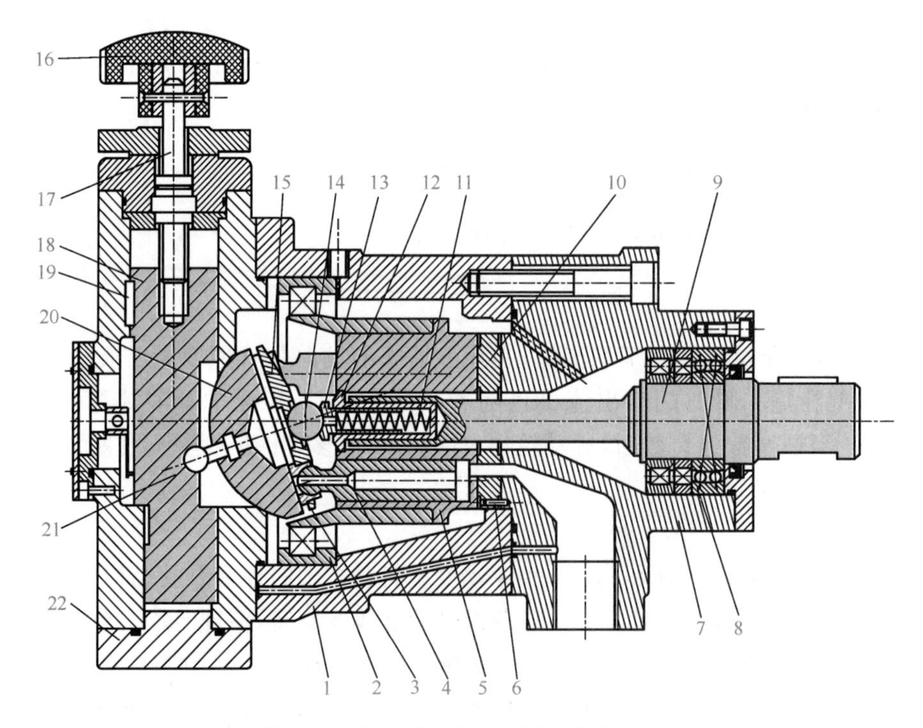

2-33

图 2-33　斜盘式轴向柱塞泵的典型结构

1-中间泵体；2-缸外大轴承；3-滑靴；4-柱塞；5-缸体；6-定位销；7-前泵体；8-轴承；9-传动轴；10-配流盘；11-定心弹簧；12-内套筒；13-外套筒；14-钢球；15-回程盘；16-调节手轮；17-调节螺杆；18-变量活塞；19-导向键；20-斜盘；21-轴销；22-后泵盖

(2) 变量机构。由式(2-36)可知，若要改变轴向柱塞泵的输出流量，只要改变斜盘的倾角 γ 即可。有两种改变斜盘倾角(即变量)的结构，包括手动变量机构和伺服变量机构。

① 手动变量机构。手动变量机构如图 2-33 所示。转动调节手轮 16，带动调节螺杆 17 转

动(轴向已限位不能移动)，使变量活塞18在导向键引导下只做轴向移动，通过轴销21带动斜盘20绕其摆动中心(回程盘中心的钢球)摆动，从而改变斜盘倾角，以达到调节流量的目的。流量调定后旋转螺母将螺杆锁紧，以防止松动。手动变量机构结构简单，但工作压力较高时操纵费力，且不能在工作过程中调节。

② 伺服变量机构。轴向柱塞泵的伺服变量机构如图2-34所示。其工作原理为：泵输出的高压油由通道经单向阀进入变量活塞4的下腔A，液压力作用在变量活塞4的下端。阀芯2有三个油口，a通进口高压油，b通变量活塞大端的B腔，c通低压回油腔。当与阀芯连接的拉杆1静止时，阀芯2也不动，油口a、b、c被阀芯2封闭，变量活塞4的两端处于封闭状态，因此变量活塞不会移动，此时的斜盘倾角γ保持某一值不变。当用手拉动拉杆1带动阀芯2向上移动Δx时，油孔b、c连通，变量活塞B腔油液经孔b、c流入泵体内回油。变量活塞在A腔高压油作用下向上移动Δy，斜盘倾角γ也随之减小$\Delta\gamma$，泵的排量变小。当$\Delta y=\Delta x$时，阀芯2又将油孔a、b、c封闭，变量活塞不动，泵的排量保持减小后的值不变。当推动拉杆1向下移动Δx时，b、c油口被封闭，变量活塞两端的A、B腔通过a孔连通，即变量活塞两端都作用高压油，但由于油液在变量活塞上腔的作用面积大于下腔的作用面积，因此变量活塞向下运动Δy，斜盘倾角γ随之增加$\Delta\gamma$，泵的排量也随之增加。当$\Delta y=\Delta x$时，阀芯2又将a、b、c通道封闭，变量活塞不动，泵的排量保持增加后的值不变。可见伺服变量机构是通过操纵液压伺服阀动作，利用泵输出的压力油推动变量活塞来实现变量的。故施加在拉杆上的力很小，控制灵敏。拉杆可用手动方式或机械方式操作，斜盘可以倾斜±18°，在工作过程中泵的吸压油方向可以变换，这种泵可做成双向变量泵。

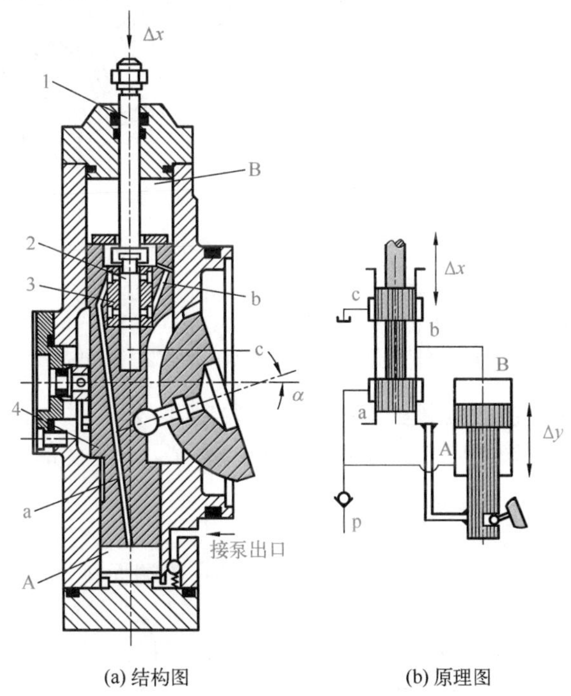

(a) 结构图 (b) 原理图

图2-34 伺服变量机构

1-拉杆；2-阀芯；3-伺服阀体；4-变量活塞

除上述介绍的两种变量机构外，轴向柱塞泵还有很多种变量机构，如恒功率变量机构、恒压变量机构、恒流量变量机构等，在此不一一列举。

2. 斜轴式轴向柱塞泵

斜轴式轴向柱塞泵主要由主轴1、柱塞连杆副3、缸体22、中心轴23、配流盘21等零件组成,如图2-35所示。由于传动轴中心线与缸体中心线倾斜一个角度,故称为斜轴式柱塞泵。主轴由三个既能承受轴向力又能承受径向力的轴承25支撑在壳体2内;中心轴一端球头与主轴中心孔铰接,另一端球头插入球面配流盘中心孔;套在中心轴上的碟形弹簧一端通过弹簧座作用在中心轴的台肩上,另一端作用在缸体的台肩上,将缸体压向配流盘,以保证泵启动时的密封性。当转动轴1在电动机的带动下旋转时,通过柱塞带动缸体转动,同时连杆带动柱塞在缸体柱塞孔内做往复运动,使柱塞底部的密封容积发生周期性变化,利用固定不动的配流盘21的吸油、压油窗口完成吸油和压油过程。通过改变缸体与主轴之间的夹角可以改变泵的排量;如果改变缸体与主轴之间夹角的方向,就可实现双向变量。

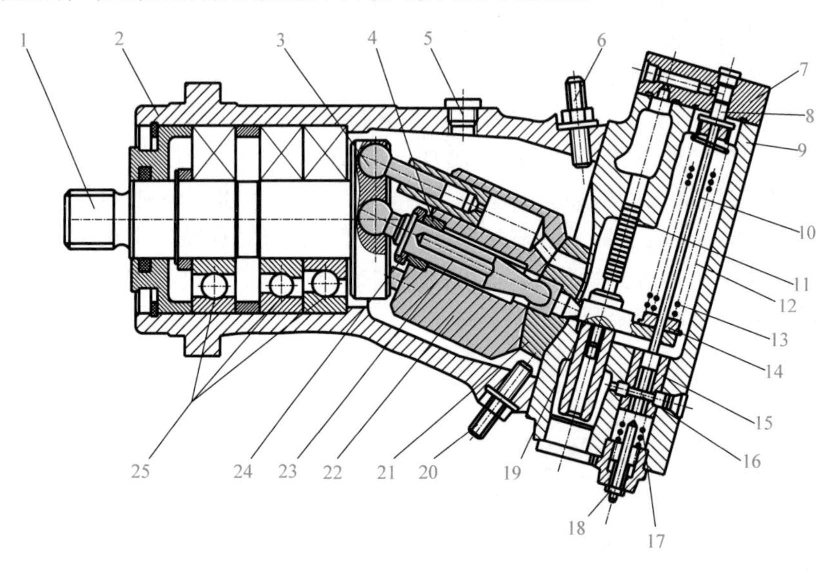

图2-35 斜轴式轴向柱塞泵结构图

1-主轴;2-壳体;3-柱塞连杆副;4、14-弹簧座;5-闭锁弹簧;6-最小流量限位螺钉;7-端盖;8-先导活塞;9-变量壳体;10-导杆;11-变量活塞;12-大调节弹簧;13-小调节弹簧;15-控制阀套;16-控制阀芯;17-调整弹簧;18-调整螺钉;19-拔销;20-最大流量限位螺钉;21-配流盘;22-缸体;23-中心轴;24-蝶形弹簧;25-轴承

这类泵的优点是变量范围较斜盘式轴向柱塞泵大,强度较高,耐冲击性能好;缺点是结构复杂,外形尺寸和质量均较大,动态响应慢。因此适合于工作环境比较恶劣的矿山、冶金机械液压系统。

3. 双端面配油轴向柱塞泵

这种泵是一种新型轴向柱塞泵,采用双端面进油、单端面排油,能够依靠吸油自冷却。该泵的工作原理如图2-36(a)所示,其结构和工作原理与斜盘式轴向柱塞泵基本相同。不同之处在于其斜盘上对应于配流盘上吸油窗口的位置有一条同样的吸油窗口,每一柱塞与滑靴的中心孔较大。吸油时,柱塞外伸,柱塞底部密封容积增大,油液可同时从配流盘和斜盘上的吸油窗口双向进入容腔,这样,降低了吸油流速,减小了吸油阻力,提高了自吸能力;压油时,柱塞部分的油液受到挤压从配流盘的压油窗口排出。图2-36(b)所示为该泵的自冷却原理,吸入的油液进入泵体后,除进入吸油区外,还从各个间隙进入缸体内,形成了全流量自循环强制冷却,降低了泵内温度。因采用了双端面进油,省去了泄漏回油管,提高了效率和使用寿命,转速范围也相应提高。但因斜盘结构不对称,这种泵不能做成双向变量泵和液压马达。

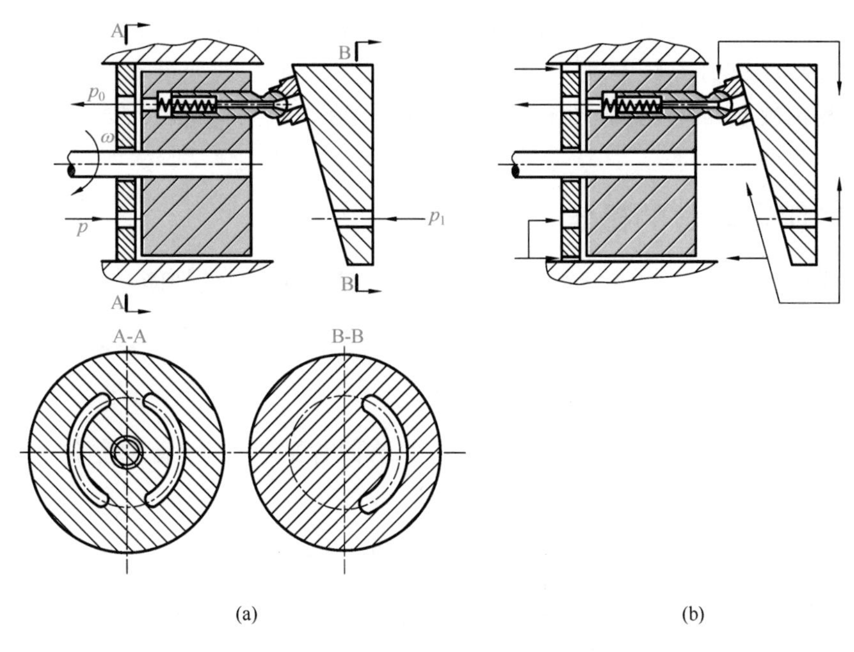

图 2-36　双端面配油轴向柱塞泵工作原理

2.5　液压泵的使用

液压泵的使用包括泵类型的选择、使用条件的限制和工作环境的控制等。

2.5.1　液压泵类型的选用

> **思考 2-2**
> 我国高压泵仍大多依赖进口，试调查分析其原因所在。

液压泵是液压系统提供流量和压力的动力元件，是液压系统的核心部分。选用液压泵时需充分考虑可靠性、寿命、维修性等因素，以便所选的泵能在系统中长期运行。

选用液压泵的原则是：根据主机工况、功率大小和系统对工作性能的要求，首先确定液压泵的类型，然后按系统所要求的压力、流量大小确定其规格型号。表 2-2 列出了常用液压泵的主要性能(或特性)比较。

表 2-2　常用液压泵的主要性能(或特性)比较

性能(或特性)	齿轮泵		叶片泵		螺杆泵	轴向柱塞泵		径向柱塞泵
	外啮合	内啮合	双作用	单作用		斜盘式	斜轴式	
额定压力/MPa	低压泵 2.5 高压泵可至 25		低压 6.3 中压 16 高压 32	约 16	约 10	约 40		约 40
流量调节	不能	不能	不能	能	不能	能	能	能
吸入能力	较好	较好	一般	一般	最好	差	差	差
流量脉动	最大	小	很小	小	最小	大	大	大
效率	低	较高	较高	较高	较高	高	高	高
对油液污染敏感性	不敏感	较敏感	较敏感	较敏感	不敏感	敏感	敏感	敏感
噪声	较大	较小	很小	小	最小	最大	最大	很大
最高转速	很高	高	低	低	最高	中	中	低
价格	最低	低	中	中	高	高	高	高

一般来说，根据各类液压泵的突出特点以及价格等方面的差异，综合考虑选择合适的液压泵。例如，一般机床液压系统中，往往选用双作用叶片泵和限压式变量叶片泵；而在建筑机械以及小型工程机械上，常选用抗污染能力强的齿轮泵；在负载大、功率大的大型工程机械上常选用柱塞泵。

2.5.2 液压泵参数的确定

液压泵类型确定后，还应综合考虑液压系统的工况和泵本身的性能来选用液压泵的主要参数。

1. 泵的工作压力确定

泵的工作压力主要由系统的最高工作压力确定，同时要充分考虑流过管路、元件等造成的压力损失，因此一般按下式计算

$$p \geqslant p_{\max} + \sum \Delta p \quad 或 \quad p \geqslant k p_{\max} \tag{2-37}$$

式中，p 为泵的工作压力；$p_{\max}$为系统的最高工作压力；$\sum \Delta p$ 为总压力损失，对应不同油路取 0.2～1.5MPa；k 为压力系数，一般取 1.3～1.5。

2. 泵的工作流量

泵的工作流量主要由系统执行元件所要求的流量决定，同时也要考虑管路等的泄漏流量，因此一般按下式计算

$$q \geqslant k q_{\max} \tag{2-38}$$

式中，q 为泵的工作流量；$q_{\max}$为系统执行元件所需的最大流量；k 为系统的泄漏系数。

在液压泵的工作压力和流量求出以后，就可以具体选择液压泵的规格。选择时应使实际选用泵的额定压力大于所求出的 p，通常可放大 25%。泵的额定流量一般选择略大于或等于所求出的 q 即可。

2.5.3 液压泵的噪声

噪声作为污染源已经日益受到人们的重视。通常把超过 70dB 的声音称为噪声，人听到噪声后会感觉不舒服，甚至烦躁不安。目前液压技术正向着高压、高速和大功率方向发展，液压系统的噪声也日趋严重，并成为制约液压技术发展的因素之一。因此，研究和分析液压系统噪声，减少与降低噪声，对提高液压系统的性能，改善劳动者的工作环境有着极其重要的意义。液压系统的噪声是一个和泵、阀、执行机构等整个系统有关的复杂问题。但理论和实践都表明，液压泵的噪声在液压系统中所占比重最大。因此，应了解液压泵产生噪声的原因，以便采取有效措施降低液压泵的噪声。

1. 液压泵产生噪声的原因

(1) 液压泵的流量脉动与压力脉动造成泵构件的振动。这种振动有时还可能产生谐振。谐振频率可以是流量脉动频率的 2 倍、3 倍或更大，泵的基本频率及其谐振频率若与机械的或液压的自然频率相一致，则噪声会大大增加。泄漏增加了泵的流量和压力脉动，也会增加噪声。研究结果表明，转速增加对噪声的影响一般比压力增大还要大。

(2) 液压泵困油区的压力冲击现象及初始连通压油腔时压力油倒灌现象都会产生噪声。

(3) 液压泵中的气穴现象。这种噪声主要是溶解于工作液体中的气体在压力低于空气分离压时分离出来变成气泡,又在高压区被压破,形成局部高频压力冲击,从而产生噪声。

(4) 液压泵内流道截面突然扩大和收缩、急拐弯,通道截面过小而导致液体湍流、漩涡及喷流,使噪声增大。

(5) 由于机械原因,如转动部分不平衡、轴承不良、泵轴的弯曲等机械振动引起的机械噪声。

2. 降低噪声的措施

(1) 适当设计液压泵结构,减小流量与压力脉动;在液压泵的出口安装蓄能器,吸收液压泵流量与压力脉动;当液压泵安装在油箱上时,使用橡胶垫隔振。

(2) 适当设计配流盘形状,减小和消除液压泵内部油液压力的急剧变化。

(3) 采用直径较大的吸油管,减小管道阻力,防止液压泵产生空穴现象;采用适当的吸油过滤器,防止空气混入。

(4) 尽量选择直管或缓变截面管道;压油管的一端可采用高压软管,对液压泵和管路的连接进行隔振。

(5) 合理设计液压泵,减少动态不平衡力,提高零件刚度。

习 题

2-1 液压泵的额定流量为 100L/min,额定压力为 2.5MPa。当转速为 1450r/min 时,机械效率为 0.9。由实验测得,当泵出口压力为零时(此时测得流量可视为理论流量),流量为 106L/min,压力为 2.5MPa 时,流量为100.7L/min,试求:(1) 该泵的容积效率;(2) 如泵的转速下降到 500r/min,在额定压力下工作时,计算泵的流量为多少?(3) 上述两种转速下泵的驱动功率。

2-2 某一齿轮泵的转速为 950r/min,排量 V=168mL/r,在额定压力 29.5MPa 和同样转速下,测得的实际流量为 150L/min,额定工况下的总效率为 0.87,求:(1) 泵的理论流量 q_t;(2) 泵的容积效率 η_v 和机械效率 η_m;(3) 泵在额定工况下所需电动机驱动功率 p_i;(4) 驱动泵的转矩 T。

2-3 某单作用变量叶片泵转子外径 d=83mm,定子内径 D=89mm,叶片宽度 B=30mm,试求:(1) 该叶片泵排量为 16mL/r 时的偏心量 e;(2) 叶片泵最大可能的排量 V_{max}。

2-4 已知轴向柱塞泵斜盘倾角 γ=22.5°;柱塞直径 d=22mm;柱塞分布直径 D=68mm;柱塞数 z=7;输出压力 p=10MPa 时,其容积效率 η_v=0.98,机械效率 η_m=0.9,转速 n=960r/min,试求:(1) 泵的实际输出流量;(2) 泵的输出功率;(3) 泵的输入转矩。

2-5 某液压系统采用限压式变量叶片泵,其流量-压力特性曲线 ABC 如图 2-37 所示。如系统在工作进给时,所需泵的压力和流量分别为 4.5MPa 和 2.5L/min;在快速移动时,泵的压力和流量为 2.0MPa 和 20L/min,试问泵的特性曲线应调成何种形状?已知泵的总效率为 0.7,则泵所需的最大驱动功率为多少?

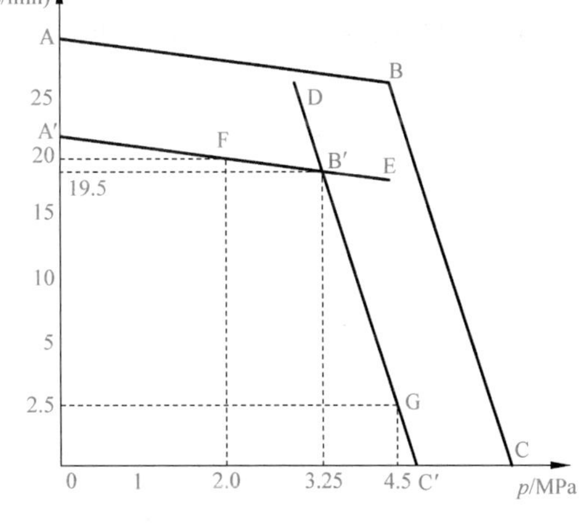

图 2-37 题 2-5 图

第3章 液压执行元件

液压马达和液压缸都是液压系统中的执行元件，也是将系统输入的压力能转换为机械能的能量转换装置。其中液压马达做旋转运动，输出转矩与转速；液压缸做直线往复运动，输出作用力与速度。

3.1 液压马达

3.1.1 液压马达概述

液压马达与液压泵在结构和原理上基本相同，都是依靠密封容积周期性变化而工作的，都有配流机构。当向液压泵的工作容腔输入高压油液时，液压泵就可以作为液压马达使用；当液压马达的主轴由外力矩驱动旋转时，液压马达就变成液压泵。因此理论上，液压泵与液压马达是可逆工作的液压元件。

但是，由于液压泵和液压马达的使用目的和性能要求不同，同类型的液压泵和液压马达在结构上还是存在一定差异，在实际使用中很少可以互逆使用。主要差异表现在以下几方面。

(1) 液压马达为保证能够正、反转，要求其内部结构对称，而液压泵为了改善性能而使其内部结构不对称。

(2) 液压马达不要求有自吸能力，而液压泵必须保证具有自吸能力。

(3) 在确定液压马达的轴承结构形式及其润滑方式时，应保证在很宽的速度范围内正常地工作，而液压泵的转速较高且一般变化很小。

(4) 液压马达要求有较大的启动转矩，而液压泵没有此要求。

液压马达的分类与液压泵基本相同，如图 3-1 所示。额定转速高于 500r/min 的属于高速

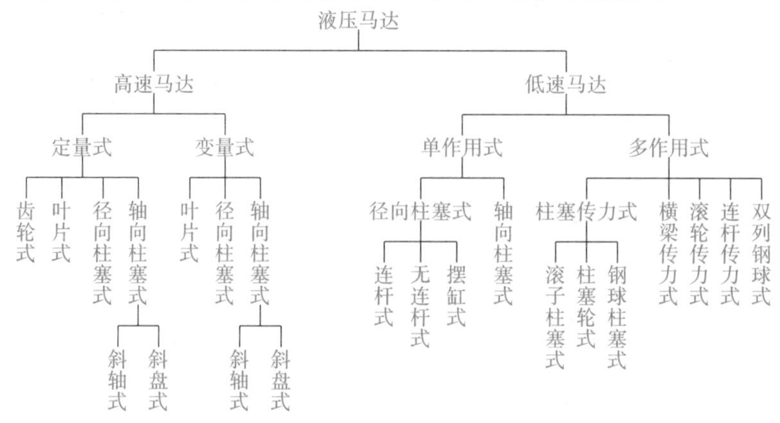

图 3-1 液压马达的分类

液压马达，又称为高速小转矩马达，其主要特点是转速较高、转动惯量小、便于启动和制动、调节灵敏度高，但输出转矩小，一般为几十到几百牛·米；额定转速低于 500r/min 的属于低速液压马达，又称为低速大转矩马达，其主要特点是转速低、排量大、输出转矩大，可直接与工作机构相连接，不需要减速装置，缺点是体积大。

3.1.2　液压马达的工作原理

1. 齿轮马达的工作原理

外啮合齿轮液压马达的工作原理如图 3-2 所示，当压力为 p 的高压油输入进油腔时，处于进油腔的所有轮齿均受到高压油的作用。在轮齿 2 和 2′上的液压力相互抵消，轮齿 1、3 和 1′、3′上的液压力不能相互抵消，从而在齿轮 1 和 2 上分别产生了不平衡力。作用在轮齿 1 上的不能相互抵消的部分液压力迫使齿轮 1 顺时针旋转，作用在轮齿 3 上的液压力则迫使齿轮 1 逆时针旋转，由于在轮齿 3 上的液压油作用面积较 1 大，因此其合力必然导致齿轮 1 逆时针旋转。与之相对应，齿轮 2 在轮齿 1′和 3′的合力作用下必然顺时针旋转，这样齿轮马达实现了周期旋转运动，向外输出转矩和转速。

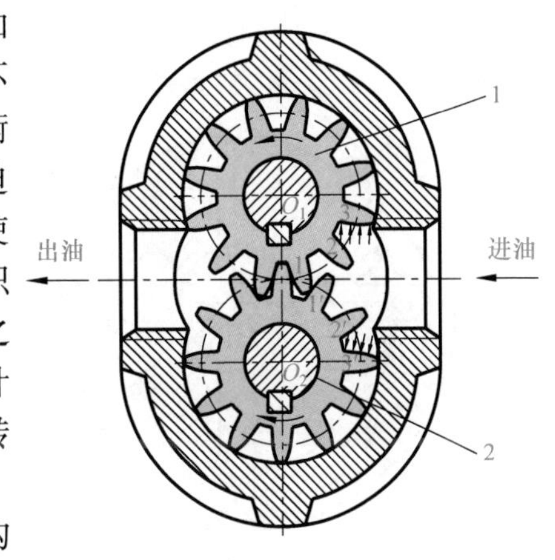

图 3-2　外啮合齿轮液压马达的工作原理

3-2

齿轮马达为了要满足双向旋转的使用要求，其结构对称，所有内泄漏均通过泄油口单独引到壳体外；为了减少转矩脉动，齿轮马达的齿数比泵的齿数多。

齿轮马达密封性较差，容积效率、工作压力较低，输出转矩较小，转速和转矩随啮合点位置变化而变化，且脉动较大。因此，齿轮马达仅适用于对转矩均匀性要求不高的高速小转矩的机械设备。

2. 轴向柱塞马达的工作原理

轴向柱塞马达的工作原理如图 3-3 所示，当压力为 p 的高压油输入进油腔时，处于进油腔的柱塞(图 3-3 中左侧柱塞)，在压力油作用下外伸压在斜盘上，而斜盘对柱塞产生垂直于斜盘方向的反作用力 N，其可分解为沿柱塞方向的力 F 和垂直于柱塞方向的力 T。若作用在柱塞

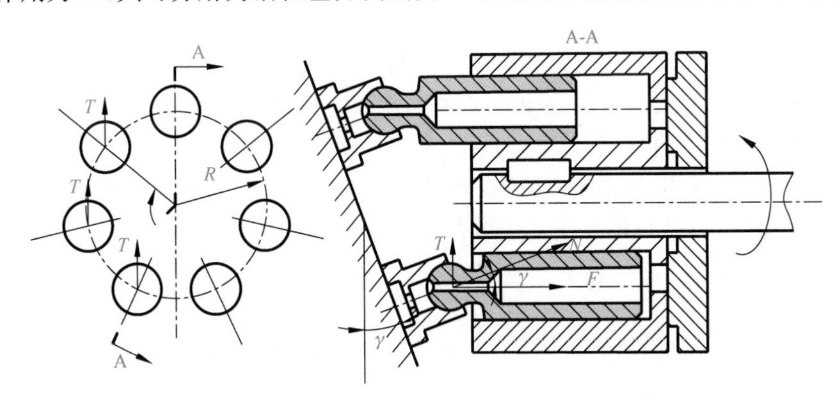

图 3-3　轴向柱塞马达的工作原理

底部的油液压力为 p，柱塞直径为 d，力 F 和 N 之间的夹角为 γ，它们分别为

$$F = p\frac{\pi d^2}{4} \tag{3-1}$$

$$T = F\tan\gamma \tag{3-2}$$

力 T 通过柱塞对缸体产生转矩，使缸体旋转，缸体再通过传动轴向外输出转矩和转速。上述分析是针对一个柱塞的情况，整个轴向柱塞马达的输出转矩由 z 个柱塞的合转矩所构成。由于柱塞的瞬时方位角呈周期性变化，液压马达总的输出转矩也周期性变化，所以液压马达输出的转矩是脉动的，通常只计算马达的平均转矩。

轴向柱塞马达容积效率高，调速范围大，因此必须通过减速器来带动工作机构；其结构尺寸和转动惯量小，换向灵敏度高，输出转矩小。因此适用于转矩小、转速高和换向频繁的场合。

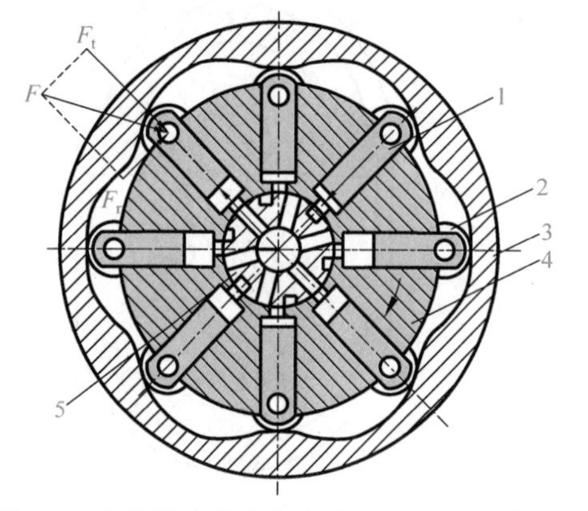

图 3-4 多作用内曲线径向柱塞马达的工作原理
1-柱塞；2-滚轮；3-定子；4-转子（缸体）；5-配流轴

3-4

3. 径向柱塞马达的工作原理

径向柱塞马达属于低速大转矩马达，主要特点是输出转矩大（可达几千至几万牛·米），低速稳定性好（一般可在 10r/min 以下平稳运转，有的可低到 0.5r/min 以下），因此可直接与工作机构连接。径向柱塞马达通常分为两种类型，即单作用连杆型和多作用内曲线型。由于篇幅所限，这里仅介绍多作用内曲线型径向柱塞马达。

多作用内曲线径向柱塞马达的工作原理如图 3-4 所示，当压力为 p 的高压油进入进油腔后，通过配流轴进入进油区柱塞底部，柱塞受到压力油作用而向外伸出，使滚轮压在导轨上，导轨面给滚轮一个反向力 F，方向垂直于导轨面，指向滚轮中心。力 F 可分解为沿柱塞轴向方向的力 F_t 和垂直于柱塞轴向的力 F_r，作用力 F_r 推动转子旋转，产生输出转矩和转速。

该类马达转速范围为 0～100r/min，适用于负载转矩很大、转速低、平稳性要求高的场合，如挖掘机、拖拉机、起重机牵引部件等。

> **思考 3-1**
> 为什么径向柱塞马达中柱塞顶端使用滚轮？

3.1.3 液压马达的基本参数和性能

1. 工作压力和额定压力

(1) 工作压力：马达入口工作介质的实际压力称为马达的工作压力。马达入口压力与出口压力之差称为马达的工作压差。

(2) 额定压力：与液压泵相同，马达在正常工作条件下，按实验标准规定可连续运转的压力称为马达的额定压力，马达的额定压力受到泄漏和结构强度的限制。

2. 排量和流量

(1) 排量 V_M：液压马达每转一周，通过密封容腔几何尺寸变化计算而得到的液体体积称为液压马达的排量，单位为 m^3/r。

(2) 理论流量 q_t：在不考虑泄漏的情况下，液压马达在单位时间内达到要求转速所需输入液体的体积，称为理论流量。显然，如果液压马达的排量为 V_M，其主轴转速为 n(r/s)，则该液压马达的理论流量 q_t 为

$$q_t = V_M n \tag{3-3}$$

单位为 m^3/s。

(3) 实际流量 q：液压马达运行时，单位时间内实际输入液体的体积，称为实际流量，单位为 m^3/s。在工作压力不为零的情况下，因泄漏存在，所以实际流量总是大于理论流量。它等于理论流量 q_t 加泄漏、压缩等损失的流量 Δq，即

$$q = q_t + \Delta q \tag{3-4}$$

式中，Δq 为容积损失流量。

3. 功率

(1) 输入功率 P_i：驱动液压马达的液压功率称为输入功率，单位为 W。

$$P_i = \Delta p q \tag{3-5}$$

式中，Δp 为液压马达的进、出口压力差。

(2) 输出功率 P：液压马达实际输出的功率，单位为 W。

$$P = T\omega = 2\pi n T \tag{3-6}$$

式中，ω 为液压马达的输出角速度；T 为液压马达的输出转矩；n 为液压马达的转速。

4. 效率

(1) 容积效率 η_v：液压马达的理论流量与实际流量之比称为容积效率，即

$$\eta_v = \frac{q_t}{q} = \frac{q - \Delta q}{q} = 1 - \frac{\Delta q}{q} \tag{3-7}$$

(2) 机械效率 η_m：由于存在摩擦损失，液压马达的实际输出转矩 T 一定小于理论转矩 T_t，因此机械效率为

$$\eta_m = \frac{T}{T_t} \tag{3-8}$$

(3) 总效率 η：液压马达的总效率等于输出机械功率与输入液压功率之比，即

$$\eta = \frac{P}{P_i} = \frac{2\pi n T}{\Delta p q} = \frac{2\pi n T_t \eta_m}{\Delta p q_t / \eta_v} = \eta_v \eta_m \tag{3-9}$$

5. 转矩和转速

(1) 实际输出转矩 T：液压马达的实际输出转矩等于理论转矩与机械效率的乘积，即

$$T = T_t \eta_m = \frac{\Delta p V_M}{2\pi} \eta_m \tag{3-10}$$

(2) 输出转速 n：液压马达输入的油液必须完全充满其所有的工作空间才能旋转，因此有

$$n = \frac{q_t}{V_M} = \frac{q}{V_M} \eta_v \tag{3-11}$$

6. 启动性能

同样压力和同样摩擦情况下，液压马达由静止到开始转动时的输出转矩比运转中的转矩小，这

严重影响了马达带载启动性能。启动转矩降低的主要原因是静止状态下的摩擦系数大，摩擦力比滑动摩擦力大。马达的启动性能主要用启动转矩 T_0 和启动机械效率 η_{m0} 来描述，其表达式为

$$\eta_{m0}=\frac{T_0}{T_t} \tag{3-12}$$

在实际工作中，如果带载启动，必须注意到所选择的液压马达的启动转矩以及启动机械效率。

7. 低速稳定性

当液压马达工作转速过低时，往往无法保持均匀的速度，进入时动时停的不稳定状态，这就是所谓的爬行现象。当要求高速液压马达以低于 10r/min 的速度，低速马达以低于 3r/min 的速度运行时，常会出现此类现象。

> **思考 3-2**
> 如何消除或减弱液压马达的爬行现象呢？

爬行现象主要与低速摩擦阻力特性和马达本身泄漏等有关。液压马达和负载是在油液压缩后由压力升高而被推动的，可看作液体弹簧，因此可用图 3-5(a)的物理模型表示低速区域液压马达的工作过程：以匀速 v_0 推弹簧的一端使质量为 m 的物体克服摩擦阻力运动。当质量 m 静止时阻力大，弹簧不断被压缩，推力不断增大。直到此推力大于静摩擦力后，质量 m 才开始运动。一旦物体运动后，由于阻力突然变成滑动摩擦而减小，物体突然加速运动，弹簧被拉长，推力减小，物体移动一段距离后停止，直到弹簧又被压缩很多，物体再一次加速，形成了如图 3-5(b)所示的时动时停状态。

另外，马达的泄漏量也随着转子转动而周期性地改变流量。低速运转时马达的输入流量很少，这部分泄漏量就相对较多，也使得马达容易出现时动时停的现象。

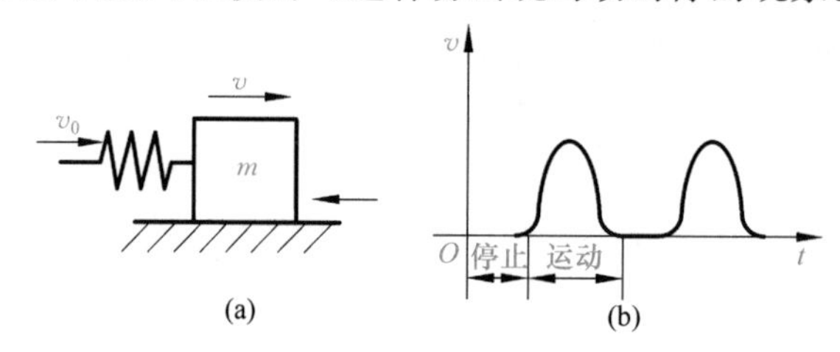

图 3-5 液压马达爬行的物理模型

3.1.4 液压马达的图形符号

图 3-6 为液压马达的图形符号。

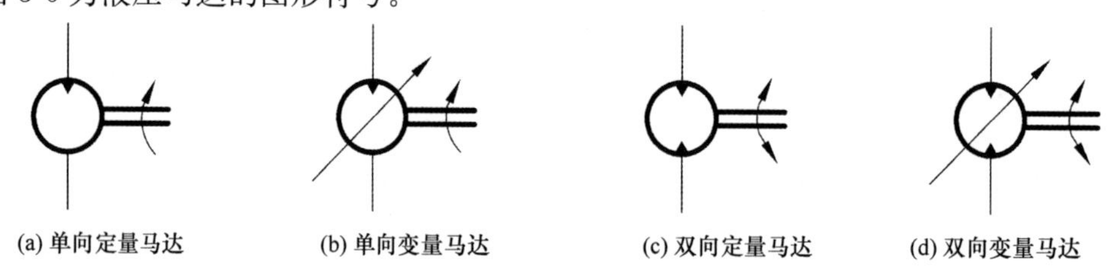

图 3-6 液压马达的图形符号

3.2 液 压 缸

液压缸的结构简单，工作可靠，与杠杆、连杆、齿轮齿条、凸轮等机构配合使用还能实现多种机械运动，与其他传动形式组合可满足多种运动需求，因此在液压与气压传动系统中得到广泛的应用。

3.2.1 液压缸的基本类型和特点

液压缸的类型很多，根据结构形式不同，可分为活塞式液压缸、柱塞式液压缸、摆动式液压缸和组合式液压缸；根据液压缸的作用原理不同，可分为单作用液压缸和双作用液压缸。单作用液压缸只能驱动活塞（或柱塞）做单方向运动，而反方向的运动则必须依靠外力（如弹簧力或自重等）来实现；双作用液压缸在两个方向上的运动都由液体或其他的推动来实现。

1. 活塞式液压缸

活塞式液压缸（活塞缸）是液压传动中最常用的执行元件。活塞式液压缸可分为双出杆和单出杆两种结构形式。

1）*双出杆活塞缸*

双出杆活塞缸的结构如图3-7所示，主要由缸体、活塞和两个活塞杆等组成。它有两种固定形式，如图3-8所示。图3-8(a)是缸体固定，活塞杆移动的安装形式，运动部件的移动范围是活塞有效行程的3倍，这种安装形式占地面积大，一般用于小型设备。图3-8(b)是活塞杆固定，缸体移动的安装形式，运动部件的移动范围是活塞有效行程的2倍，这种安装形式占地面积小，可用于大型设备。但不论哪种安装形式，活塞的有效行程都等于工作行程。利用活塞杆固定的安装形式时，液压油可以通过两段空心的活塞杆进入液压缸的两腔，也可以采用橡胶管与缸体两端油口连接，实现进出油。

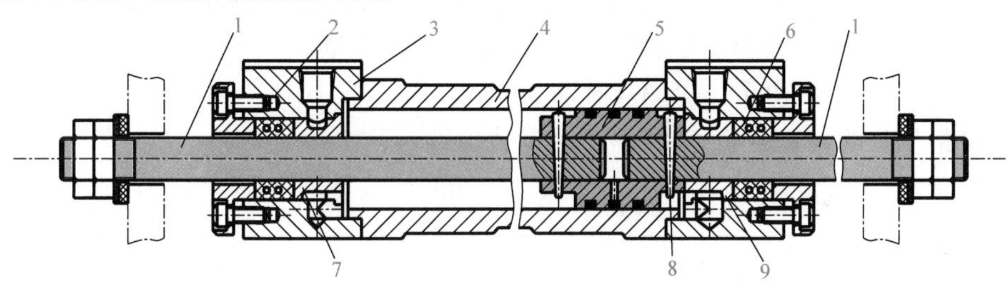

图3-7　双出杆活塞缸的结构图

1-活塞杆；2-螺钉；3-端盖；4-缸体；5-活塞；6-Y形密封圈；7、9-导向套；8-圆锥销

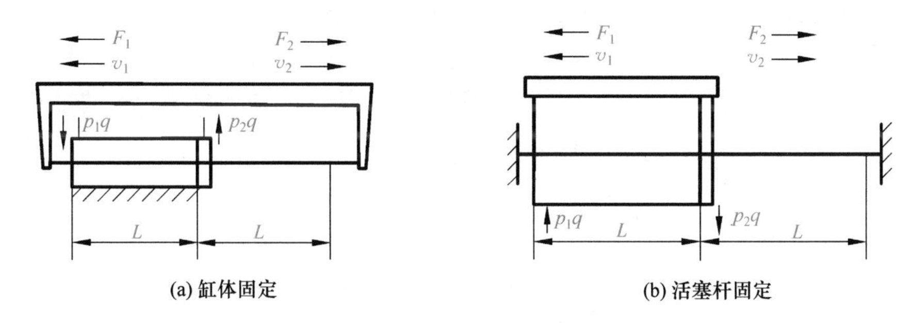

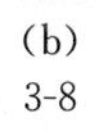

图3-8　双出杆活塞缸的固定形式

双出杆活塞缸活塞杆的直径通常相同，当向液压缸两腔输入同样压力和流量的液体时，两个方向的输出推力 F 和运动速度 v 相等，即

$$F=(p_1-p_2)A=\frac{\pi}{4}(D^2-d^2)(p_1-p_2) \tag{3-13}$$

$$v = \frac{q}{A} = \frac{4q}{\pi(D^2 - d^2)} \tag{3-14}$$

式中，q 为液压缸的输入流量；A 为活塞有效作用面积；D 为活塞直径；d 为活塞杆直径；p_1 为液压缸的进口压力；p_2 为液压缸的出口压力。

这类液压缸常用于要求往返运动速度相同的场合，如外圆磨床工作台往返运动液压缸等。

思考3-3

试设计液压缸活塞和活塞杆的尺寸，使得液压缸差动连接时的活塞的运动速度与液压缸活塞退回时速度相同。

微课

2) 单出杆液压缸

单出杆液压缸的活塞杆位于活塞一端，液压缸两腔有效面积不相等。当向液压缸左、右两腔输入同样压力和流量的液体时，活塞杆伸出和缩回产生的输出推力 F 和速度 v 不相等，其值分别为

$$F_1 = p_1A_1 - p_2A_2 = \frac{\pi}{4}[(p_1 - p_2)D^2 + p_2d^2] \tag{3-15}$$

$$v_1 = \frac{q}{A_1} = \frac{4q}{\pi D^2} \tag{3-16}$$

$$F_2 = p_1A_2 - p_2A_1 = \frac{\pi}{4}[(p_1 - p_2)D^2 - p_1d^2] \tag{3-17}$$

$$v_2 = \frac{q}{A_2} = \frac{4q}{\pi(D^2 - d^2)} \tag{3-18}$$

式(3-15)～式(3-18)中，p_1、p_2 为进油、回油压力；A_1、A_2 为无杆腔、有杆腔活塞的有效作用面积；D、d 为活塞、活塞杆直径；q 为进入无杆腔或有杆腔的流量。

比较上述各式可知，由于 $A_1 \gg A_2$，所以 $v_1 \ll v_2$，$F_1 \gg F_2$。

单出杆液压缸的往复运动速度 v_2 与 v_1 的比值称为速比 φ，即

$$\varphi = \frac{v_2}{v_1} = \frac{D^2}{D^2 - d^2} \tag{3-19}$$

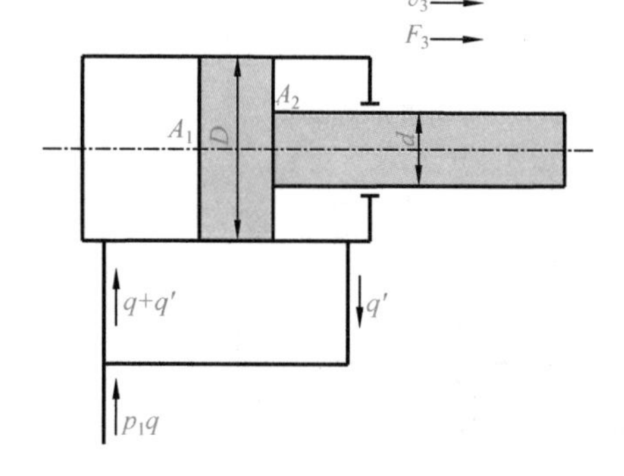

图 3-9　差动连接缸

3-9

式(3-19)说明，缸体内径与活塞杆直径差值越大，速比越大，即活塞往复运动的速度差值越大。

当单出杆活塞缸连接成如图 3-9 所示的形式时称为差动连接缸，此时液压油输入无杆腔的同时，输出油液也进入无杆腔，使输入无杆腔的液体流量增加，则活塞杆的运动速度加快。差动连接所产生的推力和活塞移动速度分别为

$$F_3 = p_1(A_1 - A_2) = p_1\frac{\pi}{4}d^2 \tag{3-20}$$

$$v_3 = \frac{q}{A_1 - A_2} = \frac{4q}{\pi d^2} \tag{3-21}$$

由式(3-20)、式(3-21)可见，单出杆液压缸形成差动连接后，其推力比非差动时小，活塞运动速度比非差动时大很多。

实际设备的工作过程一般要求空行程速度尽可能快，采用图 3-9所示的差动连接，在不改变原有液压系统的情况下实现快进，能够极大提高运行效率。

2. 柱塞式液压缸

单柱塞缸的工作原理如图3-10所示。这种液压缸只能在液压作用力下实现单向运动，反向运动要依靠外力，垂直安装的柱塞缸也可依靠柱塞等运动部件的自重进行反向运动。对于水平安装的柱塞缸，为了获得往复运动，通常成对相向安装，如图3-11所示。这样，通过液压作用力使一个柱塞伸出时，另一个柱塞被带回缸内，若液压作用力反向推动，则柱塞反向运动。

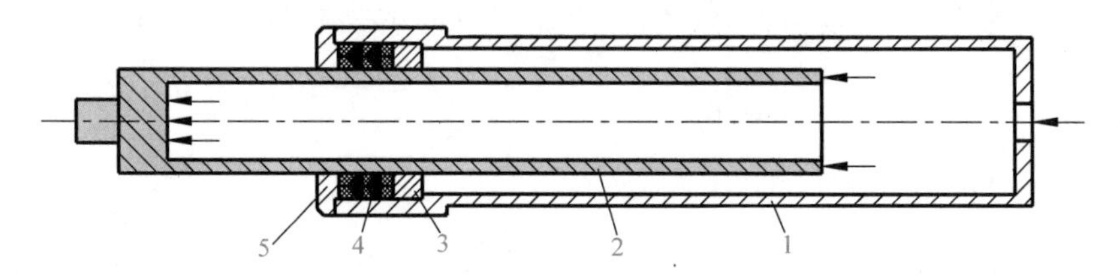

图3-10　柱塞式液压缸工作原理

1-缸体；2-柱塞；3-导向套；4-V形密封圈；5-压盖

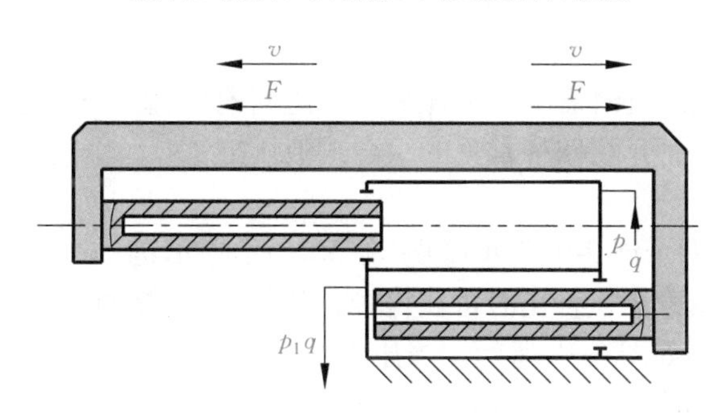

图3-11　成对相向安装的柱塞缸

柱塞缸的输出力 F 和运动速度 v 为

$$F = pA = p\frac{\pi}{4}d^2 \tag{3-22}$$

$$v = \frac{q}{A} = \frac{4q}{\pi d^2} \tag{3-23}$$

式中，d 为柱塞直径；p 为液体的工作压力；q 为柱塞缸的输入流量。

柱塞缸的主要特点是柱塞与缸筒无配合要求，因此缸筒内孔不需精加工，甚至在缸筒采用无缝钢管时可不加工，所以结构简单，制造容易，成本低廉，特别适合于行程较长的工作场合，如龙门刨床、导轨磨床、大型拉床等。水压机的缸筒以及液压电梯的长油缸常采用这种结构。当柱塞较大时，为节省材料、减轻质量，常将柱塞做成空心的。

3. 摆动式液压缸

摆动式液压缸也称为回转式液压缸或摆动液压马达，是将输入的液压能转换成输出轴做小于360°往复摆动的执行元件。它常用于工件夹紧装置、送料和转位装置、液压机械手以及间歇性进给机构等。

摆动式液压缸主要有单叶片摆动缸和双叶片摆动缸两类。图 3-12(a)为单叶片摆动缸，叶片固定在叶片轴上，工作腔被叶片分为两部分，当液压油进入其中一腔时，另一腔排油，从而推动叶片轴转动。反向供油时，叶片轴反向转动。其摆动角度较大，可达 300°。图 3-12(b)为双叶片摆动缸，两个叶片对称固定在叶片轴上，其输出转矩是单叶片缸的 2 倍，摆动角度是单叶片缸的一半，一般为 150°左右。

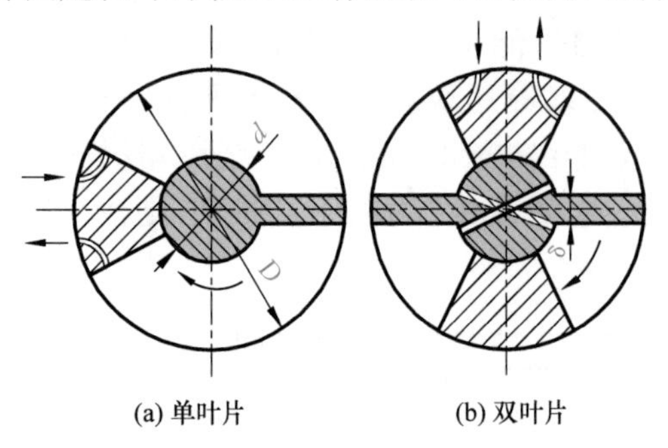

图 3-12　摆动式液压缸原理图

摆动式液压缸的输出转矩 T 和角度 ω 为

$$T=\frac{1}{8}zb(D^2-d^2)(p_1-p_2) \tag{3-24}$$

$$\omega=\frac{8q}{zb(D^2-d^2)} \tag{3-25}$$

式中，z、b 为叶片数量、宽度；D、d 为缸体内径、叶片轴直径；p_1、p_2 为进、出口液压油压力；q 为输入流量。

4. 组合式液压缸

为了满足特殊的需要，有时需要将上述液压缸进行有机组合来实现某一特定功能。组合式液压缸的种类很多，下面介绍四种常见的组合式液压缸。

1) 伸缩式液压缸

伸缩式液压缸是由两个或多个活塞式液压缸套装而成的，前一级活塞缸的活塞杆是后一级活塞缸的缸筒。当各级活塞依次伸出时可获得较长的行程，而缩回时可以保持很紧凑的轴向尺寸。伸缩式液压缸的结构如图 3-13 所示。当压力油从无杆腔进入时，活塞有效面积最大的缸筒开始伸出，当行至终点时，活塞有效面积次之的缸筒开始伸出。外伸缸筒有效面积越小，伸出速度越快。这种推力、速度的变化规律，正适合各种自动装卸机械对推力和速度的要求。

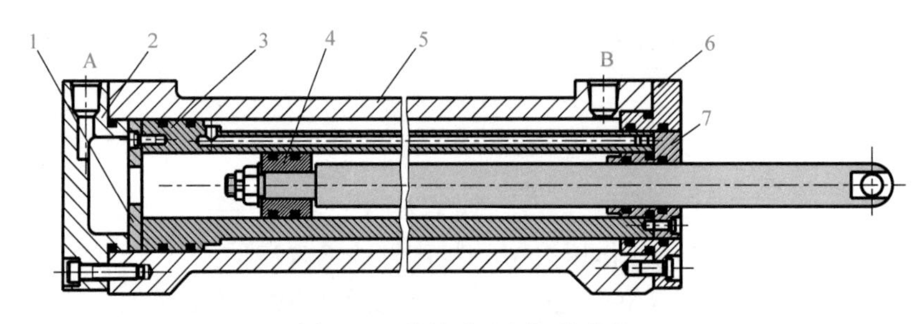

图 3-13　伸缩式液压缸的结构

1-压板；2、6-端盖；3-套筒活塞；4-活塞；5-缸体；7-套筒活塞端盖

2) 增压缸

增压缸又称为增压器，与前面介绍的液压缸不同，它不是将液压能转换成机械能，而只是对压力能进行传递，使之增压。增压缸实际上是活塞缸与柱塞缸组成的复合液压缸，有单作用式和双作用式两种形式。

单作用增压缸的工作原理如图 3-14(a)所示，当压力为 p_1 的压力油从活塞缸的无杆腔进入时，推动活塞(即柱塞缸的柱塞)移动，活塞缸有杆腔的油液从压油口排出，在柱塞缸的输出端输出压力为 p_2 的高压液体。当活塞和柱塞的直径为 D 和 d 时，活塞和柱塞所受到的液压作用力平衡，即

$$\frac{\pi}{4}D^2 p_1 = \frac{\pi}{4}d^2 p_2 \tag{3-26}$$

因此，柱塞缸的输出压力

$$p_2 = p_1\left(\frac{D}{d}\right)^2 = Kp_1 \tag{3-27}$$

式中，K 为增压缸的增压比，$K=D^2/d^2$。

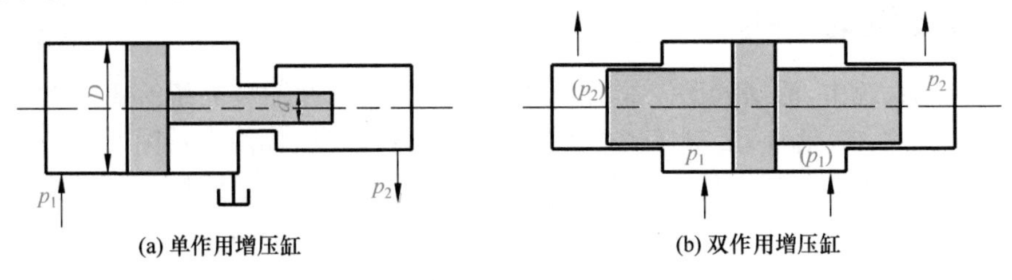

图 3-14　增压缸工作原理

单作用增压缸在一次往复行程中只能在一个方向输出高压液体，要实现双向输出高压液体可采用图 3-14(b)的双作用增压缸。

增压缸的增压能力是在减小输出流量的基础上得到的（$q_2=q_1/K$），因此其输出压力虽然增高了，但其功率并没有增大。

增压缸常用在局部或短时需要高压液体的液压系统中。

3）增速缸

柱塞式增速缸的工作原理如图 3-15所示，它是以较大活塞缸的活塞杆作为较小活塞缸的缸体，再配以小活塞或柱塞组成。由于油腔 b 的作用面积小，当通过中心管供油时，推动柱塞快速移动。当柱塞行程达到末端时需要加压，再向油腔 a 中提供高压油，柱塞反向时向 c 腔供油。

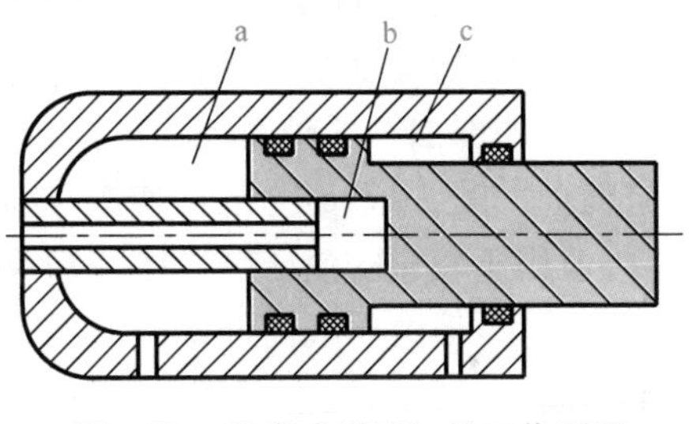

图 3-15　柱塞式增速缸的工作原理

增速缸结构紧凑、体积小，但液压缸的制造技术要求高、难度大。常用于液压机、注塑机、机械手和某些数控机床的主轴等。

4）齿轮齿条液压缸

齿轮齿条液压缸也称为无杆活塞缸，它是将液压能转换为往复旋转机械能的装置，由两个活塞缸和一套齿轮齿条机构组成，如图 3-16 所示。

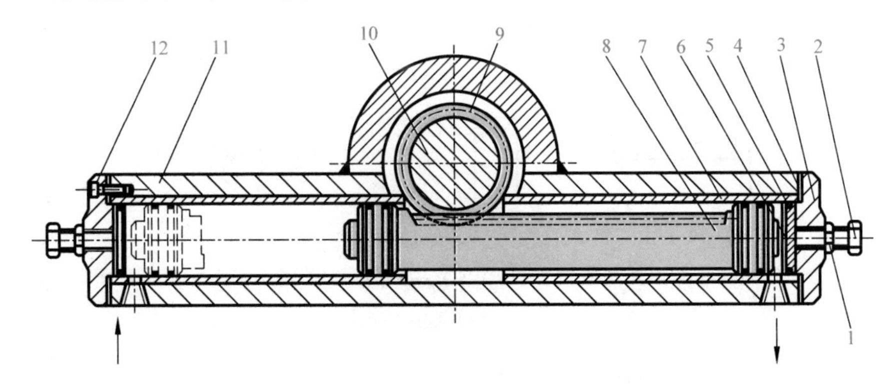

图 3-16　齿轮齿条液压缸工作原理

1-紧固螺帽；2-调节螺钉；3-端盖；4-垫圈；5-O 形密封圈；6-挡圈；7-缸套；8-齿轮活塞；9-齿轮；10-传动轴；11-缸体；12-螺钉

当压力油进入液压缸时,推动活塞及其相连的齿条做往复直线移动,并通过齿轮齿条机构转换为齿轮轴的往复旋转运动。这种液压缸的旋转角度可大于 360°,改变活塞行程即可改变转角的大小。

齿轮齿条液压缸多用于自动线、组合机床等转位或分度机构中。

3.2.2 液压缸的结构

在液压传动系统中,活塞缸比较常用并相对复杂,因此这里主要介绍活塞缸的结构。**通常活塞缸由后端盖、缸筒、活塞、活塞杆和前端盖等主要部件组成**,如图 3-7、图 3-9 所示。为防止工作介质向缸外或由高压腔向低压腔泄漏,在缸筒与缸盖、活塞与活塞杆、活塞与缸筒、活塞杆与前端盖之间设有密封装置。在前端盖外侧还装有防尘装置。为防止活塞快速运动到行程终端时撞击缸盖,缸的端部还设有缓冲装置。可见,液压缸的结构主要由缸筒组件、活塞组件、密封装置、缓冲装置和排气装置五部分组成。

1. 缸筒组件

缸筒组件包括缸筒、缸盖及其连接件,其连接形式与液压缸的用途、工作压力、所选用的材料、安装要求及工作条件等因素有关。图 3-17 是几种常见的缸筒和缸盖的连接形式。图 3-17(a)为法兰连接,其优点是结构简单、加工与装拆方便,缺点是采用整体的铸、锻件时,其质量和外形尺寸大,加工复杂,常用于大中型液压缸。图 3-17(b)为半环连接,这种结构装卸方便,需要在缸筒外部加工环槽而削弱了缸筒的强度,为此要适当增加缸筒的壁厚,它常用于无缝钢管的缸筒上。图 3-17(c)为拉杆连接,这种结构易加工和装拆,通用性强,但外形尺寸和质量较大,一般用于较短的液压缸。图 3-17(d)和图 3-17(f)为螺纹连接,这种连接结构简单,质量轻,径向尺寸小,但由于缸筒外部或内部需要加工螺纹而削弱其强度,加工精度要求高,缸筒内外径要求同心,装拆时要求有专用工具。图 3-17(e)为焊接连接,这种结构简单,强度高,尺寸小,但它只适用于缸体与缸筒的焊接,并且焊接容易引起变形,一般用于活塞行程小、轴向尺寸紧凑或有特殊要求的液压缸。

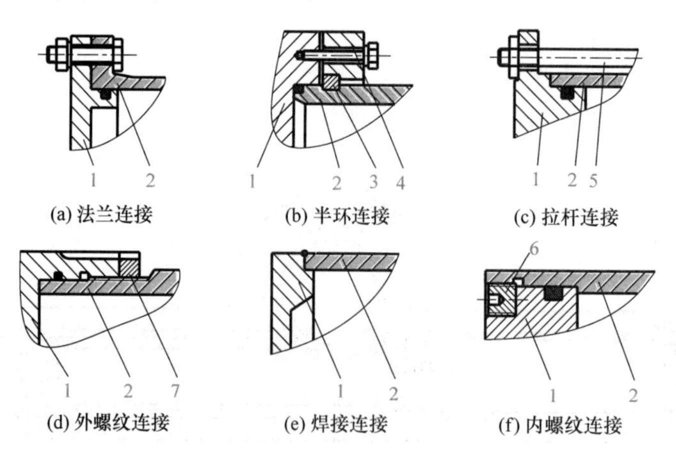

图 3-17 缸筒与缸盖的连接

1-缸盖;2-缸体;3-半环;4-压环;5-拉杆;6-压紧螺母;7-防松螺母

2. 活塞组件

活塞组件包括活塞、活塞杆及其连接件，通常活塞与活塞杆是分离的形式，目的是易于加工和选材。活塞一般选用耐磨铸铁制造，活塞杆多数用钢料制造。针对液压缸不同的工作压力、安装方式和工作条件，活塞组件有多种结构形式，如图 3-18 所示。图 3-18(a)所示为螺纹连接，其结构简单，拆装方便，但一般需要螺母防松装置。图 3-18(b)所示为半环连接，其强度高，工作可靠，能承受较大的负载与振动，但结构复杂，轴向尺寸精度要求较高。对于小型液压缸，也有将活塞与活塞杆制成整体结构的。

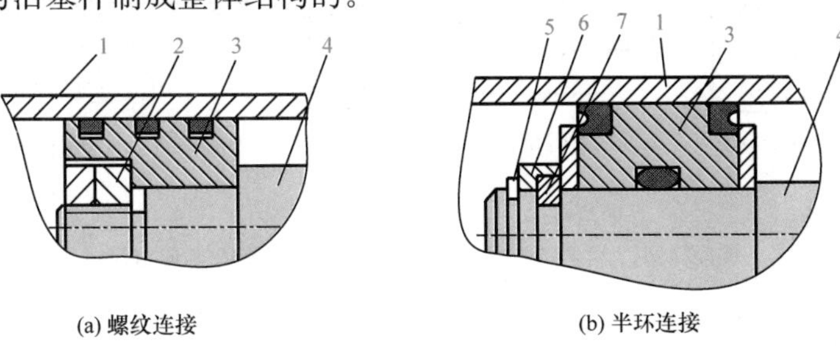

图 3-18　活塞与活塞杆的连接结构

1-缸体；2-螺母；3-活塞；4-活塞杆；5-弹簧挡圈；6-轴套；7-半圆环

3. 密封装置

密封装置用来防止液压系统的内外泄漏和外界杂质的侵入。密封部位主要包括缸筒与活塞之间的密封、活塞杆与缸盖之间的密封与防尘、活塞杆与活塞内孔之间的密封、缸盖与缸筒接触面之间的密封。密封装置设计的好坏对于液压缸的静、动态性能有着重要的影响。一般要求密封装置应具有良好的密封性，尽可能长的寿命，制造简单，拆装方便，成本低。有关密封的原理、结构等将在第 5 章中详述。

4. 缓冲装置

当液压缸所驱动的负载质量较大、工作部件运动速度较快时，为避免因动量大，在行程终点产生活塞与端盖撞击，影响工作精度或损坏液压缸，一般在液压缸的两端设置有缓冲装置。缓冲装置的工作原理是使活塞运行到终端之前的一段距离时，在出口腔内产生足够的缓冲压力，即增加工作介质出口阻力，从而降低液压缸活塞的运动速度。常见的缓冲装置的形式如图 3-19 所示。图 3-19(a)所示为环形间隙式缓冲装置。当缓冲柱塞进入缸盖上的内孔时，缸盖和活塞间形成缓冲油腔，被封闭油液只能从环形间隙排出，增大了排油阻力，减缓了活塞运动速度。这种缓冲装置在缓冲过程中由于其节流面积不变，缓冲开始时产生的缓冲制动力很大，随后缓冲效果逐渐减弱。这种装置结构简单，便于设计和降低制造成本，所以一般系列化的成品液压缸中多采用这类缓冲装置，适用于运动部件的质量和速度都不太大的场合。图 3-19(b)所示为可调节流式缓冲装置。在缓冲过程中，缓冲腔油液经小孔节流排出，调节节流孔的大小，即可控制缓冲腔内缓冲压力的大小，以适应液压缸不同负载和速度对缓冲的要求。单向阀的作用是当活塞反向运动时，能迅速向液压缸供油，以避免活塞推力不足而启动缓慢。图 3-19(c)所示为可变节流式缓冲装置。在柱塞上开有轴向

液压缸采用环形间隙式缓冲装置，试建模推导其环形间隙、凸台长度与缓冲终点速度之间的关系。

三角槽，当缓冲柱塞进入端盖内孔时，油液经三角槽流出，于是形成缓冲压力使活塞制动。因活塞制动时，轴向节流沟槽的通流截面逐渐减小，阻力作用逐渐增强，因而缓冲均匀、冲击力小、制动位置精度高。

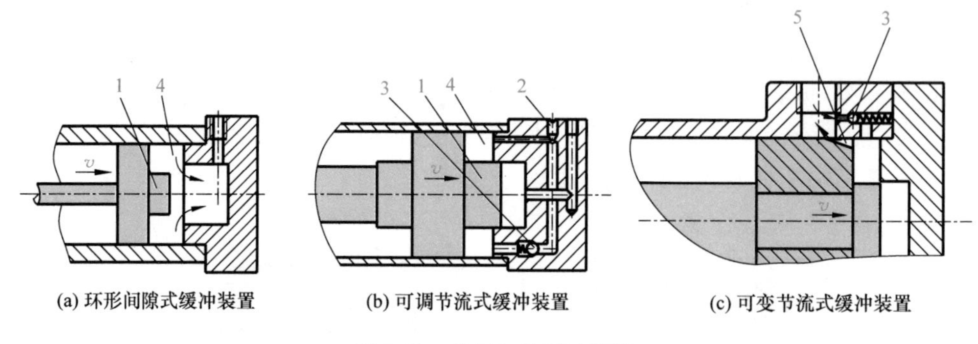

图 3-19 液压缸的缓冲装置

1-缓冲柱塞；2-可调节流阀；3-单向阀；4-缓冲油腔；5-轴向节流槽

5. 排气装置

液压缸在安装过程中或长时间停止使用后会有空气渗入，同时液压油中也混有空气，从而导致低速运行的液压缸可能产生爬行现象，启动时引起冲击、振动。因此设计液压缸时必须考虑空气的排除。

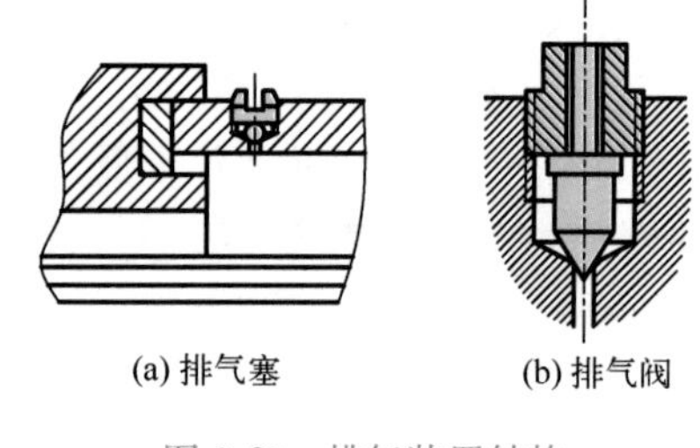

图 3-20 排气装置结构

对于速度稳定性要求不高的液压缸一般不设置专门的排气装置，而是将油口设置在缸筒两端最高处，这样空气随油液排回油箱，再从油箱逸出。对于速度稳定性要求较高的液压缸，可在液压缸的最高处设置排气装置，如排气塞、排气阀等。排气装置结构如图 3-20 所示，当松开排气塞螺钉或排气阀后，在低压情况下，液压缸往复运动几次，使缸内空气排出后，拧紧排气塞，液压缸便可正常工作。

3.2.3 液压缸的设计计算

液压缸一般为标准件，已有系列标准可供选用。但并非所有工作场合都能选用标准液压缸，有时需要自行设计制造。

设计液压缸时，首先应对液压系统进行工况分析，在确定各工况工作压力的基础上，确定液压缸的结构形式、安装方式，根据推力、速度、压力、流量、行程等，确定缸筒内径、活塞杆直径、缸筒和活塞缸长度并进行强度、刚度校核，缓冲验算，最后进行具体结构和零件设计。

1. 液压缸主要尺寸的确定

1）缸筒内径 D

根据液压缸所产生的最大负载和选定的工作压力，并考虑满足运动速度和输入流量的要求，按本章有关公式计算 D 后，再从国家标准《液压气动系统及元件 缸内径及活塞杆外径》(GB/T 2348—1993)中选取最接近的标准尺寸作为 D 的实际尺寸。

2) 活塞杆直径 d

液压缸活塞杆的直径 d 通常按先满足液压缸速度或速比的要求来选择，然后再校核其结构强度和稳定性，若速比为 λ_v，则

$$d = D\sqrt{\frac{\lambda_v - 1}{\lambda_v}} \tag{3-28}$$

按式(3-28)计算 d 后，再按国家标准《液压气动系统及元件 缸内径及活塞杆外径》(GB/T 2348—1993)取为标准值。

3) 缸筒长度 L 及其他尺寸确定

液压缸的缸筒长度 L 主要由活塞最大工作行程决定，一般缸筒的长度不超过其内径的 20 倍，活塞长度 $B=(0.6\sim1)D$。导向套长度 C：当 $D<80$mm 时，$C=(0.6\sim1.5)D$；当 $D\geqslant 80$mm 时，$C=(0.6\sim1)D$。

2. 液压缸的校核

1) 强度校核

(1) 缸筒壁厚 δ 校核。

在中、低压系统中，液压缸的壁厚一般由结构、工艺上的要求确定，不作计算。当液压缸内液体工作压力较高和直径较大时，才有必要校核壁厚最薄处的强度。

对于薄壁筒($\frac{D}{\delta}\geqslant 10$)，按下式进行校核

$$\delta \geqslant \frac{p_{\max}D}{2[\sigma]} \tag{3-29}$$

式中，δ 为缸筒壁厚；$p_{\max}$ 为筒内液体的工作压力；$[\sigma]$ 为缸筒材料的许用应力，$[\sigma]=\sigma_b/n$，σ_b 为材料抗拉强度，n 为安全系数，一般取 $n=3.5\sim5$。

对于厚壁筒($\frac{D}{\delta}<10$)，按下式进行校核

$$\delta \geqslant \frac{D}{2}\left(\sqrt{\frac{[\sigma]+0.4p_{\max}}{[\sigma]+1.3p_{\max}}} - 1\right) \tag{3-30}$$

(2) 活塞杆直径 d 校核。

当活塞杆的长度 $l<10d$ 时，强度可按下式校核

$$d \geqslant \sqrt{\frac{4F_{\max}}{\pi[\sigma]} + d_1^2} \tag{3-31}$$

式中，d_1 为空心活塞杆孔径，实心杆 $d_1=0$；$F_{\max}$ 为活塞杆上轴向最大作用力；$[\sigma]$ 为活塞杆材料的许用应力，$[\sigma]=\sigma_b/n$，σ_b 为材料抗拉强度，n 为安全系数，一般取 $n\geqslant 1.4$。

2) 稳定性校核

当活塞杆的长度 $l\geqslant 10d$ 时，若轴向力超过某一临界值会失去稳定性，因此需要进行稳定性校核。活塞杆受到载荷 F 应小于临界稳定载荷 F_k，即

$$F \leqslant \frac{F_k}{n_k} \tag{3-32}$$

式中，n_k 为安全系数，一般取 $2\sim4$。

3. 液压缸设计应注意的问题

(1) 选择合理的液压缸的结构形式(活塞式、柱塞式等)以及安装形式。

(2) 尽可能选定液压缸的主要参数为标准值,使设计的液压缸标准化和系列化。

(3) 尽可能使活塞杆处于受拉和受压的工作状态,这时活塞杆具有较好的稳定性。

(4) 考虑设置可靠合理的密封装置以及缓冲和排气装置。

(5) 尽量使液压缸结构简单,外形尺寸小,加工、装配和维修方便。

3.3 工程案例:汽车起重机的动力与执行元件

汽车起重机应用方便灵活,有 3t、5t、8t、16t、65t 等多种规格。以 QY3 型汽车起重机为例(图 3-21(a)),其额定起重量为 3t,最大起重高度为 14.7m,液压系统压力约为 20MPa,一般使用轴向柱塞泵。起重机的起升机构采用了低速大扭矩的内曲线径向柱塞马达驱动,背压阀使得马达具有 1MPa 的回油背压。起升基本回路如图 3-21(b)所示。

(a) 汽车起重机

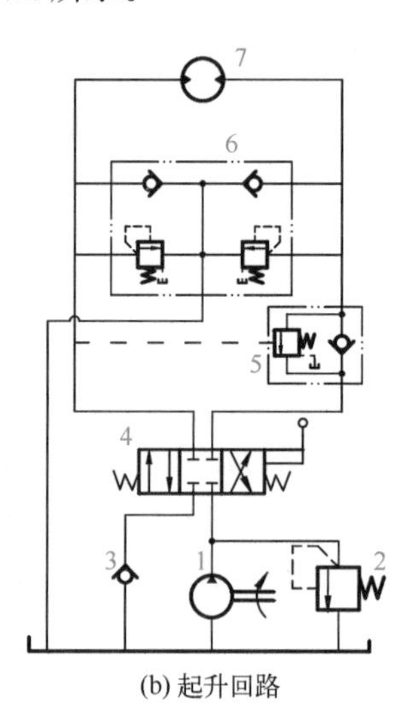

(b) 起升回路

图 3-21 汽车起重机及起升回路

当换向阀 4 处于左位工作时,液压油通过平衡阀 15 中的单向阀进入液压马达 7,驱动卷筒正转,使重物上升。马达回油经过背压阀 3 流回油箱。当换向阀 4 处于右位工作时,马达油路换向,但这是回油路被平衡阀锁紧,必须待左边油路建立一定压力后,通过控制油路打开平衡阀中的顺序阀,使油路畅通,马达反转,重物下降。平衡阀能限制重物因自重沉降,并防止超速下降。油路中的缓冲补油阀 6 是用来防止油路过载或产生负压的。

本例中,不考虑系统产生过载或负压情况,忽略管路压力损失。设定单向阀 3 的压力为 1MPa,溢流阀 2 的调定压力为 23MPa,液压泵的机械效率 $\eta_{pm}=0.85$,容积效率 $\eta_{pv}=0.9$;驱动电动机的转速 $n=1000$r/min;液压马达排量为 $V_m=80$mL/r,机械效率 $\eta_{mm}=0.82$,容积效率 $\eta_{mv}=0.95$;泵和马达之间的管路泄漏为 $\Delta q_l=0.2$L/min,马达输出转速为 300r/min,试求:(1)液压泵的排量;(2)马达可提供的最大输出转矩;(3)液压泵的最大输入功率;(4)负载转矩为 120N·m 时泵的出口压力。

解：

(1)液压马达的实际输入流量

$$q_m = n_m V_m / \eta_{mv} = 28.4\ \text{L/min}$$

液压泵的实际输出流量

$$q_p = q_m + \Delta q_l = 28.6\ \text{L/min}$$

则液压泵的排量为

$$V_p = q_p / (\eta_{pv} n_p) = 31.8\ \text{mL/r}$$

(2)当液压泵输出压力达到最大(23MPa)时，马达可提供最大的输出转矩。由于液压马达有背压，此时液压马达两端的压差为 23－1＝22(MPa)

$$T_{max} = \frac{\Delta p_{max} V_m}{2\pi} \eta_{mm} = 229.8\text{N} \cdot \text{m}$$

(3)液压泵的最大输入功率等于液压泵的最大输出功率除以总效率

$$P_{pin} = \frac{\Delta p_p q_p}{\eta_{pv} \eta_{pm}} = 14.3\text{kW}$$

(4)根据液压马达的扭矩公式，求得马达两端的压差，进而可求得液压泵的输出压力

$$\Delta p_m = \frac{2\pi T_m}{V_m \eta_{mm}} = 11.5\text{MPa}$$

$$p_p = \Delta p_m + 1 = 12.5\text{MPa}$$

习　　题

3-1　已知液压马达的排量 V_M＝250mL/r，入口压力为 9.8MPa，出口压力为 0.49MPa，此时的总效率为 0.9，容积效率为 0.92，当输入流量为 22L/min 时，试求：(1) 液压马达的输出转矩；(2) 液压马达的输出功率；(3) 液压马达的转速。

3-2　某液压马达的排量 V_M＝40mL/r，当马达输入压力 p＝6.3MPa，转速 n＝1450r/min 时，马达输入的实际流量 q_m＝63L/min，马达实际输出转矩 T＝37.5Nm，求液压马达的容积效率 η_v、机械效率 η_m 和总效率 η。

3-3　如图 3-22 所示，两个相同的液压缸串联使用，它们的无杆腔有效工作面积 A_1＝80cm²，有杆腔的有效工作面积 A_2＝50cm²，输入油压力 p＝0.6MPa，输入流量 q＝12L/min，求：(1) 如果两缸的负载 F_1＝$2F_2$，两缸各能承受多大的负载(不计所有损失)？活塞的运动速度各为多少？(2) 若两缸承受相同的负载(F_1＝F_2)，那么该负载的数值为多少？(3) 若缸 1 不承受负载(F_1＝0)，则缸 2 能承受多大的负载？

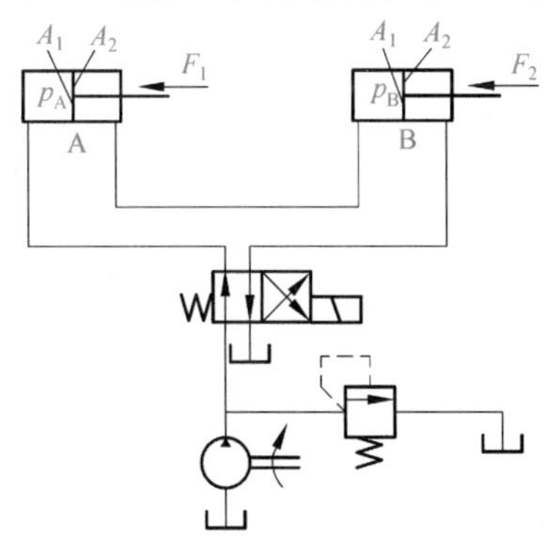

图 3-22　题 3-3 图

3-4 图 3-23 中两液压缸串联，且第二个液压缸差动连接。已知两缸的无杆腔面积分别为 $A_1=10\text{cm}^2$，$A_1'=8\text{cm}^2$；两缸有杆腔面积分别为 $A_2=5\text{cm}^2$，$A_2'=4\text{cm}^2$；两缸负载分别为 $F_1=10^4\text{N}$，$F_2=2\times10^3\text{N}$；流量 $q_1=$ 20L/min；不考虑管路压力损失，试求：(1) 两缸的工作压力；(2) 两缸的活塞运动速度。

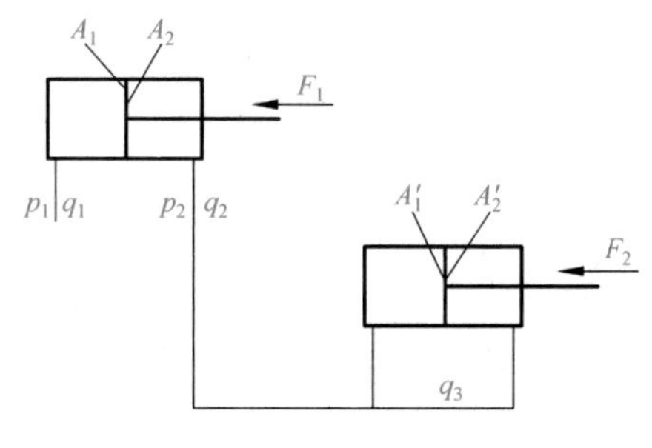

图 3-23 题 3-4 图

3-5 某一差动液压缸，要求(1) $v_{快进}=v_{快退}$，(2) $v_{快进}=2v_{快退}$，求出两种情况下活塞面积 A_1 和活塞杆面积 A_2 之比应为多少？

3-6 差动连接液压缸，无杆腔面积 $A_1=100\text{cm}^2$，有杆腔面积 $A_2=40\text{cm}^2$，输入油压力 $p=2\text{MPa}$，输入流量 $q=40\text{L/min}$，所有损失忽略不计，试求：(1) 液压缸能产生的最大推力；(2) 差动快进时管内允许流速为 4m/s，进油管直径应选多大？

第4章 液压控制元件

在液压系统中，除需要液压泵提供动力和液压执行元件驱动执行机构外，还要控制执行机构的启动、停止、速度大小、输出力与力矩大小、运动方向等，这些任务都要依靠液压控制阀（简称液压阀）来完成。

4.1 概　　述

4.1.1 液压阀的结构、工作原理及基本要求

液压系统中，液压阀本身不做有用功，只是对执行元件起控制作用。它们都是由阀体、阀芯（滑阀或锥阀）和阀芯动力机构（如弹簧、电磁铁等）三大部分组成的，阀的操纵机构可以是手动、机动、电动、液动或电液动等。尽管各种阀的工作原理不完全相同，但大部分是通过阀芯的移动来控制油口的开闭或限制、改变油液的流动来工作的，而且控制阀进出油口间的压差及通过阀口的流量之间都符合孔口流量公式（$q=KA_T\Delta p^m$）。各种阀都可以看成在油路中的一个液阻，只要有液体流过，都会产生压力降（有压力损失）和温度升高的现象。

液压传动系统对液压控制阀的基本要求为：

(1) 动作灵敏、工作平稳可靠，工作时冲击和振动尽可能小。

(2) 油液通过液压阀时压力损失要小。

(3) 密封性能好，泄漏量要小。

(4) 结构要简单紧凑，安装、维护、调整方便，通用性强，寿命长。

4.1.2 液压阀的分类

按液压阀作用的不同，主要分为以下三类。

1) *方向控制阀*

主要用来通断油路或改变油液流动的方向，以实现执行元件的启动、停止或运动方向的改变，如单向阀、换向阀等。

2) *压力控制阀*

主要用来限制和调节液压系统的工作压力，以满足执行元件所需的作用力或转矩要求，如溢流阀、减压阀、顺序阀、压力继电器等。

3) *流量控制阀*

主要用来控制和调节液压系统中的流量大小，以实现执行元件运动速度变化的要求，如节流阀、调速阀等。

除了上述分类，液压控制阀还可以表 4-1 所示的方法分类。

表 4-1 液压控制阀的类型

分类方式	类型
按阀的输入方式	手动控制阀、机械控制阀、液压控制阀、电液控制阀、电动控制阀
按控制信号形式	开关定值控制阀、伺服阀、比例阀、数字阀
按结构形式	滑阀类、锥阀球阀类、喷嘴挡板阀类
按连接形式	螺纹连接、法兰连接、板式连接、集成连接

4.1.3 控制阀的性能参数

液压阀的性能参数是对液压阀进行评价和选用的依据，它反映了液压阀的规格大小和工作特性。主要包含下述两个参数：

1）*公称通径*

公称通径代表阀的通流能力大小，对应于液压阀的额定流量。它是液压阀连接接口的名义尺寸，与实际尺寸不一定相等，因为实际尺寸还受到流量流速等参数的影响，如通径同为10mm，某电磁换向阀连接口的实际直径为 11.2mm，而直角单向阀却是 14.7mm。有些系列液压阀的规格用额定流量来表示，也有既用通径，又给出所对应的流量的。

2）*额定压力*

液压阀的额定压力是指阀长期工作所允许的最高压力。对压力控制阀，实际最高压力有时还与液压阀的调压范围有关；对换向阀，实际最高压力还可能受到其功率极限的限制。

还有一些与具体液压阀有关的量，如通过额定流量时的额定压力损失、最小稳定流量、开启压力等。只要工作压力和流量不超过额定值，液压阀即可正常工作。目前对不同的液压阀也给出了一些不同的数据，如最大工作压力、开启压力、允许背压、最大流量等。

4.2 方向控制阀

方向控制阀在液压系统中主要实现油路通断和切换油液流动方向，控制液压执行装置的启动、停止，改变运动方向和动作顺序。按其工作职能可分为单向阀和换向阀两类。

4.2.1 单向阀

单向阀有普通单向阀和液控单向阀两类。

1. 普通单向阀

普通单向阀控制油液只能正向流动，而不能反向流动，故简称为单向阀，又称止回阀。按进出流体流动方向不同，可分为直通式和直角式两种结构。单向阀的结构由阀体、阀芯、弹簧等组成。阀芯又分锥阀式和钢球式两种，如图 4-1所示，其中锥阀式阀芯结构相对简单。图 4-2(a)所示为锥阀式阀芯结构。当压力油 p_1 从进油口输入时，克服弹簧力作用使阀芯右移，阀芯锥面离开阀座，阀口开启，油液经阀口、阀芯上的径向孔 a 和轴向孔 b，从右端出口流出。当液流反向流动时，在弹簧和油液压力的共同作用下，阀芯被紧紧压在阀座上，阀口关闭，油液被截止而不能通过。图 4-2(b)所示为板式连接单向阀，其进、出油口设置在底面上，工作原理与直通式单向阀相同。

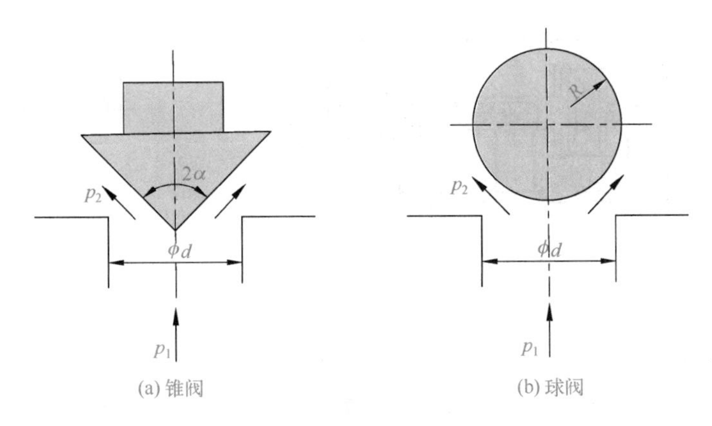

图 4-1 锥阀球阀类液压阀

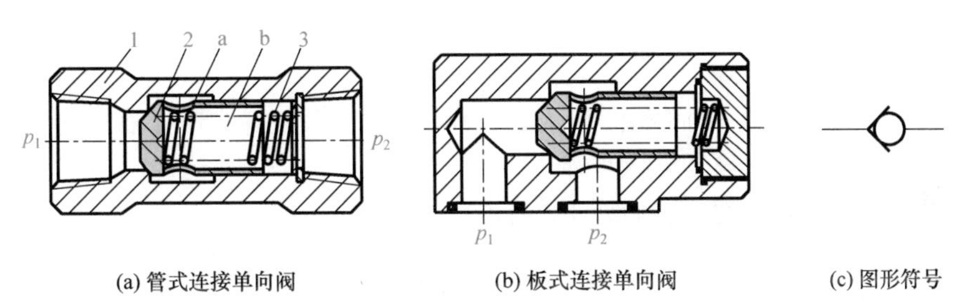

图 4-2 单向阀

1-阀体；2-阀芯；3-弹簧

(a)

(b)

4-2

为了使单向阀工作灵敏可靠，油液通流的阻力应尽可能小，**一般单向阀的正向开启压力为0.03～0.05MPa**。若将单向阀作为背压阀使用，应换成刚度较大的弹簧，使回油保持一定压力，其开启压力一般为0.2～0.6MPa。

对单向阀的主要性能要求除了正向导通时压力损失要小，还要求反向截止时无泄漏，阀芯动作灵敏，工作时无撞击和噪声。

单向阀主要用于不允许油液反向流动的场合，如安装在泵的出口，一方面防止系统的压力冲击影响泵的正常工作；另一方面在泵不工作时防止系统的油液倒流经泵回油箱。单向阀还被用来分隔油路，以防止油路之间的相互干扰，还可与其他阀并联组成复合阀，如单向顺序阀、单向节流阀等。也可安装在系统的回油路作为背压阀使用，还可安装在泵的卸荷回路使泵维持一定的控制压力。

2. 液控单向阀

液控单向阀的结构如图4-3所示，与普通单向阀相比，除了进、出油口 p_1、p_2 外，还有一个控制油口K。当控制油口不通压力油时，液控单向阀与普通单向阀的工作原理相同，油液只能从 p_1 流向 p_2，反向截止。当控制油口K通入压力油后，活塞1左端受到压力油作用，油腔a与泄油口相通，于是活塞1向右移动，通过顶杆2将阀芯3打开，使油液可以正、反向自由流动。控制油口K处的油液与进、出油口不通，通入控制油口K的油液最小压力不应低于主油路压力的30%。

液控单向阀的主要性能与普通单向阀基本相同。当 $p_1=0$ 时，液控单向阀反向开启的最小控制压力一般为(0.4～0.5)p_2。液控单向阀具有良好的密封性能，其泄漏量可为零，因此这种阀也称为液压锁。

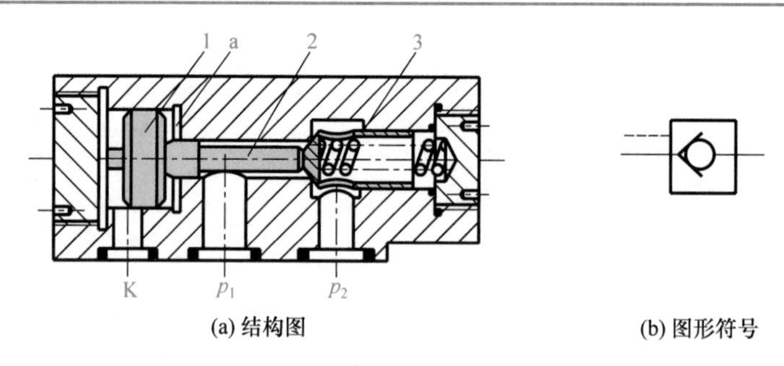

图 4-3 液控单向阀

1-活塞；2-顶杆；3-阀芯

4-3

液控单向阀常用于对液压缸进行保压、锁紧，也用于防止垂直安装液压缸停止时的自动下滑。

微课

4.2.2 换向阀

换向阀是利用阀芯相对于阀体的相对运动使油路接通和断开来改变油液流动方向，从而控制执行装置的运动方向、启动和停止等。

换向阀的种类很多，分类方法如表 4-2 所示。

表 4-2 换向阀的类型

分类方法	类型	
按阀的结构方式	滑阀式、转阀式、球阀式	
按工作通路数	二通、三通 四通、五通	二位二通、二位三通 二位四通、二位五通 三位四通、三位五通
按工作位置数	二位、三位	
按阀的操纵方式	手动、机动、电磁动、液动、电液动	
按安装方式	管式、板式、叠加式、插装式	
按阀芯定位方式	定位式、复位式	

对换向阀的主要性能要求是：换向动作灵敏、可靠、平稳、无冲击；能获得准确的终止位置；内部泄漏和压力损失较小。

1. 换向阀的工作原理

换向阀都是由阀体与阀芯两个主要部分组成的，阀芯一般有三种形式，即锥阀式、转阀式和滑阀式。锥阀式换向阀结构密封性能好，详细介绍参考 4.5 节。转阀式原理如图 4-4 所示。油路的连通和截止是通过控制旋转阀芯中的沟槽来实现的，一般采用手动控制。该类阀结构简单，但阀芯上有径向不平衡力存在，使得手动操作困难。因此，转阀式换向阀工作压力一般较低，允许通过的流量也较少，一般在中低压系统中作为先导控制阀与其他液压阀联合使用。

滑阀式换向阀在液压系统中应用最为广泛，因此本节主要介绍滑阀式换向阀，其工作原理如图 4-5 所示。当阀芯左移，阀体上的油口 P 与 A 口连通，B 口与 T 口连通，压力油液经 P 口、A 口进入执行装置，回油经过 B 口、T 口回油箱；当活塞右移时，阀体上 P 口与 B 口连通，A 口和 T 口连通，油液从 B 口进入，从 A 口流出。可见，只要依靠外力来移动滑阀阀芯，就能实行油路的多种连接形式。

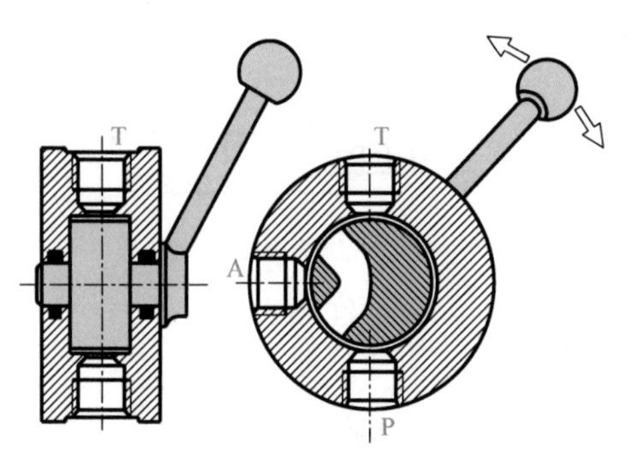

图 4-4　转阀式换向阀工作原理

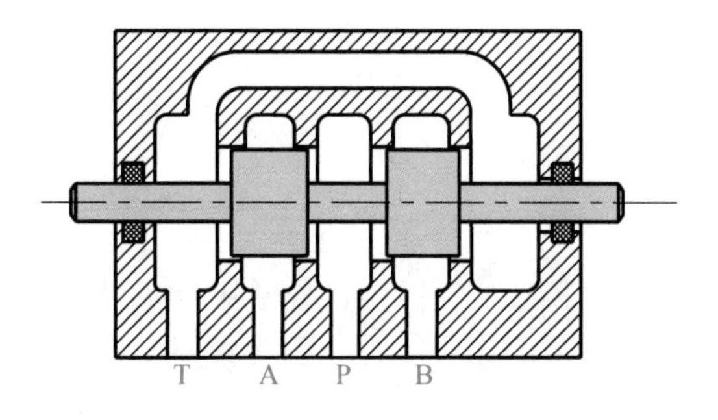

图 4-5　滑阀式换向阀工作原理

4-5

2. 换向阀的职能符号

1）换向阀的“位”与“通”

换向阀的“位”是指改变阀芯与阀体的相对位置时，所能得到油口连通形式的种类数。“通”是指阀体上的通油口数量，有几个通油口就称为几通。

2）职能符号的规定和含义

（1）用方框表示换向阀的工作位置，如用三个方框就表示三位阀。

（2）方框内的箭头表示处在这一位置上油路的连通状态，但并不一定表示油液的实际流向。

（3）方框周边连接的接口表示换向阀的“通”，如四个接口就表示四通阀。

（4）通常，阀与液压泵和供油路相连的油口用 P 表示，回油用 T 表示；与执行装置的连接油口用 A、B 表示。

3. 几种常见的换向阀

滑阀式换向阀的操作方式目前主要有手动、机动、电动、液动和电液动等几种。根据操作方式不同，换向阀可对应地称为手动换向阀、机动换向阀、电动换向阀、液动换向阀、电液换向阀等。下面介绍这几种典型换向阀的结构形式。

1）手动换向阀

手动换向阀是依靠手操纵杠杆（或脚踏踏板）推动滑阀阀芯相对阀体运动来改变油液的通流状态，实现执行装置的换向。按换向定位方式的不同，手动换向阀有弹簧复位式和钢球定位式两种类型。图 4-6(b)所示为三位四通钢球定位式手动换向阀，在外力撤销后不能自动回到原位，适用于动作不频繁、工作持续时间长的场合。图 4-6(c)所示为三位四通弹簧复位式手动换向阀，在操纵手柄的外力撤销后阀芯能自动回到原始位置，适用于动作频繁、工作持续时间短的场合。

手动换向阀结构简单，动作可靠，但由于需要人力操纵，故只适合于间歇动作且要求人工控制的小流量场合。

2）机动换向阀

机动换向阀也称为行程阀，通常只有初始和换向两个位置。图 4-7 所示为二位二通机动换向阀的结构图和图形符号。该类阀安装在执行装置附近，当执行装置上的撞块或凸轮压到阀芯左端的滚轮后，阀芯向右移动，油路换向。执行装置返回后，阀芯在弹簧作用下回到初始位置。

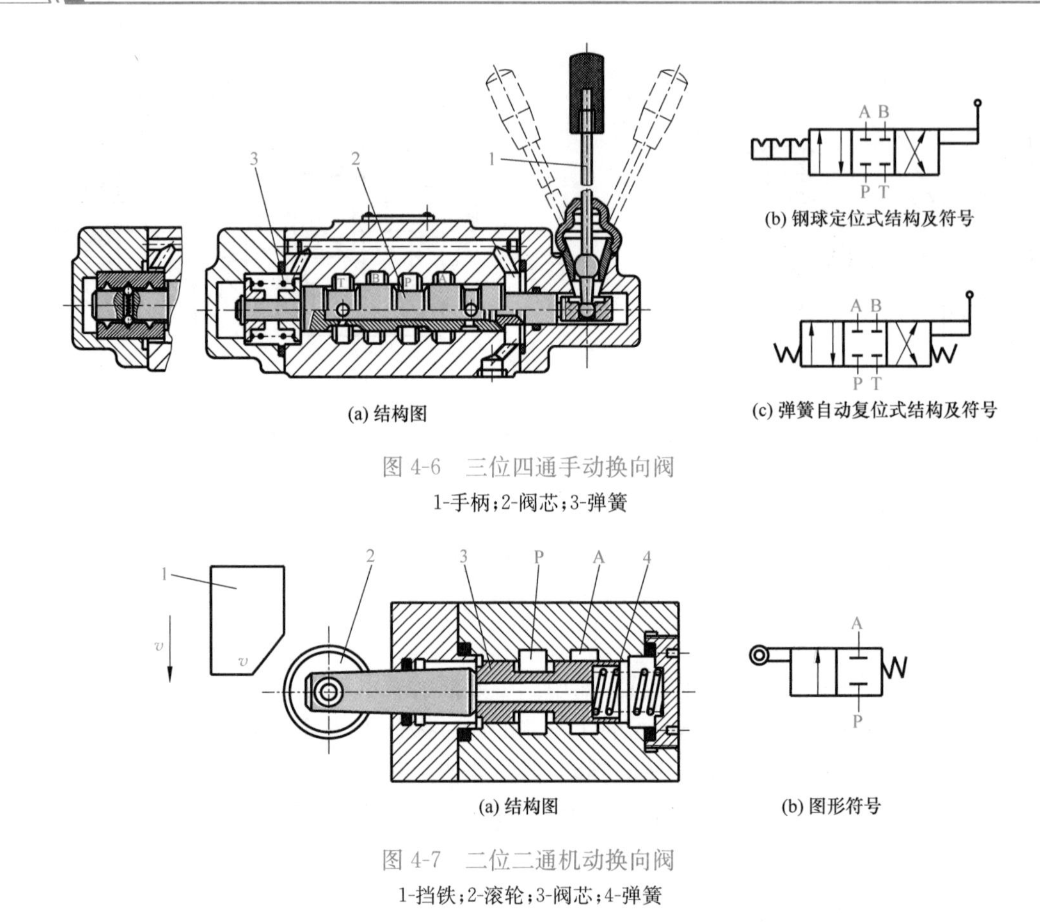

图 4-6 三位四通手动换向阀

1-手柄;2-阀芯;3-弹簧

图 4-7 二位二通机动换向阀

1-挡铁;2-滚轮;3-阀芯;4-弹簧

机动换向阀结构简单,动作可靠,换向位置精度高,改变挡块或凸轮的形状,可使阀芯获得合适的换向速度,减小换向冲击。此类阀的缺点在于连接管路较长,整个液压系统不紧凑。

3) *电磁换向阀*

电磁换向阀是利用电磁铁得电后产生的吸力推动阀芯,实现油路换向的。该类阀操作方便,可借助行程开关、按钮开关或其他元件发出的电信号来控制电磁铁的通电、断电,易于实现自动化,因此在液压系统中被广泛应用。

图 4-8 所示为二位三通电磁换向阀的结构和图形符号。当电磁铁断电时,阀芯在弹簧 4 的作用下推向左端,使油口 P 与 A 相通,油口 B 被断开;当电磁铁通电时,衔铁通过推杆 2 将阀芯 3 推至右端,使油口 P 与 B 相通,油口 A 被断开。电磁铁断电后,在弹簧 4 作用下阀芯复位。

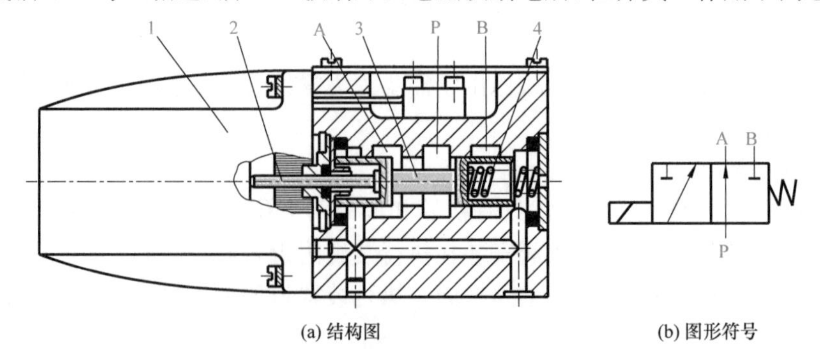

4-8

图 4-8 二位三通电磁换向阀

1-电磁铁;2-推杆;3-阀芯;4-弹簧

图4-9所示为三位四通电磁换向阀的结构和图形符号。当两端电磁铁都不通电时，阀芯2在两端弹簧作用下处于中位，油口P、T、A、B都不通；当右端电磁铁通电时，衔铁通过推杆6将阀芯推向左端，油口P与A连通，B与T连通；当左端电磁铁通电时，衔铁通过推杆6将阀芯推向右端，油口P与B连通，A与T连通。值得注意的是，两端电磁铁不能同时通电，否则阀芯位置不确定。

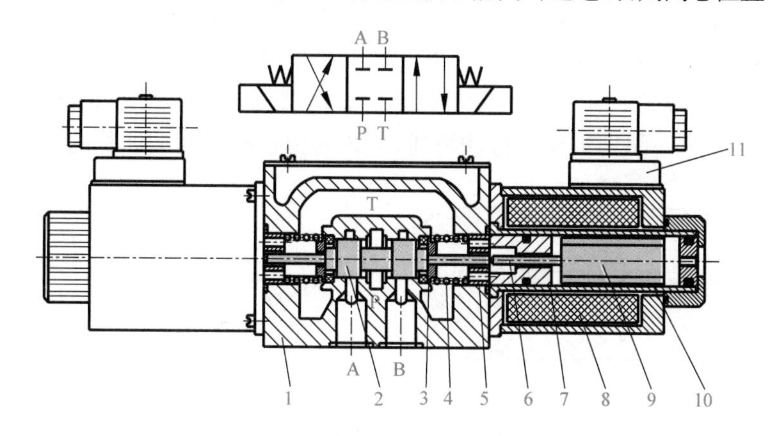

图4-9 三位四通电磁换向阀

1-阀体；2-阀芯；3-定位套；4-对中弹簧；5-挡圈；6-推杆；7-环；8-线圈；9-衔铁；10-导套；11-插头组件

电磁铁按衔铁所在腔是否充满油液，可分为干式电磁铁和湿式电磁铁；按所连接的电源不同，分为交流电磁铁和直流电磁铁两类。交流电磁铁直接利用380V、220V或110V交流电源，使用方便，启动力大，换向时间短(0.03～0.15s)，但换向冲击、发热和噪声均较大，工作可靠性差、寿命短。直流电磁铁需要12V、24V、36V或110V直流电源，具有发热小、噪声小、体积小、允许换向频率较高、工作可靠性好、寿命长等优点。由于需要特殊电源，其造价较高，一般用于换向精度要求较高的场合。

电磁换向阀的优点是动作迅速，操作方便，便于实现自动控制，但因电磁吸力有限，电磁换向阀的最大通流流量小于100L/min，若通流流量较大或要求换向可靠、冲击小，则要选用液动换向阀或电液动换向阀。

4) *液动换向阀*

液动换向阀是利用控制油路的压力油来推动阀芯移动，实现油路的换向的。由于压力油可以产生很大的推力，因此液动换向阀的通流量可以很大，能够实现大流量的换向控制。

弹簧对中式液动换向阀的结构如图4-10所示，阀芯两端的控制油腔分别接控制油口K_1和K_2，当控制油路的压力油进入控制油口K_1时，阀芯被推向右端位置，油口P与A相通，B与T相通；当控制油路的压力油进入控制油口K_2时，油口P与B相通，T与A相通；当两个控制油口均不通压力油时，阀芯在两端弹簧的作用下对中，P、T、A、B油口均不通。

当通过液动换向阀的流量较大时，一般在阀两端的控制油路中加装单向节流阀，这样可以调节阀芯的移动速度，从而提高换向平稳性，减小换向冲击。

5) *电液换向阀*

电液换向阀是由电磁换向阀和液动换向阀组合而成的，其中电磁换向阀也称为先导阀，它的作用是改变控制油液的液流方向，从而控制液动换向阀的阀芯移动，实现主油路换向；液动换向阀称为主阀，主要作用是控制系统中执行元件的换向。这里，电磁换向阀流过的流量仅用来推动主阀阀芯移动，流量较少，因此较小的电磁铁吸力就可以移动阀芯；液动换向阀由于依靠压力油驱动，因此可通过的流量较大。可见，这种组合形式的换向阀实现了用较小的电磁铁吸力来控制主油路大流量的换向,适用于高压、大流量的液压系统。

图 4-11 所示为三位四通电液换向阀的结构图及图形符号。当左端电磁铁通电时,控制油路的压力油由通道 a 经左单向阀进入主阀芯左端,阀芯右端油液经右端节流阀、通道 b 和电磁换向阀的回油口流回油箱,阀芯右移,主油路的油口 P 与 A 相通,油口 B 与 T 相通;当右端电磁铁通电时,控制油路的压力油将主阀芯左移,油口 P 与 B 相通,油口 A 与 T 相通。当两端电磁铁均不通电时,电磁换向阀处于中位,主阀芯两端均与油箱连通,在对中弹簧的作用下处于中间位置,油口 P、T、A、B 均不通。控制油路上的单向节流阀用于调节主阀阀芯的换向速度,避免换向冲击,其中单向阀用来保证进油畅通,节流阀用于阀芯两端油腔的回油节流。

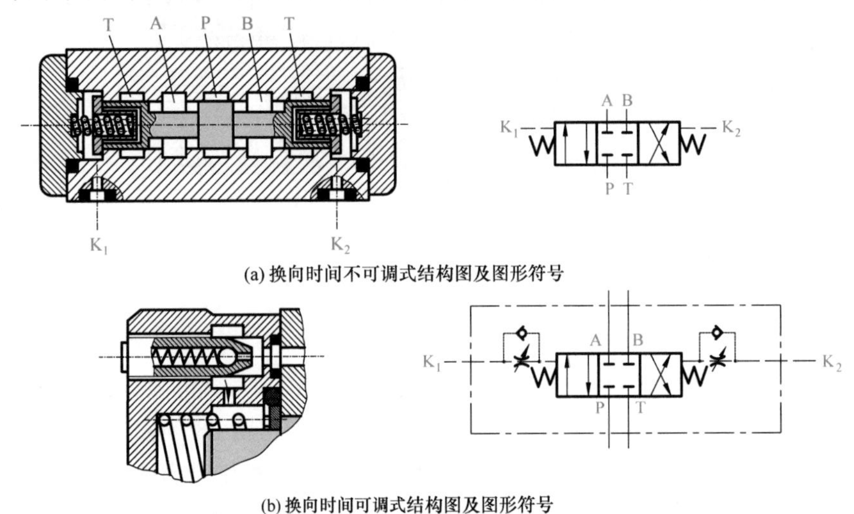

(a) 换向时间不可调式结构图及图形符号

(b) 换向时间可调式结构图及图形符号

图 4-10　三位四通液动换向阀

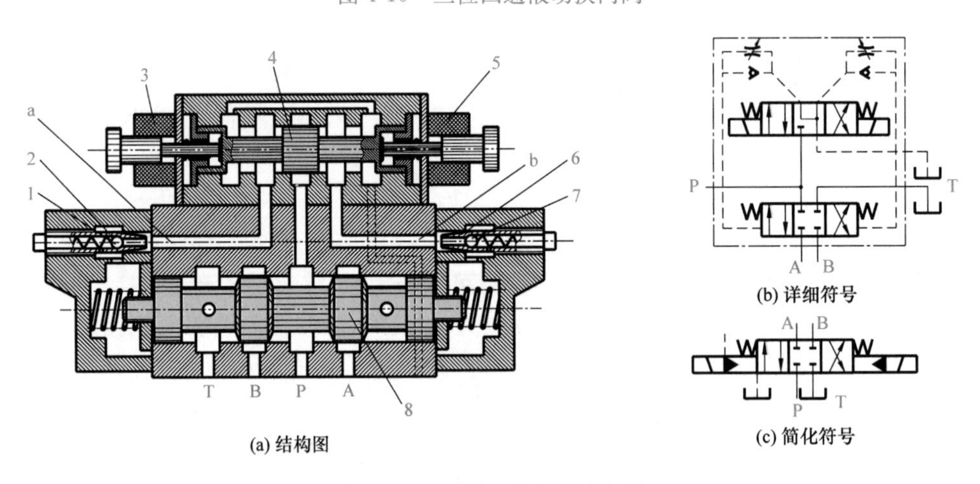

(a) 结构图

(b) 详细符号

(c) 简化符号

图 4-11　三位四通电液换向阀

1、7-单向阀;2、6-节流阀;3、5-电磁铁;4-导阀阀芯;8-主阀阀芯

电液换向阀控制油路的进油方式有内部进油和外部进油两种,回油方式也有内部回油和外部回油两种。图 4-11 所示为内部进油、内部回油的电液换向阀。

4. 性能分析

1) 滑阀机能

换向阀处于常态(换向阀没有操纵力的状态)时,阀中各油口的连接状态称为换向阀的滑阀机能。滑阀机能直接影响到执行元件的工作状态，不同的滑阀机能可满足系统的不同要求。

对于二位换向阀，靠近弹簧的那一位为常位。二位二通换向阀有常开型和常闭型两种，常开型的常态位是连通的，在换向阀型号后面用代号“H”表示，常闭型的常态位是截止的，不标注代号。在液压系统图中，换向阀的图形符号与油路的连接应画在常态位置上。

对于三位换向阀，其常态为中间位置，各油口的连通状态称为中位机能。三位换向阀的中位有多种形式，表 4-3 列出了常见的中位机能结构原理、代号、图形符号及机能特点等。

表 4-3　三位换向阀的中位机能

中位机能形式	中间位置时的滑阀状态	中间位置的符号	
		三位四通	三位五通
O	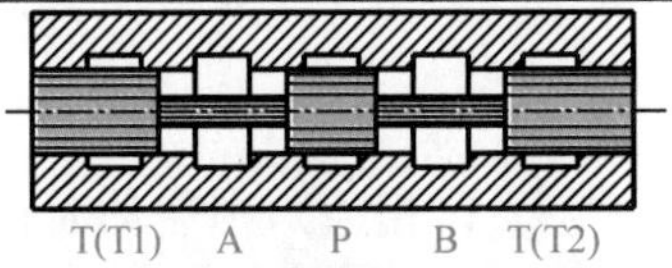 T(T1) A P B T(T2)	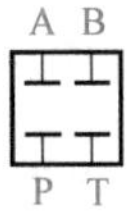 A B / P T	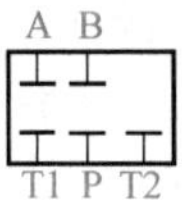 A B / T1 P T2
H	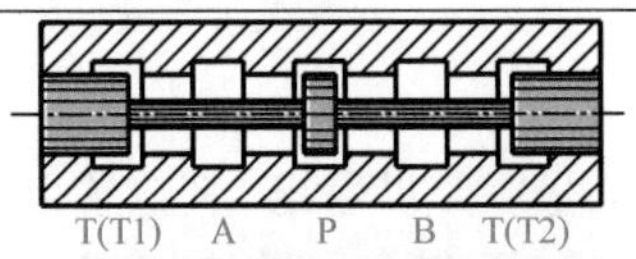 T(T1) A P B T(T2)	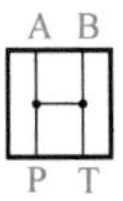 A B / P T	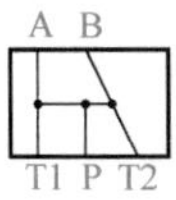 A B / T1 P T2
Y	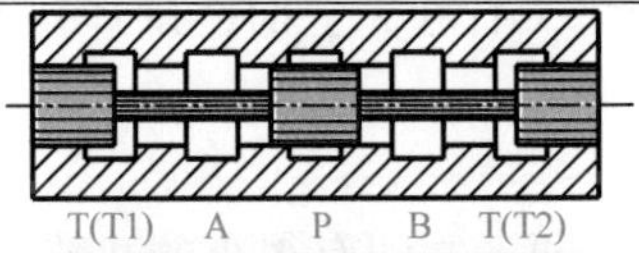 T(T1) A P B T(T2)	 A B / P T	 A B / T1 P T2
J	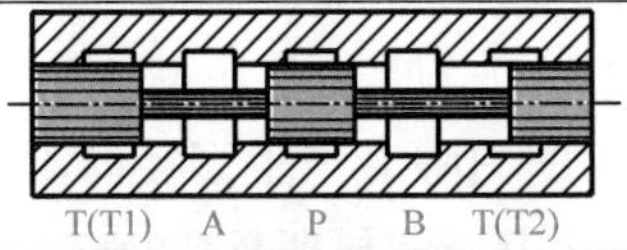 T(T1) A P B T(T2)	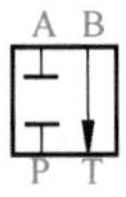 A B / P T	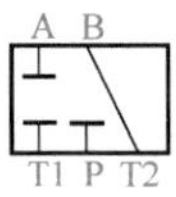 A B / T1 P T2
C	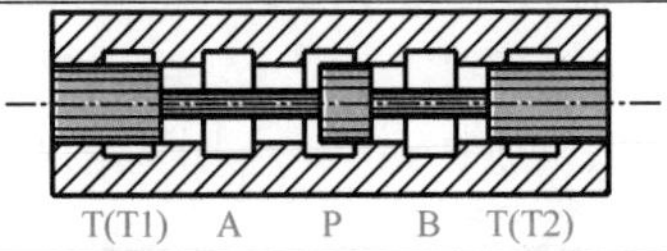 T(T1) A P B T(T2)	 A B / P T	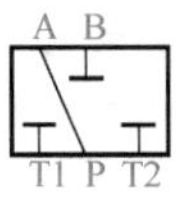 A B / T1 P T2
P	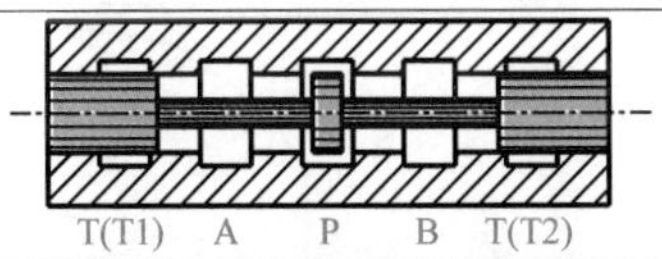 T(T1) A P B T(T2)	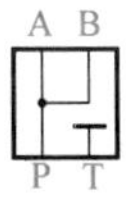 A B / P T	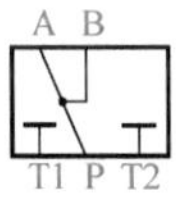 A B / T1 P T2
K	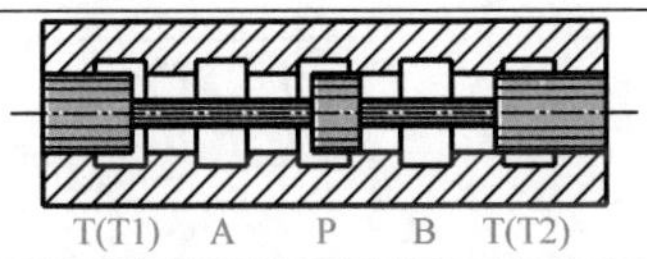 T(T1) A P B T(T2)	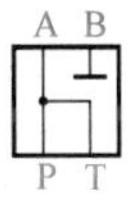 A B / P T	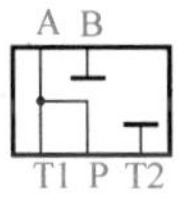 A B / T1 P T2
X	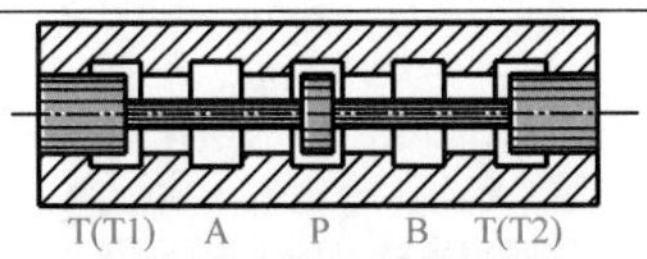 T(T1) A P B T(T2)	 A B / P T	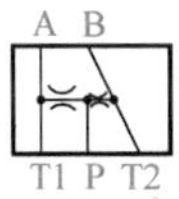 A B / T1 P T2
M	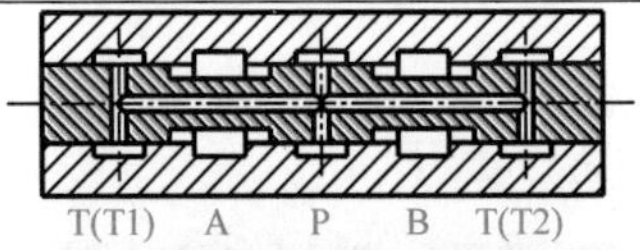 T(T1) A P B T(T2)	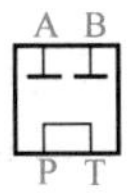 A B / P T	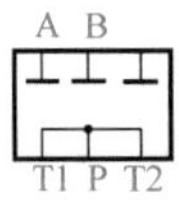 A B / T1 P T2
U	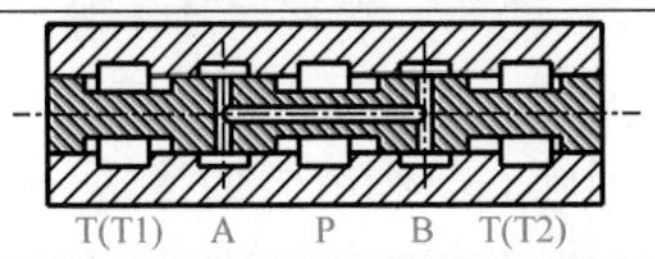 T(T1) A P B T(T2)	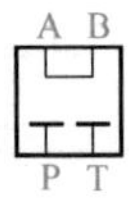 A B / P T	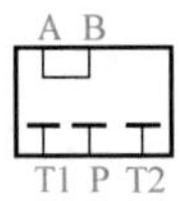 A B / T1 P T2

在分析和选择阀的中位机能时，通常考虑以下几点。

(1) 系统保压。

当液压泵用于多缸系统时，要求系统能够保压，此时必须保证 P 口断开，应选用 O 形或 Y 形。当 P 口与 T 口连接不太通畅时，系统也能保持一定的压力供控制油路使用，如 X 形。

(2) 系统卸荷。

当 P 口与 T 口直接相通时，液压泵出口的油液直接回油箱，液压泵卸荷，如 H 形、M 形。

(3) 执行机构换向精度与平稳性。

当油口 A、B 都不通 T 口时(如 O 形、M 形)，换向时容易产生液压冲击，换向不平稳，但换向精度高。当油口 A、B 都与 T 口相通时(如 H 形、Y 形)，换向时液压冲击小，但换向过程不易制动，换向精度低。

(4) 启动平稳性。

阀在中位时，液压缸某腔通油箱(A、B 或其一与 T 口相通)，则启动时该腔因无油液起缓冲作用，启动不平稳，如 J 形、Y 形。

(5) 执行机构“浮动”和任意位置停止。

阀在中位时，当油口 A、B 互通时，卧式液压缸呈“浮动”状态，其位置可用其他机构任意调整，如 H 形、Y 形。当油口 A、B 封闭或与 P 口连接(不包含差动连接)时，液压缸可在任意位置上停止，如 O 形。

2) 液压卡紧现象

如果滑阀阀芯与阀孔都是完全精确的圆柱形，两者之间有很小的间隙，在缝隙中充满油液时，移动阀芯时主要克服黏性摩擦力，这个力是很小的。但事实上，**阀芯和阀孔的几何形状及相对位置都有误差，使液体在流过阀芯与阀孔之间的间隙时产生了径向不平衡力，在中、高压系统中，这个阻力可以达到几百牛，如果阀芯的驱动力不能克服这个阻力，就会发生所谓的液压卡紧现象。**

阀芯上所受到的径向不平衡力如图 4-12 所示。图中 p_1 和 p_2 分别为高、低压腔的压力。

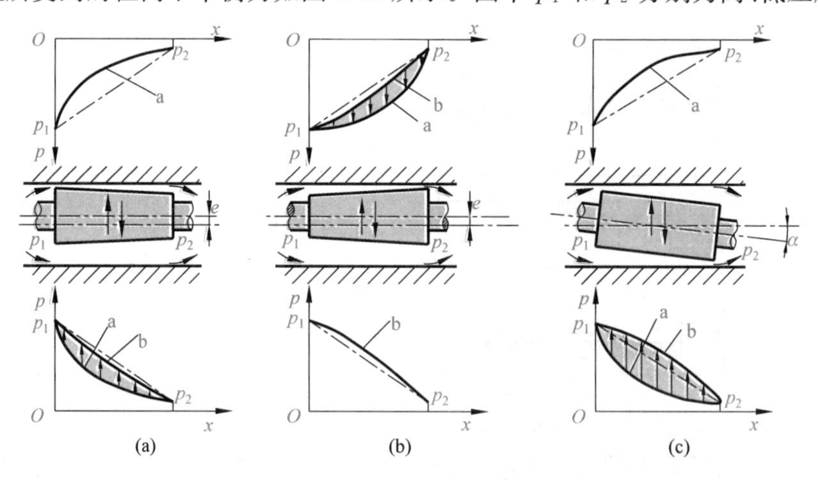

图 4-12 滑阀上的径向力

图 4-12(a)所示为阀芯因加工误差而带有倒锥(锥部大端朝向高压腔)且轴心线平行而不重合时，阀芯上下部间隙内的压力(图 4-12(a)中 a 和 b 线所示)分布情况，可见此时阀芯将受到径向不平衡力的作用而使偏心距越来越大，直到阀芯与阀体表面接触；图 4-12(b)所示为阀芯带有顺锥，产生的径向不平衡力将使阀芯和阀孔间的偏心距减小，从而可避免液压卡紧；

图 4-12(c)所示为阀芯或阀体因弯曲等原因而倾斜时的情况，由图可见，该情况的径向不平衡力较大，将使阀芯与阀体表面接触。

当阀芯受到径向不平衡力作用时，阀芯与阀孔相接触，缝隙中的液体被挤出，阀芯和阀孔之间的摩擦变成半干摩擦甚至干摩擦，因而使阀芯移动困难。滑阀的液压卡紧现象在大多数液压阀中都存在，在高压系统中尤为突出，因此应采取措施予以消除或较小，主要的措施有：

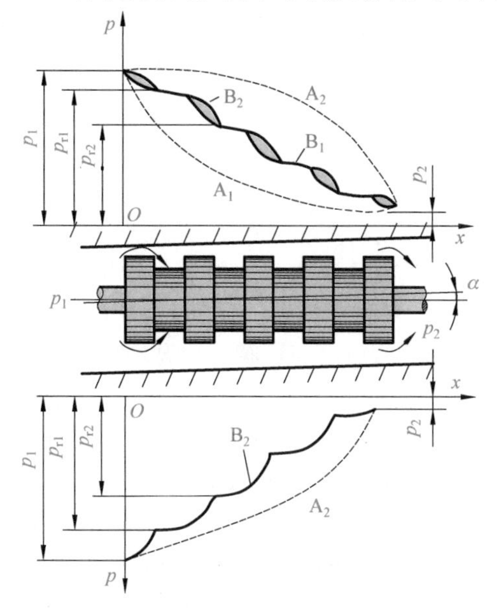

图 4-13　滑阀上开环形均压槽

(1) 在装配时，尽可能使阀芯安装成顺锥形式。

(2) 严格控制阀芯或阀孔的形状误差，尽量保证较小的锥度。

(3) 精密过滤油液。

(4) 在阀芯上开环形均压槽，如图 4-13 所示。均压槽可使同一圆周上各处的压力油互相沟通，并使阀芯在中心定位。一般环形槽的宽度为 0.3～0.5mm，深度为 0.8～1mm。槽的边缘应与孔垂直并呈锐缘，以防脏物挤入间隙。槽的位置应尽可能靠近高压腔，如果没有明显的高压腔，则可均匀地开在阀芯表面上。开均压槽虽会减小封油长度，但因减小了偏心环缝隙的泄漏，所以均压槽反而使泄漏量减少。

4.3　压力控制阀

压力控制阀在液压系统中主要用来控制系统或回路的压力，或利用压力作为信号来控制其他元件的动作。常用的压力控制阀有溢流阀、减压阀、顺序阀和压力继电器等。

4.3.1　溢流阀

微课

溢流阀按其结构分为直动式和先导式两类。

1. 溢流阀的结构和工作原理

1) *直动式溢流阀*

直动式溢流阀是依靠作用在阀芯上主油路的油液压力，直接与作用在阀芯上的弹簧力相平衡来控制阀芯启闭的。

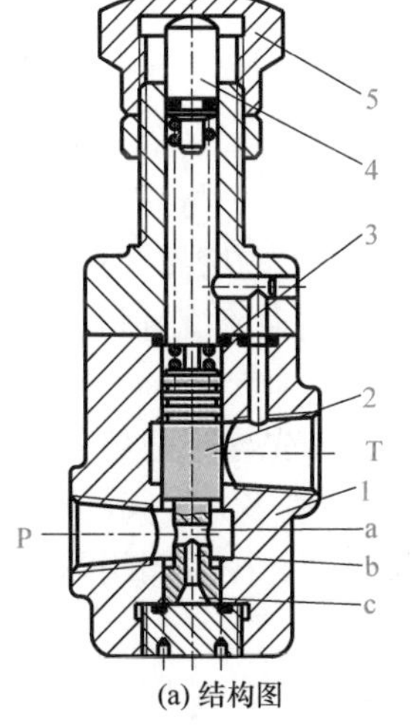

(a) 结构图

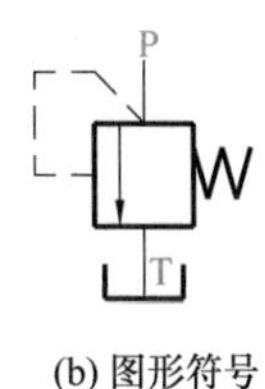

(b) 图形符号

图 4-14　直动式溢流阀

1-阀体；2-阀芯；3-弹簧；4-调节杆；5-调节螺母

直动式溢流阀的结构图和图形符号如图 4-14 所示，其结构主要由阀体 1、阀芯 2、弹簧 3、调节杆 4、调节螺母 5 等组成。P 为进油口，T 为回油口。压力油 p 从 P 口进入溢流阀，部分压力油经阀芯 2 下端的径向孔 a 和轴向阻尼孔 b 进入阀芯底部油腔 c，油液对阀芯产生一个向上的液压力 F。若调压弹簧 3 的预

压缩量为 x_0，则弹簧作用于阀芯上的力 F_s 方向向下，大小为 $F_s=kx_0$。

当进口压力 p 较低，$F<F_s$ 时，阀芯处于图示的位置，将进油口 P 与回油口 T 隔断。当压力 p 增大，达到 $F\geqslant F_s$ 时，阀芯向上运动，调压弹簧被压缩，溢流阀口被打开，进、出油口连通而溢流。此时阀芯处于受力平衡状态，调节螺母 5 可以改变弹簧的压紧力，这样就可以调节溢流阀的进口油液压力 p。若设阀芯下端油液作用面积为 A_0，阀口开度为 x，弹簧预压缩量为 x_0，弹簧刚度为 K_s，同时忽略阀芯重力、摩擦力、液动力的影响，则可列出平衡方程

$$pA_0 = K_s(x_0 + x) \tag{4-1}$$

则

$$p = \frac{K_s(x_0 + x)}{A_0} \tag{4-2}$$

若溢流阀工作中阀口开度 x 相对于 x_0 很小，可忽略，则溢流阀入口压力 p 为恒定值。

由式(4-2)可以看出，**溢流阀是利用被控压力作为信号来改变弹簧的压缩量，从而改变阀口的通流面积和系统的溢流量来达到定压的目的。**当系统压力升高时，阀芯上升，阀口通流面积增加，溢流量增大，进而使系统压力下降。溢流阀内部通过阀芯的平衡和运动构成的这种负反馈作用是其定压作用的基本原理，也是所有定压阀的基本工作原理。同时可知，系统控制压力与弹簧力的大小成正比，因此要提高控制压力一方面可通过减小阀芯的面积来达到；另一方面可增大弹簧压缩量或增大弹簧的刚度。由于受到结构尺寸的限制，应增大弹簧刚度，这样，在阀芯相同位移的情况下，弹簧力变化较大，因而溢流阀的定压精度较低。所以，这种直动式溢流阀一般用于定压小于 2.5MPa 的小流量场合。

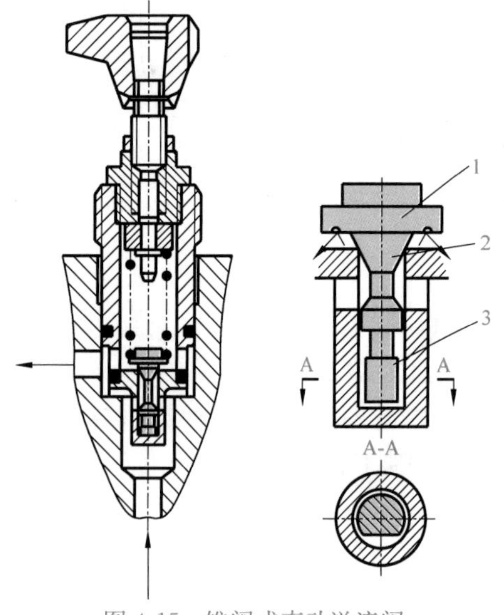

图 4-15　锥阀式直动溢流阀
1-偏流盘；2-锥阀；3-活塞

如果采取适当的措施，直动式溢流阀也可实现高压大流量情况下的定压控制，如德国 Rexroth 公司开发的通径为 6～20mm 的压力为 40～63MPa，通径为 25～30mm 的压力为 31.5MPa 的直动式溢流阀，最大流量可达 330L/min，其中较为典型的锥阀式结构如图 4-15所示。锥阀 2 的左端设有偏流盘 1 托住调压弹簧，锥阀右端有一阻尼活塞 3，用来提高锥阀工作稳定性和保证开启后不倾斜。偏流盘 1 上的环形槽用来改变液流方向，一方面以补偿锥阀 2 的液动力，一方面由于液流方向的改变，产生一个与弹簧力相反方向的射流力，当通过溢流阀的流量增加时，虽然因锥阀阀口增大引起弹簧力的增加，但由于与弹簧力反方向的射流力同时增加，结果抵消了弹簧力的增加，有利于提高阀的通流流量和工作压力。

2) *先导式溢流阀*

先导式溢流阀由主阀和先导阀两部分组成。先导阀用于控制主阀芯两端的压差，其结构类似于直动式溢流阀，但一般多为锥阀(或球阀)形阀座式结构。主阀用于控制主油路的溢流，其主阀芯有滑阀和锥阀两种。按主阀阀芯的配合情况，可分为三级同心式和二级同心式两种结构。

三级同心式先导式溢流阀的结构如图 4-16 所示，它要求主阀芯 6 上部与先导阀体 3、中部活塞与主阀体 4、下部锥阀与主阀座 7 三个部位同心，加工精度和装配精度要求都很高。压力油从主阀体 4 中部的进油口 P 进入，并通过主阀芯 6 上的阻尼孔 5 进入主阀芯上腔，再经过先

导阀体3上的通道a和锥阀座2上的小孔作用于锥阀1上。当进油压力 p_1 小于先导阀调压弹簧9的调定值时，先导阀关闭，进入阀腔中的油液不流动，主阀芯上下两侧的油液压力相同，在主阀弹簧8的作用下主阀关闭，不溢流。当进油压力 p_1 超过先导阀的调定压力时，先导阀被打开，进入阀腔的油液经主阀芯阻尼孔5、通道a、先导阀口、主阀芯中心孔至主阀体4下部出油口(溢流口)T流出。油液流过阻尼孔5，在主阀芯上下两侧会产生一定压差，并且其油液压力的合力向上，该力如果能够克服主阀弹簧力、主阀芯自重、阀芯所受液动力和摩擦力，则主阀芯开启。此时进油口P和出油口T直接相通，系统溢流并保持压力恒定。

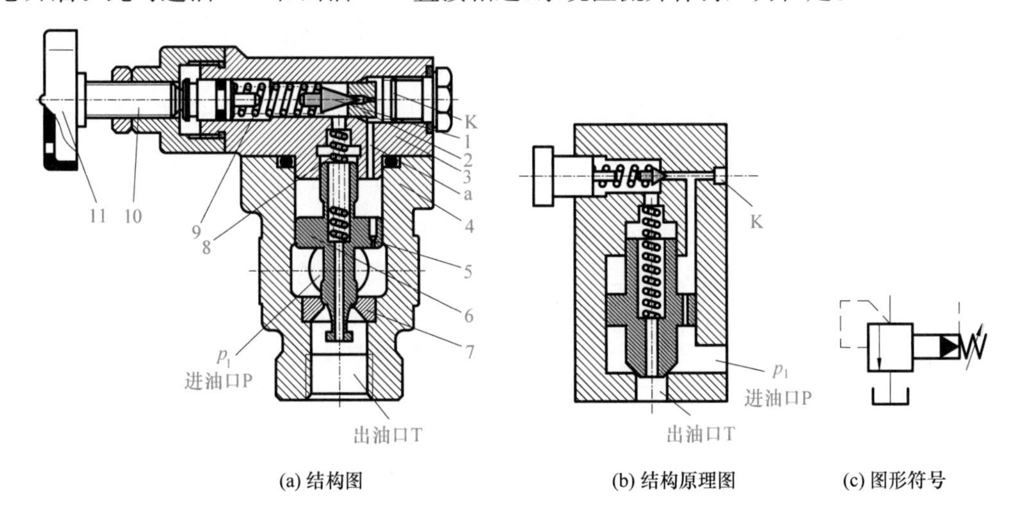

(a) 结构图　(b) 结构原理图　(c) 图形符号

图4-16　三级同心式先导式溢流阀

1-锥阀(先导阀)；2-锥阀座；3-先导阀体；4-主阀体；5-阻尼孔；6-主阀芯；7-主阀座；8-主阀弹簧；9-调压弹簧；10-调节螺钉；11-调压手轮

若设先导阀阀芯右端油液作用面积为 A_0，阀口开度为 x，弹簧预压缩量为 x_0，弹簧刚度为 K_x，同时忽略摩擦力、液动力的影响，则可列先导阀阀芯的力平衡方程为

$$p_2A_0 = K_x(x_0 + x) \tag{4-3}$$

若设主阀阀芯上下侧油液作用面积分别为 A_2、A_1，阀口开度为 y，主阀弹簧预压缩量为 y_0，弹簧刚度为 K_y，忽略摩擦力、液动力及自重的影响，则可写出主阀阀芯的力平衡方程为

$$p_1A_1 - p_2A_2 = K_y(y_0 + y) \tag{4-4}$$

联立式(4-3)、式(4-4)，得到溢流阀的进口压力为

$$p_1 = \frac{A_2}{A_1}\frac{K_x}{A_0}(x_0 + x) + \frac{1}{A_1}K_y(y_0 + y) \tag{4-5}$$

由于主阀芯的启闭主要取决于阀芯上、下两侧的油液压力差，主阀弹簧只用来克服阀芯运动的摩擦力，在系统没有压力时使主阀关闭，因此主阀弹簧力很软，也就是 $K_y \ll K_x$。同时，由于 $A_0 \ll A_1$，因此式(4-5)中第二项中 y 的变化对 p_1 的影响比第一项中 x 的变化对 p_1 的影响小得多。也就是，主阀芯因溢流量的变化而产生的位移不会引起被控压力的显著变化。而且由于阻尼孔5的作用，主阀溢流量发生很大变化时，只引起先导阀流量的微小变化，即 x 很小。加之主阀芯自重及摩擦力甚小，所以**先导式溢流阀在溢流量发生大幅度变化时，被控压力 p_1 只有很小的变化，即定压精度高**。此外，由于先导阀的溢流量仅为主阀额定流量的1%左右，因此先导阀阀座孔的面积 A_0、开口量 x、调压弹簧刚度 K_x 都不必很大。所以，**先导式溢流阀广泛用于高压、大流量场合**。

先导式溢流阀有一个远程控制口K，如果将K口用油管连接到另一个远程调压阀(远程调压阀的结构和溢流阀的先导控制部分相似)，调节远程调压阀的弹簧力，即可调节溢流阀主阀芯上端的液压力，从而对溢流阀的溢流压力实现远程调压。远程调压阀的调节压力应小于溢流阀本身先导阀的调整压力，否则远程调压阀将处于不工作状态。通过一个电磁换向阀使远程口 K 分别与一个(或多个)远程调压阀的入口连接，即可实现二级(或多级)调压。通过电磁换向阀使远程口与油箱相通，即可使系统卸荷，此时的溢流阀变成了卸荷阀。

2. 溢流阀的性能特性

溢流阀的主要性能特性包括稳态特性和动态特性两方面。稳态特性是指液压系统稳定工作时，溢流阀的一些工作特性。动态特性是指液压系统从一个工作状态突变到另一个工作状态时，阀在瞬态工况时的特性，即阀在过渡过程中的一些特性。对一般的液压系统，主要是要求阀的稳态特性要好，只有在频繁冲击的液压系统中，才对动态特性有所要求。

1) 稳态特性

(1) 压力调节范围是指调压弹簧在规定的范围调节时，系统压力平稳地上升或下降(压力无突跳或迟滞现象)的最大和最小调定压力。为改善高压溢流阀的压力调节性能，一般可采用几根结构尺寸相同而刚度不同的弹簧进行调压。

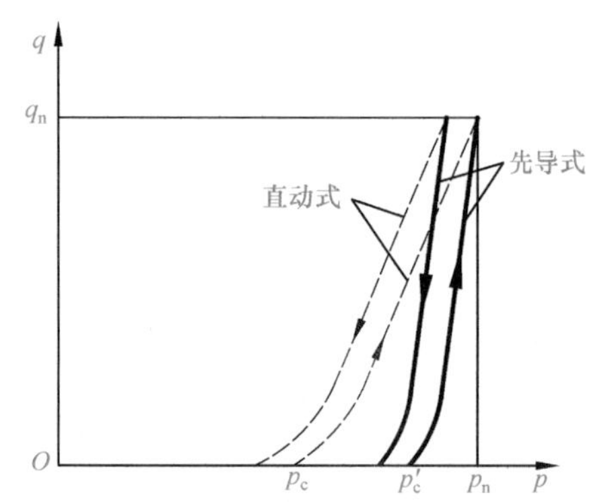

图 4-17 溢流阀的稳态压力-流量特性曲线

(2) 启闭特性是指溢流阀从开启到闭合过程中，被控压力 p 与通过溢流阀的溢流量之间的关系，它是溢流阀定压精度的一个重要指标。启闭特性一般用溢流阀的稳态压力-流量特性曲线来描述，如图 4-17 所示。图中 p_n 为溢流阀的调定压力，p_c 和 p_c'分别为直动式溢流阀和先导式溢流阀的开启压力。

溢流阀理想的稳态特性曲线应是一条大小为 p_n 且垂直于横坐标的直线，即只有在开启压力达到调定压力时阀才开启，并且在调定压力 p_n 下闭合，而且不管流量 q 为多少，系统压力始终为调定压力 p_n。但实际的溢流阀不可能达到，只能要求开启压力尽量接近调定压力。调定压力与开启压力的差值(p_n-p_c)称为溢流阀的稳态调压偏差，稳态调压偏差越小，其调压精度越高。

由图 4-16 可知：先导式溢流阀的稳态特性优于直动式溢流阀($p_n-p_c>p_n-p_c'$)，即先导式溢流阀的调压精度高于直动式溢流阀；对于同一个溢流阀，其开启性能优于闭合性能，这主要是在开启和闭合的两个过程中，摩擦力方向相反所致。

衡量溢流阀稳态特性的具体指标为开启压力比和闭合压力比。开启压力比是指开启压力与调定的额定压力的百分比。一般平均开启压力比不应小于 85%，闭合压力比是指闭合压力与调定的额定压力的百分比，一般平均闭合压力比不应小于 80%。

(3) 卸荷压力是指当溢流阀作为卸荷阀使用时，额定流量下进、出油口的压力差。

2) 动态特性

当溢流阀的溢流量由零阶跃变至额定流量时，其进口压力(即其控制的系统压力)将迅速升高并超过额定压力的调定值，然后逐步衰减到最终稳态压力，从而完成其动态过渡过程，如图 4-17 所示。

(1) 压力超调量 σ：最高瞬时压力峰值与额定压力调定值 p_n 的差值 Δp 与 p_n 之比为压力

超调量，即

$$\sigma = \frac{\Delta p}{p_n} \times 100\% \tag{4-6}$$

它是衡量溢流阀动态定压误差的一个性能指标，一个性能良好的溢流阀$\sigma \leqslant 10\%$。

(2) 响应时间 t_1：从起始稳态压力 p_0 与最终稳态压力 p_n 之差的 10%上升到 90%的时间为响应时间，如图 4-18 中 A、B 两点间的时间间隔。t_1 越小，溢流阀的响应越快。

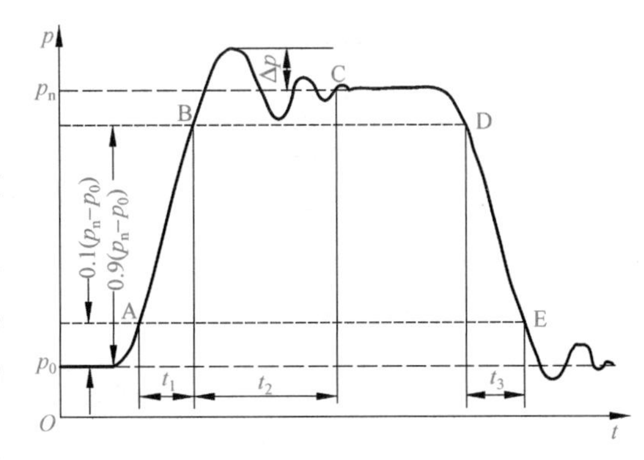

图 4-18　溢流阀升压与泄压时的压力响应特性

(3) 过渡过程时间 t_2：从 B 点到瞬时过渡过程的最终时刻 C 点之间的时间。C 点是压力波形衰减到 0.95(p_n-p_0)到(p_n-p_0)范围内的极限点。t_2 越小溢流阀的响应越快。

(4) 卸荷时间 t_3：卸荷信号发出后，从 0.9(p_n-p_0)到 0.1(p_n-p_0)的时间为卸荷时间，如图 4-17 中 D、E 两点间的时间。

t_1、t_2 和 t_3 越小，溢流阀的动态性能越好。

3. 溢流阀的应用

溢流阀在液压系统中主要有以下用途。

1) 溢流稳压

在定量泵和节流阀的调速系统回路中，溢流阀不断地将系统中多余的油液溢流回油箱，并保持系统压力稳定，如图 4-19 所示。

2) 安全保护

在普通的变量泵系统中，溢流阀用来限定系统的最高压力，起过载保护作用，故称安全阀。系统正常工作时此阀处于常闭状态，当某些原因导致系统压力高于正常工作压力时，阀口打开溢流，使压力不再升高，如图 4-20 所示。为保证系统正常工作，安全阀的调整压力通常设定为系统最高工作压力的 110%～120%。

3) 系统卸荷

在采用先导式溢流阀调压的定量泵系统中，当阀的远程口 K 与油箱连通时，在很小的压力下就可以开启阀口，使泵卸荷，以减少能量损耗，如图 4-21 所示。

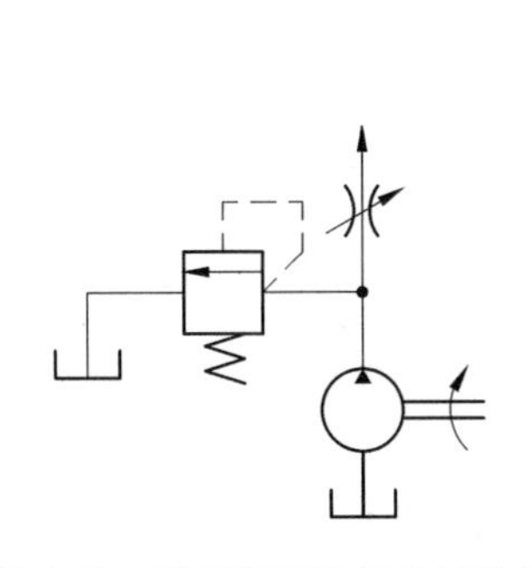
图 4-19　溢流阀起溢流稳压作用

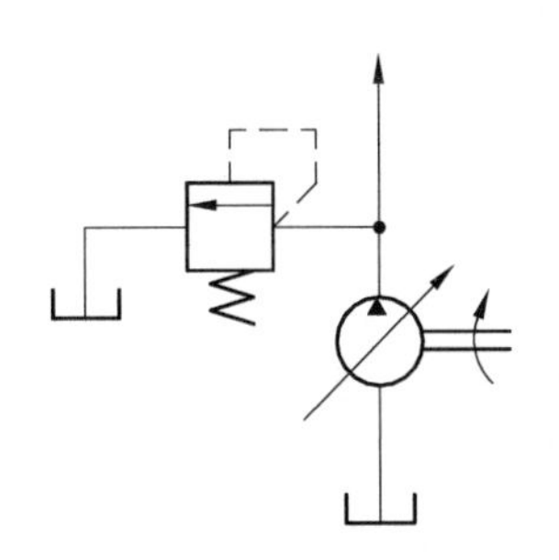
图 4-20　溢流阀起安全保护作用

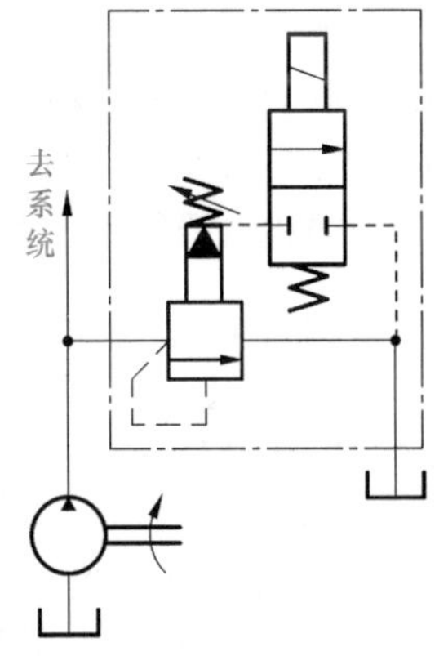

图 4-21　溢流阀作为卸荷阀用

4-21

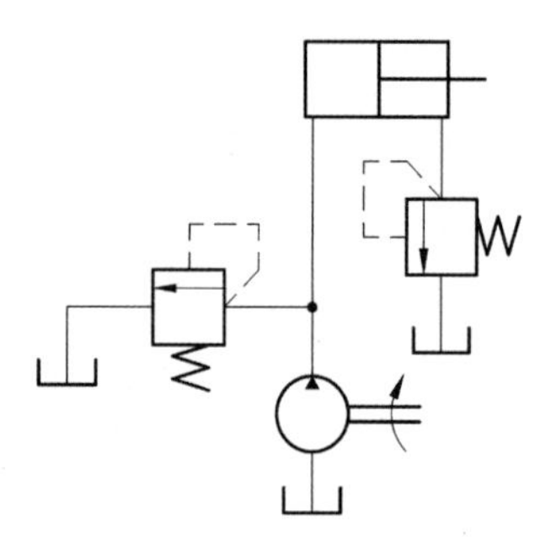

图 4-22 溢流阀作为背压阀用

4) 系统背压

在系统的回油路上连接溢流阀,造成回油阻力,形成背压。背压可以改善执行元件的运动平稳性,背压大小可根据需要调节溢流阀的调定压力获得,如图 4-22 所示。

5) 远程调压

当先导式溢流阀的远程口 K 与调压较低的溢流阀连通,其进口压力低于溢流阀的调整压力时,主阀即可溢流,实现远程调压,如图 4-23 所示。

6) 多级调压

将先导式溢流阀的远程口 K 通过换向阀连接不同调定压力的溢流阀时,系统可获得多种稳压值。如图 4-24 所示的系统回路,电磁换向阀处于中位时,系统压力由溢流阀 2 确定;当换向阀处于左位时,系统压力由远程调压阀 4 确定;当换向阀处于右位时,系统压力由远程调压阀 5 确定。溢流阀 1 作为安全阀使用。

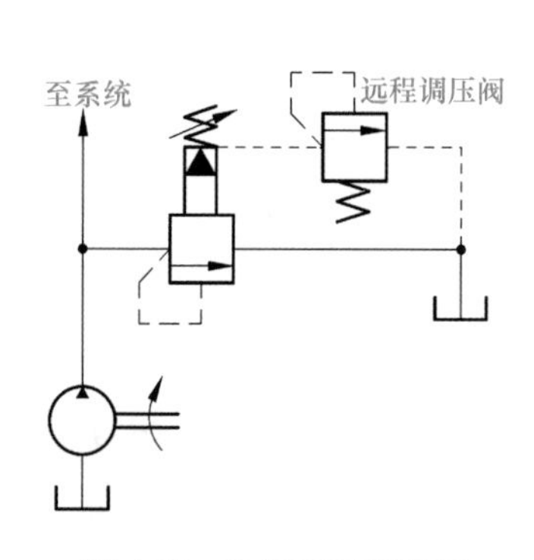

图 4-23 溢流阀远程调压

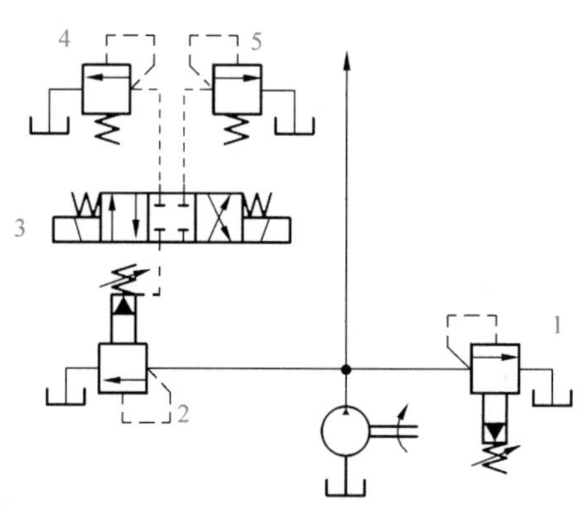

图 4-24 溢流阀多级调压

微课

4.3.2 减压阀

减压阀是利用流体流过阀口产生压力降的原理,使出口压力低于进口压力,并保持出口压力恒定,主要用于系统某一支路的油液压力要求低于主油路压力的场合。例如,当系统中的夹紧支路或润滑支路需要稳定的低压时,只需在该支路上串联一个减压阀即可。减压阀按其控制压力形式不同可分为定值减压阀、定差减压阀和定比减压阀三种。其中定值减压阀应用最为广泛,简称减压阀。按其结构又分为直动式减压阀和先导式减压阀两种。

1. 减压阀的结构和工作原理

1) 定值减压阀

定值减压阀使进入阀的进口油液压力经减压后输出,并保持输出的压力值恒定。

(1) 直动式减压阀。

直动式减压阀的工作原理如图 4-25 所示。P_1 口是进油口,P_2 口是出油口,阀芯在原始位置时,进、出口畅通,阀处于常开状态。阀芯下端的压力引自出口,当出口压力 p_2 增大到减压阀调定压力时,阀芯处于上升的临界状态,当 p_2 继续增大时,阀芯上移,关小阀口,油液阻力增大，压降增大，使出口压力减小；反之，当出口压力 p_2 减小时，阀芯下移，阀口开大，压降减小，使出口压力回升。若忽略阀芯运动时的摩擦力、重力和液动力，并设阀芯下端油液作用面积为 A_R，弹簧刚度为 K_s，预压缩量为 x_0，阀芯最大开口量为 x_{max}，阀口开度为 x，则阀芯的力平衡方程为

$$p_2A_R = K_s(x_0 + x_{max} - x) \tag{4-7}$$

则

$$p_2 = \frac{K_s(x_0 + x_{max} - x)}{A_R} \tag{4-8}$$

若 $x \ll x_0 + x_{max}$，则有

$$p_2 \approx \frac{K_s(x_0 + x_{max})}{A_R} = 常数 \tag{4-9}$$

这就是减压阀出口压力可基本保持定值的原因。

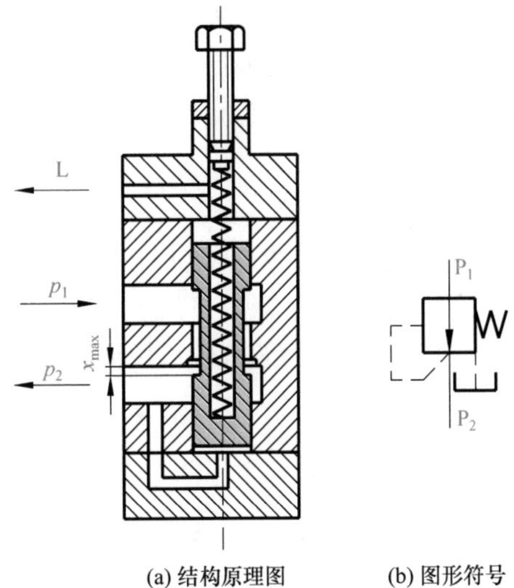

图 4-25　直动式减压阀的工作原理

当减压阀进油口压力 p_1 基本恒定时，若通过减压阀的流量 q 增加，则阀口开度加大，出口压力 p_2 略有下降。

(2) 先导式减压阀。

先导式减压阀的工作原理和图形符号如图 4-26 所示，其工作原理与先导式溢流阀基本相同，这里不再详述。

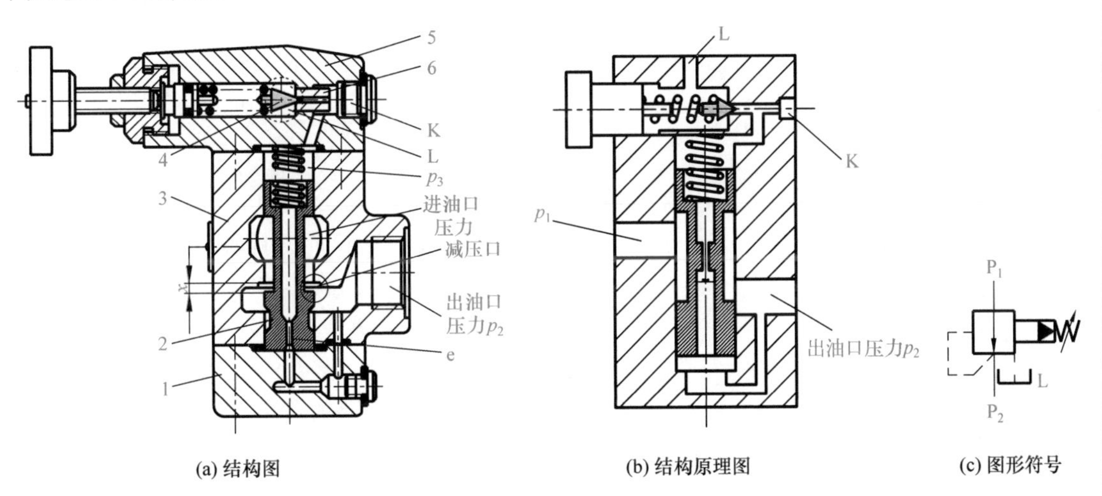

图 4-26　先导式减压阀

1-下端盖；2-主阀芯；3-阀体；4-先导阀芯；5-先导阀体；6-先导阀座

需要注意，先导式减压阀出口处不输出流量时，它的出口压力基本上仍能保持恒定，此时有少量的油液通过减压阀口经先导阀和外泄口流回油箱，保持阀处于工作状态；减压阀的泄油口必须直接接回油箱，以保证回油畅通，因为如果泄油有背压或堵塞，将影响减压阀的正常工作。

与先导式溢流阀相比，它们之间有如下几点不同：

① 减压阀保持出口压力不变，而溢流阀保持进口压力不变。

② 不工作时，减压阀阀口常开，而溢流阀阀口常闭。

③ 减压阀泄油口直接接油箱(外泄)，而溢流阀泄油口可外泄，也可内泄。

与溢流阀的入口压力由负载建立一样，减压阀的出口压力也是由负载建立的。若负载建立的压力低于减压阀的调定压力，则阀出口压力由负载决定，此时减压阀不起减压作用，进出口压力相等。对先导式减压阀来说，保证出口压力恒定的条件是先导阀开启，这一点与溢流阀类似。

2) 定差减压阀

定差减压阀保持进、出口压力差不变，其工作原理与图形符号分别如图4-27(a)、(b)所示。进口压力 p_1 经减压口后变为出口压力 p_2，出口压力油经阀芯中心孔流入阀芯左腔，其进、出油液压力在阀芯有效作用面积上的压力差与弹簧力相平衡，即

$$\Delta p = p_1 - p_2 = \frac{K_s(x_0 + x)}{\frac{\pi}{4}(D^2 - d^2)} \tag{4-10}$$

式中，K_s 为弹簧刚度；x_0 为弹簧预压缩量；x 为阀口开度。

可见，只要尽量减小阀口开度的变化量，即可使压力差 Δp 近似地保持为定值。

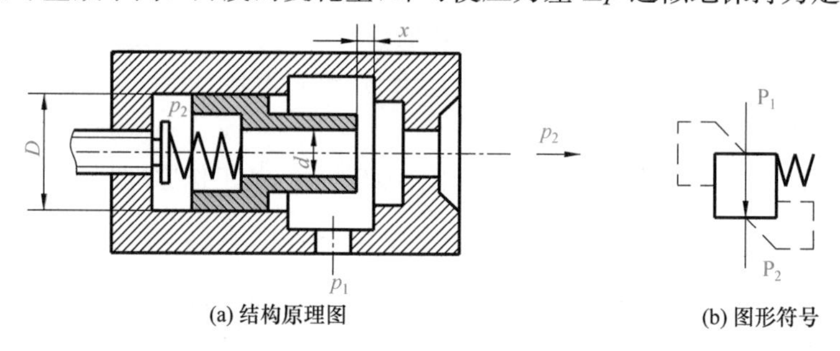

(a) 结构原理图　(b) 图形符号

图4-27　定差减压阀

3) 定比减压阀

定比减压阀保持进出口压力比值不变，工作原理与图形符号分别如图4-28(a)、(b)所示。进口压力 p_1 经减压后降为 p_2，并将 p_2 引入阀芯上腔。稳态工作时，忽略稳态液动力、阀芯自重和摩擦力，则可得到阀芯的力平衡方程为

$$p_1 A_1 + k(x_0 - x) = p_2 A_2 \tag{4-11}$$

式中，A_1、A_2 分别为 p_1、p_2 的有效承压面积；k 为弹簧刚度；x_0、x 分别为弹簧的预压缩量和阀口开度。

由式(4-11)知，只要保证弹簧刚度尽量小，则可忽略弹簧力，于是得

$$\frac{p_1}{p_2} = \frac{A_2}{A_2} \tag{4-12}$$

可见，选择阀芯的作用面积 A_1、A_2，便可得到所要求的压力比，且比值近似恒定。

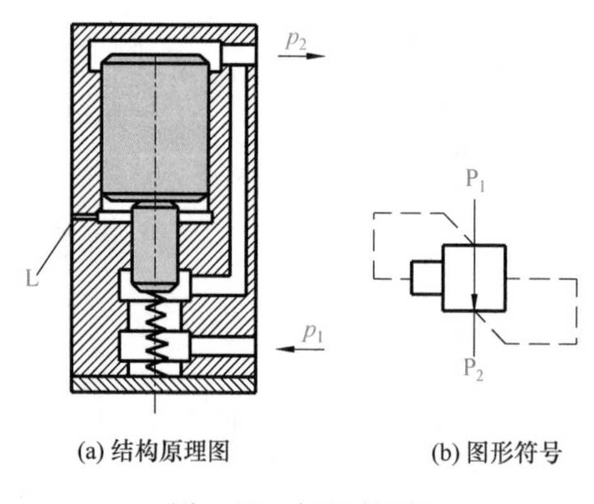

(a) 结构原理图　(b) 图形符号

图4-28　定比减压阀

2. 减压阀的应用

当液压系统主油路的压力较高、压力波动较大而分支油路需要一个稳定的较低工作压力时，可在主油路与分支油路间串接一减压阀，用以降低和调节分支油路的工作压力，同时消除主油路波动对分支油路工作压力的影响。如图4-29(a)所示，回路中的单向阀3用于主油路压

力降低(低于减压阀 2 的调定压力)时,防止液压缸 4 的压力随之下降,起短时保压作用。图 4-29(b)所示为二级减压回路,先导减压阀 2 的远程口通过二位二通换向阀 3 接至远程调压阀 4,当二位二通阀处于图示位置时,缸 5 的压力由减压阀 2 的调定压力决定;当二位二通阀 3 得电处于右位时,缸 5 的压力由远程调压阀 4 的调定值决定,阀 4 的调定压力必须低于阀 2,液压泵的最大工作压力由溢流阀 1 调定。

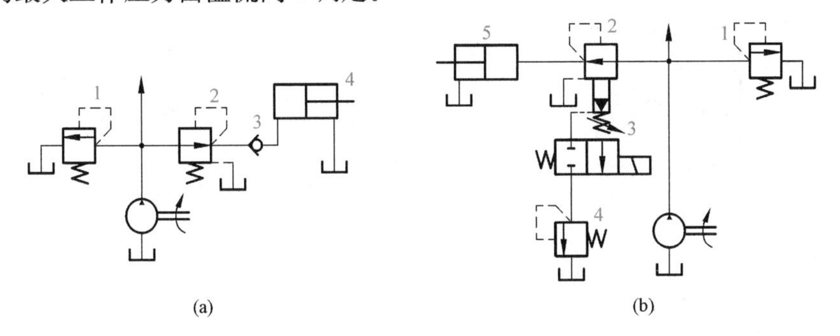

图 4-29　减压阀调压

为使减压阀稳定工作,其最低调整压力不应小于 0.5MPa,最高调整压力至少应比系统压力小 0.5MPa。当减压回路中的执行元件需要调速时,调速元件应放在减压阀的后面,以避免因减压阀的外泄口泄油引起执行元件速度的变化。

4.3.3　顺序阀

顺序阀是以压力为信号自动控制油路通断的压力控制阀,常用于控制系统中多个执行元件动作的先后顺序。顺序阀按动作原理可分为直动式和先导式;按控制压力油的来源,可分为内控式和外控式;按泄油方式可分为内泄和外泄等类型。

1. 顺序阀的结构和工作原理

> **思考 4-1**
> 顺序阀和溢流阀在结构、功能和应用等方面有什么相同点和不同点?它们的阀口打开后的压降有何不同?

1) 直动式顺序阀

直动式顺序阀的结构原理如图 4-30(a)所示,当进油口的油压 p_1 低于弹簧 2 的调定压力时,活塞 6 下端油液向上的推力较小,阀芯 5 处于最下端位置,阀口关闭,油液不能通过顺序阀流出。当进油口油液压力 p_1 达到弹簧调定压力时,阀芯 5 抬起,阀口开启,压力油即可从顺序阀的出口流出,使阀后的油路工作。经阀芯与阀体间的缝隙进入弹簧腔的泄油从外泄口 L 进入油箱。这种顺序阀利用其进油口压力控制,称为普通顺序阀(也称为内控式顺序阀),其图形符号如图 4-30(b)所示。由于阀出油口接压力油路,因此其上端弹簧处的泄油口必须另接一油管通油箱,这种连接方式称为外泄。

若将下端盖 7 相对于阀体旋转 90°,拆下螺堵 K,并与外部油源连接,则阀的启闭就由外供油源控制,这就是外控式顺序阀,其符号如图 4-30(c)所示。若使泄油口与顺序阀的出油口相通,出油口与油箱连通,则顺序阀就成为卸荷阀。其泄漏油可由阀的出油口流回油箱,这种连接方式称为内泄。

直动式顺序阀结构简单、动作灵敏。但由于采用了控制液压油压力来克服阀芯弹簧力,直接推动阀芯移动,使弹簧刚度较大,从而增大了调压偏差,因此,它只适用于压力小于 8MPa 的场合。

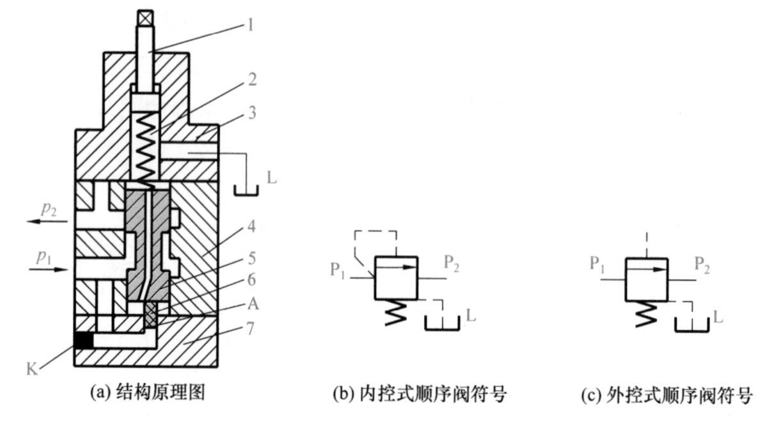

(a) 结构原理图　　(b) 内控式顺序阀符号　　(c) 外控式顺序阀符号

图 4-30　直动式顺序阀的工作原理

1-调节螺钉；2-调节弹簧；3-上端盖；4-阀体；5-阀芯；6-活塞；7-下端盖

为什么先导式溢流阀、先导式减压阀、先导式顺序阀中的先导阀都采用了溢流阀？

2）先导式顺序阀

先导式顺序阀的结构、工作原理与先导式溢流阀类似，这里不再重述。先导式顺序阀与直动式顺序阀一样，也有内控外泄、外控外泄和外控内泄的控制方式。

由于功用不同，顺序阀与溢流阀存在以下不同之处：

（1）顺序阀的出油口通向系统的另一工作油路，泄油口必须单独外接油箱，而溢流阀出口接油箱，泄油口在内部连通回油口直接流回油箱。

（2）顺序阀进口最高压力由负载决定，开启后可随负载增加而增大；而溢流阀进口压力由调压弹簧调定，基本不变。

（3）顺序阀和减压阀一样，串联在油路中，而溢流阀与系统油路并联使用。

2. 顺序阀的功能及应用

顺序阀根据控制方式、泄油方式及与单向阀组合可构成各种不同功能的顺序阀。其职能符号和用途见表 4-4。

表 4-4　各种功能顺序阀的职能符号和用途

控制与泄油方式	内控外泄	外控外泄	内控内泄	外控内泄	内控外泄加单向阀	外控外泄加单向阀	内控内泄加单向阀	外控内泄加单向阀
名称	顺序阀	外控顺序阀	背压阀	卸荷阀	内控单向顺序阀	外控单向顺序阀	内控平衡阀	外控平衡阀
职能符号	P_1 P_2	P_1 P_2	P_1 P_2	P_1 P_2	P_1 P_2	P_1 P_2	P_1 P_2	P_1 P_2
用途	顺序控制，用于泵与换向阀之间	顺序控制，用于泵与换向阀之间	加背压	使泵卸荷	顺序控制，用于换向阀与执行元件之间	顺序控制，用于换向阀与执行元件之间	防止自重引起的活塞自由下落	防止自重引起的活塞自由下落

顺序阀可应用于多执行元件的顺序动作控制和立式执行元件的负载平衡控制。图 4-31(a)所示为采用内控单向顺序阀的平衡回路。调整顺序阀的开启压力稍大于液压缸活塞和工作部件自重形成的下腔背压，即可防止运动部件自行下落。活塞下行时，由于液压缸回油腔有一定的背压支撑重力负载，故活塞平稳下落；当换向阀处于中位时，液压泵卸荷，活塞停止运动。当活塞向下运动时，功率损失大，锁住时活塞和与之相连的工作部件会因单向顺序阀和换向阀的泄漏而缓慢下降，因此只适应于工作部件重量不大、活塞锁住时定位要求不高的场合。

图 4-31(b)所示为采用外控单向顺序阀的平衡回路。当活塞下行时，顺序阀被进油路上的控制压力油打开，液压缸回油腔背压消失，运动部件快速下行，回路效率较高；当停止工作时，顺序阀关闭，防止活塞和工作部件因自重而下降。回路的缺点是活塞下行时平稳性较差，这是因为顺序阀打开后，液压缸回油腔背压消失，活塞因为自重而加速下降，造成液压缸上腔供油不足，进油路压力消失，将使顺序阀关闭；当顺序阀关闭时，因活塞停止下行，使液压缸上腔油压升高，又打开顺序阀。因此顺序阀始终工作于启、闭的过渡状态，因而影响工作的平稳性，适用于运动部件重量不大、停留时间较短的液压系统中。

为实现较长时间的平衡控制，可选用液控单向阀替代单向顺序阀。

4.3.4　压力继电器

压力继电器是将系统或回路的油液压力信号转换为电信号的转换装置，主要由压力-位移转换部件和微动开关等组成。当油液压力达到其调定压力时，发出电信号，从而控制电气元件(如电动机、电磁铁和继电器等)的动作，实现执行元件的换向、顺序动作、泵的卸荷、系统的安全保护等功能。

压力继电器有柱塞式、膜片式、弹簧管式和波纹管式四种结构形式。柱塞式压力继电器的结构如图 4-32 所示，当从继电器下端进油口 3 进入的液体压力达到其调定值时，推动柱塞 2 上移，此位移通过杠杆放大后推动微动开关 5 动作。改变弹簧 1 的压缩量即可调节继电器的动作压力。

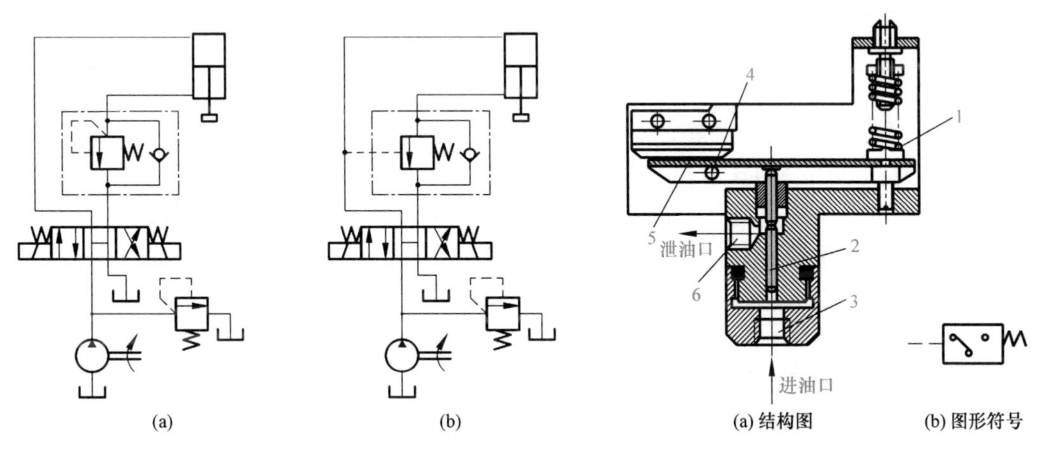

图 4-31　采用单向顺序阀的平衡回路

图 4-32　柱塞式压力继电器

1-弹簧；2-柱塞；3-进油口；
4-杠杆支点；5-微动开关；6-泄油口

4.4　流量控制阀

在液压系统中，流量控制阀主要用来调节通过阀口的流量来控制进入执行元件的流量，从而控制执行元件的运动速度。常用的流量控制阀包括节流阀、调速阀、溢流节流阀和分流集流阀等。其中,节流阀为最基本的流量阀,其他阀都是为克服节流阀的某一方面不足而在节流阀基础上发展而来的。

4.4.1 常用的节流口形式及特点

任何一个流量控制阀都有一个节流部分,称为节流口。改变节流口的通流面积即可改变通过节流阀的流量。节流口的形式很多,常见的节流口形式如图 4-33 所示。由于节流口的形式不同,其变化规律也不同,阀的性能差异较大。

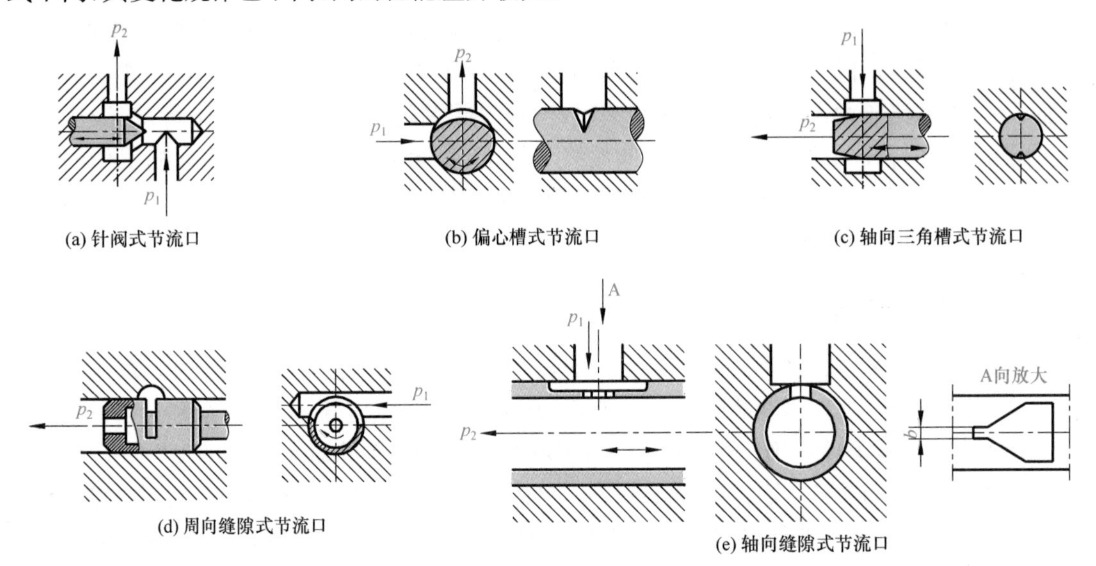

图 4-33 常见的节流口形式

图 4-33(a)所示为针阀式节流口。阀芯做轴向移动时,可改变环形通道的大小,改变了液流流经节流口时所产生的阻力,从而改变了流量。这种结构形式加工制造容易,但节流口通道较长,水力半径小,容易堵塞,流量受温度的影响较大,故一般用于节流特性要求不高的液压系统。

图 4-33(b)所示为偏心槽式节流口。在阀芯上开有一个截面为三角形或矩形的偏心槽,在转动阀芯时,就可以改变通道大小,从而调节流量。这种节流口形式简单、制造容易,但阀芯受到径向不平衡力,转动费力,高压时应避免采用;同时节流口通道较长,容易堵塞;由于节流通流截面是三角形的,所以能获得较小的稳定流量。

图 4-33(c)所示为轴向三角槽式节流口。在阀芯顶端开有一个或两个斜的三角槽,轴向移动阀芯即可改变液流通流截面的大小,从而改变流量。这种节流形式结构简单、加工制造容易、水力半径小、不易堵塞,小流量时稳定性好,调节范围较大,但节流通道也较长,温度变化会影响流量稳定性。这种结构形式的节流口目前应用较为广泛。

图 4-33(d)所示为周向缝隙式节流口。阀芯的圆周开有缝隙,当旋转阀芯时可改变缝隙的通流面积,从而调节流量。这种节流口可以做成薄刃结构,接近薄壁小孔,油温变化对流量的影响小,不易堵塞,因而可获得较小的稳定流量。但阀芯受径向不平衡力,结构复杂,工艺性差,故只适用于低压节流场合。

图 4-33(e)所示为轴向缝隙式节流口。在轴套上开有轴向缝隙,当阀芯轴向移动时可以改变缝隙的通流面积大小,从而调节流量。这种节流口也可做成薄刃结构,接近薄壁小孔,不易

堵塞，油温对流量变化影响小，容易获得较小的稳定流量，因而可用于性能要求较高的场合。但节流口在高压作用下容易变形，使用时应改善结构的刚度。

4.4.2　节流口的流量特性及影响流量稳定的因素

通过伯努利方程的理论推导和实验研究可以发现，不论节流的形式如何，通过节流口的流量 q 都与节流口前后的压力差 Δp 的 m 次方成正比，即流量特性公式为

$$q = KA_{\mathrm{T}}\Delta p^{m} \tag{4-13}$$

式中，A_{T} 为节流口的通流面积；m 为由节流口形式决定的指数，薄壁小孔时或短孔时 $m=0.5$，细长孔时 $m=1$；K 为由节流口的截面形状、大小及油液性质决定的流量系数。

液压系统工作时，当节流口的面积调定后，希望通过节流阀的流量稳定不变，尤其是阀口关小时，不致出现时断时续和断流现象，以保证执行元件的速度稳定不变。但实际上，通过节流阀的流量会受到节流口前后的压差、油温及节流口形状等因素的影响。

1. 节流口堵塞对流量的影响

为了得到较小的流量，节流阀需在小开口条件下工作。实验表明，在节流阀的压差、开口和油液黏度保持不变的情况下，节流阀处于最小开口时，通过节流阀的流量会出现时大时小的周期性脉动现象，开口越小，脉动现象越严重，最后甚至出现断流，这种现象称为节流口堵塞。造成堵塞的原因是：液压油中杂质氧化后析出的胶质和沥青以及极性分子等附着在阀口表面。当阀口调好后这些附着在阀口表面的附着层，一方面减小了阀口的流通面积，另一方面不同程度地改变了节流口的形式，因而使流量发生变化。一般节流口流通通道越短，通流面积越大，越不易出现堵塞。薄壁形式的节流口节流通道较短，因此不易堵塞。

由于节流口的堵塞现象，每个节流阀都有一个要求正常工作的最小限制流量，称为节流阀的最小稳定流量。一般轴向三角槽式节流阀的最小稳定流量为30～50mL/min，薄壁节流口形式的节流阀最小稳定流量为 10～20mL/min。

2. 压力差对流量的影响

由式(4-13)可知，当节流阀两端压差改变时，通过它的流量要发生变化，从而导致流量不稳定，如图 4-34 所示。节流阀的这一特性可用节流刚度来描述。所谓节流刚度是指节流阀抵抗负载变化而保持流量稳定不变的能力，它在数值上等于节流口两端压差与通过节流口流量的变化量的比值，数值越大则节流阀的刚度越大，反之节流阀的刚度越小。若以 T 表示节流刚度，则

$$T = \frac{\mathrm{d}\Delta p}{\mathrm{d}q} \tag{4-14}$$

将式(4-13)代入式(4-14)，可得

$$T = \frac{\Delta p^{1-m}}{KA_{\mathrm{T}}m} \tag{4-15}$$

从图 4-34 可以看出，节流阀的节流刚度相当于流量曲线上某点的切线和横坐标间夹角 β 的余切，即

$$T = \cot\beta \tag{4-16}$$

图 4-34 和式(4-15)表明如下结论。

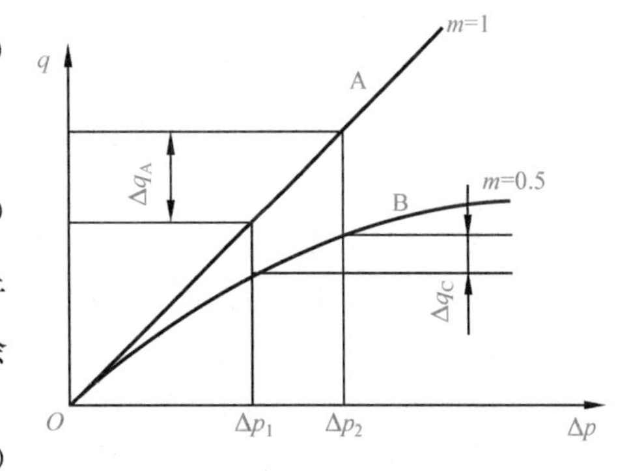

图 4-34　压差与流量的关系曲线

(1) 同一节流阀,节流口前后压差 Δp 越大则节流阀刚度越大。为了保证节流阀具有足够的刚度,节流阀只能在某一最低压力差 Δp 的前提下才能正常工作,但提高 Δp 将引起压力损失的增加。

(2) 同一节流阀,阀前后压力差 Δp 相同时,节流口开口越小,刚度越大;但阀口太小将引起堵塞现象,阀口的最小开度要考虑最小稳定流量。

(3) 当节流阀压力差 Δp 一定时,压力指数 m 越小,阀刚度越大,因此在实际使用中多采用薄壁小孔式节流口。

3. 油温对流量的影响

油温的变化会引起油液黏度的变化,对于细长小孔,油温变化时,流量也会随之改变;对于薄壁小孔,黏度对流量几乎没有影响,故油温变化时,流量基本不变。

4.4.3 普通节流阀

普通节流阀是结构最简单的流量阀,它常与其他阀组合,形成单向节流阀、行程节流阀等,这里介绍普通节流阀的典型结构。

1. 结构和工作原理

普通节流阀的结构和图形符号如图 4-35(a)、(b)所示,其节流口形式为轴向三角槽式。压力油从 P_1 口进入阀内,经阀芯 6 上的三角槽节流口,从 P_2 口流出;压力油也可以由 P_2 口进入,从 P_1 口流出。转动手柄 1 可通过推杆 3 推动阀芯 6 做轴向移动,改变节流口的通流面积来调节流量。

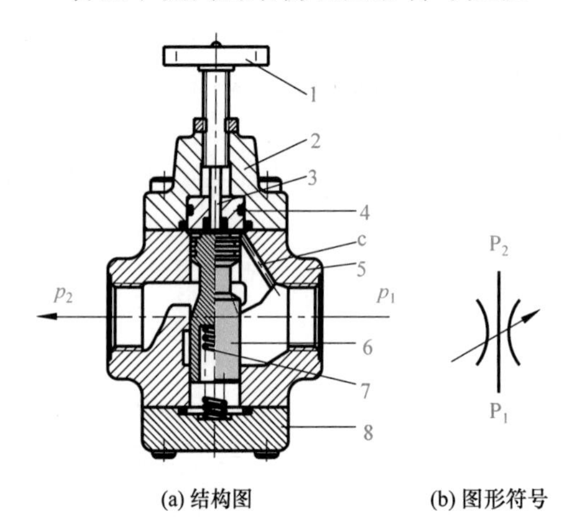

(a) 结构图　　(b) 图形符号

图 4-35　普通节流阀

1-手柄;2-顶杆;3-推杆;4-导套;5-阀体;6-阀芯;7-弹簧;8-底盖

这种节流阀的结构简单、体积小,但负载和温度的变化对流量的稳定性影响较大,因此,只适用于负载和温度变化不大或速度稳定性要求不高的液压系统中。

2. 节流阀的应用

1) 节流调速

在定量泵液压系统中,节流阀与溢流阀一起组成节流调速回路。改变节流阀的开口面积即可调节通过节流阀的流量,从而调节执行元件的运动速度。

2) 负载阻尼

在液压系统中,改变节流阀的开口面积将改变液体流动的液阻(即阻尼),节流口面积越小液阻越大。节流元件的阻尼作用广泛应用在液压元件的内部控制中。

3) 压力缓冲

在油液压力容易突变的地方安装节流元件,可以延缓压力突变的影响,起保护作用。例如,安装在压力表前的节流元件,可防止由于压力突变而损坏压力表。

4.4.4　节流阀的压力和温度补偿

节流阀无法消除由于负载变化对阀前后压差的影响,因此仅适用于执行元件工作负载变化不大且对速度稳定性要求不高的场合。当负载变化比较大,同时要求较好的速度稳定性时,就需要对节流阀进行压力补偿,以保证节流阀前后压差保持为一个常数。

1. 调速阀

1）*调速阀的工作原理*

调速阀是由定差减压阀和节流阀串联而成的,其工作原理和图形符号如图4-36所示。压力由 p_1 进入调速阀后,先经过减压阀的阀口产生一次压力降,压力由 p_1 降低到 p_2;然后经过节流阀阀口流出,出口压力为 p_3。节流阀的出口压力 p_3 经过反馈通道 a 进入定差减压阀阀芯上端的弹簧腔 b,节流阀入口压力即减压阀出口压力 p_2 分别经反馈通道 f 和通道 e 进入阀芯中部的油腔 c 和下端油腔 d。

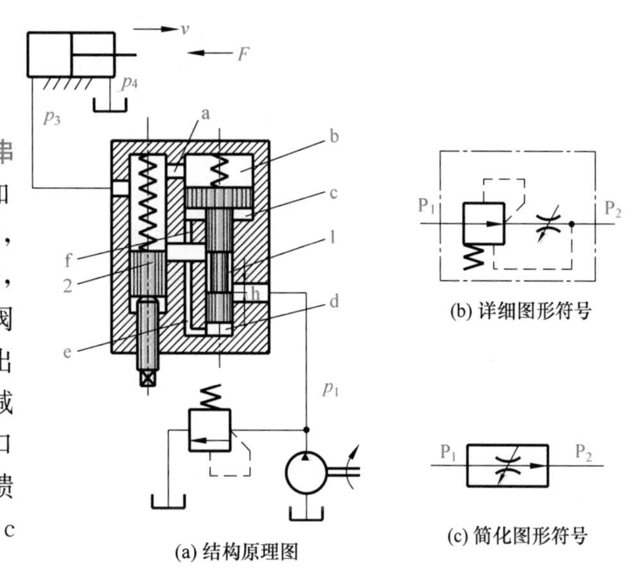

图4-36　调速阀的工作原理

1-减压阀;2-节流阀

当减压阀阀芯在弹簧力 F_s、液压力 p_2 和 p_3 作用下处于平衡位置时,忽略液动力和摩擦力,则阀芯平衡方程为

$$p_2A_1 + p_2A_2 = p_3A + F_s \tag{4-17}$$

式中,A_1、A_2、A 为 d、c、b 腔内的压力油作用的有效面积,且 $A=A_1+A_2$,故

$$\Delta p = p_2 - p_3 = \frac{F_s}{A} \tag{4-18}$$

由于弹簧刚度较低,且工作时减压阀阀芯位移较小,可认为弹簧力 F_s 基本不变,因此节流阀两端压差 Δp 也基本不变,从而保证了通过节流阀的流量稳定。

若调速阀入口压力 p_1 不变,当负载增大时,p_3 的压力随之增大,减压阀阀芯失去平衡而向下移动,使阀口开度 h 增大,减压作用减小,使 p_2 增大,直至阀芯在新的位置上达到平衡为止。这样 p_3 增加时,p_2 也增加,其压力差 Δp 保持不变;负载减小时,p_3 减小,阀口开度 h 减小,减压作用增强,使 p_2 减小,其压差保持不变。若调速阀入口压力 p_1 增大,由于一开始减压阀阀芯来不及移动,故 p_2 在这一瞬时也增大,阀芯向上移动,阀口开度 h 减小,减压作用增强,又使 p_2 减小,故 Δp 仍保持不变。反之亦然。总之,无论调速阀的进口压力 p_1、出口压力 p_3 如何变化,由于定差减压阀的自动调节作用,节流阀前后压差总能保持不变,从而保持流量稳定。

上述调速阀是先减压后节流的结构,也可以设计成先节流后减压的结构,两种结构其工作原理基本相同。

2）*调速阀的性能特点*

当阀口开口一定时,节流阀和调速阀的通流量与阀进出口压差之间的关系如图4-37所

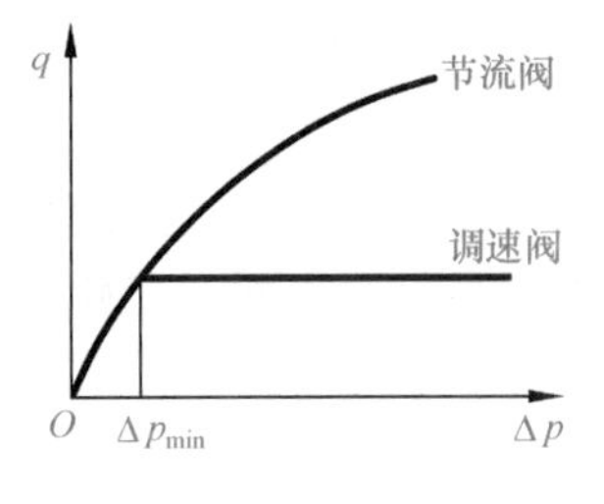

图 4-37 节流阀和调速阀的流量特性曲线

示。当阀进出口压差变化时，调速阀的通流量基本不变，而节流阀通流量则随阀压差变化而变化。因此，调速阀的流量稳定性比节流阀好。

由图 4-37 可以看出，调速阀的进出口压差必须大于由于弹簧力和液动力所确定的最小压差 Δp_{min}。否则，减压阀的阀芯在弹簧力的作用下，阀口开度最大，无减压作用，不能起到稳定节流阀阀口前后压差的作用。此时，调速阀仅相当于普通节流阀，无法保证流量稳定，Δp_{min}一般为 0.4～0.5MPa。

3）调速阀的应用

与节流阀一样，调速阀在定量泵液压系统中的主要作用是与溢流阀配合，组成节流调速回路。也可与变量泵组合成容积节流调速回路，其调速范围大，适用于大功率、速度稳定性要求较高的系统。因调速阀的调速刚性大，更适用于执行元件负载变化大、运动速度稳定性要求高的调速系统。

2. 温度补偿调速阀

普通节流调速阀消除了负载变化对流量的影响，但温度变化对流量的影响依然存在。当温度变化时，油液的黏度随之改变，这将引起流量的变化。为了减小温度对流量的影响，可采用温度补偿调速阀。

温度补偿调速阀与普通调速阀的结构基本相似，主要区别在于前者的节流阀阀芯上连接一个热膨胀系数较大的聚氯乙烯推杆，如图 4-38 所示。当温度升高时，油液黏度降低，通过的流量增加，这时温度补偿杆伸长使得节流口变小，反之则变大，从而补偿了由于温度变化对流量的影响，故能维持流量基本不变。

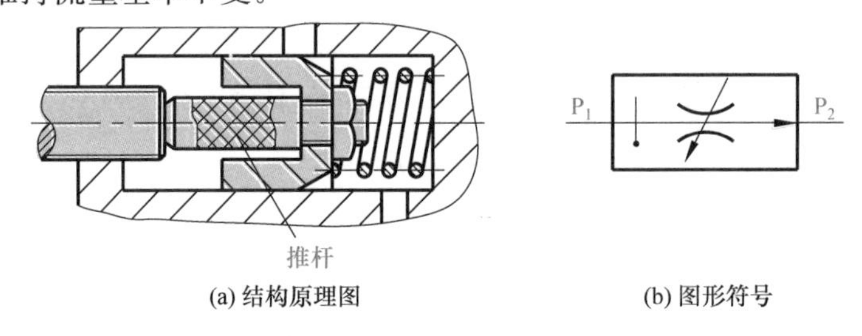

图 4-38 温度补偿原理

3. 溢流节流阀

溢流节流阀也称旁通调速阀，主要由溢流阀和节流阀并联而成，其工作原理与图形符号如图 4-39 所示。进口压力油 p_1 一部分经节流阀阀口后从出油口流出，去驱动执行元件；另一部分流经溢流阀阀口后回油箱。节流阀出口压力油 p_2 经通道 d 流入溢流阀阀芯上腔 a；阀芯中间的容腔 b 和下端的容腔 c 与溢流阀的进油口相通，其压力为进油口压力 p_1。

由图可见，节流口两端的压差即为溢流阀阀芯上端和下端油液的压差 p_1-p_2。当负载增大时，节流阀出口压力 p_2 增大，阀芯 3 上端的液压力增大，阀芯下移并关小阀口，引起进口压力 p_1 也增大，从而使 $\Delta p=p_1-p_2$ 保持不变；同理，当 p_2 减小时，阀芯 3 上移，溢流阀阀口开大，引起 p_1 减小，同样保持 $\Delta p=p_1-p_2$ 不变。这样，由于节流阀前后的压差基本不变，其通过的流量就基本恒定。为避免系统过载，溢流节流阀上设有安全阀 2，当出口压力 p_2 增大到

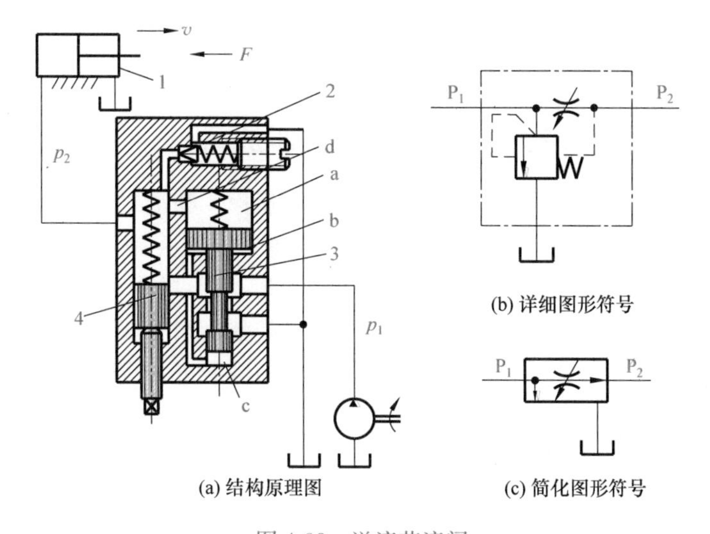

图 4-39 溢流节流阀

1-液压缸；2-安全阀；3-溢流阀；4-节流阀

安全阀的调定压力时，安全阀打开。

与调速阀不同，溢流节流阀必须连接在执行元件的进油路上，这时液压泵的出口（即溢流节流阀的进口）压力 p_1 随负载压力 p_2 的变化而变化，属变压系统，其功率利用比较合理，系统发热少。

4.5 插 装 阀

长期以来，传统液压控制阀以滑阀式结构为主，流动阻力大、通流能力小，其最大通径80mm，公称流量仅1250L/min，难以满足高速或大型液压设备对流量的要求。当系统需要控制更大流量时，不得不采用两个或多个阀并联，或设计非标大通径阀。

20世纪70年代初，插装阀应运而生。它不仅是一种新型的控制元件，其推广应用也使液压传动进入了一个崭新阶段。目前插装阀已广泛应用于锻压机械、塑料机械、冶金机械、船舶、铸造机械、矿山以及其他工程领域，取得了很好的经济技术和社会效益。

插装阀（图4-40）是以插装单元（也称插装件）为主阀，配以适当的盖板和不同的先导控制阀组合而成的具有一定控制功能的组件，由于采用插装式安装和连接，因此称为插装阀。它可以组成方向阀、压力阀和流量阀等。插装阀具有如下特点：

（1）内阻小，适宜大流量工况。

（2）主阀芯为锥形结构，泄漏小，并适用于低黏度的工作介质，如高水基或难燃介质等。

（3）控制功率（压力、流量）不受结构的限制。

（4）响应快，静、动态性能好。

（5）对油液污染不敏感。

（6）容易实现与数字电子控制的结合。

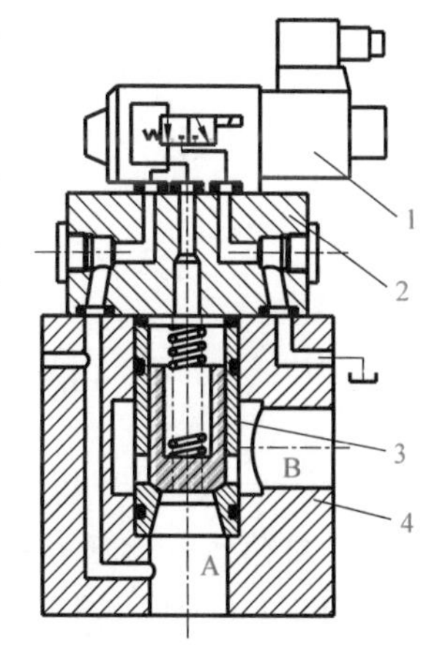

图 4-40 插装阀的组成

1-先导控制阀；2-控制盖板；3-插装阀单元（主阀）；4-阀体块

(7) 易于实现标准化。

(8) 加工工艺复杂，材质要求高；系统控制设计复杂，成本较高。

4.5.1 插装阀(插装单元)的结构和工作原理

插装阀的插装单元主要由阀套1、阀芯2、弹簧3、盖板4和密封件等组成，如图4-41(a)所示。4为控制盖板，由控制口C与插装单元的上腔相通。通过控制口C的油液压力大小可控制阀芯两侧通道A、B的通断。在盖板4内可安装节流螺塞等微型控制元件(如单向阀、梭阀、流量控制阀等)，还可安装位移传感器等电器附件，以便构成某种控制功能的组合阀。

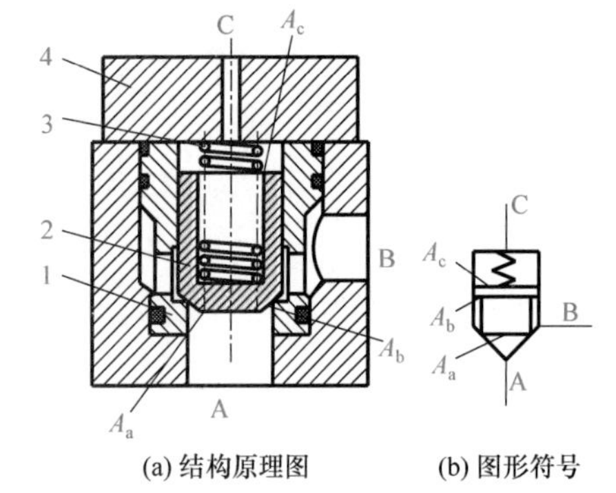

图 4-41 插装阀插装单元典型结构

1-阀套；2-阀芯；3-弹簧；4-盖板

4-41

设油口A、B、C的油液压力和有效面积分别为p_A、p_B、p_C和A_A、A_B、A_C，其面积关系有$A_C=A_A+A_B$，若不考虑锥阀的重力、液动力和摩擦力的影响，弹簧力为F_s，则

$$p_A A_A + p_B A_B < p_C A_C + F_s \tag{4-19}$$

时，阀口关闭，油口A、B不通；当

$$p_A A_A + p_B A_B > p_C A_C + F_s \tag{4-20}$$

时，阀口打开，A、B接通。可见，通过改变控制口C的油液压力p_C，可控制A、B油口的通断。这样，插装单元与逻辑元件的"非"门有相似的作用，因此插装阀也称为逻辑阀。就工作原理来说，二通插装阀相当于一个液控单向阀。

4.5.2 插装阀用作方向控制阀

1) 用作单向阀

如图4-42(a)所示，将插装单元的控制口C与油口A或B连通，即成为单向阀。在其控制盖板上连接一个二位三通换向阀作为先导阀，便可成为液控单向阀，如图4-42(b)所示。

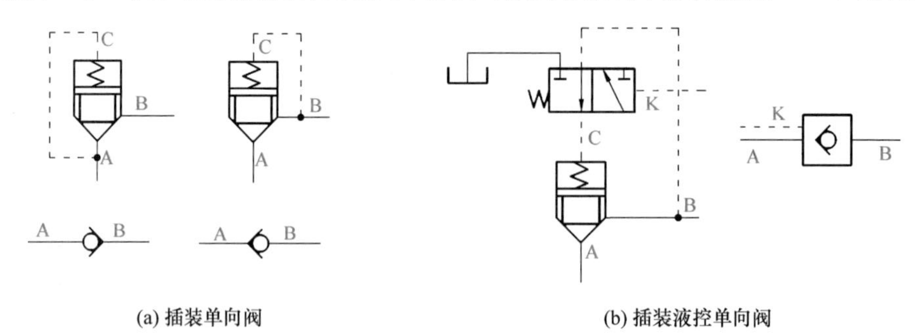

图 4-42 插装阀用作单向阀

2) 用作二位二通换向阀

如图4-43所示，用一个二位三通电磁阀来转换C口压力，就成为一个二位二通换向阀。图4-43(a)中在电磁阀断电时，液流B不能流向A，如果要使两个方向都有切断作用，可在控制油路中加一个梭阀，如图4-43(b)所示，梭阀的作用是保证出口的油液压力总是两进口油液中较大的一个。

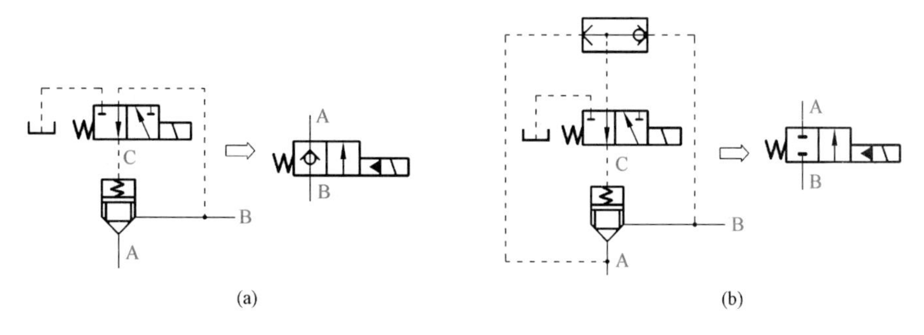

图 4-43　插装阀用作二位二通阀

3）用作三通阀

如图 4-44 所示，两个插装阀组合，其控制油口连接二位四通电磁阀即可成为三通阀。当电磁铁不得电时，A 与 T 相通；当电磁铁得电时，P 与 A 相通，与 T 不通。

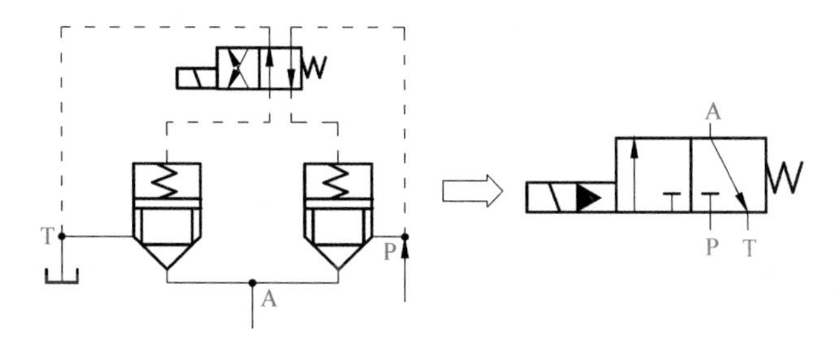

图 4-44　插装阀用作二位三通阀

4）用作四通阀

如图 4-45 所示，用四个插装阀及相应的四个二位四通电磁阀即可组成四通换向阀。四个二位四通电磁阀得电状态不同，则插装阀的输出状态也不同。理论上应该有 16 种通路状态，但其中有 5 种状态是相同的，故共有 12 种状态，如表 4-5 所示（表中“1”表示通电，“0”表示断电）。由此可以看出，通过先导控制阀可以得到除 M 形以外的各种滑阀机能，它相当于一个多位多机能的四通阀。

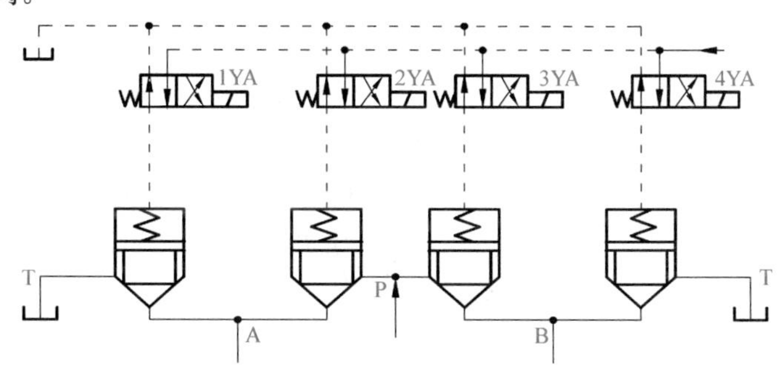

图 4-45　插装阀用作二位四通阀

表 4-5　先导阀控制状态下的滑阀机能

1YA	2YA	3YA	4YA	中位机能	1YA	2YA	3YA	4YA	中位机能
1	1	1	1		1	0	1	0	

续表

1YA	2YA	3YA	4YA	中位机能	1YA	2YA	3YA	4YA	中位机能
1	1	1	0	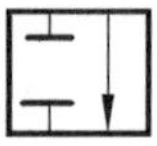	1	0	0	1	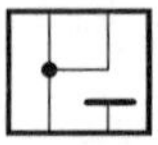
1	1	0	1		0	1	1	1	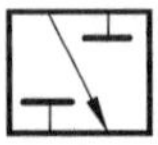
1	1	0	0	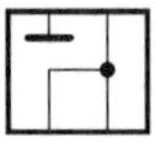	0	1	1	0	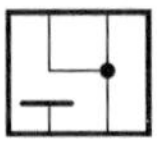
1	0	1	1	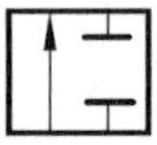	0	1	0	1	
0	0	1	1	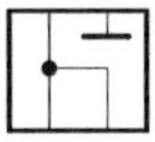	0	0	1	0	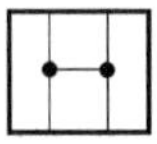
1	0	0	0	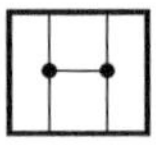	0	0	0	1	
0	1	0	0		0	0	0	0	

4.5.3 插装阀用作压力控制阀

用直动式溢流阀作为先导阀来控制插装阀的插装单元阀芯，在不同的油路连接形式下可构成不同的压力控制阀。

图 4-46(a)所示为插装阀用作溢流阀。当油口 B 通油箱时，A 口的压力油经节流小孔进入控制腔 C，并与溢流阀连通，这样就形成了先导式溢流阀。若 B 口不连通油箱，而是与负载相连，则该阀就成为先导式顺序阀。

图 4-46(b)所示为插装阀用作卸荷阀。当二位二通电磁阀不得电时，该阀为先导式溢流阀；电磁阀得电时，相当于先导式溢流阀的远程口接油箱，该阀为卸荷阀。

图 4-46(c)所示为插装阀用作减压阀。减压阀的阀芯采用常开的滑阀式阀芯，B 为一次压力 p_1 的进口，A 为出口，A 腔的压力油经节流小孔与控制腔 C 相通，并与先导阀进口相通，由于控制油取自 A 口，因而能得到恒定的二次压力 p_2，相当于定值输出减压阀。

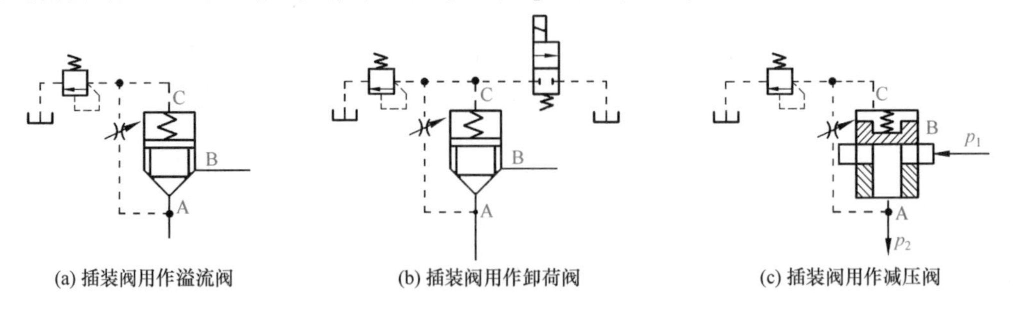

(a) 插装阀用作溢流阀　(b) 插装阀用作卸荷阀　(c) 插装阀用作减压阀

图 4-46　插装阀用作压力阀

4.5.4 插装阀用作流量控制阀

图 4-47 所示为插装阀用作流量控制阀的结构图，插装单元的锥阀尾部带节流窗口，锥阀

的开启高度由行程调节器(或螺杆)来控制,从而控制流量。

图 4-47(a)表示插装阀用作流量控制的节流阀,图 4-44(b)表示在节流阀前串联一个定差减压阀,形成了一个调速阀。

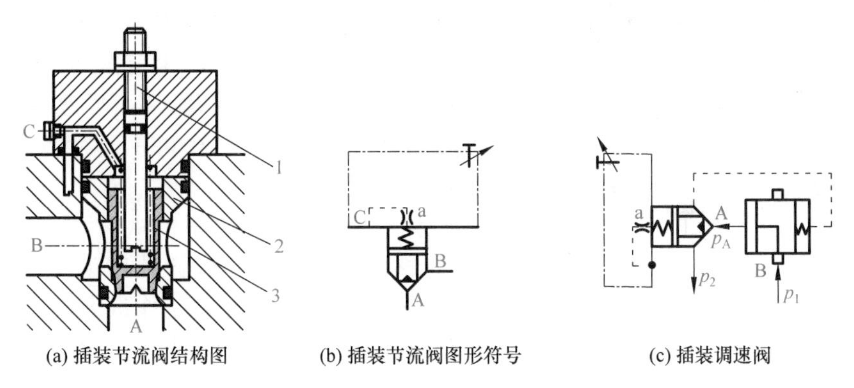

(a) 插装节流阀结构图　(b) 插装节流阀图形符号　(c) 插装调速阀

图 4-47　插装阀用作流量控制阀

4.6　液压阀的连接

为实现一定功能,液压系统一般均需要使用若干个液压阀,将它们有机地组合在一起形成不同的液压阀连接形式。主要包括如下类型。

1. 螺纹连接

将液压阀(油口带有螺纹)与管道通过螺纹管连接,并固定在管路上,就是阀的螺纹连接形式(图 4-48)。这种连接适用于小流量的简单液压系统。该连接形式不需要其他专门的连接元件,系统中各阀间油液的流动路线非常清楚,但是元件分散布置,管路交错,接头繁多,既不便于装卸维修,在管接头处也容易造成油液的泄漏和渗入空气,而且有时会产生振动和噪声,因此目前使用的场合不多。

2. 法兰连接

法兰连接是通过阀体上的螺钉孔与管件端部的法兰用螺钉连接在一起。该种连接适用于通径为 32mm 以上的大流量液压系统。其他特点与螺纹连接基本相同。

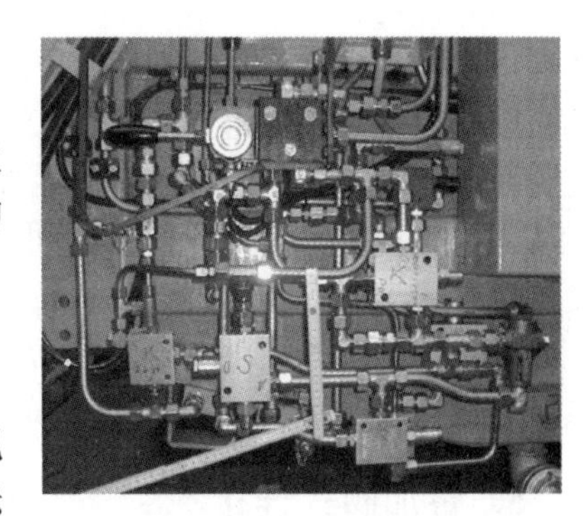

图 4-48　螺纹连接液压系统

3. 板式连接

为了解决螺纹连接和法兰连接中存在的问题,出现了板式连接形式。板式连接就是将系统中所需的板式标准液压元件统一安装在连接板上,采用的连接板有单层连接板、双层连接板、整体连接板等。

1) *单层连接板*

液压阀安装在竖立的连接板前面,阀间油路在连接板后面用油管相连,这种连接板结构简单,检查油路方便,但板上油管较多,装配极为麻烦,占地空间较大。

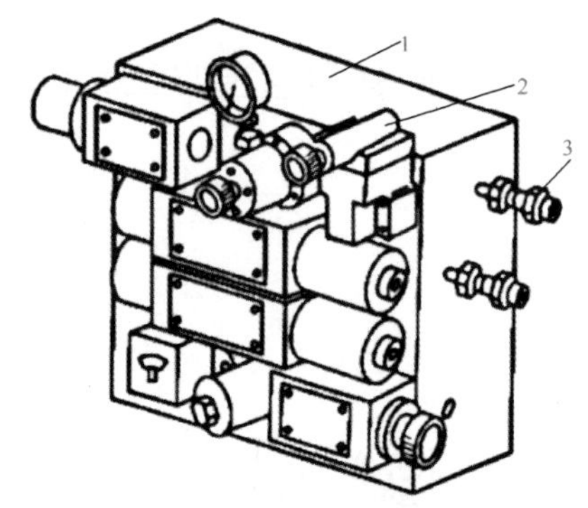

图 4-49 整体板连接阀
1-油路板;2-阀体;3-管接头

2) 双层板连接

在两块板间加工出油槽以连接阀间油路,两块板再用黏结剂或螺钉固定在一起,这种连接方法工艺简单、结构紧凑,但当系统中压力过高或产生液压冲击时,容易造成胶合失效,出现油路串腔的问题,从而导致液压系统无法正常工作,同时系统的使用对象单一,适用范围小,不易于检测维修。

3) 整体连接板

在一个整体板中间钻孔或铸孔作为阀间油路(图 4-49),这样系统工作可靠,但钻孔工作量大,工艺较复杂,而铸孔后清砂较困难,同时整体连接板也不能随意改动,因此若系统有所改变,需重新设计和制造。

4. 集成块式连接

集成块式液压装置如图 4-50 所示,2 为集成块,它是一种代替管路把元件连接起来的正六面连接体。将液压阀用螺钉固定在集成块的三个侧面上,通常三个侧面各装一个阀,有时在阀与集成块间还可以用垫板安装一个简单的阀,如单向阀、节流阀等。另一侧面则安装油管,连接执行元件。集成块的上下面是块与块的接合面,在接合面上同一坐标位置的垂直方向钻有公共通油孔:压力油孔 p、回油孔 T、泄油孔 K 以及安装螺栓孔,有时还有测压油孔等。块与块之间及块与阀之间接合面上的各油口用 O 形密封圈密封。在集成块内部钻孔,连通各阀组成回路。每个集成块与装在其周围的阀类元件构成一个集成块组,可以完成一定典型回路的功能。根据各种液压系统的不同要求,选择若干不同的集成块组叠加在一起,就可构成整个集成块式的液压传动系统。图 4-50 中 1 为底板,上面有进油口、回油口、泄漏油口等;4 为盖板,在盖板上可以装压力表开关,以便测量系统的压力。这种集成块式连接结构紧凑、占地面积小,便于装卸和维修,可把液压系统的设计简化为集成块组的选择,因而广泛应用于各种中高压和中低压的液压系统中,但其缺点在于设计工作量大,加工工艺复杂,不能随意修改系统等。

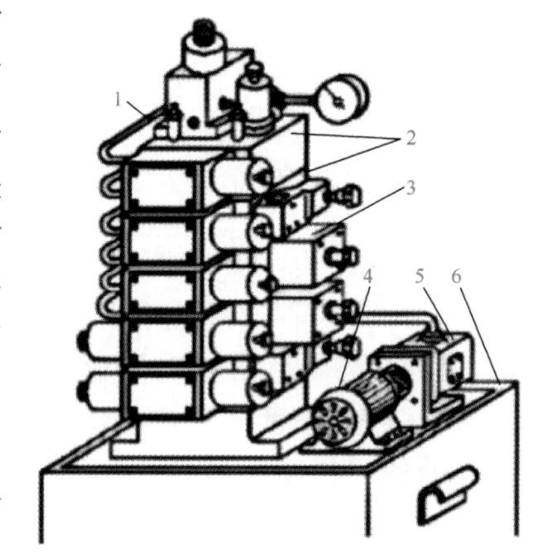

图 4-50 集成块式连接阀
1-油管;2-集成块;3-阀;4-电动机;
5-液压泵;6-油箱

5. 叠加阀式连接

将各种液压阀的上下面都做成像板式连接阀那样的连接面,相同规格的各种液压阀的连接面中,油口位置、螺钉孔位置、连接尺寸都相同(按相同规格的换向阀的连接尺寸确定),这种阀称为叠加阀。

叠加阀包含液压阀中的大多数类型,如叠加式单向阀、叠加式溢流阀、叠加式调速阀等,其工作原理与非叠加阀基本相同,区别仅仅在于结构形式不同。

按照系统的要求,将相同规格的各种功能的叠加阀按一定次序叠加起来,即可组成叠加阀

口以及通向液压执行元件的孔口;底板上面第一块一般为压力表开关,再向上依次叠加各种压力阀和流量阀,最上层为换向阀,一个叠加阀组一般控制一个执行元件。若系统中有多个液压执行元件需要集中控制,则可将几个垂直叠加阀组并排安装在多联底板块上。使用叠加阀式连接的液压系统,元件间的连接不需要使用油管,也不使用其他形式的连接体,因而结构紧凑,体积小,系统的泄漏损失和压力损失都较小,尤其是液压系统更改较为方便、灵活。叠加阀为标准化元件,设计中仅需按工艺要求绘制出叠加阀式液压系统原理图,即可进行组装,因而设计工作量小,目前广泛应用于冶金、机械制造、工程机械等领域中。

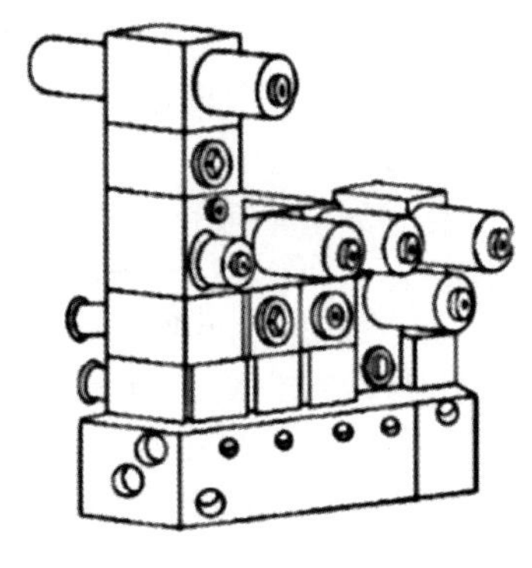

图 4-51 叠加阀式连接阀

6. 插装式连接

插装式连接是指将阀(取消了阀体)制成圆形专用元件——插装阀。将插装阀直接插入布有孔道的方形阀块(或油路板、集成块)的插座孔中,就构成液压系统(图 4-52),其结构十分紧凑。各种压力阀、流量阀、方向阀等均可制成插装阀形式,逻辑阀也属于插装阀的一种。

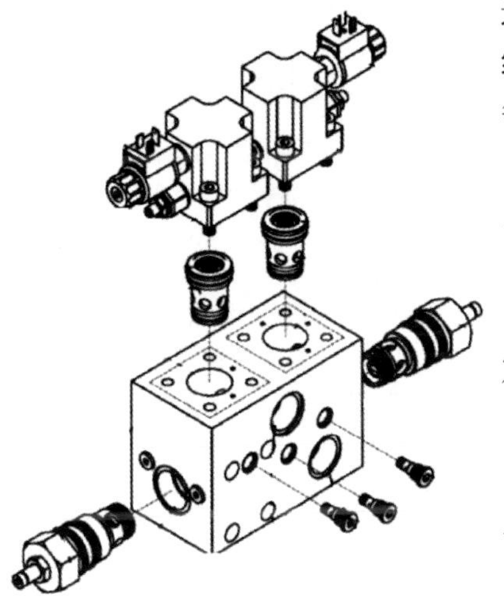

图 4-52 插装式连接阀

插装阀与阀块(或油路板、集成块)的连接固定方式有以下三种。

(1) 螺纹式插装。

带有螺纹的插装阀,旋入插座孔后,即可起到连接固定和封堵的作用。

(2) 法兰式插装。

插装阀本身带有法兰,插入插座孔后,用螺钉固定法兰,封堵插座孔。

(3) 盖板式插装。

插装件本身不能连接固定,而是在插座孔口另加盖板进行封堵。逻辑阀属于这种结构形式。

习 题

4-1 电液换向阀适用于什么场合?它的先导阀中位机能为O形可以吗?为什么?

4-2 画出溢流阀、减压阀及顺序阀的职能符号图形,并比较它们在结构上、用途上的异同之处。

4-3 在节流调速系统中,如果调速阀的进、出油口接反了,将会出现怎样的情况?试根据调速阀的工作原理进行分析。

4-4 如图 4-53 所示,溢流阀的调整压力为 5MPa,减压阀的调整压力为 1.5MPa,试分析活塞在运行期间和碰到挡铁后管路中 A、B 处的压力值。

4-5 先导式溢流阀主阀芯上的阻尼孔直径 $d_0=1.2\mathrm{mm}$,长度 $l=12\mathrm{mm}$,通过小孔的流量 $q=0.5\mathrm{L/min}$,油液的运动黏度 $\nu=20\times10^{-6}\mathrm{m^2/s}$,试求小孔两端的压差($\rho=900\mathrm{kg/m^3}$)。

4-6 图 4-54(a)、(b)所示两个液压系统中，各溢流阀的调整压力分别为$p_A=4$MPa，$p_B=3$MPa，$p_C=2$MPa，若系统的外负载趋于无限大，求泵出口压力各为多少？

4-7 夹紧回路如图 4-55 所示，溢流阀的调整压力 $p_1=5$MPa，减压阀的调整压力 $p_2=3$MPa。试分析：(1) 夹紧缸未夹紧工件前做空载运动时，A、B、C 三点的压力各为多少？(2) 当泵的压力等于溢流阀的调整压力，夹紧缸使工件夹紧后，A、C 点的压力各为多少？(3) 当由于工作缸快进，使泵的压力下降到 1.5MPa 时(原夹紧缸原先处于夹紧状态)，A、C 点的压力各为多少？(4) 上述三种情况下，减压阀的阀芯处于什么状态？

4-8 如图 4-56 所示，顺序阀的调整压力 $p_x=3$MPa，溢流阀的调整压力 $p_y=5$MPa，试求在下列情况下 A、B 点的压力：(1) 液压缸运动时，负载压力 $p_L=4$MPa；(2) 负载压力 $p_L=1$MPa；(3) 活塞运动到右端时。

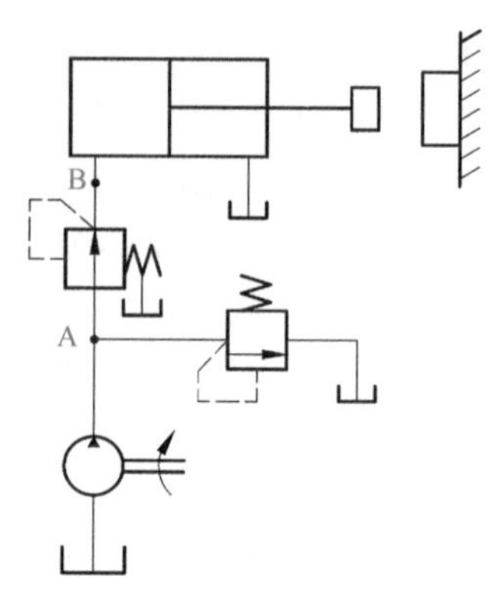

图 4-53 题 4-4 图

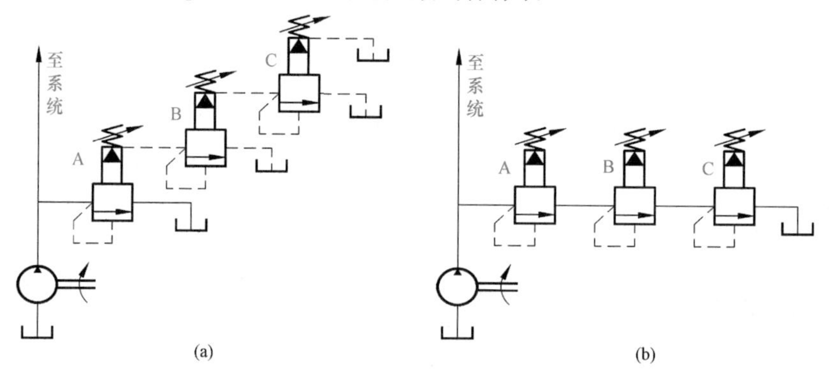

图 4-54 题 4-6 图

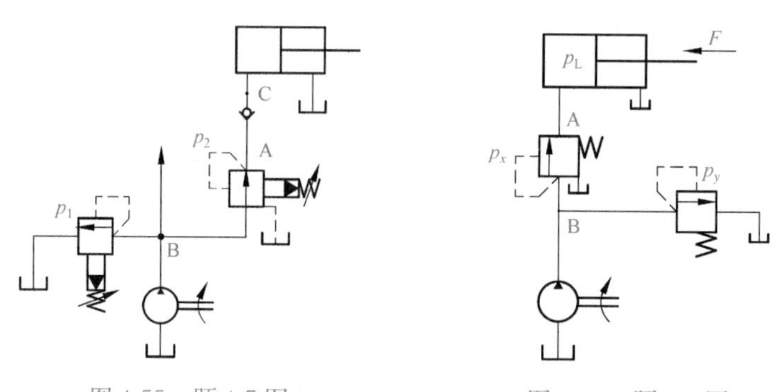

图 4-55 题 4-7 图　　图 4-56 题 4-8 图

4-9 如图 4-57 所示两阀组中，设两减压阀调定压力 $p_A>p_B$，并且所在支路有足够大的负载，说明支路的出口压力 p_L 取决于哪个减压阀？为什么？

4-10 如图 4-58 所示，顺序阀的调整压力为 $p_x=2.5$MPa，溢流阀的调整压力为 $p_y=5$MPa，试求在下列情况下，A、B 两点的压力：(1) 液压缸空载运动时；(2) 液压缸运动时，负载压力 $p_L=3.5$MPa；(3) 活塞运动到右端。

4-11 如图 4-59 所示顺序阀与溢流阀串联，试分析下列情况下泵的出口压力是多少？(1) 顺序阀的调整压力 $p_x=4$MPa，溢流阀的调整压力 $p_y=5$MPa；(2) 顺序阀的调整压力 $p_x=4$MPa，溢流阀的调整压力 $p_y=3$MPa；(3) 上述两种情况下，将两阀换位。

4-12 如图 4-60 所示系统，液压缸的有效面积 $A_1=A_2=100\times10^{-4}\text{m}^2$，液压缸Ⅰ负载 $F_L=35000$N，液压缸Ⅱ运动时负载为零，不计摩擦阻力、惯性力和管路损失，溢流阀、顺序阀和减压阀的调整压力分别为 4MPa、3MPa 和 2MPa，试求下列情况顺序执行后 A、B、C 三点处的压力值：(1) 液压泵启动后，两换向阀处于中位时；(2) 1YA 通电，液压缸Ⅰ运动时和到达终点时；(3) 1YA 断电，2YA 通电，液压缸Ⅱ运动时和碰到挡铁块停止运动时。

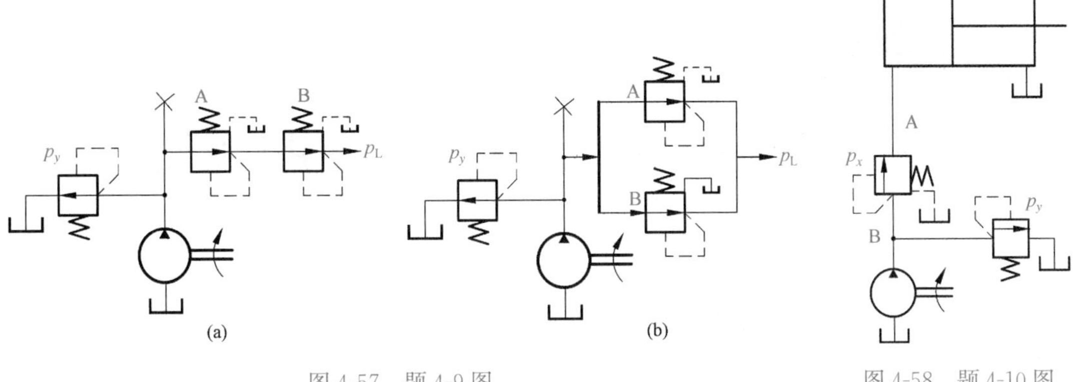

图 4-57　题 4-9 图

图 4-58　题 4-10 图

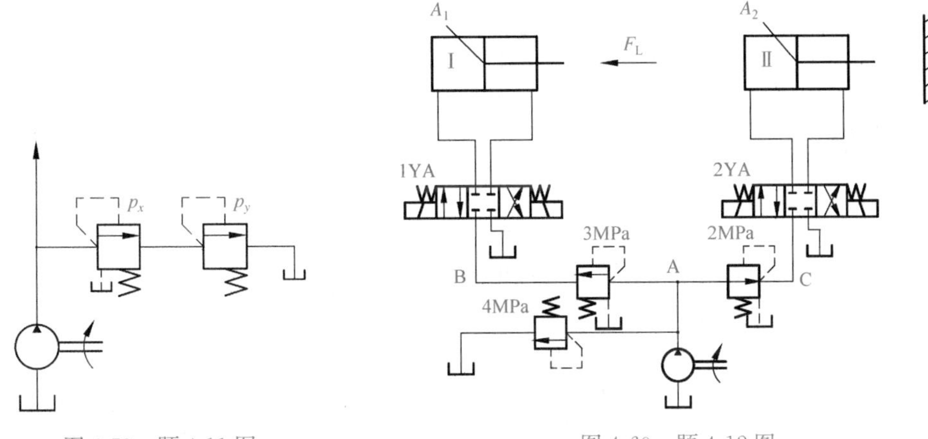

图 4-59　题 4-11 图　　图 4-60　题 4-12 图

4-13　液压缸活塞面积 $A=100\times10^{-4}\,\mathrm{m}^2$，负载在 500～40000N 变化，为使负载变化时活塞运动速度恒定，在液压缸进口处使用一个调速阀。如将液压泵的工作压力调到其额定压力 6.3MPa，试问这是否合适？

4-14　如图 4-61 所示为插装阀组成换向阀的两个例子。如果阀关闭时 A、B 有压差，试判断电磁铁通电和断电时，图 4-54(a)和(b)的压力油能否开启锥阀而流动，并分析各自是作为何种换向阀使用的。

4-15　试用插装阀组合实现图 4-62 所示的三种形式的三位四通换向阀。

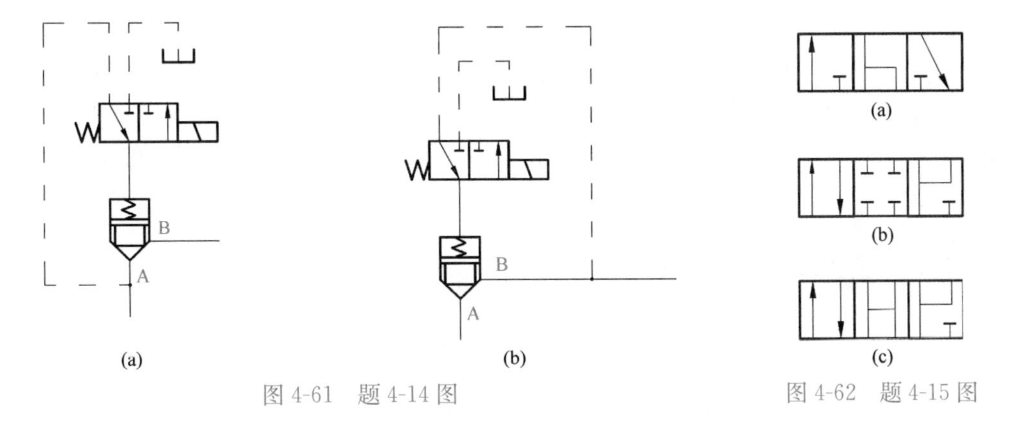

图 4-61　题 4-14 图　　图 4-62　题 4-15 图

第5章

液压辅助装置

液压系统中的辅助装置，是指除液压动力元件、执行元件和控制元件之外的其他各组成元件，如液压系统中的蓄能器、过滤器、油箱、热交换器、密封装置、压力表装置、管件等，它们虽被称为辅助装置，但却是液压系统中不可缺少的重要组成部分，液压辅助装置的合理设计将在很大程度上影响液压系统的效率、温升、工作可靠性等技术性能，因此应给予充分重视。

5.1 油箱和热交换器

5.1.1 油箱

1. 油箱的功用

油箱的主要用途是储油、散热、分离油中的空气、沉淀油中的杂质。另外，对于中小型液压系统，为了液压系统的结构紧凑，往往以油箱顶板作为泵装置和一些元件的安装平台。

在液压系统中，油箱有整体式和分离式两种。整体式油箱利用机器设备内腔作为油箱(如压铸机、注塑机等)，其特点是结构紧凑、回收漏油比较方便，但散热性差，油温的变化会影响机械设备的性能，另外维修不便。分离式油箱是一个与主机分开的单独油箱，它布置灵活，维修保养方便，可减少油箱发热和液压振动对工作精度的影响，便于设计成通用化、系列化产品，因而得到广泛应用，特别是在组合机床、自动线和精密机械设备上大多采用分离式油箱。另外，根据油箱液面是否与大气相通，还可分为开式油箱和闭式油箱。

2. 油箱的结构

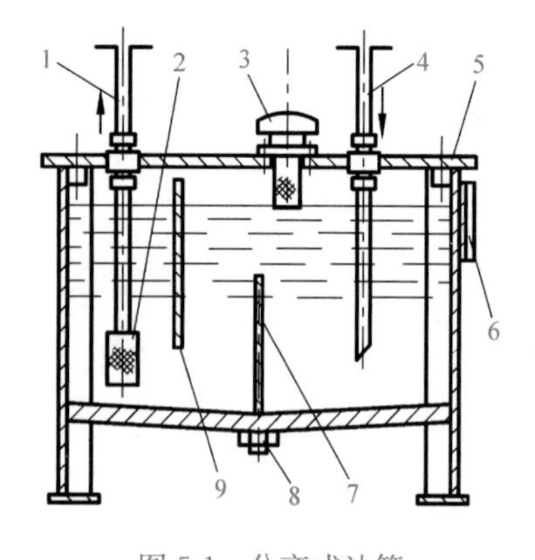

图 5-1 分离式油箱

1-吸油管；2-过滤器；3-空气过滤器；4-回油管；5-上盖；6-油面指示器；7、9-隔板；8-放油塞

图 5-1 所示的是一个分离式油箱结构，箱体采用钢板焊接而成。1 为吸油管，4 为回油管，中间有两个隔板 7 和 9，隔板 7 用于阻挡沉淀杂物进入吸油管，隔板 9 用于阻挡泡沫进入吸油管，油箱底部装有放油塞 8，用以换油时排油和排污，空气过滤器 3 设在回油管一侧的上部，兼有加油和通气的作用，6 是油面指示器，当彻底清洗油箱时可将上盖 5 卸开。

3. 油箱的设计

1) *油箱容积的确定*

油箱必须具有足够大的容积，以满足散热要求，泵不工作时能容纳系统所有油液，而工作时又能保证适当的油位。

油箱容积的确定是油箱设计的关键，主要根据系统的发热量和散热量得出。在实际设计时，先用经验公式初步确定油箱的容积，然后验算油箱的热平衡。当不设冷却器，以自然环境冷却时，油箱的有效容积(为油箱总容积的 80%)的估算经验公式为

$$V = aq \tag{5-1}$$

式中，V 为油箱的有效容积；q 为液压泵的总额定流量；a 为经验系数，其数值确定如下：对低压系统，$a=2\sim4$；对中压系统，$a=5\sim7$；对中、高压或高压大功率系统，$a=6\sim12$。

2) *油箱设计时的注意事项*

(1) 油箱应有足够的强度、刚度。油箱一般用 2.5～4mm 的钢板焊接而成，尺寸高大的油箱要加焊角板、筋条以增加刚度。油箱上盖板若安装电机传动装置、液压泵和其他液压元件，则盖板不仅要适当加厚，而且要采取措施局部加强。

(2) 安装吸油过滤器。泵的吸油管上应安装 100～200 目的网式过滤器，过滤器距箱底和侧壁应有一定的距离，以保证泵的吸入功能。

(3) 吸油管与回油管尽量远离。吸油管与回油管分别安装在油箱的两端，以隔板隔开，以增加油液循环流动的距离，提高散热效果，并使油液有足够长的时间沉淀污物，排出气泡。隔板的高度一般取为油面高度的 3/4。

(4) 油箱底面应略带斜度，并在最低处安设放油塞。换油时为便于清洗油箱，大容量的油箱一般均在侧壁设清洗窗，其位置安排应便于吸油过滤器的装拆。

(5) 油箱内壁表面应进行特殊处理。为了防锈、防漏水、减少油液污染，新油箱内壁经喷丸、酸洗和表面清洗后，可涂一层与工作油液相容的塑料薄膜或耐油清漆。

(6) 在油箱的侧壁安装液位计，以指示最低、最高油位。另外如有必要安装热交换器、温度计等附加装置，需要合理确定它们的安放位置。

> **思考 5-1**
>
> 为什么油箱容积的确定主要根据液压系统的发热量和散热量来确定？

5.1.2　热交换器

为了提高液压系统的工作稳定性，应使系统在允许的温度下工作并保持热平衡。液压系统的最佳油温范围为 30～50℃，最高不超过 65℃，最低不应低于 15℃。油温过高将使油液变质，加速其污染，同时油的黏性和润滑能力降低，增加油液的泄漏，缩短液压元件的寿命。油温过低，则液压泵启动时吸油有困难，系统的压力损失也增大。

如果液压系统单靠自然散热不能使油温限制在允许值以下，就必须安装冷却器；反之，如果环境温度太低无法使液压泵正常启动，就必须安装加热器。冷却器和加热器统称为热交换器。

1. 冷却器

根据冷却介质的不同，冷却器有风冷式、水冷式和冷媒式三种。冷媒式是利用冷媒介质(如氟利昂)在压缩空气中作绝热压缩，散热器散热，蒸发器中吸热原理，把热油的热量带走，使油冷却。其冷却效果最好，但价格昂贵，常用于精密机床等设备上。水冷式和风冷式是常用的冷却形式。

水冷式冷却器以水为冷却介质进行冷却，常用的有蛇形管式水冷却器、多管式水冷却器和

波纹板式水冷却器三种。蛇管式水冷却器最简单，冷水从蛇形管中通过，把油的热量带走。它制造容易、装设方便，但冷却效率低，耗水量大，故不常使用。

液压系统中采用得较多的是多管式水冷却器，其结构如图 5-2 所示。油从右端上部油口 c 进入冷却器，经由左端上部油口 b 流出。冷却水从右端盖 4 中央的孔 d 进入，经过多根水管 3 的内部，从左端盖 1 上的孔 a 流出。油在水管外面流过，三块隔板 2 用来增加油的循环路线长度，以改善热交换的效果。

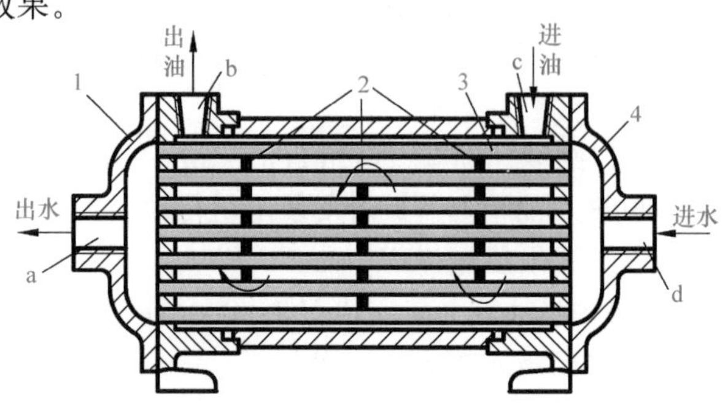

图 5-2　多管式冷却器

1-左端盖；2-隔板；3-水管；4-右端盖

风冷式冷却器利用自然风进行冷却，在行走机械和野外工作的机械中应用较多。较常用的有板翅式和翅片管式两种。结构比较简单，但散热效果不如水冷式。

冷却器一般安装在回油管或低压管路上，其压力损失一般为 0.01～0.1MPa。

2. 加热器

油液加热的方法有用热水或蒸汽加热和电加热两种方式。由于电加热使用方便，易于自动控制温度，故应用较广泛。电加热器应置于液面以下，且由于油液是热的不良导体，因此加热元件宜放在油液的流动处，便于热量的交换，并且加热器的容量不能太大，以免周围油温过高，使油质发生变化，如有必要，可在油箱内多装几个加热器，使加热均匀。

5.2　蓄　能　器

5.2.1　蓄能器的功用

蓄能器是一种能够储存油液压力能并能在需要时释放出来供给系统能量的装置。其主要作用表现在以下几方面。

1）*作为辅助动力源*

当液压系统工作循环中所需的流量变化较大时，常采用蓄能器和一个流量较小的泵组成油源。在系统所需流量较小时，泵将多余的油液向蓄能器充油，当系统短期需要大流量时，由蓄能器与泵同时供油，这样，可以节省能源，降低温升。

2）*作为紧急动力源*

当液压系统工作时，由于泵或电源的故障，液压泵突然停止供油，会引起事故。对于重要的液压系统，为了确保工作安全，就需用一个适当容量的蓄能器作为应急动力源，以提供一定的流量使执行元件能继续完成必要的动作。

3) 保压和补充泄漏

当液压系统要求较长时间内保压时，可采用蓄能器，补充其泄漏，使系统压力保持在一定范围内。

4) 吸收压力冲击和消除压力波动

对于由液压泵的突然启停、液压阀的突然关闭或换向、执行元件的突然动作或停止所引起的液压冲击，可采用蓄能器加以吸收，避免系统压力过高造成元件损坏。在液压泵的出口处安装蓄能器，可以吸收液压泵工作时的压力脉动，有助于提高系统工作的平稳性。

5.2.2 蓄能器的类型

蓄能器有重锤式、弹簧式和充气式三类，常用的是充气式。

1. 重锤式蓄能器

重锤式蓄能器的结构原理如图5-3所示，它利用重物的势能来储存、释放液压能。这种蓄能器产生的压力取决于重物和柱塞面积的大小。其最大的特点是在工作过程中，无论油液进出多少和快慢，均可获得恒定的液体压力，而且结构简单，工作可靠。其缺点是：体积大、惯性大、反应不灵敏、有摩擦损失。重锤式蓄能器常用于固定设备(如轧钢设备)中作蓄能用。

2. 弹簧式蓄能器

弹簧式蓄能器结构原理如图5-4所示。它利用弹簧的压缩和伸长来储存与释放能量。这种蓄能器的压力取决于弹簧的刚度和压缩量。其特点是结构简单、反应灵敏，但容量小。一般用于小容量、低压($p \leqslant 1.2$MPa)、循环频率低的场合。

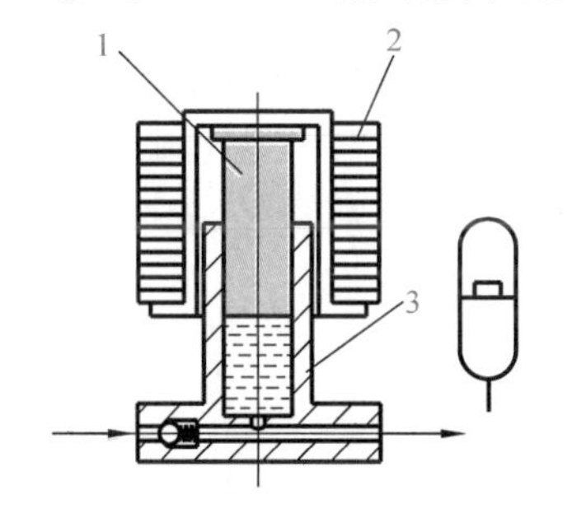

图5-3 重锤式蓄能器

1-柱塞；2-重锤；3-缸体

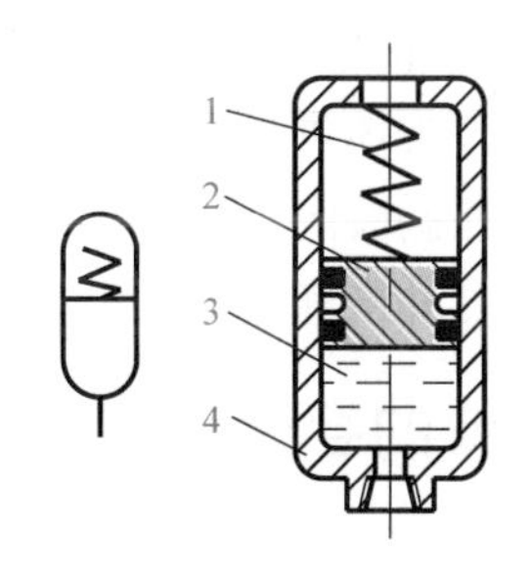

图5-4 弹簧式蓄能器

1-弹簧；2-活塞；3-液腔；4-壳体

3. 充气式蓄能器

充气式蓄能器是利用密封气体的压缩膨胀来储存、释放能量的，主要有气瓶式、活塞式和气囊式三种。

1) 气瓶式蓄能器

气瓶式蓄能器又称直接接触式蓄能器，其原理结构如图5-5(a)所示。气体1和油液2直接接触。其特点是容量大、惯性小、反应灵敏，但由于压缩空气直接与液压油接触，气体容易混入油液中，影响工作的稳定性。因此仅适用于中、低压大流量的液压系统。

2) 活塞式蓄能器

活塞式蓄能器结构如图5-5(b)所示。活塞2的上部为压缩空气，下部为压力油液，压力油从下部进油口进入，推动活塞，压缩活塞上部的气体储存能量。当系统压力低于蓄能器内压力时，气体推动活塞，释放压力油，满足系统需要。这种蓄能器的优点是结构简单、工作可靠、使用寿命长。缺点是受活塞运动时惯性和摩擦力的影响，反应不够灵敏，只适用于储存能量，不适合用来吸收脉动和缓和液压冲击。此外，缸筒和活塞之间有密封性能要求，且密封件磨损后会气液混合，影响工作的稳定性。

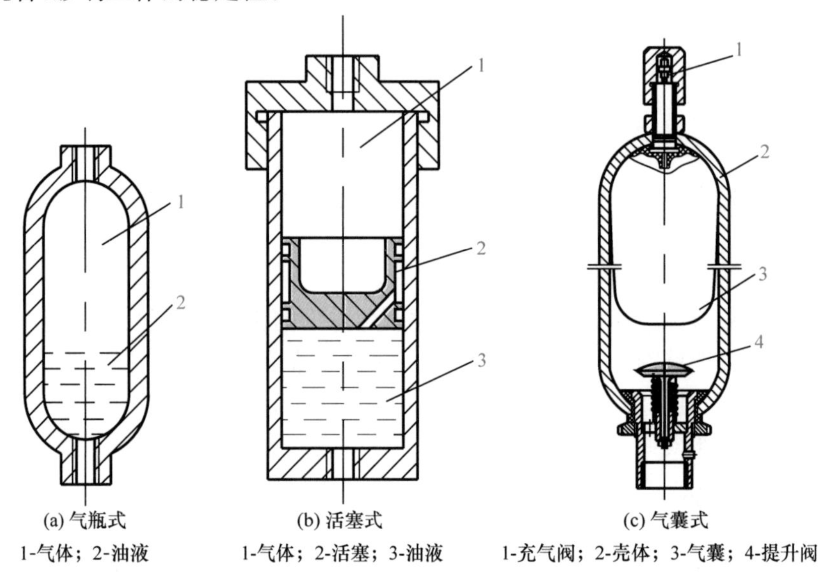

图 5-5 充气式蓄能器

3) 气囊式蓄能器

气囊式蓄能器目前应用最为广泛，其原理结构如图 5-5(c)所示。气囊 3 将液体和气体隔开，提升阀 4 只允许液体进出蓄能器，而防止气囊从油口挤出。充气阀 1 只在为气囊充气时打开，蓄能器工作时该阀关闭。气囊式蓄能器特点是体积小，质量轻，安装方便，气囊惯性小，反应灵敏，可吸收压力冲击和脉动，但气囊和壳体制造较难。

5.2.3 蓄能器的容量计算

蓄能器的容量大小与它的用途有关。下面以气囊式蓄能器为例，介绍其容量的计算。

1. 储存能量时的容量计算方法

设工作中要求蓄能器输出液压油的体积为 ΔV，由气体定律有

$$p_0V_0^n = p_1V_1^n = p_2V_2^n = \text{常数} \tag{5-2}$$

式中，p_0 为气囊的充气压力；V_0 为气囊充气容积，即蓄能器容量，这时气囊应充满壳体内腔；p_1 为系统最高工作压力，即泵对蓄能器储油结束时的压力；V_1 为气囊被压缩后相应于 p_1 时的体积；p_2 为系统最低工作压力，即蓄能器向系统供油结束时的压力；V_2 为气体膨胀后相应于 p_2 时的气体体积；n 为多变系数。

当蓄能器释放能量的速度比较缓慢时，如用于补偿泄漏或保压，可认为是等温变化过程，取 $n=1$；当蓄能器释放能量的速度比较快时，如用作辅助油源，可视为绝热过程，$n=1.4$。

由 $\Delta V=V_2-V_1$，可求得蓄能器的容量为

$$V_0 = \frac{\Delta V}{p_0^{1/n}[(1/p_2)^{1/n} - (1/p_1)^{1/n}]} \tag{5-3}$$

p_0 在理论上可与 p_2 相等，但由于系统中有泄漏，为了保证系统压力为 p_2 时蓄能器还有可能补充泄漏，应使 $p_0 < p_2$，一般取 $p_0 = (0.8 \sim 0.85)p_2$。

2. 吸收液压冲击时的容量计算方法

由于作缓和冲击用的蓄能器容量与管路布置、流动状态、阻尼和泄漏等因素有关，此时准确计算较为困难，在实际应用中常使用经验公式计算缓和最大冲击时所需的蓄能器的最小容量，即

$$V_0 = \frac{0.004qp_2(0.0164L - t)}{p_1 - p_2} \tag{5-4}$$

式中，q 为阀口关闭前管内的流量；p_1 为阀口关闭前管内工作压力；p_2 为系统允许的最大冲击压力，一般取 $p_2 = 1.5p_1$；L 为发生冲击的管长，即液压油源到阀口的管道长度；t 为阀口由开到关的时间，$t < 0.0164L$，突然关闭时取 $t = 0$。

5.2.4　蓄能器的使用和安装

蓄能器在液压回路中的安放位置由其功用决定，吸收液压冲击和压力波动时宜放在冲击源或脉动源附近，补油保压时宜放在尽可能接近有关执行元件的位置。

使用蓄能器时应注意以下几点：

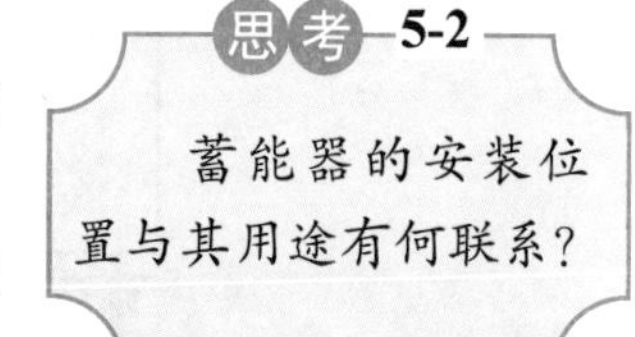

（1）气囊式蓄能器一般应垂直安装（油口向下），否则会影响气囊的正常伸缩。

（2）重锤式蓄能器的重物应均匀安置，活塞运动的极限位置应设置指示器。

（3）用于吸收压力冲击和消除压力脉动的蓄能器应尽可能安装在振源附近。

（4）安装在管路上的蓄能器需用支架或支承板固定。蓄能器与管路系统之间应安装截止阀，以便于充气检修。

（5）蓄能器与液压泵之间应安装单向阀，防止液压泵停车时蓄能器内储存的液压油倒流而使泵反转。

5.3　过　滤　器

5.3.1　过滤器的功用和基本要求

液压系统中 75%以上的故障是液压油被污染造成的。油液的污染会加速液压元件的磨损，造成运动件卡死，堵塞阀口，腐蚀元件，使液压元件和系统的可靠性下降，寿命降低，因而必须对油液进行过滤。过滤器的功用在于滤除混在液压油中的各种杂质，使进入系统中的油液保持一定的清洁度，保证液压系统正常工作。一般对过滤器的基本要求分别如下。

（1）具有较好的过滤能力，即能阻挡一定尺寸以上的机械杂质。

（2）通油性能好，即油液全部通过时不致引起过大的压力损失。

（3）过滤材料要有足够的机械强度，在压力油作用下不致破坏。

（4）过滤材料耐腐蚀，在一定温度下工作有足够的耐久性。

（5）滤芯要容易清洗和更换，便于拆装和维护。

5.3.2 过滤器的分类

过滤器按过滤精度可分为粗过滤器和精过滤器两大类；按滤芯的结构可分为网式、线隙式、烧结式等；按过滤材料的过滤原理可分为表面型、深度型和磁性过滤器。

1. 表面型过滤器

表面型过滤器的滤芯表面上分布有均匀的标定小孔，滤芯表面直接与液压油相接触，可以将大于标定小孔的微粒污物阻留在其表面上。由于污物杂质积聚在滤芯表面，所以表面型过滤器极易堵塞。最常用的表面型过滤器有网式和线隙式过滤器两种。图 5-6(a)是一种以细铜丝网作为过滤材料构成的网式过滤器，常用于泵的吸油管路，对油液进行粗过滤。网式过滤器的特点是结构简单、通油能力强、压力损失小、清洗方便，但过滤精度低。图 5-6(b)是线隙式过滤器，用铜线或铝线绕在筒形芯架上，利用线间缝隙过滤油液。线隙式过滤器分为吸油管用和压油管用两种，其特点是结构简单、通流能力大、过滤精度比网式过滤器高，但不易清洗。

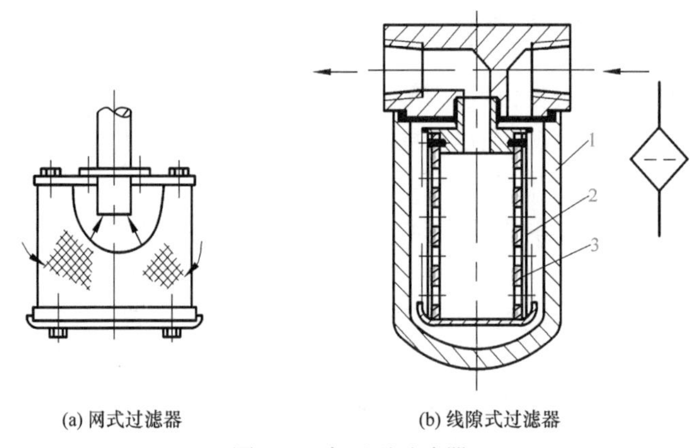

(a) 网式过滤器　　(b) 线隙式过滤器

图 5-6　表面型过滤器

1-壳体；2-铜丝或铝丝；3-筒形骨架

2. 深度型过滤器

深度型过滤器的滤芯材料为多孔可透性材料，内部具有曲折迂回的通道，如滤纸、烧结金属、化纤和毛毡等。油液通过时，大颗粒污染物直接被滤芯表面拦截，而较小的污染物颗粒进入过滤材料内部，撞到通道壁上，滤芯的吸附及迂回曲折通道有利于污染粒子的沉积和截留。深度型过滤器的过滤精度高，但压力损失大，只能安装在排油管路和回油管路上。

图 5-7(a)为金属烧结式过滤器，其滤芯用青铜粉压制后烧结而成，具有杯状、管状、碟状和板状等形状，靠其粉末颗粒间的间隙微孔滤油。其滤芯能承受高压，抗腐蚀性好，过滤精度高，适用于要求精滤的高压、高温液压系统。

图 5-7(b)为纸质过滤器，其滤芯为平纹或波纹的酚醛树脂或木浆微孔滤纸制成，将纸芯围绕在带孔的镀锡铁做成的骨架上，以增大强度。为增加过滤面积，纸芯一般做成折叠形。其过滤精度高，一般用于油液的精过滤，但堵塞后无法清洗，需经常更换滤芯。

3. 磁性过滤器

磁性过滤器的滤芯采用永磁性材料制作，将油液中对磁性敏感的金属颗粒吸附到滤芯上。它常与其他形式的滤芯一起制成复合式过滤器，对加工金属的机床液压系统特别有用。

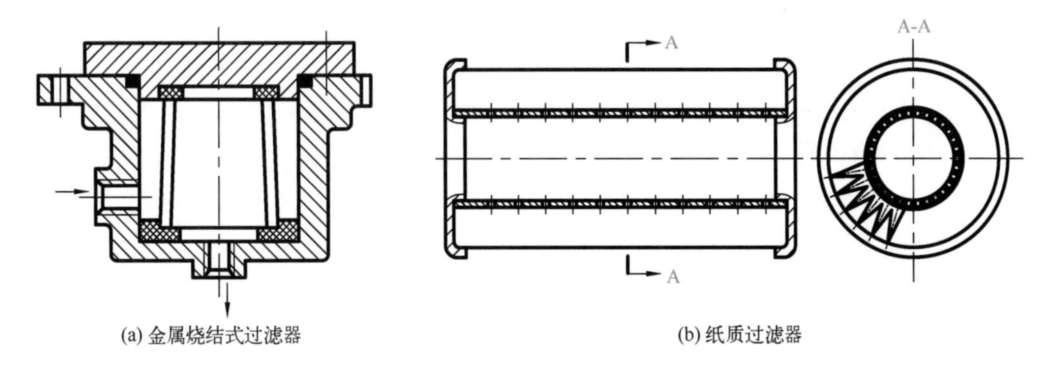

(a) 金属烧结式过滤器　(b) 纸质过滤器

图 5-7　深度型过滤器

5.3.3　过滤器的安装

根据液压系统的不同要求，过滤器的安装位置通常有以下几种。

(1) 安装在泵的吸油口。在泵吸油路上安装过滤器可使系统中所有元件都得到保护。但由于泵的吸油口一般不允许有较大阻力，因此只能安装压力损失小的网孔较大的过滤器，以保证较大的通流能力，防止空穴，但过滤精度低。

(2) 安装在泵的出口。这种安装方式可以保护除泵以外的其他元件。一般采用 10～15μm 过滤精度的过滤器，同时要求能承受油路上的工作压力和冲击压力，压力一般小于 0.35MPa。为了防止过滤器堵塞，可与过滤器并联一旁通阀或堵塞指示器，以提高安全性。

(3) 安装在系统的回油路上。由于回油路压力低，这种安装方式可采用强度较低的过滤器，而且允许过滤器有较大的压力损失。但只能清除油中杂质以间接保护系统，不能保证杂质不进入系统。

(4) 安装在旁油路上。主要是装在溢流阀的回油路上，这时不是所有的油液都通过过滤器，这样可降低过滤器的容量。这种安装方式还不会在主油路造成压力损失，过滤器也不承受系统工作压力。但不能保证杂质不进入系统。

(5) 单独过滤系统。大型液压系统可专设一液压泵和过滤器组成一个独立于液压系统之外的过滤回路，专门用来清除系统中的杂质，还可与加热器、冷却器、排气器等配合使用。

在液压系统中为获得很好的过滤效果，上述这几种安装方法常综合起来使用。特别是在一些重要元件（如伺服阀、节流阀等）的前面，单独安装一个精过滤器来保证它们的正常工作。

5.4　管件及压力表辅件

5.4.1　管件

管件是用来连接液压元件，输送液压油的连接件，主要包括油管和管接头。管件应保证有足够的强度，密封性能好，压力损失小，拆装方便等。

1. 油管

1) 油管的种类

液压系统中常用的油管有钢管、铜管、橡胶软管、尼龙管、塑料管等多种。采用哪种油管，主要由工作压力、安装位置及使用环境等条件决定。油管的特点及适用场合如表 5-1 所示。

表 5-1 各种油管的特点及适用场合

种类		特点及适用场合
硬管	钢管	耐油、耐高压、强度高、工作可靠，但装配时不便弯曲，常在装拆方便处用作压力管道，中压以上用无缝钢管，低压用焊接钢管
	紫铜管	价高，承压能力低(6.5～10MPa)，抗冲击和振动能力差，易使油液氧化，但易弯曲成各种形状，常用在仪表和液压系统装配不便处
	黄铜管	承压能力较强，装配时弯曲不如紫铜管，但强度较紫铜管高，适用于流量不大的中高压液压系统中
软管	塑料管	耐油，价低，装配方便，长期使用易老化，只适用于压力低于 0.5MPa 的回油管或泄油管
	尼龙管	乳白色透明，可观察流动情况，价低，加热后可随意弯曲，扩口、冷却后定形，安装方便，承压能力因材料而异(2.5～8MPa)，今后有扩大使用的可能
	橡胶软管	用于相对运动部件的连接，分高压和低压两种。高压软管由耐油橡胶夹有几层钢丝编织网(层数越多耐压越高)制成，价高，用于压力管路；低压软管由耐油橡胶夹帆布制成，用于回油管路

2) *油管尺寸的确定*

油管尺寸的确定主要是指确定油管的内径 d 和壁厚 δ。内径 d 的选取以降低流量、减少压力损失为前提。内径过小，流速过高，压力损失大，易产生振动和噪声；内径过大，会使液压装置不紧凑。一般根据流量来确定油管的内径，计算公式为

$$d=\sqrt{\frac{4q}{\pi v}}\quad ,\mathrm{m} \tag{5-5}$$

式中，q 为通过油管的流量，$\mathrm{m^3/s}$；v 为管道允许流速，m/s，吸油管取 0.5～1.5m/s，压油管取 3～6m/s，回油管取 1.5～3m/s。

油管壁厚 δ 的确定与工作压力和油管的材料有关，金属管壁厚的计算公式为

$$\delta\geqslant\frac{pd}{2[\sigma]}\quad ,\mathrm{m} \tag{5-6}$$

式中，p 为油管内油液的最高工作压力，Pa；$[\sigma]$为管材的许用应力，Pa，对于钢管，$[\sigma]=\sigma_b/n$，σ_b、n 分别为抗拉强度和安全系数。当 $p<7$MPa 时，取 $n=8$；当 $p<17.5$MPa 时，取 $n=6$；当 $p>17.5$MPa 时，取 $n=4$。对于铜管，一般取$[\sigma]\leqslant 25$MPa。

2. 管接头

管接头是油管与油管、油管与液压元件间的可拆连接件，它应满足连接牢固、装拆方便、密封可靠、外形尺寸小、压降小、通流能力大、工艺性好等要求。液压系统的泄漏问题大部分出现在管路的连接处，因此，对管接头要予以足够的重视。

管接头的种类很多，按接头的通路数分为直通式、角通式、三通式和四通式等；按管接头与机体的连接方式可分为螺纹式、法兰式等；按油管与管接头的连接方式分为扩口式、焊接式、卡套式、快换式等。下面对后一类管接头进行简单介绍。

1) *扩口式管接头*

扩口式管接头如图 5-8 所示。这种管接头适用于铜管和薄壁钢管，也可用来连接尼龙管和塑料管。它利用油管 4 管端的扩口在管套 3 的压紧下进行密封，结构简单，装拆方便，用于中低压液压系统。

2) *焊接式管接头*

焊接式管接头如图 5-9 所示，用于钢管的连接。管接头的接管 1 焊接在管子的一端，用螺

母 2 将接管 1 和接头体 4 连接在一起，接管 1 和接头体 4 的接合处采用 O 形密封圈 3 来实现密封。接头体 4 与本体 6(指与之连接的液压元件或油管)采用普通细牙螺纹连接，为提高密封性能，采用密封圈 5(一般为组合密封圈)实现端面密封。焊接式管接头结构简单，连接牢固，装拆方便，耐压能力高，但装配工作量大，焊接质量要求高。

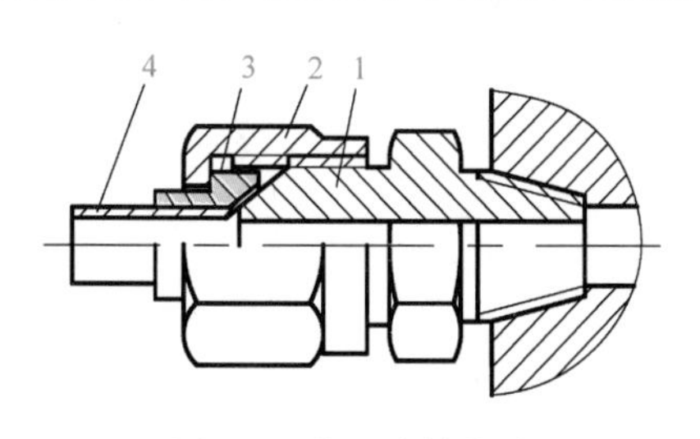

图 5-8　扩口式管接头

1-接头体；2-螺母；3-管套；4-油管

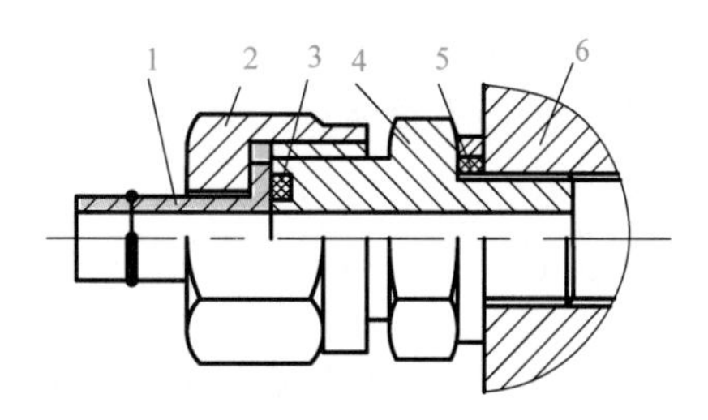

图 5-9　焊接式管接头

1-接管；2-螺母；3-O 形密封圈；4-接头体；5-组合密封圈；6-本体

3) 卡套式管接头

卡套式管接头如图 5-10 所示，它也用在钢管连接中。卡套 4 是内表面带有锋利刃口的薄壁金属环。当旋转螺母 3 时，卡套变形，卡套内表面的刃口切入被连的油管 2 的表面，卡住管子，卡套的前端外表面与接头体 1 的内锥面配合在 a 处形成球面接触密封，与此同时，卡套的尾部锥面与螺母的内锥面相接触形成密封。这种管接头不用焊接，不用另外的密封件，尺寸小，装拆方便，在高压系统中广泛使用。但卡套式管接头要求管道表面有较高的尺寸精度，适用于冷拔无缝钢管而不适用于热轧管。

4) 快换式管接头

快换式管接头的装拆无须装拆工具，适用于经常装拆的地方。图 5-11 所示为油路接通时的情况，外套 6 把钢球 8 压入槽底使接头体 2 和 10 连接起来，单向阀 4 和 11 的阀芯互相挤紧顶开使油路接通。当需要拆开时，可用力把外套 6 向左推，同时拉出接头体 10，管路断开。与此同时，单向阀 4 和 11 的阀芯分别在各自的弹簧 3 和 12 的作用下外伸，单向阀关闭，切断油路。这种管接头结构复杂，局部阻力损失大。

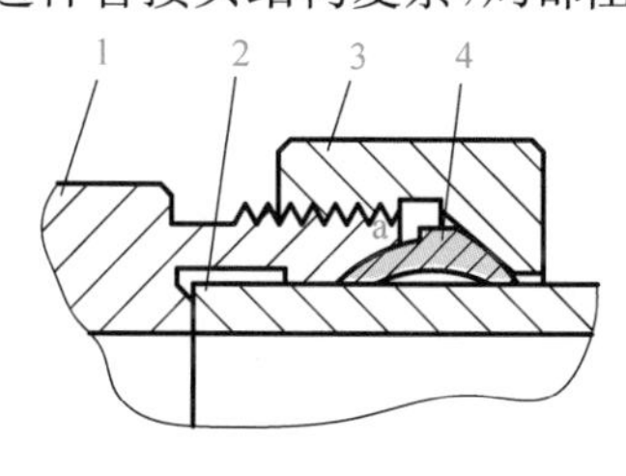

图 5-10　卡套式管接头

1-接头体；2-油管；3-螺母；4-卡套

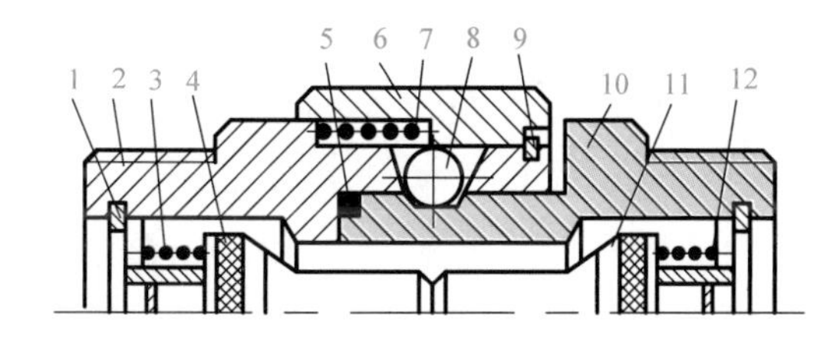

图 5-11　快换管接头

1-挡圈；2、10-接头体；3、7、12-弹簧；4、11-单向阀；5-密封圈；6-外套；8-钢球；9-弹簧圈

5.4.2　压力表辅件

压力表辅件主要包括压力表及压力表开关。

1. 压力表

液压系统各工作点的压力一般都用压力表来观测，以调整到要求的工作压力。在液压系

统中最常用的是弹簧管式压力表,其工作原理如图 5-12 所示。当压力油进入弹簧弯管 1 时,产生管端变形,通过杠杆 4 使扇形齿轮 5 摆转,带动小齿轮 6,使指针 2 偏转,由刻度盘 3 读出压力值。

压力表精度用精度等级来衡量,即压力表最大误差占整个量程的百分数。选用压力表应使它的量程大于系统的最高压力。在压力稳定的系统中,压力表的量程一般为最高工作压力的 1.5 倍左右。压力表必须直立安装,为了防止压力冲击损坏压力表,常在压力表的通道上设置阻尼小孔。

2. 压力表开关

压力表开关用于切断和接通压力表与油路的通道。压力表开关按它所测量点的数目可分为一点、三点、六点三种。多点压力表开关用一个压力表可与几个测压点油路相通,测出相应点的油液压力。图 5-13 为压力表开关的结构图。图示位置为非测量位置,此时压力表经油槽 a、小孔 b 与油箱相通。例如,将手柄推进去,则阀芯上的油槽一方面使压力表与测量点接通,另一方面又隔断了压力表与油箱的通道,这样就可测出一个点的压力。若将手柄转到另一位置,便可测量另一点的压力。

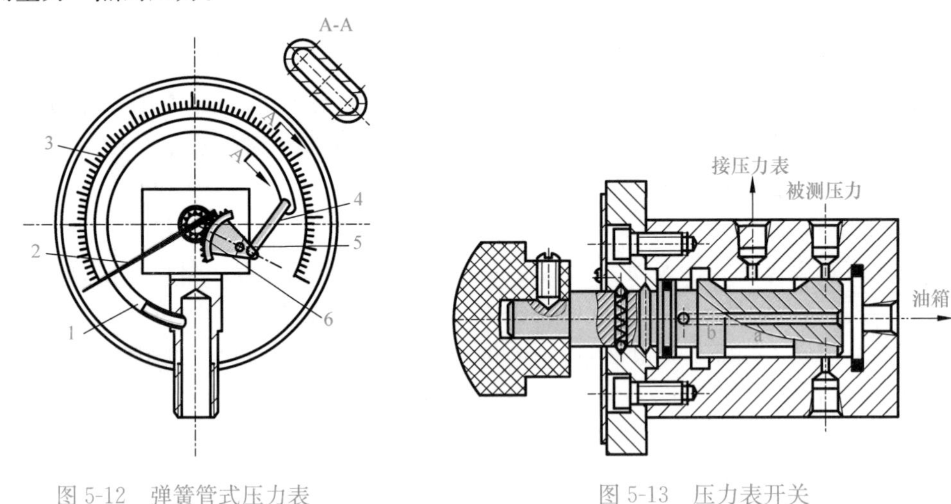

图 5-12 弹簧管式压力表

1-弹簧弯管;2-指针;3-刻度盘;4-杠杆;5-扇形齿轮;6-小齿轮

图 5-13 压力表开关

5.5 密封装置

5.5.1 密封装置的作用和对密封装置的要求

密封装置的作用在于防止液压元件和液压系统中液压油的内漏及外漏,保证建立起必要的工作压力。此外,还可以防止外漏油液污染工作环境,节省油料。密封装置的性能直接影响液压系统的工作性能和效率,是衡量液压系统性能的一个重要指标。液压系统对密封装置的主要要求是:

(1) 在工作压力和一定的温度范围内,应具有良好的密封性能,并随着压力的增加能自动提高密封性能。

(2) 密封装置和运动件之间的摩擦力要小,摩擦系数要稳定。

(3) 抗腐蚀能力强,不易老化,工作寿命长,耐磨性好,磨损后在一定程度上能自动补偿。

(4) 结构简单,使用、维护方便,价格低廉。

5.5.2　密封装置的类型和特点

液压系统中的密封按其工作原理可分为非接触式密封和接触式密封。非接触式密封主要指间隙密封,是靠相对运动件配合面间的微小间隙来进行密封的。接触式密封指密封件密封,利用密封件的变形达到完全消除两个配合面的间隙或者使间隙控制在密封油液能通过的最小间隙以下。一般所讲的密封装置是指接触式密封,常用的有 O 形密封圈、唇形密封圈和组合式密封装置、回转轴密封圈。

1. O 形密封圈

O 形密封圈一般用耐油橡胶制成,其横截面为圆形,如图 5-14(a)所示,是液压设备中使用最多的一种密封件,可用于静密封和动密封,它具有良好的密封性能,内外侧和端面都能起密封作用,具有压力的自适应能力和自动补偿能力,结构简单,制造容易,运动件的摩擦阻力小,安装方便,成本低,故应用极为广泛。图 5-14(b)为 O 形密封圈装入沟槽时的情况,图中 δ_1 和 δ_2 为 O 形密封圈装配后的预变形量,它们是保证间隙的密封性所必须具备的,预变形量的大小应选择适当,过小时会由于安装部位的偏心、公差波动等而漏油,过大时对动密封而言,会增加摩擦阻力。常用压缩率 W 表示预压缩量,即 $W=[(d_0-h)/d_0]\times 100\%$,对于固定密封、往复运动密封和回转运动密封,应分别达到 15%～20%、10%～20%和 5%～10%,才能取得满意的密封效果。

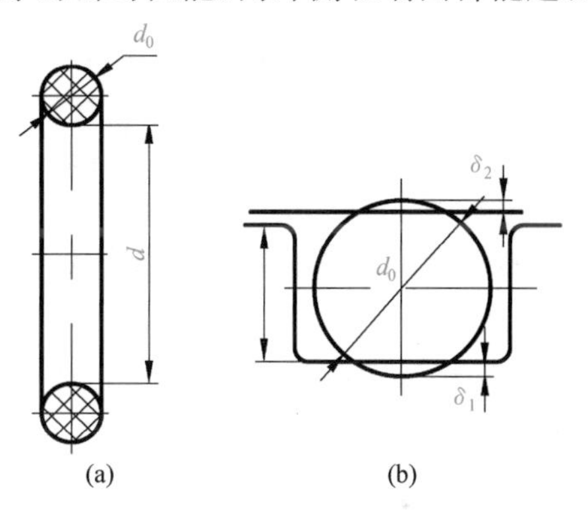

图 5-14　O 形密封圈

当静密封压力 $p>32$MPa 或动密封压力 $p>10$MPa 时,O 形密封圈有可能被压力油挤入间隙而损坏(图 5-15(a)),为此要在它的侧面安置聚氟乙烯挡圈,单向受力时在受力一侧的对面安放一个挡圈(图 5-15(b));双向受力时则在两侧各放一个(图 5-15(c))。

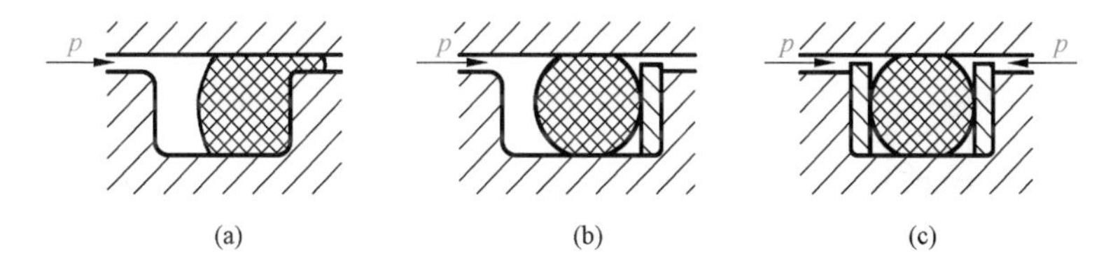

图 5-15　O 形密封圈的挡圈安装

有关 O 形密封圈的安装沟槽、挡圈、O 形密封圈都已标准化,实际应用可查阅有关手册。

2. 唇形密封圈(Y 形密封圈)

唇形密封圈是依靠密封圈的唇口受液压力作用变形,使唇边紧贴密封面而进行密封的,工作原理如图 5-16 所示。液压力越高,唇边贴得越紧,并且具有磨损后自动补偿的能力。这类密封圈一般用于往复运动密封。常见的有 Y 形、Yx 形、V 形等。

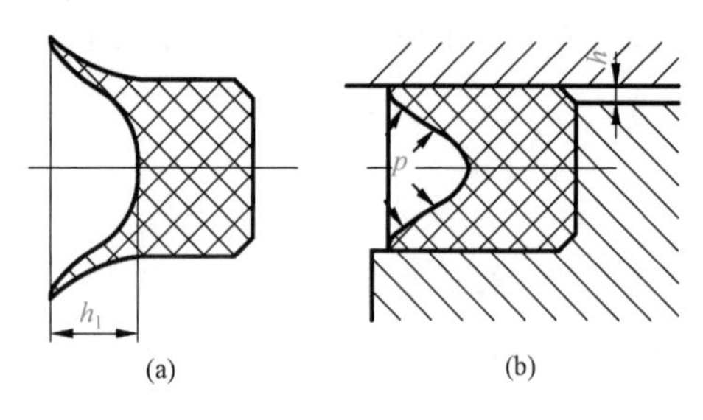

图 5-16 唇形密封圈的工作原理

Y 形密封圈横截面为 Y 形，如图 5-16(a)所示，一般由耐油橡胶压制而成。安装 Y 形密封圈时，唇口一定要对着压力高的一侧。Y 形密封圈具有摩擦系数小、安装简便等优点，但当工作压力大于 14MPa 或压力波动较大、滑动速度较高时，易产生翻转现象。

Yx 形密封圈是 Y 形密封圈改进设计而成的，又称小 Y 形，分为孔用与轴用两种，如图 5-17 所示。这种密封圈的特点是截面宽度和高度的比值大，增加了底部支承宽度，因而不易翻转和扭曲，稳定性好。

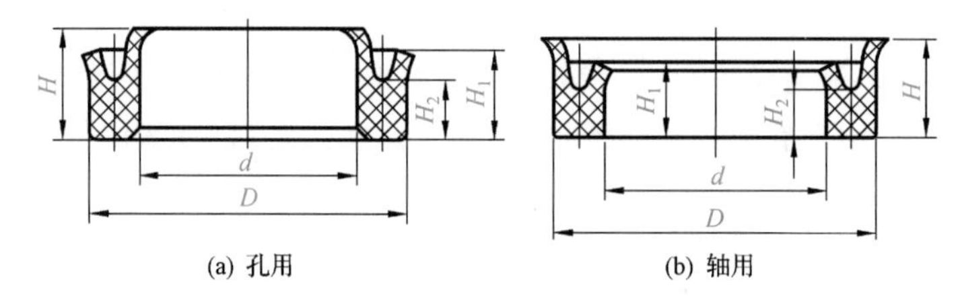

图 5-17 Yx 形密封圈

V 形密封圈用多层涂胶织物压制而成，由支承环、密封环和压环组成，三环叠在一起使用，如图 5-18 所示。当工作压力 $p>10$MPa 时，可以根据压力的大小，适当增加密封环的数量，以提高密封性，工作压力可达 50MPa。安装时，V 形密封圈的 V 形口一定要面向压力高的一侧。

3. 组合式密封装置

随着液压技术的发展，液压系统对密封的要求越来越高，普通的密封圈单独使用已不能满足需要。因此，出现了由两个以上元件组成的组合式密封装置。

组合式密封装置充分发挥了其组成元件密封材料的各自优点。例如，聚四氟乙烯是一种新型塑料材料，它摩擦系数极低，耐磨性好，但弹性差；而丁腈橡胶弹性好。将两者结合起来，构成新式的组合式密封，如图5-19所示。图5-19(a)为孔用组合密封，图中，2为聚四氟乙烯

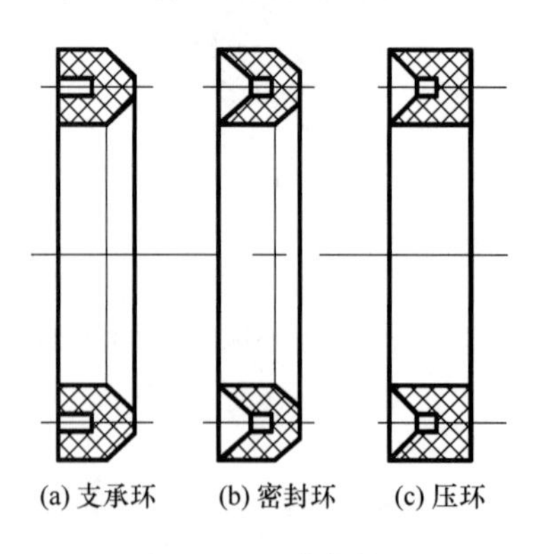

图 5-18 V 形密封圈

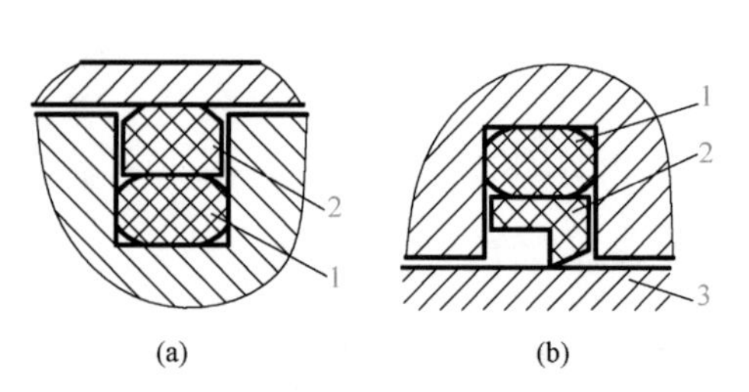

图 5-19 组合式密封装置

1-O 形密封圈；2-密封环；3-被密封件

密封环，它与密封面摩擦；1 为丁腈橡胶的 O 形密封圈，它为密封环提供预压力。这种密封结构可以耐高压（工作压力可达 40MPa），而且摩擦力很小。图 5-19(b)为轴用组合密封，密封环 2 与被密封件 3 之间为线密封，其工作原理类似于唇边密封，其工作压力可达 80MPa。

4. 回转轴密封圈

回转轴密封又称油封，是一种旋转用唇形密封圈，主要用于密封低压工作介质或润滑油外泄和防止外界尘土、杂质侵入。在各类液压泵、液压马达和摆动缸的转轴上广泛使用。图 5-20 所示是一种耐油橡胶制成的回转轴密封圈，其内部由一个断面为直角形的金属骨架 1 支撑着，密封圈内边围着一条螺旋弹簧 2，把内边收紧在轴上，防止油液沿轴向泄漏到壳体外面。它的工作压力一般不超过 0.1MPa，最大允许线速度为 8m/s，需在有润滑情况下工作。

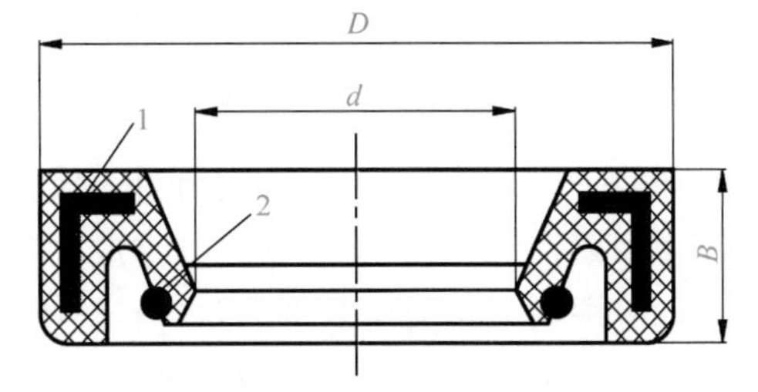

图 5-20　回转轴密封圈

1-金属骨架；2-螺旋弹簧

习　题

5-1　气囊式蓄能器容量为 2.5L，气体的充气压力为 2.5MPa，当工作压力从 $p_1=7$MPa 变化到 4MPa 时，蓄能器能够输出的油液体积为多少？

5-2　某液压系统，其管道流量为 $q=25$L/min，若要求管内流速 $v\leqslant 5$m/min，试确定油管的直径。

第6章 液压传动系统基本回路

任何一个液压系统，无论它所要完成的动作有多么复杂，总是由一些基本回路所组成。所谓基本回路，就是由一些液压元件组成的，用来完成特定功能的典型油路。

一般按功能对液压基本回路进行分类：用来控制执行元件运动方向的方向控制回路、用来控制系统或某支路压力的压力控制回路、用来控制执行元件运动速度的速度控制回路、用来控制多缸运动的多缸运动回路等。

6.1 压力控制回路

压力控制回路是利用压力控制阀来控制系统整体或某一部分的压力，以满足执行元件的力、力矩和各种动作对系统压力的要求。压力控制回路有调压回路、减压回路、增压回路、保压回路、卸荷回路、锁紧回路、平衡回路等。

调压回路的功用在于使系统整体或某一部分的压力保持恒定或不超过某一数值。一般用溢流阀来实现这一功能。调压回路主要有单级调压回路、二级调压回路、多级调压回路及无级调压回路等几种。减压回路的功用是使系统中的某一部分油路具有较低的稳定压力。机床的工件夹紧、导轨润滑及液压系统的控制油路常需用减压回路。平衡回路的功用是在垂直或倾斜放置的液压缸的回油路中保持一定的背压力，以防止液压缸和与它相连的工作部件因自重而自行下落，具体回路请参见4.3节。

6.1.1 增压回路

1. 单作用增压缸增压回路

图6-1(a)所示是使用单作用增压缸的增压回路。当系统在图示位置工作时，系统的供油压力 p_1 进入增压缸的大活塞腔，活塞右移，小活塞获得较高压力 p_2，工作缸2在压力 p_2 的作用下向外伸出；当二位四通阀右位接入系统时，增压缸返回，辅助油箱3中的油液经单向阀补入小活塞腔，工作缸2靠弹簧回程。此回路只能间歇增压，因而只适用于工作缸需要很大的单向作用力而行程较短的场合，如制动器、离合器等。

2. 双作用增压缸增压回路

图6-1(b)是采用双作用增压缸的增压回路。它能连续输出高压油，适用于增压行程要求较长的场合。当工作缸4向下运动遇到较大负载时，系统压力升高，油液经顺序阀1进入双作用增压缸3，增压缸活塞不论向左或向右运动，均能输出高压油，只要换向阀2不断切换，增压

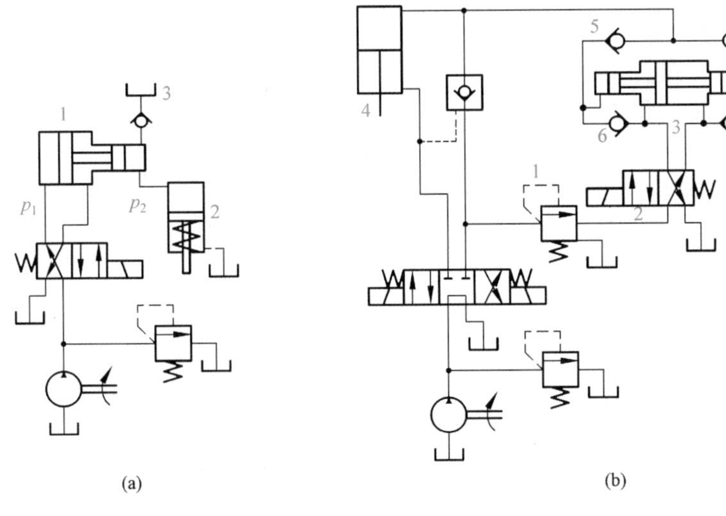

图 6-1　增压回路

缸就不断往复运动，连续输出高压油，并经单向阀5或7进入工作缸4的上腔，使工作缸4在向下运动的整个行程内获得较大推力。单向阀6和8起隔开增压缸的高低压油路和补油作用。工作缸4向上运动时增压回路不起作用。

6.1.2　卸荷回路

卸荷回路的功用是在液压泵驱动电机不频繁启闭的情况下，使液压泵在接近零功率损耗的工况下运转，以减少功率损耗，降低系统发热，延长泵和电机的使用寿命。因为泵的输出功率等于流量和压力的乘积，因此卸荷的方法就有流量卸荷和压力卸荷两种。前者主要是使用变量泵，使泵仅为补充油液泄漏而以最小流量运转，此方法比较简单，但泵仍处在高压状态下运行，磨损比较严重；后者是使泵在接近零压的工况下运转。下面介绍几种典型的压力卸荷回路。

思考 6-1

什么类型的液压泵需要通过压力卸荷？

1. 用换向阀的卸荷回路

图6-2(a)所示为采用二位二通阀的卸荷回路。这种卸荷回路中，换向阀2的规格必须与液压泵1的额定流量相适应。

图6-2(b)所示为采用换向阀中位机能的卸荷回路。M、H、K形中位机能的三位换向阀处于中位时，泵输出的油液直接回油箱而实现卸荷。图示为采用M形中位机能电液换向阀的卸荷回路，这种回路切换时压力冲击小，但回路中必须设置单向阀(背压阀)，以使系统能保持0.3MPa左右的压力，供操纵控制油路之用。

2. 用先导式溢流阀的卸荷回路

图6-2(c)所示为采用二位二通电磁换向阀控制先导式溢流阀的卸荷回路。当先导式溢流阀1的远程控制口通过二位二通电磁换向阀2接通油箱时，泵输出的油液以很低的压力经溢流阀回油箱，实现泵的卸荷。这一回路中二位二通电磁换向阀只通过很少的流量，因此可用小流量规格的电磁换向阀。在实际产品中，可将小规格的电磁换向阀和先导式溢流阀组合在一起形成组合阀，称为电磁溢流阀。

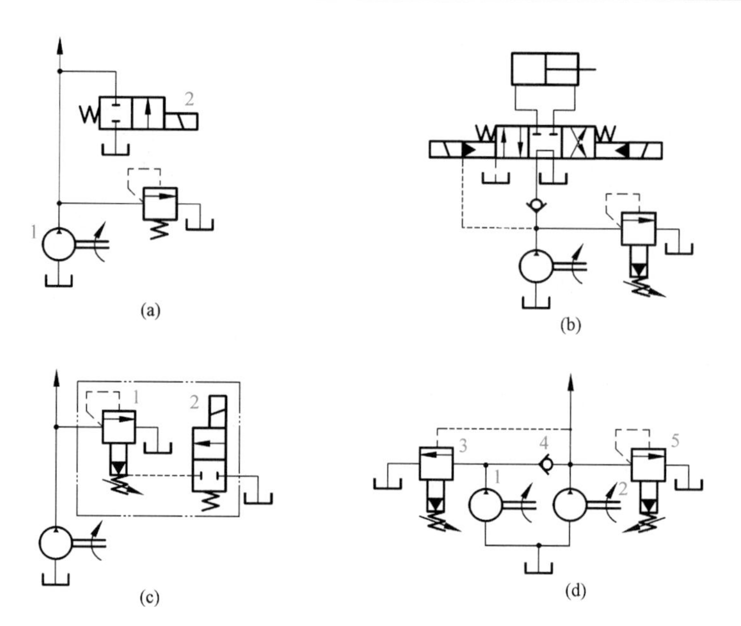

(c)
6-2

图 6-2　卸荷回路

3. 用先导式卸荷阀的卸荷回路

在双泵供油的液压系统中，常采用图 6-2(d)所示的先导式卸荷阀的卸荷回路。当执行元件快速运行时，两液压泵 1、2 同时向系统供油，进入工作阶段后，系统压力由于负载变化而升高到卸荷阀 3 的调定值时，卸荷阀开启，使低压大流量泵 1 卸荷，此时仅高压小流泵 2 向系统供油。溢流阀 5 调定工作行程的压力，单向阀的作用是将高低压油路隔开起止回作用。

6.1.3　保压回路

保压回路的功用是使系统在液压缸不动或仅工作变形所产生的微小位移工况下稳定地维持住压力。保压回路因保压时间、保压稳定性、功率损失、经济性等不同而有多种方案。

1. 采用液控单向阀保压回路

对保压性能要求不高时，可采用密封性能较好的液控单向阀保压，这种方法简单、经济，但保压时间短，压力稳定性不高。保压性能要求较高时，需采用补油的方法弥补回路的泄漏，以维持回路中压力的稳定。

图 6-3 所示为采用液控单向阀和电接点压力表的自动补油式保压回路。当电磁铁 1YA 通电时，换向阀 2 左位工作，油缸 5 下腔进油，油缸上腔的油液经液控单向阀 3 回油箱，使油缸向上运动；当电磁铁 2YA 通电时，换向阀右位工作，电接点压力表 4 在油缸上腔压力升至其调定的上限压力值时发信号，电磁铁 2YA 失电，换向阀处于中位，液压泵 1 卸荷，油缸由液控单向阀保压。当油缸压力下降到电接点压力表设定的下限值时，电接点压力表发信号，电磁铁 2YA 通电，换向阀再次右位工作，液压泵给系统补油，压力上升。如此往复自动地保持油缸的压力在调定值范围内。

2. 用辅助泵的保压回路

图 6-4 所示是采用高压小流量泵作为辅助泵的保压回路。当液压缸加压完毕要求保压

时，压力继电器 4 发出信号，换向阀 2 回中位，主泵 1 卸荷；同时二位二通换向阀 8 处于右位，由辅助泵 5 向液压缸上腔供油，维持系统压力稳定。由于辅助泵只需补偿封闭容积的泄漏量，可选用小流量泵，功率损失小。压力稳定性取决于溢流阀 7 的稳压性能。

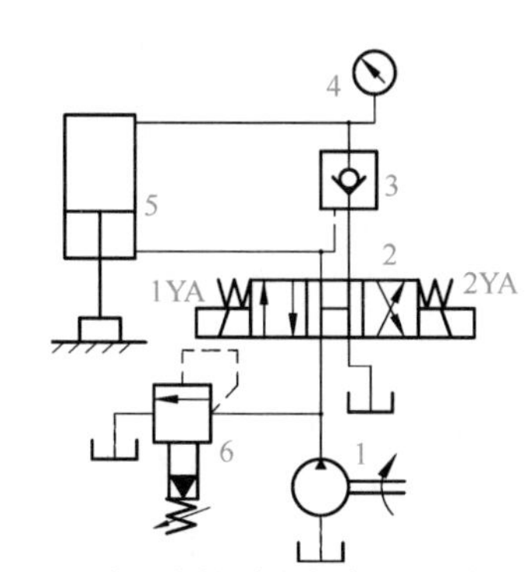

图 6-3　采用液控单向阀保压回路

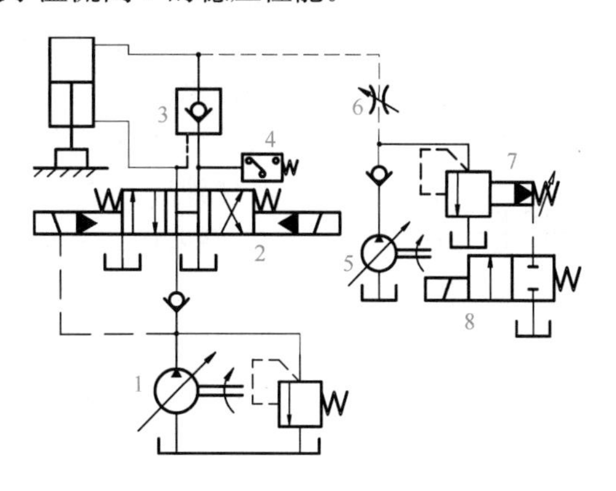

图 6-4　用辅助泵的保压回路

6-3

3. 用蓄能器的保压回路

如图 6-5(a)所示的回路，当主换向阀 5 处于左位工作时，液压缸 7 推进压紧工件，进油路压力升高至调定值时，压力继电器 8 发出信号使二通阀 6 通电，泵即卸荷，单向阀 2 自动关闭，液压缸则由蓄能器 3 保压。当蓄能器压力不足时，压力继电器复位使泵重新工作。保压时间决定于系统的泄漏、蓄能器的容量等。

图 6-5(b)所示为多缸系统中的一缸保压回路，这种回路当主油路压力降低时，单向阀 3 关闭，支路由蓄能器 4 保压并补偿泄漏，压力继电器 5 的作用是当支路中压力达到预定值时发出信号，使主油路开始动作。

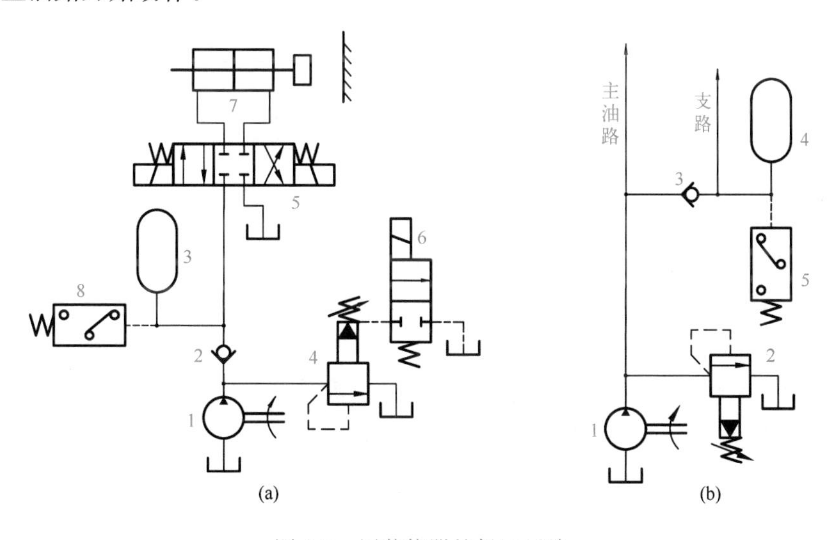

图 6-5　用蓄能器的保压回路

6-5

6.1.4　锁紧回路

锁紧回路的功用是通过切断执行元件的进油、回油通道来使之停止在任意位置，且停留后不会因外力作用而移动位置。使液压缸锁紧的最简单的方法是利用三位换向阀的M形或O形中位机能来封闭缸的两腔，使活塞在行程范围内任意位置停止。但滑阀易泄漏，故锁紧精度不高。最常用的是采用液控单向阀的锁紧回路，如图6-6所示。在液压缸的两侧油路上都串接一个液控单向阀（液压锁），当换向阀处于左位时，压力油经单向阀1进入液压缸左腔，同时压力油作用于单向阀2的控制油口K，打开阀2，使液压缸右腔油液经阀2及换向阀流回油箱，活塞向右运动；反之，活塞向左运动。当需要在某一位置停留时，将换向阀切换至中位，因H形（或Y形）中位机能的换向阀中位卸荷，所以阀1和阀2均关闭，使活塞双向锁紧。在这个回路中，由于采用了锥阀式结构的液控单向阀，密封性好，泄漏极少，锁紧的精度主要取决于液压缸的泄漏。这种回路被广泛用于工程机械、起重运输机械等有锁紧要求的场合。

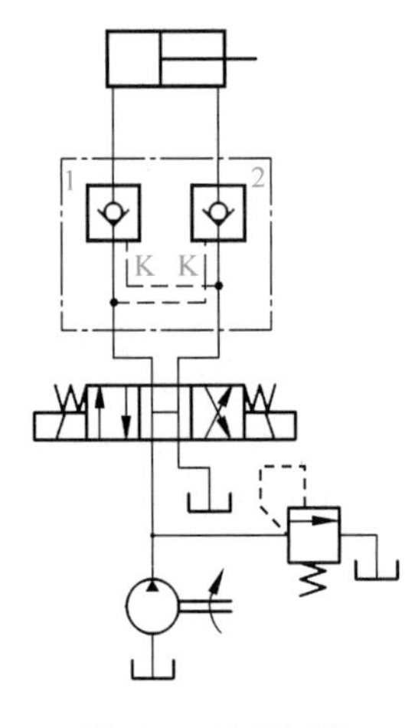

图6-6 锁紧回路

6-6

6.2 速度控制回路

液压传动系统中的速度控制回路包括调节执行元件速度的调速回路、使执行元件获得快速运动的快速运动回路、快速运动和工作进给速度以及工作进给速度之间进行变换的速度换接回路。

6.2.1 调速回路

调速回路用于调节执行元件的工作速度。在不考虑液压油的压缩性和泄漏的情况下，液压缸的运动速度为

$$v=\frac{q}{A} \tag{6-1}$$

式中，A为液压缸的有效工作面积。

液压马达的转速为

$$n=\frac{q}{V_M} \tag{6-2}$$

式中，q为输入执行元件的流量；V_M为液压马达的排量。

由式(6-1)、式(6-2)可知，改变输入执行元件的流量q或改变液压缸的有效工作面积A（或液压马达的排量V_M）均可达到改变速度的目的。实际工作中改变液压缸有效工作面积A较难，故合理的调速途径是改变进入液压执行元件的流量q和使用排量V_M可变的变量马达。根据上述分析，液压系统的调速回路主要有以下三种形式。

(1) 节流调速——采用定量泵供油，依靠流量控制阀调节进入执行元件的流量以实现调速。

(2) 容积调速——通过改变变量泵或变量马达的排量来实现调速。

(3) 容积节流调速（联合调速）——采用变量泵供油，依靠流量控制阀和变量泵联合调速。

对调速回路的基本要求分别如下。

(1) 在规定的调速范围内能灵敏、平稳地实现无级调速,具有良好的调节特性。

(2) 负载变化时,工作部件速度变化小(在允许范围内),即具有良好的速度刚性。

(3) 效率高,发热少,具有良好的功率特性。

1. 节流调速回路

节流调速回路由定量泵、溢流阀、流量控制阀(节流阀和调速阀)和定量执行元件等组成。它通过改变流量控制阀的通流截面面积的大小以控制进入执行元件的流量来实现调速。根据流量阀在回路中的位置可分为进油节流调速回路、回油节流调速回路和旁路节流调速回路三种;根据流量控制阀的类型可分为普通节流阀的节流调速回路和调速阀的节流调速回路。

1) 普通节流阀的节流调速回路

(1) 进油节流调速回路。

① 工作原理。

微课

如图6-7所示,在进油节流调速回路中,节流阀安装在液压缸的进油路上,即串联在定量泵和液压缸之间,溢流阀则与其并联成一溢流支路。液压泵输出的油液一部分经节流阀进入液压缸工作腔,推动活塞运动,液压泵多余的油液则经溢流阀排回油箱,这是这种调速回路正常工作的必要条件。由于溢流阀有溢流,泵的出口压力 p_p 就是溢流阀的调整压力并基本保持恒定。调节节流阀的通流面积,即可调节通过节流阀的流量,从而调节液压缸的运动速度。

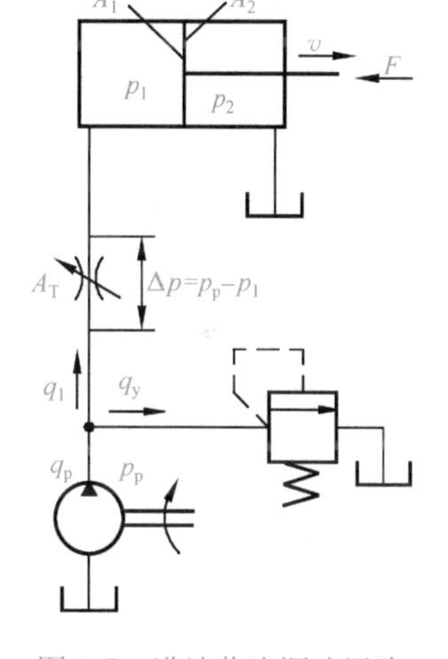

图6-7 进油节流调速回路

6-7

② 性能特点。

A. 速度-负载特性。

液压缸在稳定工作时,其活塞的受力平衡方程式为

$$p_1A_1 = p_2A_2 + F$$

式中,A_1、A_2 为液压缸无杆腔、有杆腔的有效工作面积,m^2;F 为液压缸的负载,N;p_1、p_2 为液压缸进油腔、回油腔的压力,Pa,由于回油腔通油箱,当不计管道压力损失时,$p_2 \approx 0$。

$$p_1 = \frac{F}{A_1}$$

节流阀的前后压差为 $$\Delta p = p_p - p_1 = p_p - \frac{F}{A_1}$$

液压泵的供油压力 p_p 由溢流阀调定后基本不变,因此节流阀的前后压差 Δp 将随负载 F 的变化而变化。

根据节流阀的流量特性方程,通过节流阀的流量为

$$q_1 = KA_T\Delta p^m = KA_T\left(p_p - \frac{F}{A_1}\right)^m$$

式中,A_T 为节流阀通流面积。

活塞的运动速度为 $$v = \frac{q_1}{A_1} = \frac{KA_T}{A_1}\left(p_p - \frac{F}{A_1}\right)^m \tag{6-3}$$

式(6-3)即为进油节流调速回路的速度-负载特性方程,它反映了在节流阀通流面积 A_T 一定的情况下,活塞速度 v 随负载 F 的变化关系。若以 v 为纵坐标,以 F 为横坐标,以 A_T 为参变量,则可绘出如图6-8所示的速度-负载特性曲线。

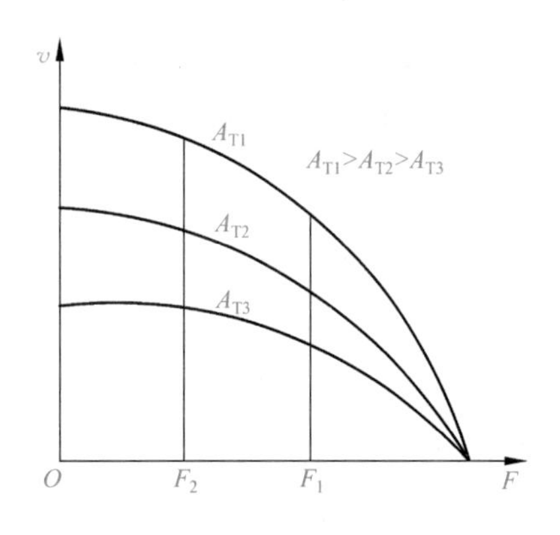

图 6-8　节流阀进油节流调速回路速度-负载特性曲线

由式(6-3)和图 6-8 可知，活塞的运动速度 v 和节流阀的通流面积 A_T 成正比，调节 A_T 可实现无级调速，这种回路的调速范围较大，最高可达 100。

当 A_T 调定后，活塞运动速度 v 随负载 F 的增大而减小。通常负载变化对速度的影响程度用速度刚度 k_v 表示，其定义为速度-负载特性曲线上某点斜率的倒数，即

$$k_v=-\frac{1}{\tan\alpha}=-\frac{\partial F}{\partial v} \tag{6-4}$$

速度刚度 k_v 表示负载变化时，系统抵抗速度变化的能力。显然，曲线上某点处的斜率越小即曲线越平，速度刚度越大，速度-负载特性越硬，调速回路在该点速度受负载的影响就越小，也即该点处的速度稳定性越好。

由式(6-3)、式(6-4)可求得速度刚度为

$$k_v=-\frac{\partial F}{\partial v}=\frac{A_1^{m+1}}{mKA_T(p_pA_1-F)^{m-1}}=\frac{A_1}{mv}\left(p_p-\frac{F}{A_1}\right) \tag{6-5}$$

由式(6-3)、式(6-5)及图 6-8 可以看出：

a. 节流阀进油节流调速回路的速度-负载特性较软，速度刚度较差；

b. 当节流阀通流面积 A_T 一定时，负载 F 越小，速度刚度越大；

c. 当负载 F 一定时，节流阀通流面积 A_T 越小，速度刚度越大；

d. 增大执行元件的有效工作面积 A_1，可有效地提高回路的速度刚度。

B. 最大承载能力。

由式(6-3)可知，当 $F=p_pA_1$ 时，节流阀两端压差 Δp 为零，活塞的运动也就停止了，此时泵的输出流量全部经溢流阀流回油箱。在速度-负载特性曲线上，表现为多条特性曲线都要汇交于横坐标轴上的一点，该点对应的即为节流阀进油节流调速回路上的最大承载能力 $F_{max}=p_pA_1$。

这说明在 p_p 调定的情况下，不论 A_T 如何变化，液压缸的最大承载能力 F_{max}是不变的，即最大承载能力与速度调节无关。

C. 功率和效率。

液压泵的输出功率为

$$P_p=p_pq_p=\text{常量} \tag{6-6}$$

液压缸输出的有效功率为

$$P_1=Fv=F\frac{q_1}{A_1}=p_1q_1 \tag{6-7}$$

回路的功率损失(不考虑液压缸、管路及液压泵的泄漏与摩擦损失)为

$$\Delta P=P_p-P_1=p_pq_p-p_1q_1=p_p(q_1+q_y)-(p_p-\Delta p)q_1=p_pq_y+\Delta pq_1$$

式中，q_y 为通过溢流阀的溢流量，$q_y=q_p-q_1$。

由上式可知，**这种调速回路的功率损失由两部分组成，即溢流损失 $\Delta P_y=p_pq_y$ 和节流损失 $\Delta P_j=\Delta pq_1$。**

回路效率为

$$\eta=\frac{P_1}{P_p}=\frac{Fv}{p_pq_p}=\frac{p_1q_1}{p_pq_p} \tag{6-8}$$

由于存在两部分的功率损失，故这种调速回路的效率较低，特别是在速度低、负载小的情况下更是如此。

由以上分析可知，普通节流阀进油节流调速回路适用于轻载、低速、负载变化不大及速度稳定性要求不高的小功率场合。

(2) 回油节流调速回路。

① 工作原理。

如图 6-9 所示，将节流阀串接在液压缸的回油路上，即构成回油节流调速回路。通过调节液压缸的排油量 q_2 来调节液压缸的进油量 q_1，达到调节液压缸运动速度的目的。定量泵多余的油液经溢流阀流回油箱。

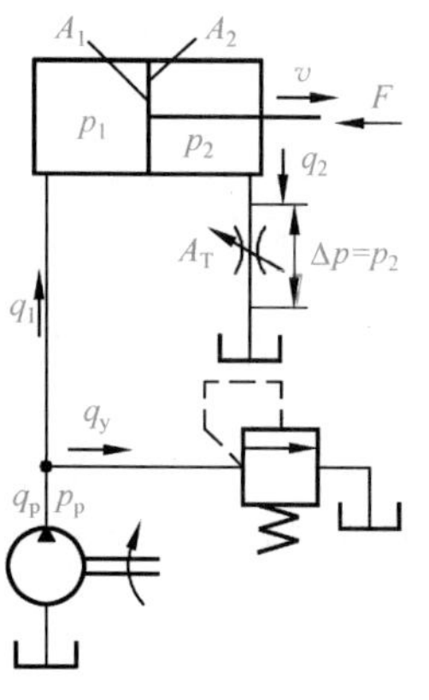

图 6-9 回油节流调速回路

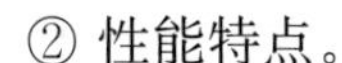

② 性能特点。

A. 速度-负载特性。

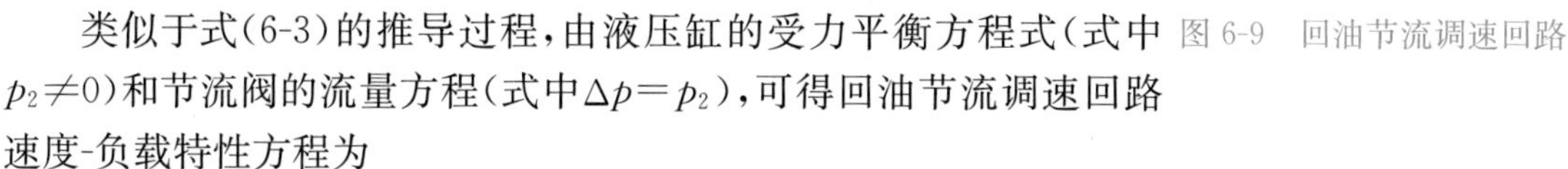

类似于式(6-3)的推导过程，由液压缸的受力平衡方程式(式中 $p_2 \neq 0$)和节流阀的流量方程(式中 $\Delta p = p_2$)，可得回油节流调速回路速度-负载特性方程为

$$v = \frac{q_2}{A_2} = \frac{KA_T A_1^m}{A_2^{m+1}} \left(p_p - \frac{F}{A_1} \right)^m \tag{6-9}$$

速度刚度为 $$k_v = -\frac{\partial F}{\partial v} = \frac{A_2^{m+1}}{mKA_T (p_p A_1 - F)^{m-1}} = \frac{A_1}{mv} \left(p_p - \frac{F}{A_1} \right) \tag{6-10}$$

比较式(6-10)和式(6-5)，其形式相同，在供油压力 p_p、执行元件的运动速度 v 及节流阀的结构形式与液压缸尺寸相同的情况下，回油节流调速回路的速度刚度和进油节流调速回路完全相同，其速度-负载特性曲线完全一样。如果回路中使用的是双活塞杆液压缸，则两种回路的速度-负载特性和速度刚度的公式完全相同。因此对进油节流调速回路的特性分析也完全适用于回油节流调速回路。

B. 最大承载能力。

回油节流调速回路的最大承载能力与进油节流调速回路相同，即 $F_{max} = p_p A_1$。

C. 功率和效率。

液压泵的输出功率与进油节流调速回路相同，即 $P_p = p_p q_p =$ 常量。

液压缸输出的有效功率为

$$P_1 = Fv = (p_1 A_1 - p_2 A_2) v = p_p q_1 - p_2 q_2$$

功率损失为

$$\Delta P = P_p - P_1 = p_p q_p - (p_p q_1 - p_2 q_2) = p_p (q_p - q_1) + p_2 q_2 = p_p q_y + \Delta p q_2$$

说明回油节流调速回路的功率损失和进油节流调速回路相同，也是由溢流损失($\Delta P_y = p_p q_y$)和节流损失($\Delta P_j = \Delta p q_2$)两部分组成的，两者的功率特性和回路效率也相似。

尽管回油节流调速回路和进油节流调速回路的速度-负载特性与功率特性相似，但它们在某些方面还是有着明显差别，主要表现在以下几方面。

a. 承受负值负载的能力。所谓负值负载就是作用力的方向与执行元件运动方向相同的负载。在回油节流调速回路中，由于节流阀接于回油路上使液压缸回油腔形成一定的背压，因此，可以承受负值负载。

b. 运动的平稳性。接于回油节流调速回路中的节流阀起到了背压回路中背压阀的作用，可以产生回油背压力，能有效地提高运动部件的平稳性，减少爬行现象。

c. 油液发热及泄漏的影响。在回油节流调速回路中，油液经节流阀回油箱，通过油箱散热冷却后再重新进入泵和液压缸，因此对液压缸的泄漏、稳定性等无影响；而在进油节流调速回路中，经节流阀后发热的油液直接进入液压缸，因此会影响液压缸的泄漏，从而影响容积效率和速度的稳定性。

> **思考 6-2**
>
> 节流阀进油/回油节流调速回路中的溢流阀是否一定有溢流？发生溢流的条件是什么？

d. **实现压力控制的方便性**。进油节流调速回路中，进油腔的压力随负载而变化，当工作部件碰到止挡块而停止后，其压力将升到溢流阀的调定压力，可方便地利用这一压力变化来实现压力控制；而在回油节流调速回路中则不便。

e. **停车后的启动性能**。在回油节流调速回路中，若停车时间较长，液压缸回油腔的油液会流回油箱而泄压，重新启动时背压不能立即建立，会引起工作部件的前冲现象。对于进油节流调速回路来说，只要在启动时关小节流阀，就能避免启动冲击。

微课

(3) 旁路节流调速回路。

① 工作原理。

图 6-10 所示为普通节流阀的旁路节流调速回路，这种回路把节流阀接在与执行元件并联的旁支油路上。节流阀调节了液压泵溢回油箱的流量，从而控制了进入液压缸的流量，调节节流阀的通流面积，即可实现调速。由于溢流功能由节流阀来完成，故正常工作时溢流阀处于关闭状态，溢流阀作安全阀用，其调定压力必须大于克服最大负载所需压力，一般为最大负载压力的 1.1～1.2 倍。液压泵的供油压力则随负载的变化而改变。

6-10

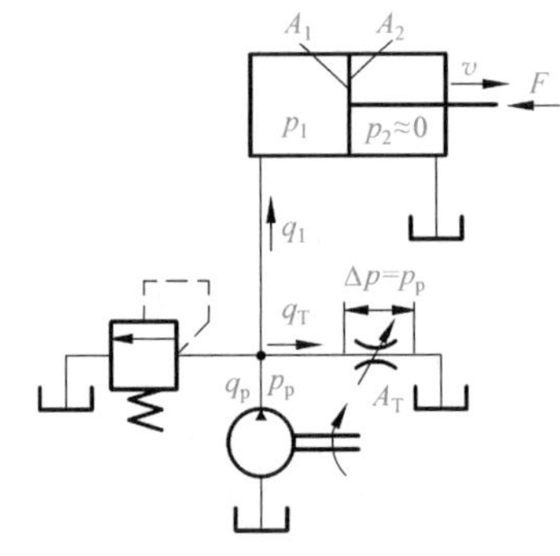

图 6-10 旁路节流调速回路

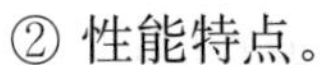

② 性能特点。

A. 速度-负载特性。

按照式(6-3)的推导过程，可得到旁路节流调速回路的速度-负载特性方程。即

$$v=\frac{q_1}{A_1}=\frac{q_p-q_T}{A_1}=\frac{q_p-KA_T\Delta p^m}{A_1}=\frac{q_p-KA_T\left(\frac{F}{A_1}\right)^m}{A_1} \tag{6-11}$$

式中，q_T 为通过节流阀溢回油箱的流量；Δp 为节流阀的前后压差，$\Delta p=p_p=p_1=\frac{F}{A_1}$；$q_p$ 为泵的实际输出流量，由于泵的工作压力随负载的变化而变化，泵的泄漏流量正比于压力，也是变量，故泵的实际输出流量为

$$q_p=q_t-q_l=q_t-k_1p_p$$

式中，q_t 为泵的理论流量；q_l 为泵的泄漏量，随压力的增大而增大；k_1 为泵的泄漏系数。

速度刚度为

$$k_v=-\frac{\partial F}{\partial v}=\frac{A_1^2}{mKA_T}\left(\frac{F}{A_1}\right)^{1-m} \tag{6-12}$$

按式(6-11)可得旁路节流调速回路的速度-负载特性曲线如图 6-11 所示。

由式(6-11)、式(6-12)及图 6-14 所示可以看出：

a. 旁路节流调速回路的速度-负载特性比进油、回油节流调速回路更软；

b. 当节流阀通流面积 A_T 一定时，负载 F 越大，速度刚度越大；

c. 当负载 F 一定时，节流阀通流面积 A_T 越小，速度刚度越大；

B. 最大承载能力。

由图 6-11 所示可以看出，旁路节流调速回路能承受的最大负载 F_{max} 随节流口 A_T 的增加而减小，即旁路节流调速回路的低速承载能力很差，调速范围很小。

③ 功率和效率。

旁路节流调速回路只有节流损失而无溢流损失，液压泵的输出功率随着工作压力 p_1 的增减而增减，因而回路的效率比前两种回路要高。

由于旁路节流调速回路速度-负载特性很软，低速承载能力又差，故其应用比前两种回路少，仅用于高速、重载、对速度平稳性要求不高的较大功率系统中，如牛头刨床主运动系统、输送机械液压系统等。

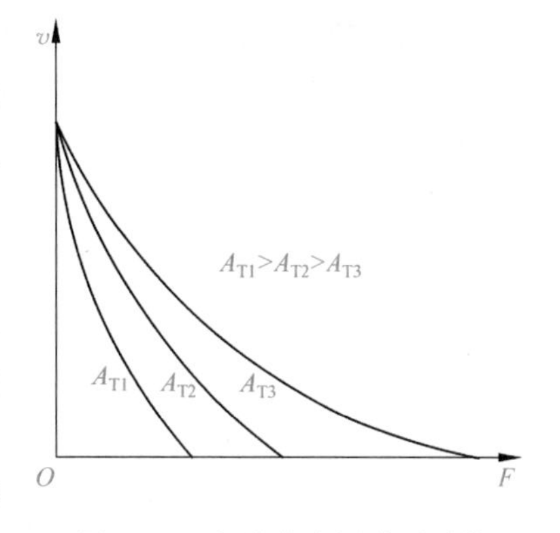

图 6-11 旁路节流调速回路的速度-负载特性曲线

2) 调速阀的节流调速回路

在节流阀调速回路中，负载的变化引起速度变化的原因在于负载变化引起节流阀两端压差的变化，因而通过节流阀的流量发生变化，导致执行元件的速度也相应地发生变化，即速度-负载特性软，速度稳定性差。为了克服这一缺点，回路中的节流阀可用调速阀来代替，由于调速阀本身能在负载变化的条件下保证节流阀进、出口压差基本不变，因而使用调速阀后，节流调速回路的速度-负载特性将得到改善，如图 6-12 所示。

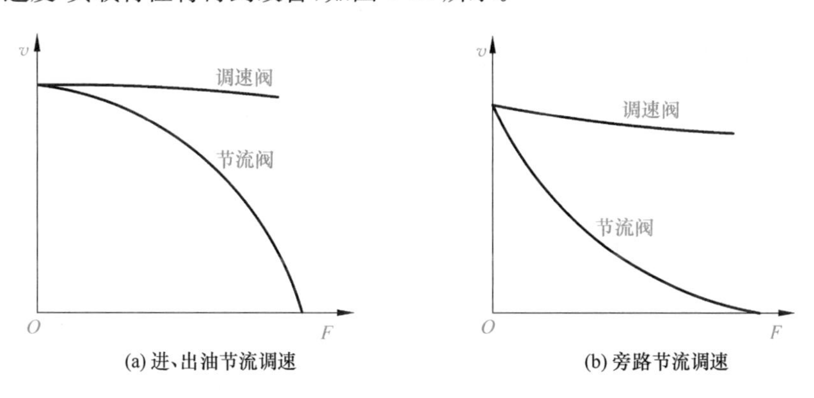

图 6-12 采用调速阀与节流阀的调速回路速度-负载特性比较

需要指出，为了保证调速阀中定差减压阀起到压力补偿作用，调速阀两端压差必须大于一定数值，中低压调速阀为 0.5MPa，高压调速阀为 1MPa，否则调速阀调速回路与节流阀调速回路的负载特性将没有区别。另外，调速阀调速回路工作时也有溢流损失和节流损失，并且节流损失包括了减压阀与节流阀两部分的功率损失，在相同条件下，供油压力也需调得高些，故功率损失比节流阀节流调速回路要大些。

2. 容积调速回路

容积调速回路由变量泵或变量马达及安全阀等元件组成，它通过改变变量泵或变量马达的排量来实现调速。容积调速回路的优点是没有节流损失和溢流损失，因而效率高，油液温升小，适用于高速、大功率调速系统。缺点是变量泵和变量马达的结构复杂、成本较高。

容积调速回路按油路的循环形式不同分为开式回路和闭式回路。在开式回路中，液压泵从油箱吸油，执行元件的回油直接通油箱。这种回路结构简单，油液在油箱中能得到充分的冷却和沉淀杂质，但油箱尺寸大，空气和杂质易进入油路，致使运动不平稳，多用于系统功率不大的场合。在闭式回路中，执行元件的回油直接与泵的吸油腔相连，结构紧凑，空气和污物不易进入回路，但结构较复杂，油液冷却条件差，需要辅助泵向系统供油，以补偿泄漏、冷却和换油。补油泵的流量一般为主油泵流量的 10%～15%，压力一般为 0.3～1.0MPa。

容积调速回路通常有三种基本形式：**变量泵和定量执行元件组成的容积调速回路；定量泵和变量马达组成的容积调速回路；变量泵和变量马达组成的容积调速回路。**

1）*变量泵和定量执行元件组成的容积调速回路*

图 6-13 所示为变量泵和定量执行元件组成的容积调速回路。图 6-13(a)中执行元件为液压缸，该回路是开式回路，2 为安全阀，起过载保护作用。图 6-13(b)中执行元件为定量液压马达，该回路为闭式回路，油泵 5 为补油泵，其压力由溢流阀 6 调定。

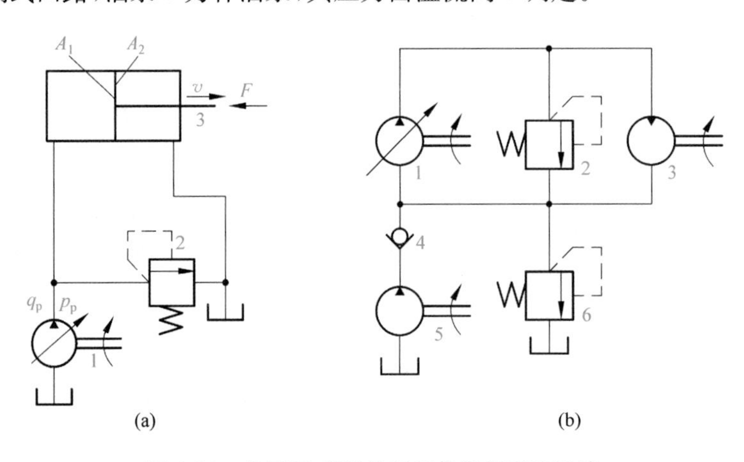

图 6-13　变量泵-定量执行元件容积调速回路

这种调速回路具有如下特性：

(1) 速度-负载特性。若不考虑液压泵以外的元件及管道的泄漏，液压缸和液压马达的运动速度可分别表示为

液压缸活塞的运动速度
$$v=\frac{q_p}{A_1}=\frac{q_t-k_1\dfrac{F}{A_1}}{A_1} \tag{6-13}$$

液压马达的转速
$$n_M=\frac{q_p}{V_M}=\frac{q_t-k_1\dfrac{T_M}{V_M}}{V_M} \tag{6-14}$$

式中，q_t 为变量泵的理论流量；k_1 为变量泵的泄漏系数；T_M 为马达的输出转矩；V_M 为马达的排量。

其余符号同前。

由式(6-13)和式(6-14)可知，只要改变泵的流量即改变泵的排量，就可调节缸的运动速度和马达的转速。需要注意的是这种回路速度刚性受负载变化影响的原因与节流阀调速回路有根本的不同，即随着负载的增加，泵和马达(或液压缸)的泄漏增加，致使马达的输出转速(或液压缸活塞的运动速度)下降。负载增大至某值时，在低速下会出现执行元件停止运动的现象(图 6-14(a)中的点 F')，这时变量泵的理论流量等于泄漏量，可见这种回路在低速下的承载能力是有限的。

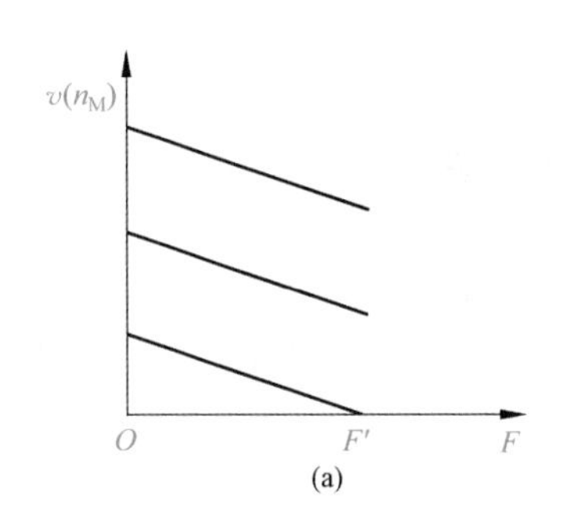

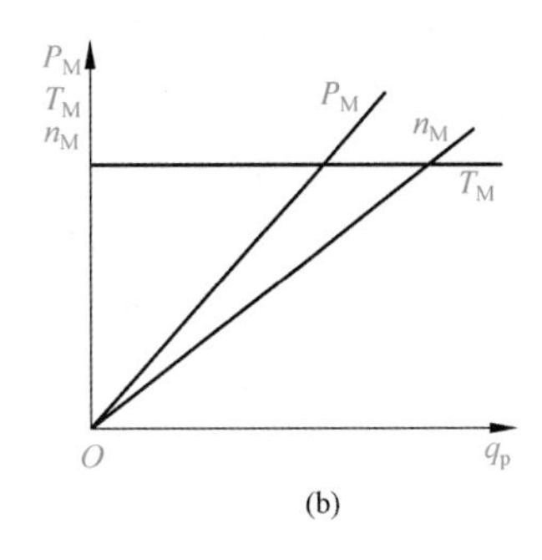

图 6-14　变量泵-定量执行元件容积调速回路输出特性

(2) 转矩(或推力)和功率特性。

液压缸输出的推力为

$$F = p_p A_1 \tag{6-15}$$

液压马达输出转矩为

$$T_M = \frac{\Delta p_M V_M}{2\pi} \tag{6-16}$$

式中，Δp_M 为马达的进、出口压差，大小由负载决定。

当负载转矩或负载一定时，在整个调速范围内，液压马达输出的转矩或液压缸产生的推力不变。因此，这种调速方式称为恒转矩或恒推力调速。

忽略系统的损失，液压马达或液压缸的有效功率等于泵的输出功率。当负载一定时，执行元件的输出功率与变量泵的输油量成正比。图 6-14(b)所示为变量泵-定量液压马达容积调速回路的输出特性曲线。

2) *定量泵和变量马达组成的容积调速回路*

图 6-15 所示为定量泵和变量马达组成的容积调速回路。图中主油泵 1 为定量泵，其流量不变，通过改变变量马达 3 的排量来调节马达的输出转速。2 是安全阀，油泵 5 为补油泵，其压力由溢流阀 6 调定。

这种调速回路具有如下特性：

(1) 速度-负载特性。在不考虑液压泵、管道及液压马达容积损失的情况下，液压马达的转速方程与式(6-14)相同，即 $n_M = q_p / V_M$，因定量泵的流量 q_p 为常数，故液压马达的转速与其排量成反比，改变液压马达的排量就调节了液压马达的转速。

(2) 转矩和功率特性。在该调速回路中，若不考虑系统效率，则液压马达输出转矩为 $T_M = \Delta p_M V_M / (2\pi)$；马达的输出功率为 $P_M = 2\pi n_M T_M = \Delta p_M q_p$。若系统负载恒定，则马达的输出功率恒定，故这种调速方式也称为恒功率调速，它的调速特性曲线如图 6-16 所示。

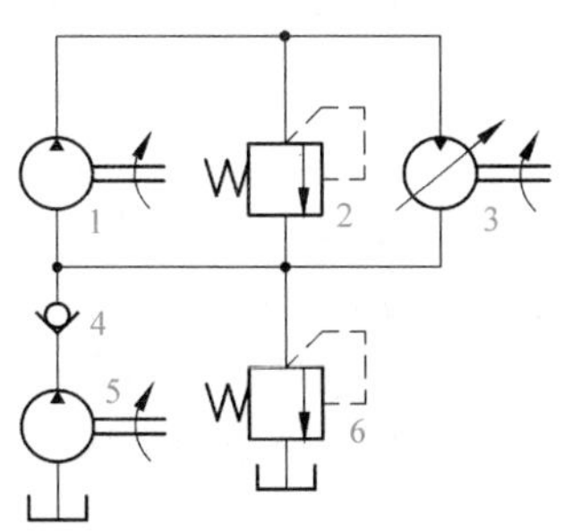
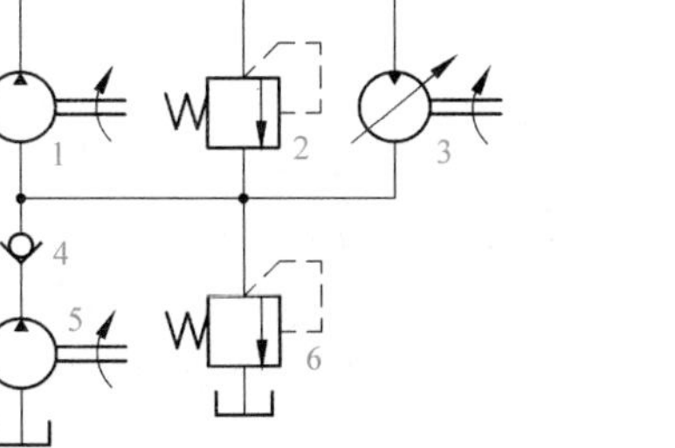

图 6-15　定量泵-变量马达容积调速回路

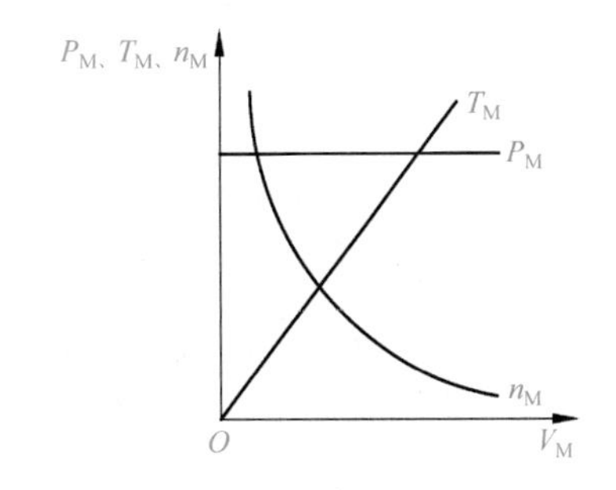

图 6-16　定量泵-变量马达容积调速回路输出特性

由液压马达转速及输出转矩的计算公式可知，随着马达排量的减小，其转速提高但其输出转矩将减小。当排量减小到一定程度后，液压马达将会因输出转矩不足以克服负载而停止转动。所以这种调速回路的调速范围不大。另外，这种回路不能用于双向液压马达在运行中平稳换向，因为换向时，双向液压马达的偏心量(或倾角)必然经历一个变小→为零→反向增大的过程，也就是马达的排量变小→为零→变大的过程。马达输出就要经历转速变大、转矩变小→转矩太小而不能带动负载转矩而使转速为零→反向高转速的过程，调节很不方便，所以这种回路目前已很少单独使用。

类似于变量泵和定量执行元件组成的调速回路，由于液压泵和液压马达随负载的增加使泄漏增加，容积效率降低，故这种回路也存在随负载增加而速度下降的现象。

3) *变量泵和变量马达组成的容积调速回路*

图 6-17 所示为采用双向变量泵和双向变量马达组成的容积调速回路。图中双向变量泵 1 正向或反向供油，马达即正向或反向旋转。相向安装的单向阀 6 和 8 用于使补油泵 4 能双向补油，相向安装的单向阀 7 和 9 使安全阀 3 在两个方向上都能起过载保护作用，溢流阀 5 用于补油泵的定压和溢流。这种回路实际上是上述两种调速回路的组合，由于液压泵和液压马达的排量均可改变，故扩大了调速范围，并扩大了液压马达转矩和功率输出的选择余地。

一般工作部件在低速时要求有较大的转矩，高速时要求输出功率恒定。在这种情况下，先将变量马达的排量调至最大(使马达能获得最大输出转矩)，用变量泵调速，当变量泵的排量由小变大，直至最大时，马达的转速也随之升高，输出功率随之线性增加，此过程马达输出转矩恒定，属恒转矩输出；若要进一步加大液压马达转速，可保持泵最大排量，用变量马达调速，将马达排量由大调小，马达转速继续升高，输出转矩随之降低。此时因泵处于最大输出功率状态不变，故马达处于恒功率输出状态。其输出特性曲线如图 6-18 所示。

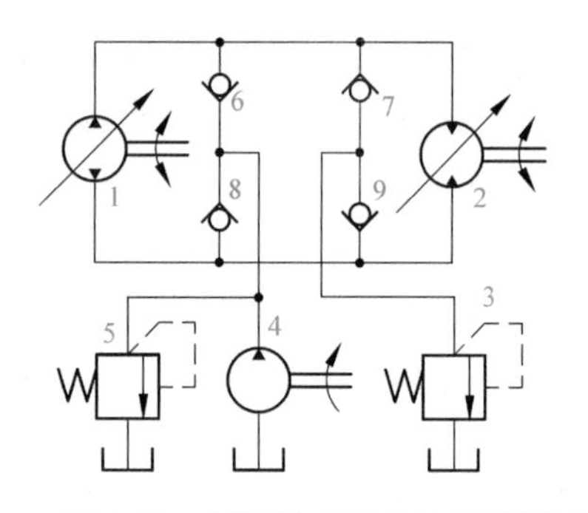

图 6-17 变量泵-变量马达容积调速回路

6-17

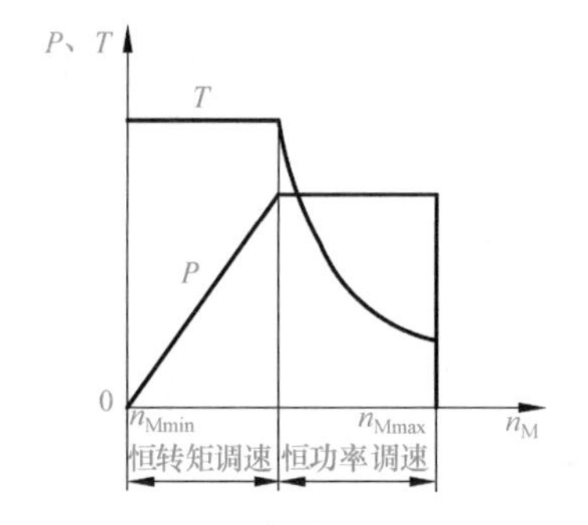

图 6-18 变量泵-变量马达容积调速回路输出特性

与前两种调速回路相同，这种调速回路也有随负载增大而泄漏增加、转速下降的特性。

3. 容积节流调速回路

微课

容积节流调速回路用压力补偿型变量泵供油，用流量控制阀(节流阀或调速阀)调节进入液压缸或从液压缸流出的流量来调节活塞运动速度，并使变量泵的输油量自动与缸所需流量相适应。这种调速回路没有溢流损失，故效率比节流调速方式高；变量泵的泄漏由于压力反馈作用而得到补偿，故速度稳定性比容积式调速好。常用于调速范围大、中小功率场合。

1) *限压式变量泵与调速阀组成的容积节流调速回路*

如图 6-19(a)所示，回路由限压式变量泵 1 供油，压力油经调速阀 2 进入液压缸 3 工作腔，回油经背压阀 4 返回油箱。改变调速阀中节流阀的通流面积 A_T 的大小，就可以调节液压缸的运动速度，泵的输出流量 q_p 和通过调速阀进入液压缸的流量 q_1 相适应。稳定工作时 $q_p=q_1$，如果关小调速阀，则在关小节流阀口的瞬间，q_1 减小，而液压泵的输出流量还未来得及改变，于是 $q_p>q_1$，因回路中阀 5 为安全阀，没有溢流，故必然导致泵出口压力 p_p 升高，通过压力反馈使得限压式变量泵的输出流量自动减小，直至减小到与 A_T 对应的流量 q_1，重新建立 $q_p=q_1$ 的平衡；反之，在开大调速阀的一瞬间，将出现 $q_p<q_1$，从而会使限压式变量泵出口压力降低，输出流量自动增大，直至 $q_p=q_1$。由此可见，调速阀不仅保证进入液压缸的流量稳定，而且可以使泵的供油流量自动地和液压缸所需的流量相适应，即对应于调速阀一定的开口度，调速阀的进口（即泵的出口）具有一定的压力，泵输出相应的流量。

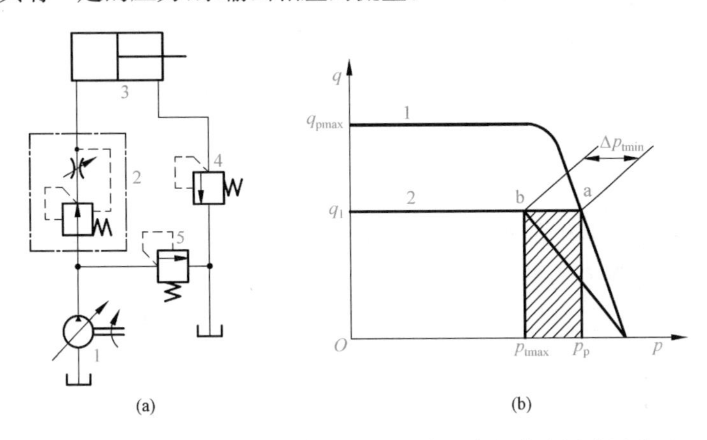

图 6-19　限压式变量泵与调速阀组成的容积节流调速回路

图 6-19(b)为该调速回路的特性曲线。曲线 1 是限压式变量泵的流量-压力特性曲线，曲线 2 是某一开口度下调速阀的流量-压差特性曲线。两条曲线的交点 a 是回路的工作点（此时泵的供油压力为 p_p，流量为 $q_p=q_1$），改变调速阀的开口度，使曲线 2 上下移动，回路的工作状态便相应改变。为了保证调速阀正常工作所需的压差 $\Delta p_t \geqslant \Delta p_{tmin}$（$\Delta p_{tmin}$ 一般为 0.5MPa 左右），液压缸的最大工作压力应为 $p_{tmax}=p_p-\Delta p_{tmin}$。因此液压缸工作腔压力的正常范围是

$$p_2 \frac{A_2}{A_1} \leqslant p_1 \leqslant p_p - \Delta p_{tmin} \tag{6-17}$$

这种回路没有溢流损失，但仍有节流损失。若不考虑泵、缸和管路的损失，回路的效率为

$$\eta = \frac{\left(p_1 - p_2 \dfrac{A_2}{A_1}\right) q_1}{p_p q_p} = \frac{p_1 - p_2 \dfrac{A_2}{A_1}}{p_p} \tag{6-18}$$

若无背压，$p_2 \approx 0$，则

$$\eta = \frac{\left(p_1 - p_2 \dfrac{A_2}{A_1}\right) q_1}{p_p q_p} = \frac{p_1}{p_p} \tag{6-19}$$

由式(6-19)可以看出，这种回路在负载变化较大且大部分时间处于低负载下工作时，回路效率不高。

2) *差压式变量泵和节流阀组成的容积节流调速回路*

图 6-20(a)所示为差压式变量泵和节流阀组成的容积节流调速回路，该回路的工作原理与限压式变量泵和调速阀组成的容积节流调速回路基本相似：节流阀 2 控制进入液压缸 3 的流

量 q_1，并使变量泵 1 输出的流量 q_p 自动与液压缸所需流量 q_1 相适应。阀 4 为背压阀，阀 5 为安全阀，阻尼孔 6 用作变量泵定子移动的阻尼，避免发生振荡。

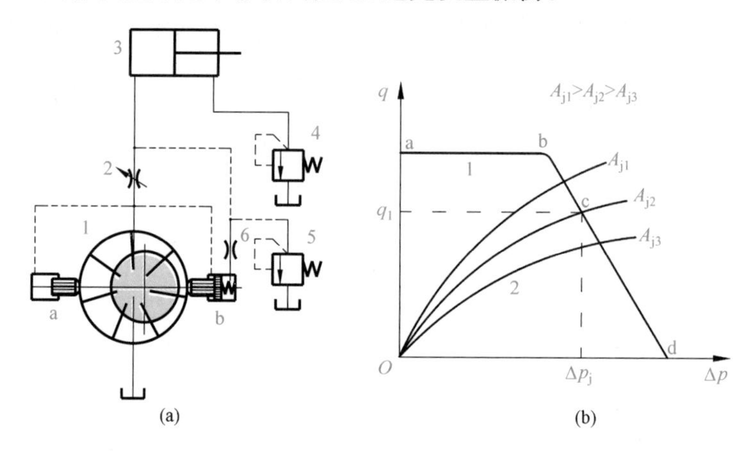

图 6-20 差压式变量泵和节流阀组成的容积节流调速回路

泵的变量机构由定子两侧的控制缸 a 和 b 组成，定子的移动（即偏心量的调节）靠控制缸两腔的液压力之差与弹簧力的平衡来实现。压力差增大时，偏心量减少，输出流量减少，压力差一定时，输出流量也一定。调节节流阀的开口量，即改变其两端压力差，就改变了泵的偏心量，调节其流量，使之与通过节流阀进入液压缸的流量相适应。例如，在关小节流阀口的瞬间，q_1 减小，而液压泵的输出流量还未来得及改变，于是 $q_p>q_1$，则泵的供油压力上升，泵的定子在控制活塞的作用下右移，减小泵的偏心距，使泵的供油量下降至 $q_p=q_1$；反之亦然。

在这种回路中，当节流阀开口量调定后，输入液压缸的 q_1 流量基本不受负载变化的影响而保持恒定。这是因为差压式变量泵的控制回路能保证节流阀的两端压差不变，并且具有自动补偿泄漏的功能。依据控制缸对定子作用力的静态平衡方程可以导出节流阀两端压差 Δp_j 为

$$p_p A_1 + p_p(A - A_1) = p_1 A + F_s$$

即

$$\Delta p_j = p_p - p_1 = \frac{F_s}{A} \approx \text{常数} \tag{6-20}$$

式中，A、A_1 为控制缸无柱塞腔的面积和柱塞的面积；p_p、p_1 为液压泵供油压力和液压缸工作压力；F_s 为控制缸中的弹簧力。

由式(6-20)可知，节流阀两端压差 Δp_j 基本上由作用在控制缸柱塞上的弹簧力来确定，由于该弹簧刚度小，工作中压缩量变化又很小，所以 F_s 基本恒定，使节流阀两端压差不受负载变化的影响，具有调速阀的功能。

图 6-20(b)中曲线 1 为差压式变量泵的流量-压差特性曲线，曲线 2 是节流阀在一定开度下的流量-压差特性曲线，两者的交点即为系统的工作点。调节节流阀的通流面积，便可改变系统的工作点，调节执行元件的工作速度。由于变量泵与节流阀的流量-压差特性曲线不随负载而变（只随压差变），故负载变化时，系统工作状态稳定不变，其速度-负载特性硬。为了保证可靠地控制变量泵定子相对于转子的偏心量，节流阀两端的压力差不可过小，一般需保持 0.3～0.4MPa。

这种调速回路没有溢流损失，故回路效率较高。由于泵的供油压力随工作压力的增减而增减，故在轻载条件下工作时，其效率较高的特点尤为显著。

4. 变频泵控调速回路

将电机变频调速技术应用于液压系统调速，可以简化液压回路，提高系统效率，降低噪声，拓宽系统调速范围。基于这些优点，变频驱动液压技术在液压电梯、飞机、注塑机、液压转向系统、制砖等设备中获得了广泛应用。

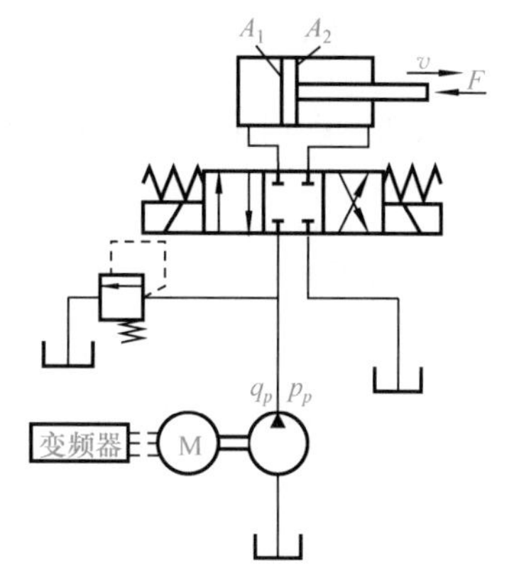

图 6-21　开式变频泵控调速回路

变频泵控调速回路主要由变频器、异步电机、定量泵、液压缸以及安全阀组成，如图 6-21 所示。三相电源接入变频器的输入侧，经过变频器的控制信号将 380V/50Hz 的工频电源转换成特定频率、特定幅值的电压信号供给电机，电机带动液压泵旋转。通过变频器调节定量泵的转速，改变泵输出的流量，进而调节执行元件的运行速度，控制液压系统状态，起到最大限度节约能源的目的。同时，系统中液压元件的数量减少，简化了油路系统，也减少了油液发热。

变频泵控调速回路的液压缸活塞运动速度与容积调速回路类似

$$v=\frac{q_{\mathrm{p}}}{A_1}=\frac{q_{\mathrm{t}}-k_1\dfrac{F}{A_1}}{A_1}=\frac{V_{\mathrm{p}}n_{\mathrm{p}}-k_1\dfrac{F}{A_1}}{A_1}$$

变频泵控调速回路性能优点如下。

1）高效节能

变频泵控液压调速系统无节流损失和溢流损失，所以系统回路效率高，与传统的阀控节流调速相比，节能率在 20%以上。

2）调速范围宽、精度高

对于变频泵控调速系统，在基速以下调速属于恒转矩调速，基速以上调速属于恒功率调速，调速范围宽。变频器的频率最小设定单位一般为 0.01Hz，调速精度相当高。

3）运行模式容易实现

对于一般精度要求的系统可采用开环控制。开环控制时执行器的加、减速运行时间以及恒速运行时间可由变频器设定，即运行模式可以由变频器设定。当精度要求较高或者执行器做复杂曲线运动时，可采用计算机控制，由计算机给出变频器的控制信号。另外，大多数变频器都带有矢量控制，可以采用先进的控制算法满足控制特性需求。

4）系统的寿命与可靠性提高

在变频泵控调速系统中，采用定量泵代替结构复杂的变量泵，同时避免使用对油液要求高的伺服阀，大大提高了系统运行的可靠性。另外，定量泵也避免了长期高速运转，大大减少了泵的磨损，延长了使用寿命，也降低了系统的噪声。

变频泵控调速回路缺点如下。

1）低速稳定性较差

由于变频器是通过降低电机的转速来达到节能的目的的，而某些定量泵（如叶片泵）对转速有最低要求，转速过低会导致其自吸能力下降，造成吸油不充分而形成气蚀，引起噪声和流量脉动。

2）启停时不够平稳

在变频电机带动液压泵启动和停止时，系统存在静、动摩擦的转换以及其他一些非线性环节（如死区、滞环、泄漏）的影响，会引起系统压力脉动和转速波动。

6.2.2 快速运动回路

快速运动回路的功用在于使执行元件获得尽可能大的工作速度，以提高系统的工作效率或充分利用功率。一般采用差动缸、双泵供油、充液增速和蓄能器来实现。

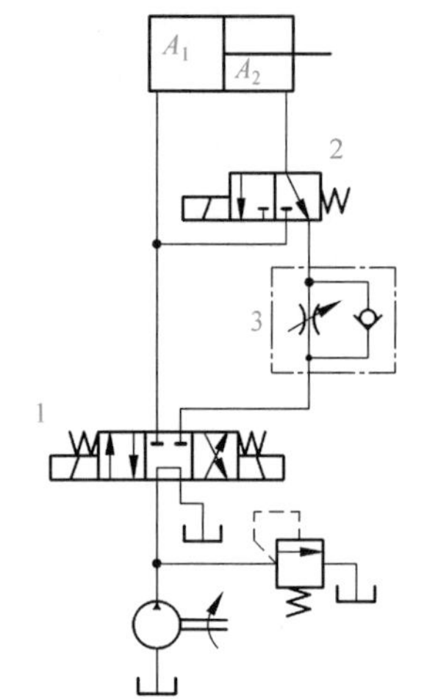

图 6-22 液压缸差动连接回路

6-22

1. 液压缸差动连接快速运动回路

图 6-22 所示的回路是利用二位三通换向阀实现的液压缸差动连接回路。当换向阀 1 和 2 在左位工作时，液压缸差动连接，液压泵输出的油液和液压缸有杆腔排出的油液合流，进入液压缸的无杆腔，实现活塞的快速运动，其速度为非差动连接时的 $A_1/(A_1-A_2)$倍。如欲使快进与快退速度相等，则需使 $A_1=2A_2$，此时快进(退)速度为工进速度的两倍。

2. 双泵供油快速运动回路

图 6-23 所示为双泵供油快速运动回路。图中，低压大流量泵 1 和高压小流量泵 2 并联作为动力源，液控顺序阀 4(卸荷阀)和溢流阀 5 分别设定双泵供油和小流量泵 2 供油时系统的最高工作压力。换向阀 7 处于图示位置，系统压力低于卸荷阀 4 调定压力时，泵 1、泵 2 同时向系统供油，实现液压缸的快速运动；当换向阀 7 处于右位，缸进入工作行程时，系统压力升高，卸荷阀 4 打开使大流量泵 1 卸荷，只有小流量泵 2 向系统供油，液压缸的运动变为慢进工作行程。

3. 采用蓄能器辅助供油快速运动回路

图 6-24 所示为采用液压蓄能器辅助供油的快速运动回路。当换向阀 5 处于左位或右位时，液压泵 1 和蓄能器 4 同时向液压缸供油，实现快速运动；当换向阀处于中位时，液压缸停止工作，液压泵经单向阀 3 向蓄能器充液，当蓄能器压力升至卸荷阀 2 的调定压力时，液压泵卸荷。卸荷阀的调定压力应高于系统最高工作压力。

这种回路适用于短时间内需要大流量的场合，并可用小流量的液压泵使液压缸获得较大的快速运动速度。但系统在整个工作循环内需有足够的停歇时间，以使液压泵完成对蓄能器的充液工作。

6-23

6-24

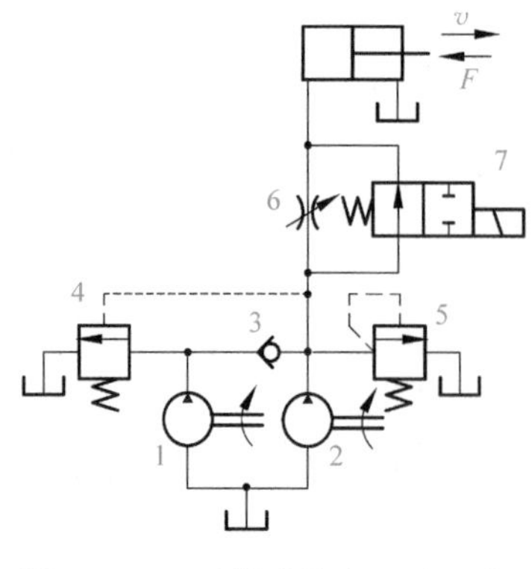

图 6-23 双泵供油快速运动回路

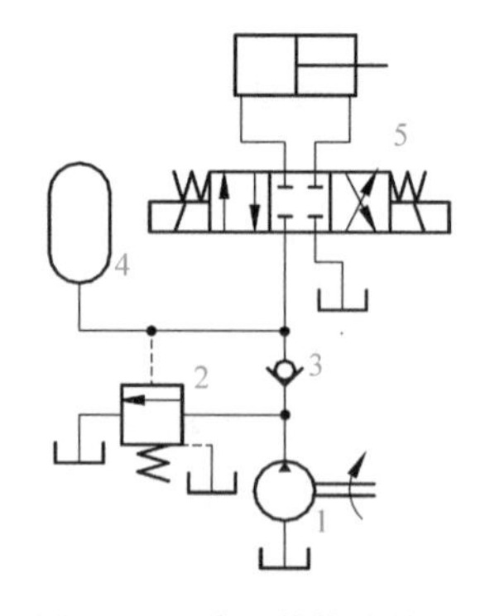

图 6-24 采用蓄能器辅助供油快速运动回路

4. 采用增速缸与限压式变量泵组合的快速运动

如图 6-25 所示，快速运动(轻载)时，顺序阀 4 关闭，限压式变量泵 1 供给的低压油经固定在增速缸 7 缸体上的柱塞 a 的中心孔进入活塞 b 内的增速腔Ⅱ内。由于增速腔Ⅱ的有效工作面积较小，且系统压力较低，变量泵处于最大输油量状态，故活塞 b 快速向右运动，左腔Ⅰ通过液控单向阀 5 从补油箱 6 补油。当进入工作行程时，系统压力升高，限压式变量泵输油量减少，泵输出高压油打开顺序阀 4，并同时关闭液控单向阀 5，高压油同时进入油腔Ⅰ和Ⅱ，活塞获得低速工作运动。快速退回时，液压泵供油进入缸右腔Ⅲ，同时打开液控单向阀，使左腔Ⅰ的油液流回油箱。

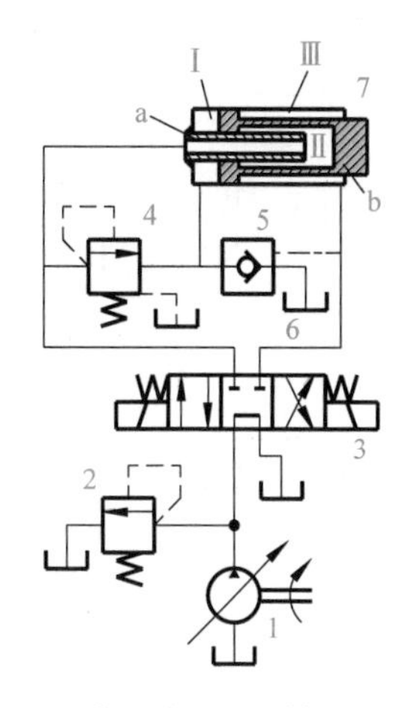

图 6-25　采用增速缸的快速运动回路

这种回路由于增速缸内的增速腔有效工作面积可以做得远比活塞面积小，加上限压式变量泵又能在系统压力上升时自动减小输出流量，故可使系统在空行程时获得远比工作速度高得多的快速运动，功率利用较合理，常用于压力机液压系统中，但增速缸结构较复杂。

6.2.3　速度换接回路

速度换接回路用于执行元件在一个工作循环中从一种运动速度变换到另一种运动速度。按变换前后速度的不同，换接回路有快速-慢速、慢速-慢速的换接。速度换接回路应该具有较高的速度换接平稳性和换接精度。

1. 快速与慢速的速度换接回路

能够实现快速与慢速换接的方法很多，图 6-24 和图 6-25 所示的快速运动回路是通过工作压力变化来实现快速与慢速切换的，更多的则是采用换向阀实现快、慢速换接，如图 6-22、图 6-23 所示的快速运动回路则是采用了电磁换向阀实现快、慢速换接。下面介绍一种在组合机床液压系统中常用的行程阀的快慢速换接回路。

如图 6-26 所示，在图示状态时，液压缸活塞快进；当活塞杆上的挡块压下行程阀 6 时，行程阀通道切断，液压缸右腔油液需经节流阀 5 回油箱，活塞运动转为慢速工进；当换向阀 3 右位接入回路时，压力油经单向阀 4 进入液压缸右腔，活塞快速向左返回。这种回路速度切换过程比较平稳，换接点的位置精度高，但行程阀的安装位置不能任意布置，管路连接较为复杂。若将行程阀改为电磁阀，由行程开关控制其通断，安装连接虽比较方便，但速度换接的平稳性和换向精度都相对较差。

2. 两种工作速度的换接回路

图 6-27 所示为用两个调速阀实现两种工作进给速度的换接回路。图 6-27(a)中的两个调速阀并联，由换向阀实现换接。两个调速阀可以独立地调节各自的流量，互不影响。但一个调速阀工作时另一个调速阀无油液通过，其定差减压阀处于最大开口位置，因而在速度转换瞬间，通过该调速阀的流量过大会造成进给部件突然前冲。因此这种回路不宜用在工作过程中的速度换接中，只可用在速度预选的场合。

6-26

(a)

(b)

6-27

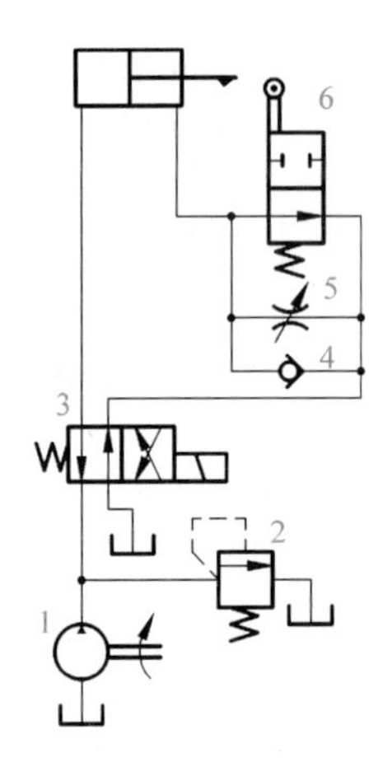

图 6-26　采用行程阀的速度换接回路

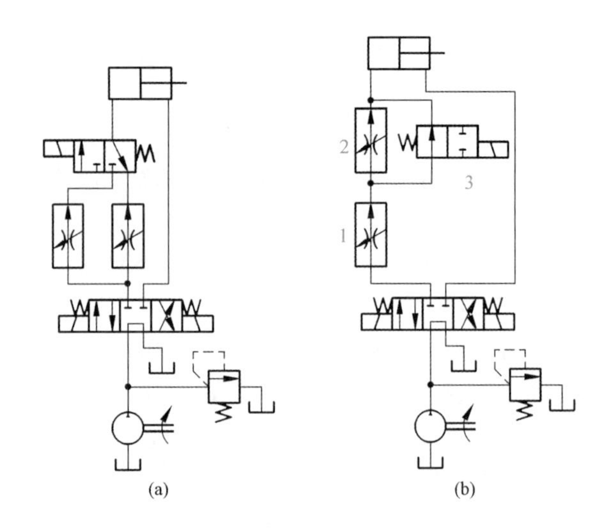

图 6-27　调速阀并、串联速度换接回路

图 6-27(b)所示为两种调速阀串联的速度换接回路。当换向阀 3 左位接入回路时，调速阀 2 被换向阀 3 短接，输入液压缸的流量由调速阀 1 控制；当换向阀 3 右位接入回路时，由于调速阀 2 的开口小于调速阀 1，所以输入液压缸的流量由调速阀 2 控制。这种回路由于调速阀 1 始终处于工作状态，它在速度换接时限制了进入调速阀 2 的流量，因此它的速度换接平稳性较好，但由于油液经过两个调速阀，所以能量损失较大。

6.3　方向控制回路

通过控制进入液压执行元件液流的通、断或变向来实现执行元件的启动、停止或改变运动方向的回路称为方向控制回路。

通常在执行元件和液压泵之间接入标准换向阀均构成换向回路。但由于换向阀的种类繁多，采用不同类型的换向阀换向，对系统性能的影响也不同。

采用电磁换向阀最为方便，但电磁换向阀动作快，换向有冲击，并且一般不易作频繁切换，以免线圈烧坏；采用电液换向阀，可通过调节单向节流阀(阻尼器)来控制其液动阀的换向速度，换向冲击小，但仍不能进行频繁切换；手动换向阀不能实现自动往复运动；采用机动阀换向时，可以通过工作机构的挡块和杠杆来实现自动换向，但机动阀必须安装在工作机构附近，且当工作机构运动速度很低、挡块推动杠杆带动换向阀阀芯移至中间位置时，工作机构可能因失去动力而停止运动，出现“换向死点”，而当工作机构高速运动时，又可能因换向阀芯移动过快而引起换向冲击。

因此，对一些需频繁进行连续往复运动且对换向过程又有很多要求的换向机构(如磨床工作台)常采用特殊设计的机液换向阀，以行程挡块推动机动先导阀，由它控制一个可调式液动换向阀来实现工作台的换向，既可避免“换向死点”，又可消除换向冲击。这种换向回路，按换向要求不同可分为时间控制制动式和行程控制制动式两种。

1. 时间控制制动式换向回路

图 6-28 所示为时间控制制动式换向回路，这种换向回路只受换向阀 3 控制。在换向过程

中，如当先导阀 2 在杠杆 5 的带动下移至左端位置，控制油路中的压力油经单向阀 I_2 进入换向阀 3 的右端，换向阀左端的油液经节流阀 J_1 流回油箱，换向阀 3 的阀芯向左移动，其右制动锥面逐渐关小回油通道，活塞速度逐渐减慢，并在换向阀 3 的阀芯移过 l 距离后将通道闭死，使活塞停止运动。当节流阀 J_1 和 J_2 的开口大小调定之后，换向阀阀芯移动距离 l 所需要的时间(使活塞制动所经历的时间)就确定不变，因此这种制动方式称为时间控制制动式。这种换向回路的主要优点是:其制动时间可根据运动部件运动速度的快慢、惯性的大小通过节流阀 J_1 和 J_2 的开口量得到调节，以便控制换向冲击，提高工作效率。其主要缺点是:换向过程中的冲出量受运动部件的速度和其他一些因素的影响，换向精度不高。所以这种换向回路主要用于工作部件运动速度较高，要求换向平稳，但换向精度要求不高的场合，如用于平面磨床和插、拉、刨床液压系统中。

2. 行程控制制动式换向回路

图 6-29 所示为行程控制制动式换向回路，这种回路的特点是先导阀不仅对操纵主换向阀的控制压力油起控制作用，还直接参与工作台换向制动过程的控制。图示位置，液压缸活塞向右移动，拨动先导阀阀芯向左移动，此时先导阀阀芯 2 的右制动锥将液压缸右腔的回油通道逐渐关小，使活塞速度逐渐减慢，对活塞进行预制动。当回油通道被关得很小、活塞速度变得很慢时，换向阀 3 控制油路才开始切换，换向阀阀芯向左移动，切断主油路通道，使活塞停止运动，并随即使它向相反的方向启动。这里，不论工作部件原来的速度快慢如何，先导阀总是先移动一段固定的行程 l，将工作部件先进行预制动后，再由换向阀使之换向。所以这种制动方式称为行程控制制动式。这种换向回路的优点是:换向精度高，冲击量较小。但由于先导阀的制动行程恒定不变，制动时间的长短和换向冲击的大小将受到运动部件速度快慢的影响。所以这种换向回路适用于工件部件运动速度不高，但换向精度要求较高的场合，如内、外圆磨床的液压系统中。

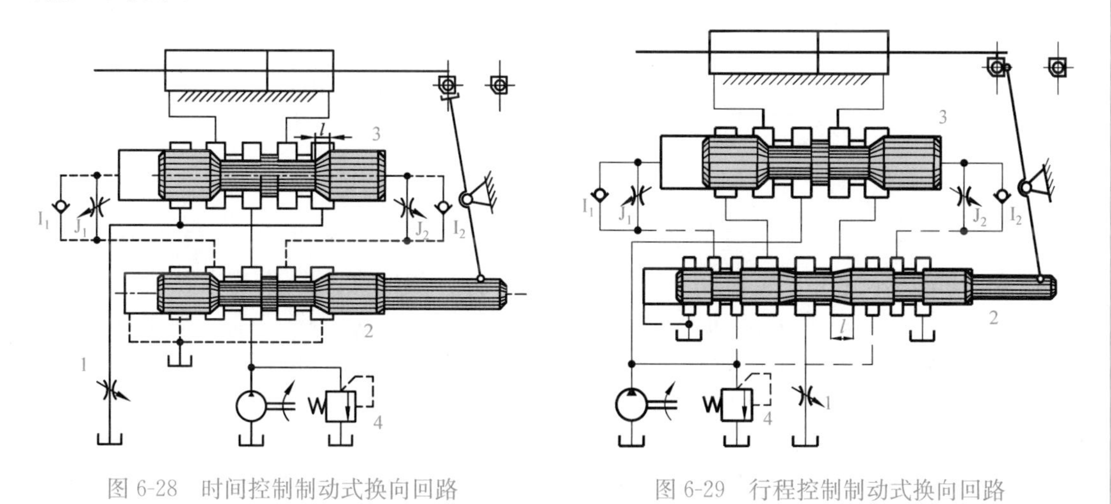

图 6-28 时间控制制动式换向回路

图 6-29 行程控制制动式换向回路

6.4 多执行元件控制回路

在液压系统中，如果由一个油源给多个执行元件供油，各执行元件会因回路中压力、流量的相互影响而在动作上受到牵制。多执行元件控制回路是通过对回路中的压力、流量和行程的控制来实现多执行元件预定动作要求的，主要包括顺序动作回路、同步回路和互不干扰回路。

6.4.1 顺序动作回路

顺序动作回路的功用是使多个执行元件严格按照预定顺序依次动作。按控制方式不同，分为压力控制和行程控制两种。

1. 压力控制顺序动作回路

压力控制顺序动作回路是利用液压系统工作过程中的压力变化控制某些液压元件(如顺序阀、压力继电器等)动作，进而控制执行元件按先后顺序动作的。

图 6-30(a)所示为使用顺序阀的压力控制顺序动作回路。当三位四通换向阀 3 左位接入回路且顺序阀 2 的调定压力大于液压缸 A 的最大前进工作压力时，压力油先进入液压缸 A 的左腔，实现动作①；缸 A 右行至终点后，压力上升，压力油打开顺序阀 2 进入液压缸 B 的左腔，实现动作②；同样地，当换向阀 3 切换至右位且顺序阀 1 的调定压力大于缸 B 的最大返回工作压力时，两液压缸则按③和④的动作顺序返回。这种回路顺序动作的可靠性取决于顺序阀的性能及其压力的调定值。为保证顺序动作的可靠性，顺序阀的调定压力应比前一行程液压缸的最大工作压力高出 0.8～1.0MPa，以避免系统压力波动时产生误动作。

(a)

(b)

6-30

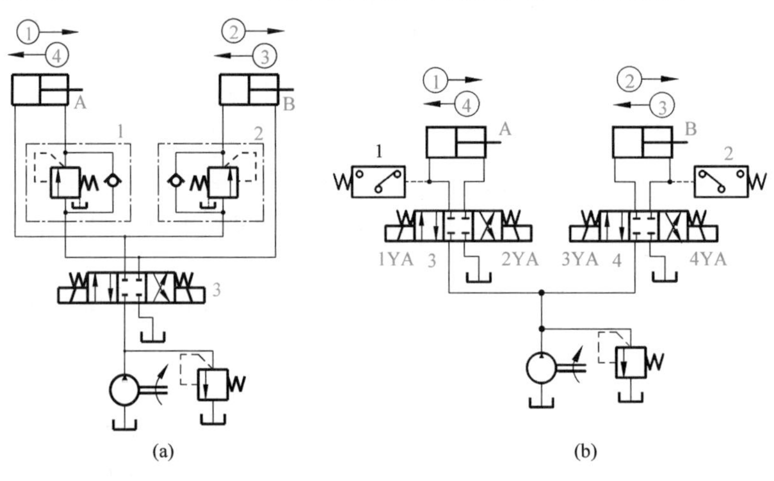

图 6-30 压力控制顺序动作回路

图 6-30(b)所示为压力继电器控制的顺序动作回路。当电磁铁 1YA 通电时，缸 A 向右运动，执行动作①；当缸 A 活塞运动到右端点后，回路压力升高，压力继电器 1 动作，使电磁铁 3YA 通电，缸 B 向右运动，执行动作②；当 3YA 断电、4YA 通电时(由行程开关控制，图中未画出)，阀 4 右位工作，缸 B 退回，执行动作③；当缸 B 活塞运动至左端点后，回路压力升高，压力继电器 2 动作，使 4YA 断电、2YA 通电，阀 3 右位工作，缸 A 退回，执行动作④，至此完成一个工作循环。这种顺序动作回路控制顺序动作方便，但由于压力继电器的灵敏度高，在液压冲击下易产生误动作，所以同一系统中压力继电器的数目不宜过多。

2. 行程控制顺序动作回路

图 6-31 所示为采用行程阀控制的顺序动作回路。图示位置两液压缸活塞均退至左端点。当推动手动换向阀 1 的手柄使换向阀 1 处于左位时，液压缸 A 右行，完成动作①；当液压缸 A

运动到规定位置，其挡块压下行程阀 2 后，行程阀 2 处于上位，液压缸 B 右行，完成动作②；当换向阀 1 复位处于右位后，液压缸 A 先退回，实现动作③；随着挡块后移，行程阀 2 复位，液压缸 B 退回，实现动作④。这种回路工作可靠，但动作一经确定，再改变就比较困难。

图 6-32 所示为采用行程开关控制的顺序动作回路。按下启动按钮，电磁铁 1YA 得电，换向阀 1 左位工作，缸 A 活塞向右运动，完成动作①；到达预定位置后，活塞上的挡块压下行程开关 S2，使电磁铁 2YA 得电，换向阀 2 左位工作，缸 B 活塞向右运动，完成动作②；当 B 缸活塞上的挡块压下行程开关 S4 时，电磁铁 1YA 失电，缸 A 活塞向左退回，完成动作③；当缸 A 活塞上的挡块压下行程开关 S1 时，电磁铁 2YA 失电，缸 B 活塞向左退回，实现动作④，完成一个工作循环。在这种回路中，调整挡块位置可调整液压缸的行程，通过电控系统可任意改变动作顺序，控制灵活方便，故应用广泛。

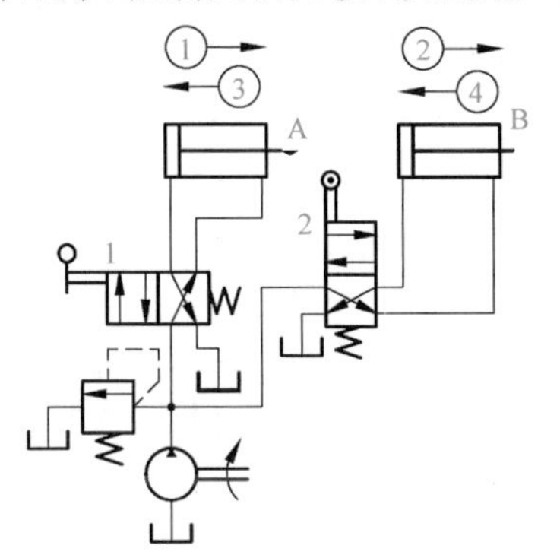

图 6-31　采用行程阀的顺序动作回路

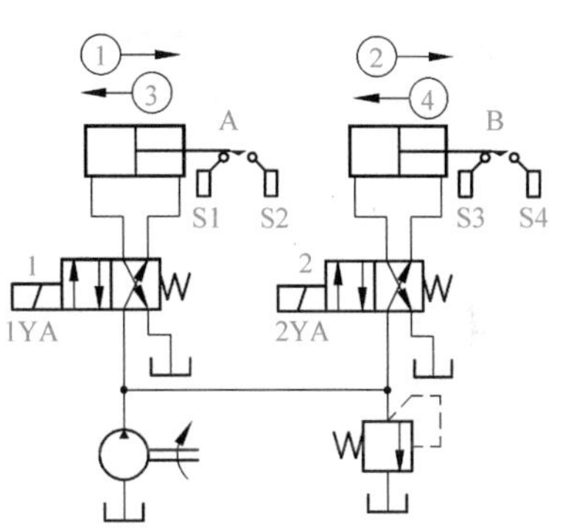

图 6-32　采用行程开关的顺序动作回路

6-32

6.4.2　同步回路

同步回路用于保证系统中的两个或多个执行元件在运动中以相同的位移或速度运动。影响同步运动精度的因素很多，如外负载、泄漏、摩擦阻力、变形及液体中含有气体等都会使执行元件运动不同步。为此，同步回路要尽量克服或减少这些因素的影响，有时要采取补偿措施，消除累积误差。

1. 用流量控制阀的同步回路

图 6-33 所示两并联液压缸 A、B 面积相等，两缸的进(回)油路上分别串接一个调速阀，通过调节两个调速阀的流量来达到两液压缸的同步运动。这种回路结构简单，但调整比较麻烦，由于回路中没有补偿装置，所以同步精度不高。

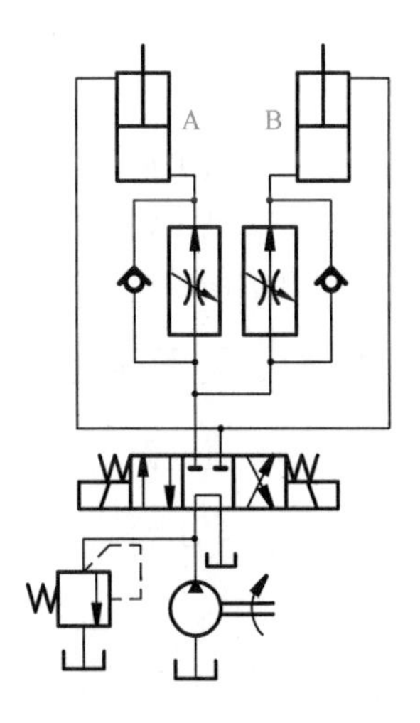

图 6-33　采用调速阀的同步回路

6-33

2. 带补偿装置的串联液压缸同步回路

图 6-34 所示为两液压缸串联同步回路。回路中，缸 A 和缸 B 的有效工作面积相等，因而可实现缸 A、缸 B 的同步运动，补偿装置使同步误差在每一次下行运动中得到消除，以避免误差的积累。其补偿原理是：当三位四通换向阀 1 左位工作时，两液压缸活塞同时向下运动，若缸 A 活塞先行到达端点，则挡块压下行程开关 S1，电磁铁 3YA 得电，换向阀 2 左位接入回路，压力油经换向阀 2 和液控单向阀 3 进入缸 B 上腔进行补油，使其活塞继续下行至行程端

点；若缸 B 活塞先到达端点，则挡块压下行程开关 S2，电磁铁 4YA 得电，换向阀 2 右位接入回路，压力油进入液控单向阀 3 的控制腔，打开阀 3，缸 A 下腔与油箱接通，使活塞继续下行至行程端点，从而消除累积误差。由于泵供油压力至少是两缸工作压力之和，因而串联式同步回路只适用于负载较小的液压系统。

拓展

数控折弯机系统中需要两个或多个液压缸位置和速度同步，常使用伺服阀与光栅尺等液压装置形成闭环回路，从而精确控制折弯机的各种同步动作。

3. 用同步缸或同步马达的同步回路

图 6-35(a)所示为采用同步缸的同步回路。同步缸 2 由两个尺寸相同的双杆缸连接而成，当换向阀 1 左位工作，同步缸 2 活塞左移时，其油腔 a 与 b 中的油液使缸 A 与缸 B 同步上升。若缸 A 的活塞率先到达终点，则油腔 a 中的余油经单向阀 3 和安全阀 4 排回油箱，油腔 b 中的油液继续进入缸 B 下腔，使之到达终点。反之，若缸 B 的活塞先到达终点，也可使缸 A 的活塞相继到达终点。

6-34

(a)

(b)
6-35

图 6-34　带补偿装置的串联缸同步回路

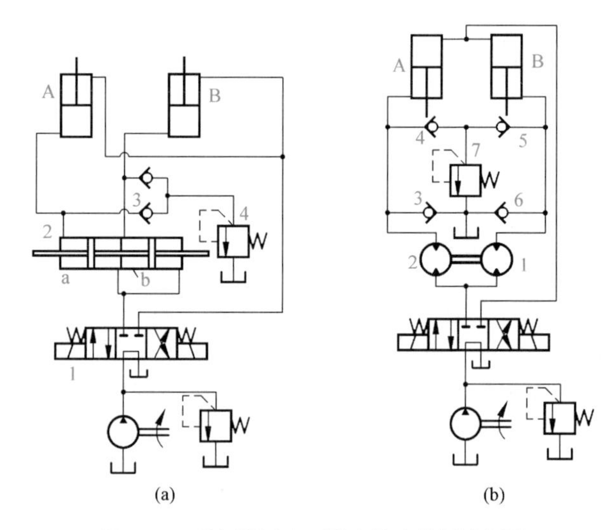

图 6-35　采用同步缸、同步马达的同步回路

图 6-35(b)所示为采用相同结构、相同排量的液压马达作为分流装置的同步回路。两液压马达传动轴刚性连接，将等量油液分别输送给有效工作面积相同的液压缸 A、B，使之同步运动。由单向阀和溢流阀 7 组成交叉溢流补偿回路，可在行程终点补偿误差。

6.4.3　互不干扰回路

互不干扰回路的功用是防止多个执行元件因速度快慢不同而在动作上产生相互干扰。

1. 双泵供油互不干扰回路

图 6-36 所示为采用双泵供油来实现多缸快慢速互不干扰回路。图中液压缸 A、B 各自要完成“快进—工进—快退”的自动工作循环，各缸快速进退皆由大流量泵 2 供油，任一缸进入工进，则改由小流量泵 1 供油。其工作原理为：在图示状态下各缸原位停止。当换向阀 5、换向阀 6 均通电时，缸 A、缸 B 均由双联泵中的大流量泵 2 供油并作差动快进。若缸 A 先完成快

进动作，则触动行程开关使阀 5 断电、阀 4 通电，此时大泵 2 进入缸 A 的油路被切断，而小泵 1 至缸 A 的进油路打开，缸 A 由调速阀 3 调速工进，缸 B 仍作快进，互不影响。当各缸都转为工进后，它们全由小泵 1 供油。此后，若缸 A 又率先完成工进，行程开关应使换向阀 5 和 4 均通电，缸 A 即由大泵 2 供油快退。当各电磁铁皆断电时，各种缸都停止运动，并被锁于所在位置上。

2. 用蓄能器的互不干扰回路

如图 6-37 所示，图示位置时，泵 1 向蓄能器供油充压。当电磁铁 1YA 和 3YA 通电时，液压 A 和 B 快速向右运动，若缸 A 先快速到达预定位置，压下行程开关 S1 使电磁铁 5YA 通电，缸 A 转工作进给，由蓄能器 6 供给高压油，速度由调速阀 5 控制；而缸 B 则仍由泵供油快速向右运动，这样，慢速缸的速度不会受到干扰。当缸 B 的活塞也运动到指定位置压下行程开关 S2 时，6YA 通电，两缸均慢速运动，此时泵向两缸同时供给高压油，其压力由溢流阀 2 调定。阀 9 和阀 10 均为提高两缸运动平稳性而设置的背压阀。

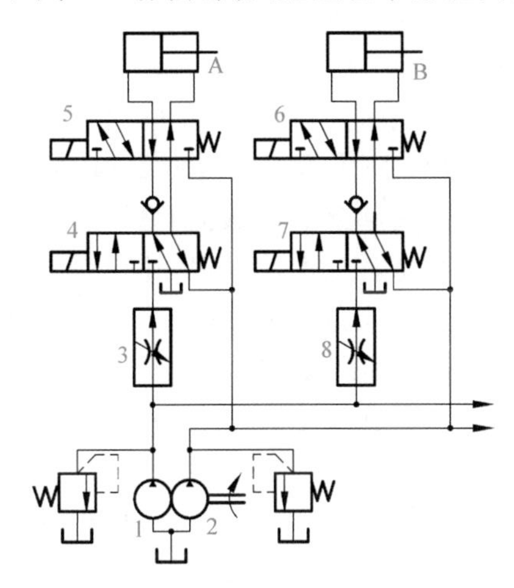

图 6-36　双泵供油互不干扰回路图

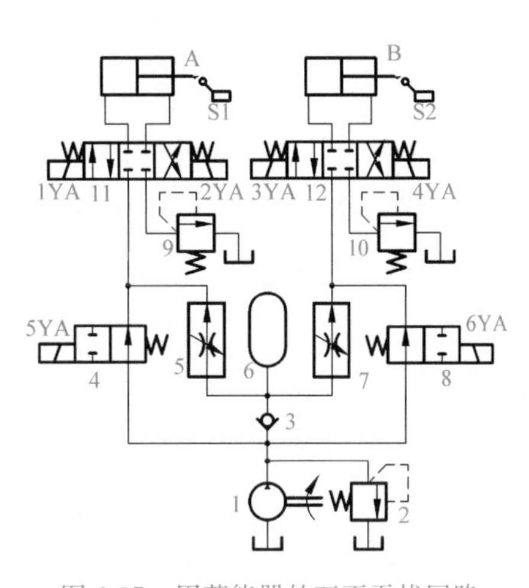

图 6-37　用蓄能器的互不干扰回路

6-36

这种回路的效率较高，但由于蓄能器的容量有限，故一般只用于缸的容量较小或互不干扰行程较短的场合。

6.5　节 能 回 路

设计节能液压系统时不但要保证系统的输出功率要求，还要保证尽可能经济、有效地利用能量，达到高效、可靠运行的目的。在液压装置的工作循环中，各工作阶段所需功率差别较大，在仅断续地需要功率或功率大小变化较大的情况下，对回路采取适当的措施可以大大节省功率。前面所讲述的一些基本回路，如旁路节流调速回路、容积调速回路、双泵并联供油回路、采用蓄能器的快速运动回路、卸荷回路甚至调压回路等均具有一定的节能效果。

现代液压技术中，采用如“变频电机/伺服电机＋定量泵”“变量泵＋比例节流阀”“变量泵＋比例换向阀”“多联泵＋比例溢流阀”“定量泵＋比例阀”的压力匹配系统，可有效地提高系统效率、降低能耗。使用负载信号传感液压泵、负载信号传感液压控制阀及功率匹配式液压系统其节能效果更好。

6.5.1　功率适应回路

功率适应回路就是调节液压泵的输入功率使之与负载所需功率相适应。

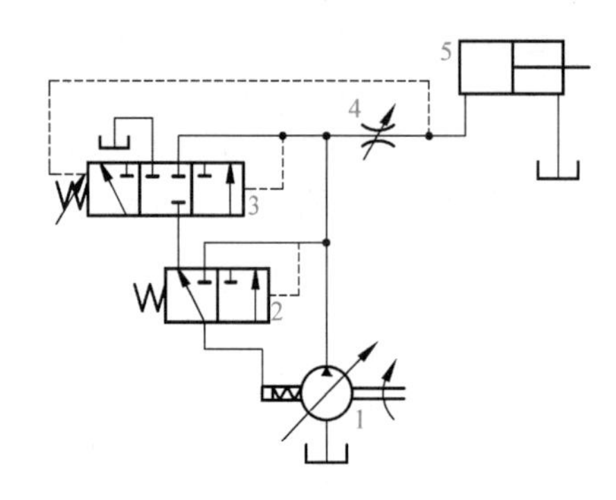

图 6-38　功率适应回路

图 6-38 所示为由压力补偿式变量泵与负载敏感阀、限压阀等组成的一种功率适应回路。回路中负载敏感阀 3 与节流阀 4 构成压力补偿式流量阀，保证在负载变化时，使节流阀的进出口压差始终保持为一个设定值，即 $\Delta p_j = p_p - p_1 = F_s/A_s =$ 常数（F_s 为作用于阀 3 的弹簧力，A_s 为阀芯作用面积）。

回路的工作原理是：当液压泵 1 因电动机转速变化使输出流量 q_p 大于或小于节流阀 4 设定的负载流量 q_1 时，液压泵输出的压力 p_p 与负载压力 p_1 之差大于或小于阀 3 弹簧的设定值，阀 3 阀芯被推向左端或右端，泵变量活塞控制腔通过阀 3 右位或左位、阀 2 左位进油或放油，使液压泵变量以减少或增加输出流量，直至 $q_p = q_1$。当需要调节负载流量，即增大或减小节流阀 4 的开口量时，由于泵的流量 q_p 和负载压力 p_1 均未改变，由节流口流量公式 $q = KA_T \Delta p_j^m$ 可知，p_p 和 Δp_j 必然会相应减小或增大，于是阀 3 阀芯右移或左移，变量活塞控制腔通过阀 2 左位、阀 3 左位或右位放油或进油，泵的流量 q_p 即负载流量 q_1 就增加或减小。假如回路在工作中负载增加或减小，则负载压力 p_1 就要相应增减，泵的供油压力 p_p 也随之增减，因而引起泵的泄漏也增减，使泵的供油量 q_p 即负载流量 q_1 随之增减，于是阀 4 压差 Δp 也相应减增。与上述原理相同，阀 3 会自动调节泵的供油量 q_p 即 q_1 作相应增减，使进入液压缸的流量不会因负载的变化而变化。可见，不论节流阀如何调节，也不论电动机转速或负载如何变化，液压泵输出的流量 q_p 始终与节流阀通过的负载流量 q_1 相等，液压泵输出的压力 p_p 始终比负载压力 p_1 大一个恒定值（约 1.0MPa），因而泵的输出功率始终与负载功率相适应。

回路中限压阀 2 的作用是限定液压泵的最高压力，使液压泵能够在仅输出补充泄漏所需的微小流量状态下运转。此时液压泵由于转入流量卸荷状态，输出功率很小而可以忽略不计。

功率适应回路因避免了溢流损失，因而比节流调速回路节能，其效率接近闭式容积传动回路。但是，在多个变化较大的负载并联工况下，由于只能与最大负载相适应，效率将大大下降。

6.5.2　二次调节回路

二次调节回路的功用是通过调节恒压网络中二次元件的排量来实现所驱动负载按设定的规律运行。通常把机械能转化成液压能的元件称为一次元件，液压能和机械能可以相互转换的元件称为二次元件。由于液压缸的工作面积是不可调节的，所以二次元件主要指工作可逆的液压马达/泵。恒压网络是指由恒压变量泵与蓄能器组成的能源网络。

图 6-39 所示为二次调节节能回路。带蓄能器的管路表示集中式液压源，附有变量调节缸 3 的液压马达 2 为被驱动的二次能量转换元件。与马达同轴安装的计量泵 1 和液压缸 3 并联构成闭路，以便向变量机构反馈转速信号。马达的旋转方向由换向阀 4 切换变量机构来实现，进口节流阀 6 和背压阀 5 配合，来实现马达速度的预选。当换向阀接通时，通过节流阀的液流同时进入计量泵和变量液压缸，当进入的流量与计量泵吸入和排出的流量不相适应时，这一流量差值使液压缸产生变量调节运动，直到节流阀设定的流量完全与计量泵需要相适应，变量动作才会终止，使马达保持在与节流阀调定的流量相适应的转速下工作。

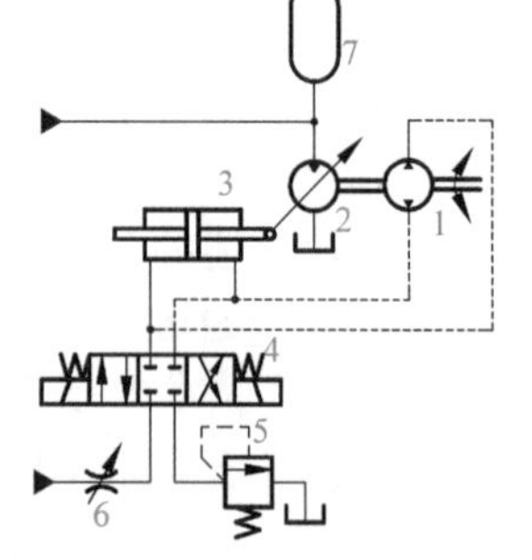

图 6-39　二次调节节能回路

一旦有某种原因使液压马达的转速产生偏离，同轴驱动的计量泵就会感受到此速差，并转换成流量信号反馈给液压缸，使二次元件马达的排量增大或减小，直至马达实际输出转速恢复到正常值。如果把二次元件的摆角偏转到负方向，则可借助能源系统的阻抗起制动作用，外载动能或位能就可回馈到能源系统中，并储存在蓄能器中。

二次调节回路能够利用二次元件进行能量回收，因而可以减少设备的装机容量，提高节能效果。采用这种调节回路时，多个彼此并联的执行元件能够在同一供油压的网络中互不干扰地按自己需要的速度和转矩运行。因此，可实现多负载独立调节和节能是这种回路的主要特征。

6.5.3　负载感应调速回路

负载感应就是将变化的负载压力反馈到压力补偿装置或液压泵的变量调节机构，使液压系统供压与负载压力相适应，以减少压力过剩。目前以变量泵和定差压力控制为基础的负载传感液压系统被广泛使用。

图 6-40 所示是配有负载感应元件的定量泵调速系统。负载感应元件就是利用压力补偿装置使得系统的压力与变化的负载压力相适应，从而减少压力过剩。以负载感应元件为对象，列平衡方程

$$p_2A + F_s = p_1A \tag{6-21}$$

即

$$p_1 - p_2 = \Delta p = \frac{F_s}{A}$$

式中，A 为负载感应元件两端作用面积；p_1 为泵输出压力；p_2 为负载压力；Δp 为节流阀前后压差；F_s 为弹簧力。

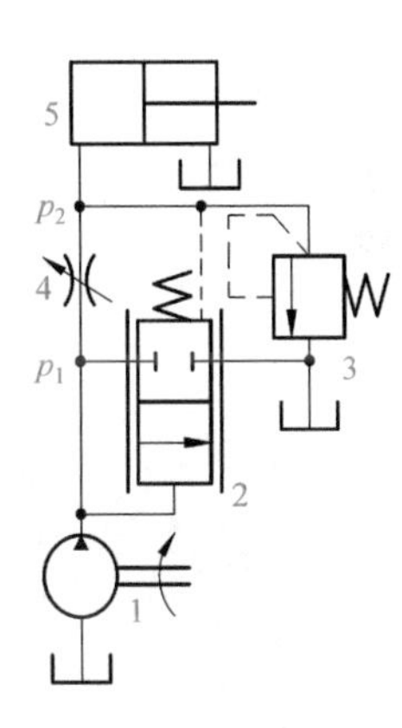

图 6-40　负载感应调速回路原理图

负载感应元件 2 的弹簧力决定着节流阀 4 前后的压差，如果使 F_s 保持不变，则 Δp 为一定值。因此，在通过节流阀 3 流量不变的情况下可减少过剩压力，多余流量由负载感应元件流回油箱，减少了溢流损耗。随着负载的不断变化，系统压力可通过负载感应元件作适当调整，尽管存在流量过剩，但相对于定量泵＋节流阀的调速系统，具有明显的节能效果。

6.5.4　能量回收回路

对运动负载的机械能加以回收、存储与重新利用，可为液压系统实现高效节能提供新思路。执行元件不同，实现能量回收的油路也不同。

图 6-41(a)为采用液压缸实现对负载机械能回收的能量回收回路。图中，定量泵/马达具有正转、反转、泵、马达四个象限功能，蓄能器为储能元件。当变量泵/马达处于马达工况时，液压缸驱动外负载做功；而当变量泵/马达处于泵工况时，可将负载的机械能转化为液体的压力能回收能量。系统多余的压力油液由蓄能器储存。为满足不同的负载要求，变量泵/ 马达应有足够大的变量范围。

图 6-41(b)为采用液压马达实现对负载机械能回收的能量回收回路。图中，重物落下时的能量可以储存在压力油箱 6 中，并用于使液压马达 8 空载向上返回。接通二位阀 3，负载下落使液压马达变为泵，从油箱吸油输入压力油箱，随着压力油箱的液面升高，压力上升而产生连续制动效果，最后的制动由关闭二位阀 3 来完成。高压安全阀 5 限制冲击压力阀 4 则为压力油箱 6 的安全阀。当负载卸去后，再接通二位阀，压力油箱储存的能量使液压马达空载向上返回。若需提升负载，启动泵 1 即可。

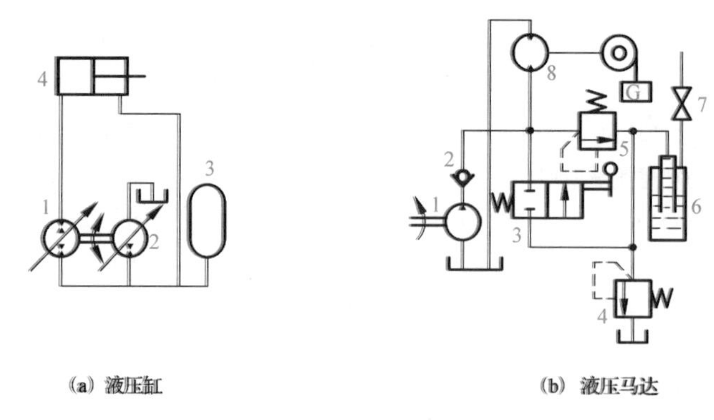

(a) 液压缸　　(b) 液压马达

图 6-41　能量回收回路

6.6　工程案例：飞机起落架液压系统

飞机起落架是关系到飞机是否正常运行的非常重要的关键装置，起落架的收、放采用液压传动与控制(如图 6-42)。

(a) 飞机起落架

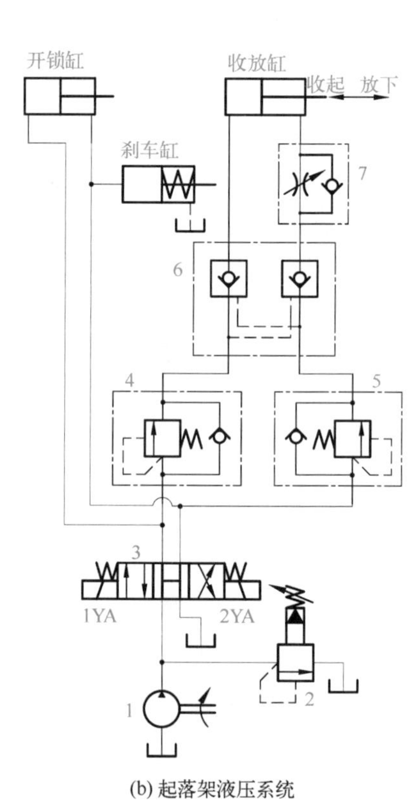

(b) 起落架液压系统

图 6-42　飞机起落架及其液压系统

(1)飞机起落架重达数吨，并且要求收放平稳，安全可靠。液压传动具有功率质量比大、易于远程控制且工作平稳等优点，特别适合飞机起落架的动作要求。

(2)飞机起落架工作时包括开动收放锁、起落架的收放、机轮自动刹车等动作，由开锁液压缸、收放液压缸、刹车液压缸实现。

(3)根据飞机起落架的动作要求，要求起落架收、放前均需要打开收放锁；收放动作结束，需锁定收放液压缸，保证安全可靠；要求控制起落架放下时的速度，以减少冲击力；起落架保持收(放)状态时，液压泵需卸荷以降低能耗，延长泵等元件的使用寿命。

(4)起落架收放液压系统由一些基本回路构成，主要包括锁紧回路(双向液压锁6)、调速回路(单向节流阀7)、顺序动作回路(单向顺序阀4、5)、卸荷回路(H型三位换向阀4中位)等。

习　题

6-1　如图6-43所示的回路中，各溢流阀的调整压力为$p_{y1}=5MPa$，$p_{y2}=4MPa$，$p_{y3}=3MPa$，问：当外负载趋于无穷大时，泵的出口压力为多少？若将阀2的遥控口封堵，泵的出口压力变为多少？

6-2　如图6-44所示的回路中，若溢流阀的调整压力分别为$p_{y1}=6MPa$，$p_{y2}=4.5MPa$。泵出口处的负载阻力为无限大，试问在不计管道损失和调压偏差时：(1) 换向阀下位接入回路时，泵的工作压力为多少？A点和B点的压力各为多少？(2) 换向阀上位接入回路时，泵的工作压力为多少？A点和B点的压力又是多少？

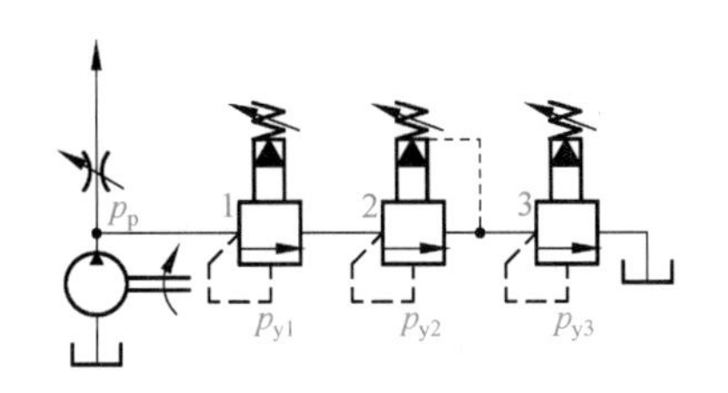

图6-43　题6-1图

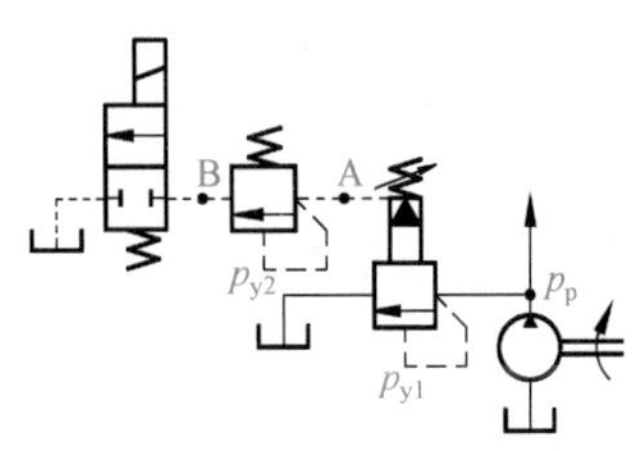

图6-44　题6-2图

6-3　如图6-45所示的回路中，已知活塞运动时的负载$F=1.2kN$，活塞面积$A=14\times10^{-4}m^2$，泵的工作压力$p_p=p_y=4.5MPa$，两个减压阀的压力调整值分别为$p_{j1}=3.5MPa$，$p_{j2}=2MPa$，如油液流过减压阀及管路时的压力损失可略去不计，试确定活塞在运动时和停在终端位置处时，A、B、C三点的压力值。

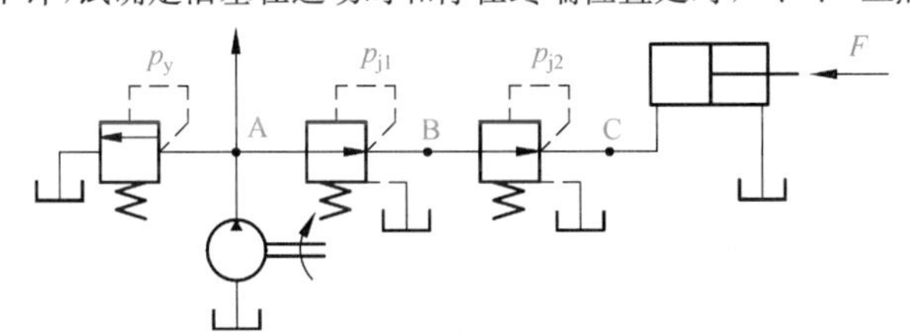

图6-45　题6-3图

6-4　如图6-46所示系统中，$A_1=80cm^2$，$A_2=40cm^2$，立式液压缸活塞与运动部件自重$F_g=6000N$，活塞在运动时的摩擦阻力$F_f=2000N$，向下进给时工作负载$F_R=24000N$。系统停止工作时，应保证活塞不因自重下滑。试求：(1) 顺序阀的最小调定压力是多少？(2) 溢流阀的最小调定压力是多少？

6-5　如图6-47所示回路中，已知：缸径$D=100mm$，活塞杆直径$d=70mm$，负载$F=25kN$。试问：(1) 欲使节流阀前、后压差为3×10^5Pa，溢流阀的压力p_p应调到多少？(2) 上述调定压力不变，当负载F降为15kN时，节流阀前后的压差为何值？(3) 当节流阀的最小稳定流量为$50\times10^{-3}L/min$时，缸的最低稳定速度是多少？(4) 若把节流阀装在进油路上，在缸的有杆腔接油箱时，活塞的最低稳定速度是多少？与问题(3)中的最低稳定速度相比较能说明什么问题？

6-6　如图6-48所示回路中，已知两液压缸的活塞面积相同，即$A=0.02m^2$，负载分别为$F_1=8\times10^4N$，$F_2=4\times10^4N$。设溢流阀的调整压力为$p_y=4.5MPa$，试分析减压阀调整压力值分别为1MPa、2MPa、4MPa时，两液压缸的动作情况。

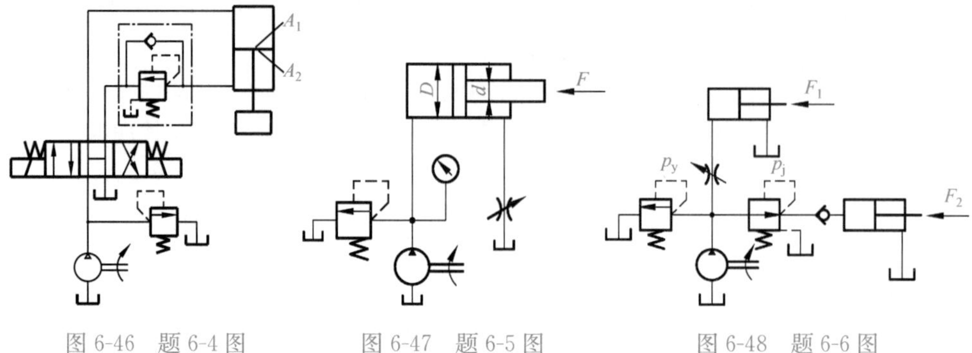

图 6-46 题 6-4 图　　图 6-47 题 6-5 图　　图 6-48 题 6-6 图

6-7 如图 6-49 所示的进油节流调速系统。已知：油缸内径为 105mm，活塞杆的直径为 40mm，油泵出口处溢流阀的调定压力为 7MPa，负载 $F=3\times10^4$N，油泵的流量为 25L/min，节流阀口为薄壁孔，节流阀的流量系数 $C_d=065$。油液的密度为 $\rho=900\mathrm{kg/m^3}$。负载的速度为 $v=0.5$m/min。试求：(1) 节流阀的压力降；(2) 节流阀的过流面积；(3) 节流损失、溢流损失；(4) 回路的总效率。

6-8 在如图 6-50 所示的液压回路中，采用限压式变量叶片泵供油，其调定了的流量压力特性曲线如图所示。$A_1=50\mathrm{cm^2}$，$A_2=25\mathrm{cm^2}$，当调速阀调定的流量为 $q_2=2.5$L/min 时，求：(1) 液压缸左腔的压力 p_1；(2) 当负载 $F=0$ 时，液压缸右腔的压力 p_2；(3) 当负载 $F=9000$N 时，液压缸右腔的压力 p_2。

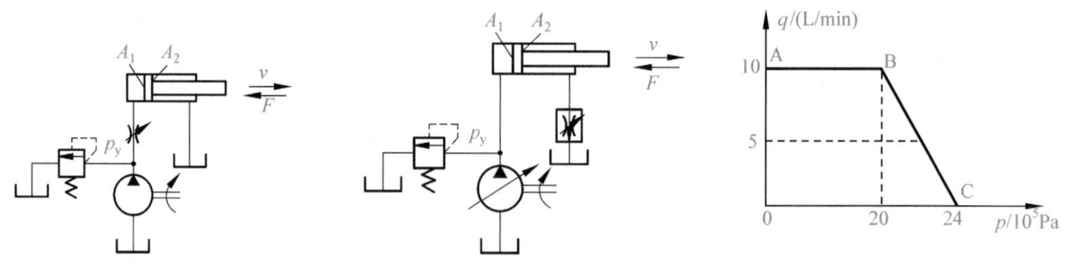

图 6-49 题 6-7 图　　图 6-50 题 6-8 图

6-9 如图 6-51 所示的节流阀回油节流调速回路中，已知：节流阀的流量特性 $q_j=4\sqrt{\Delta p_j}$（单位：q_j 为 L/min；Δp_j 为 10^5Pa）；定量泵的流量 $q_p=10$L/min；溢流阀调定压力 $p_y=9\times10^5$Pa；双出杆液压缸左右腔有效面积均为 $A=40\mathrm{cm^2}$。试求摩擦负载阻力 F 分别为 0、2kN、4kN 时，泵出口压力 p_p，缸的右腔压力 p_2，通过节流阀的流量 q_j；活塞移动速度 v，以及通过溢流阀的流量 q_y，并将答案填入表 6-1 中。

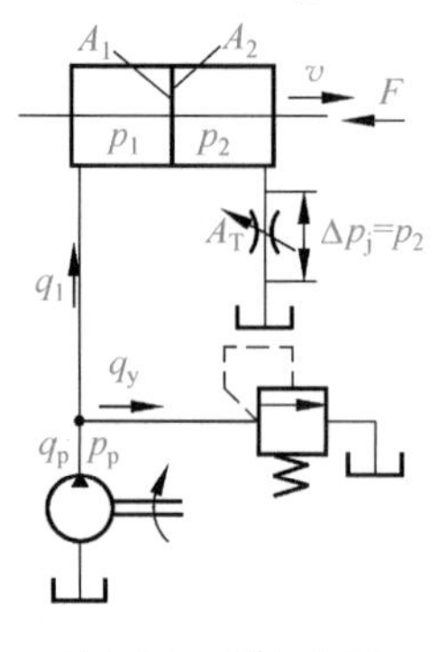

图 6-51 题 6-9 图

表 6-1

F/N	0	2000	4000
$p_p/10^5$Pa			
$p_2/10^5$Pa			
q_j/(L/min)			
v/(m/min)			
q_y/(L/min)			

6-10　如图 6-52 所示，由变量泵和定量马达组成调速回路，变量泵排量可在 2～50cm³/r 改变。泵转速为 1000r/min，马达排量为 50cm³/r，在压力为 10MPa 时，泵和马达的机械效率均为 0.85，泵和马达的泄漏量随工作压力的提高而线性增加，在压力为 10MPa 时，泄漏量均为1L/min。当工作压力为 10MPa 时，计算：(1) 液压马达最高和最低转速；(2) 液压马达的最大输出扭矩；(3) 液压马达最大输出功率；(4) 回路在最高转速下的总效率。

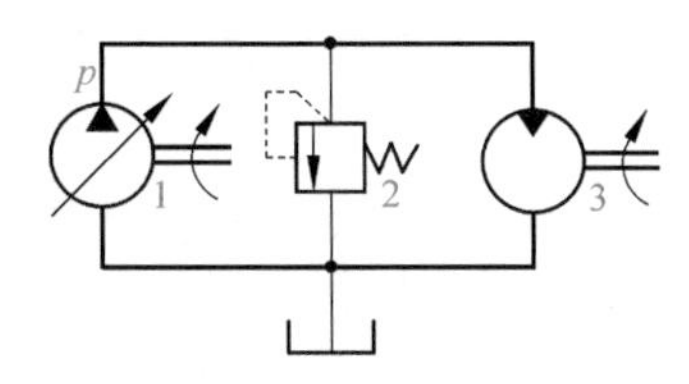

图 6-52　题 6-10 图

第7章

典型液压系统

液压传动系统是根据机械设备的工作要求，选用适当的液压基本回路经有机组合而成。阅读一个较复杂的液压系统图，大致可按以下步骤进行：

（1）了解机械设备工况对液压系统的要求，了解在工作循环中的各个工步对力、速度和方向这三个参数的质与量的要求。

（2）初读液压系统图，了解系统中包含哪些元件，且以执行元件为中心，将系统分解为若干个工作单元。

（3）先单独分析每一个子系统，了解其执行元件与相应的阀、泵之间的关系。参照电磁铁动作表和执行元件的动作要求，理清其液流路线。

（4）根据系统中对各执行元件间的互锁、同步、防干扰等要求，分析各子系统之间的联系以及如何实现这些要求。

（5）在全面读懂液压系统的基础上，根据系统所使用的基本回路的性能，对系统作综合分析，归纳总结整个液压系统的特点，以加深对液压系统的理解。

液压传动系统种类繁多，它的应用涉及机械制造、轻工、纺织、工程机械、船舶、航空航天等各个领域。总结其应用情况，液压传动系统的工况要求与特点可分为如表 7-1 所示的几种。

表 7-1　典型液压系统的工况要求与特点

系统名称	液压系统的工况要求与特点
以速度变换为主的液压系统（如组合机床系统）	（1）能实现工作部件的自动工作循环、生产率较高 （2）快进与工进时，其速度与负载相差较大 （3）要求进给速度平稳、刚性好，有较大的调速范围 （4）进给行程终点的重复位置精度高，有严格的顺序动作
以换向精度为主的液压系统（如磨床系统）	（1）要求运动平稳性高，有较低的稳定速度 （2）启动与制动迅速平稳、无冲击，有较高的换向频率 （3）换向精度高，换向前停留时间可调
以压力变换为主的液压系统（如液压机系统）	（1）系统压力要能经常变换调节，且能产生很大推力 （2）空程时速度大，加压时推力大，功率利用合理 （3）系统多采用高低压泵组合或恒功率变量泵供油，以满足空程与压制时，其速度与压力的变化
多个执行元件配合工作的液压系统（如机械手液压系统）	（1）在执行元件动作频繁换接，压力急剧变化下，系统足够可靠，避免误动作 （2）能实现严格的顺序动作，完成工作部件规定的工作循环 （3）满足各执行元件对速度、压力及换向精度的要求

7.1 组合机床动力滑台液压系统

微课

7.1.1 概述

组合机床是一种高效率的机械加工专用机床，它由一些通用部件和专用部件组成(图7-1)。动力滑台是组合机床用来实现进给运动的通用部件，只要配以不同用途的主轴头，即可完成钻、扩、铰、铣、镗、攻丝等加工工序以及完成多种复杂进给工作循环。

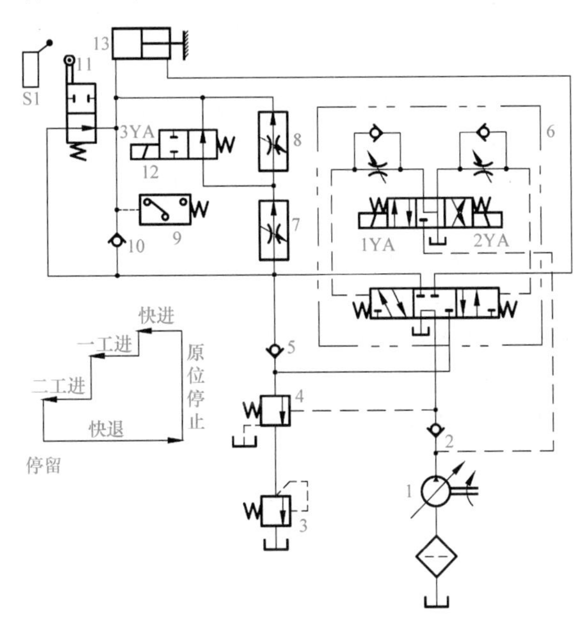

图7-1 YT4543型动力滑台液压系统图

1-液压泵；2、5、10-单向阀；3-背压阀；4-顺序阀；6、12-换向阀；7、8-调速阀；9-继电器；11-行程阀；13-液压缸

7-1

动力滑台有机械滑台和液压滑台之分，由于液压动力滑台的机械结构简单，配上电气后实现进给运动的自动工作循环容易，又可以很方便地对工进速度进行调节，因此其应用广泛。

7.1.2 YT4543型动力滑台液压系统的工作原理

图7-1为YT4543型动力滑台液压系统图。该系统采用限压式变量泵供油，用电液换向阀换向，用行程阀实现快进和工进速度的切换，用电磁阀实现两种工进速度的切换，用调速阀使进给速度稳定。在机械和电气的配合下，能够实现“快进→工进→死挡块停留→快退→原位停止”的半自动循环。其工作情况如下。

> **思考 7-1**
>
> 如果图7-1中的变量泵1改为定量泵，液压系统会有何不同？影响哪些动作？

1) 快进

按下启动按钮，电磁铁1YA通电，电液换向阀6左位接入系统，顺序阀4因系统压力不高处于关闭状态。这时液压缸作差动连接，且限压式变量泵1有最大输出流量。其油路为：

进油路　变量泵1→单向阀2→换向阀6(左位)→行程阀11(下位)→液压缸左腔

回油路　液压缸右腔→换向阀6(左位)→单向阀5→行程阀11(下位)→液压缸左腔

2) 第一次工作进给

当滑台快速前进到预定位置时,滑台上的行程挡块压下行程阀 11,切断了油液由行程阀进入液压缸油路,使压力油经调速阀 7 进入液压缸的左腔,系统压力升高。系统压力的升高,一方面使液控顺序阀 4 打开;另一方面限压式变量泵自动减小其输出流量,以便与一工进调速阀 7 的开口相适应,这时进入液压缸无杆腔的流量就由调速阀 7 的开口大小决定。这样滑台由快速运动转换为第一次工作进给运动,其油路为:

进油路　变量泵 1→单向阀 2→换向阀 6(左位)→调速阀 7→换向阀 12(右位)→液压缸左腔

回油路　液压缸(右腔)→换向阀 6(左位)→顺序阀 4→背压阀 3→油箱

3) 第二次工作进给

当第一次工作进给结束后,行程挡块压下行程开关 SI 使电磁铁 3YA 通电,二位二通换向阀 12 将通路切断,此时油液需经调速阀 7 和 8 进入液压缸无杆腔,由于调速阀 8 的开口量小于阀 7,所以滑台进给速度进一步降低,实现第二次工作进给。油路情况与一工进相似。

4) 死挡块停留及动力滑台快退

当滑台完成第二次工作进给碰到死挡块后停止运动,系统压力将进一步升高,当压力升高到根据工艺要求确定的压力继电器 9 的调定值时,压力继电器发出信号给时间继电器,使滑台在死挡块处停留一段时间后再开始下一动作,停留时间由时间继电器来调定。

滑台停留时间结束后,时间继电器发出滑台快退信号,使电磁铁 1YA 断电,2YA 通电,电液换向阀右位接入系统。因滑台快退时负载小,系统压力低,使限压变量泵的流量自动恢复到最大,滑台快速退回。其油路为:

进油路　变量泵 1→单向阀 2→换向阀 6(右位)→液压缸右腔

回油路　液压缸左腔→单向阀 10→换向阀 6(右位)→油箱

5) 动力滑台原位停止

滑台快速退回到原位,行程挡块压下行程开关,发出信号,使电磁铁 1YA、2YA 和 3YA 全部断电,换向阀 6 处于中位,滑台停止运动。此时液压泵输出的液压油经单向阀 2 和换向阀 6 中位流回油箱,在低压下卸荷。

根据上述工作过程,可绘制动力滑台液压系统的动作循环表,如表 7-2 所示。

表 7-2　**YT4543 型动力滑台液压系统的动作循环表**

控制元件 / 动作	电磁铁			压力继电器 9	行程阀 11
	1YA	2YA	3YA		
快进	+	−	−	−	接通
第一次工进	+	−	−	−	切断
第二次工进	+	−	+	−	切断
死挡块停留	+	−	+	+	切断
快退	−	+	−	−	切断→接通
原位停止	−	−	−	−	接通

7.1.3 YT4543型动力滑台液压系统的特点

YT4543型动力滑台的液压系统主要由下列一些基本回路组成：

(1) 由限压式变量叶片泵、调速阀和背压阀组成的容积节流调速回路。

(2) 差动连接式快速运动回路。

(3) 电液换向阀式换向回路。

(4) 由行程阀、电磁阀和液控顺序阀等联合控制的速度换接回路。

(5) 中位为M形机能的三位换向阀式卸荷回路。

YT4543型动力滑台液压系统具有以下一些特点：

(1) 采用了限压式变量叶片泵和调速阀组成的进口容积节流调速回路，并在回路中设置了背压阀。这样，既能保证系统调速范围大、低速稳定好，又可使滑台能承受一定的与运动方向一致的切削力。

(2) 采用限压式变量泵和油缸差动连接实现快进，能量利用比较合理。滑台停止运动时，换向阀使液压泵在低压下卸荷，减少能量损耗。

(3) 采用了行程阀和液控顺序阀实现快进与工进的速度换接，不仅简化了油路，而且使转换动作平稳可靠，换接精度也比电气控制式高。至于两个工进之间的换接则由于两者速度都较低，采用电磁阀完全能保证换接精度。

7.2 M1432A型万能外圆磨床的液压系统

7.2.1 概述

万能外圆磨床主要用于磨削圆柱形或圆锥形外圆表面，加上附件还可以磨削内圆表面。这种机床除了砂轮与工件的旋转由电动机驱动，其他如工作台带动工件的直线往复运动、砂轮架的快进快退和间隙进给运动、尾架顶尖的退缩运动等均由液压系统完成。在所有的运动中，以工作台往复运动的要求最高：不但应具有较宽的调速范围，能自动换向，还应保证换向过程平稳，换向精度高，换向端点能停留，工作台可作微量抖动等。为此常采用由机液换向阀构成的行程制动式换向回路来实现工作台往复运动过程中的精确、平稳换向。

7.2.2 M1432型外圆磨床液压系统工作原理

1. 工作台的往复运动

在M1432A型万能外圆磨床液压系统中，工作台液压缸为双杆活塞缸，活塞杆固定而缸筒移动。在图7-2所示状态下，开停阀、先导阀和换向阀都处于右端位置，工作台向右运动。其主油路的油液流动情况为：

进油路　液压泵→换向阀(右位)→工作台液压缸右腔

回油路　工作台液压缸左腔→换向阀(右位)→先导阀(右位)→开停阀(右位)→节流阀→油箱

当工作台向右移动到预定位置时，工作台上的左挡块拨动先导阀阀芯，使它向左移动并最终处于左端位置上。这时控制油路上的 a_2 点接通高压油、a_1 点接通油箱，使换向阀阀芯也处于左端位置上，工作台向左移动。主油路油液流动情况变为：

进油路　液压泵→换向阀(左位)→工作台液压缸左腔

回油路　工作台液压缸右腔→换向阀(左位)→先导阀(左位)→开停阀(右位)→节流阀→油箱

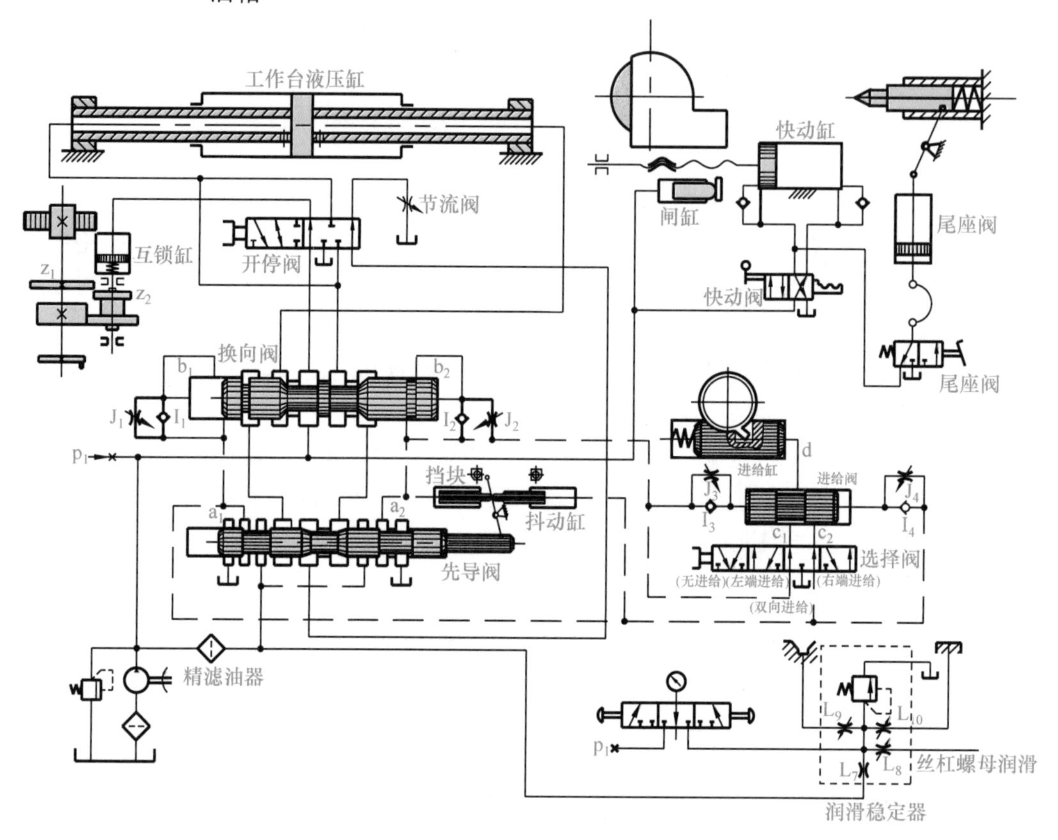

图 7-2　M1432A 型万能外圆磨床液压系统

7-2

当工作台向左移动到预定位置时，其上右挡块碰上先导阀的拨杆后，进行与上述情况相反的变换，使工作台又改变方向向右运动。工作台如此不停地往复运动，直至开停阀拨向左位时才停止。

2. 工作台换向过程

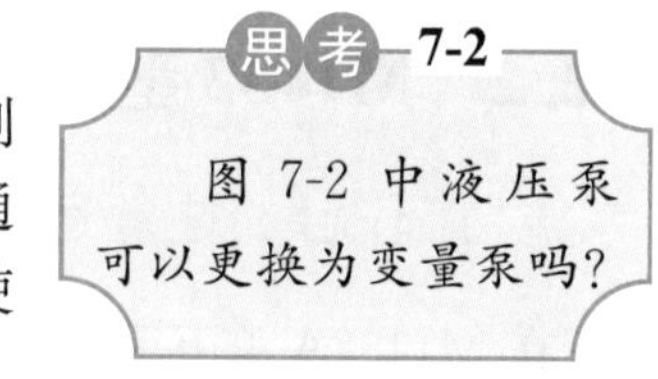

思考 7-2

图 7-2 中液压泵可以更换为变量泵吗？

工作台换向时，先导阀先受到挡块的操纵而移动，接着又受到抖动缸的操纵而产生快跳；换向阀的控制油路则先后三次变换通流情况，使其阀芯产生第一次快跳、慢速移动和第二次快跳，致使工作台的换向经历了迅速制动、停留和迅速反向启动三个阶段。其具体过程如下。

当图 7-2 中的先导阀被拨杆推着向左移动时，先导阀的右制动锥逐渐将通向节流阀的通道关小，使工作台减速，实现预制动。当工作台挡块推动先导阀直到其阀芯右部环形槽使 a_2 点接通高压油，左部环形槽使 a_1 点接通油箱时，控制油路被切换。这时左、右抖动缸便推动先导阀阀芯向左快跳，此时左、右抖动缸进回油路为：

进油路　液压泵→精滤油器→先导阀(左位)→左抖动缸

回油路　　右抖动缸→先导阀(左位)→油箱

由此可见,由于抖动缸的作用引起先导阀的快跳,换向阀两端的控制油路一旦切换就迅速打开,为换向阀阀芯快速移动创造了液流流动条件,由于阀芯右端接通高压油,使液动换向阀阀芯开始向左移动,即

进油路　　液压泵→精滤油器→先导阀(左位)→单向阀 I_2→换向阀阀芯右端

而液动换向阀阀芯左端通向油箱的油路先后有以下三种接通情况。

(1) 开始阶段的情况如图7-2所示,此时回油路线为:

回油路(变换之一)　　液动换向阀阀芯左端→先导阀(左位)→油箱

由于回油路畅通无阻,阀芯移动速度很大,换向阀出现第一次快跳,右部制动锥很快地关小主回油路通道,使工作台迅速制动。

(2) 当换向阀阀芯快速移过一小段距离后,它的中部台肩移到阀体中间沉割槽处,使液压缸两腔油路相通,工作台停止运动。此后换向阀阀芯在压力油作用下继续左移,直通先导阀的通道被切断,回油流动路线改为:

回油路(变换之二)　　液动换向阀阀芯左端→节流阀 J_1→先导阀(左位)→油箱

这时阀芯按节流阀(也叫停留阀)J_1 调定的速度慢速移动。由于阀体上的沉割槽宽度大于阀芯中部台肩的宽度,液压缸两腔油路在阀芯慢速移动期间继续保持相通,使工作台的停止持续一段时间(可在0～5s调整),这就是工作台在其反向前的端点停留。

(3) 当阀芯慢速移动到其左部环形槽和先导阀相连的通道接通时,回油流动路线又变成:

回油路(变换之三)　　液动换向阀阀芯左端→通道 b_1→换向阀左部环形槽→先导阀(左位)→油箱

这时,回油路又畅通无阻,阀芯出现第二次快跳,主油路被迅速切换,工作台迅速反向启动,最终完成了全部换向过程。

反向时,先导阀和换向阀自左向右移动的换向过程与上述相同,不同的是 a_2 点接通油箱而 a_1 点接通高压油。

3. 工作台的抖动

工作台的抖动即为工作台短行程换向,其过程与上述相同,只是工作台左右挡块之间距离很小,差不多夹持拨杆,使先导阀阀芯几乎处于中间对称位置。由于抖动缸的作用,先导阀阀芯只要稍微偏离其中间位置,就可以使控制油路和主油路切换,使工作台实现高频率短行程换向。

4. 砂轮架的快进快退和周期进给运动

砂轮架的快速进退由快动阀操纵,由快动缸来实现,快进的终点位置是靠活塞与缸盖的接触来保证的。为了防止砂轮架进退到终点时出现冲击和提高快进运动的重复定位精度,快动缸的两端设有缓冲装置,并设有抵住砂轮架的闸缸,用以消除丝杠和螺母间的间隙。

砂轮架的周期进给运动由进给阀操纵,由砂轮进给缸通过其活塞上的拨爪棘轮、齿轮、丝杠螺母等传动副来实现。砂轮的周期进给运动可以在工件左端停留时进行(左进给),可以在工件右端停留时进行(右进给),也可以在工件两端停留时进行(双向进给),也可以不进行(无进给),这些都由选择阀的位置确定。在图示状态下,选择阀选定的是“双向进给”,进给阀在操

纵油路的 a_1 和 a_2 点每次相互变换压力时,向左或向右移动一次(因为通道 d 与通道 c_1 和 c_2 各接通一次),于是砂轮架便作一次间隙进给。进给量的大小由拨爪棘轮机构调整,进给快慢及平稳性则通过调节节流阀 J_3、J_4 来保证。

5. 工作台液动和手动互锁

工作台液动和手动互锁由互锁缸来实现。当开停阀处于图 7-2 所示位置时,互锁缸内通入液压油,推动活塞使齿轮 z_1 和 z_2 脱开,工作台运动时就不会带动手轮转动。当开停阀左位接入系统时,互锁缸接通油箱,活塞在弹簧作用下移动,使 z_1 和 z_2 啮合,工作台就可以通过摇动手轮来移动,以调整工件。

6. 尾架顶尖的退出

尾架顶尖的退出由一个脚踏式尾架阀操纵,由尾架缸来实现。为了确保安全,尾架顶尖只有在砂轮架快退后才能后退松开工件,所以快动阀只有在其左位接入时,压力油才能通向尾架阀。

7. 机床的润滑

液压泵输出的油液有一部分经精滤油器到达润滑稳定器,经稳定器进行压力调节及分流后,送至导轨、丝杠螺母、轴承等处进行润滑。

7.2.3 M1432A 万能外圆磨床液压系统的特点

(1) 采用了活塞杆固定式双杆液压缸,既保证了左、右两个方向运动速度一致,又减少了机床的占地面积。

(2) 采用了结构简单的节流阀式调速回路,功率损失小,这对调速范围不大,负载较小且基本恒定的磨床来说是合适的。此外,由于采用了回油节流调速回路,液压缸回油中有背压,有助于工作稳定和加速工作台的制动。

(3) 采用了将先导阀、换向阀、开停阀、节流阀等集合于一个共同阀体的专用液压操纵箱来控制工作台启停、直线往复运动、换向、停留和速度调节等多种运动,结构紧凑,操纵方便,换向精度和换向平稳性都较高。

(4) 采用了具有抖动缸的液压操纵箱,可实现工作台的抖动,并保证了低速换向的可靠性。

7.3 压力机液压系统

微课

7.3.1 概述

压力机是锻压、冲压、冷挤压、校直、弯曲、粉末冶金、成形、打包等加工工艺中广泛应用的压力加工机械设备。液压压力机(简称液压机)是压力机的一种类型,它通过液压系统产生很大的静压力实现对工件进行挤压、校直、冷弯等加工。液压机的结构类型有单柱式、三柱式、四柱式等形式,其中以四柱式液压机最为典型,它主要由横梁、导柱、工作台、上滑块和下滑块顶出机构等部件组成,结构原理图如图 7-3(a)所示。

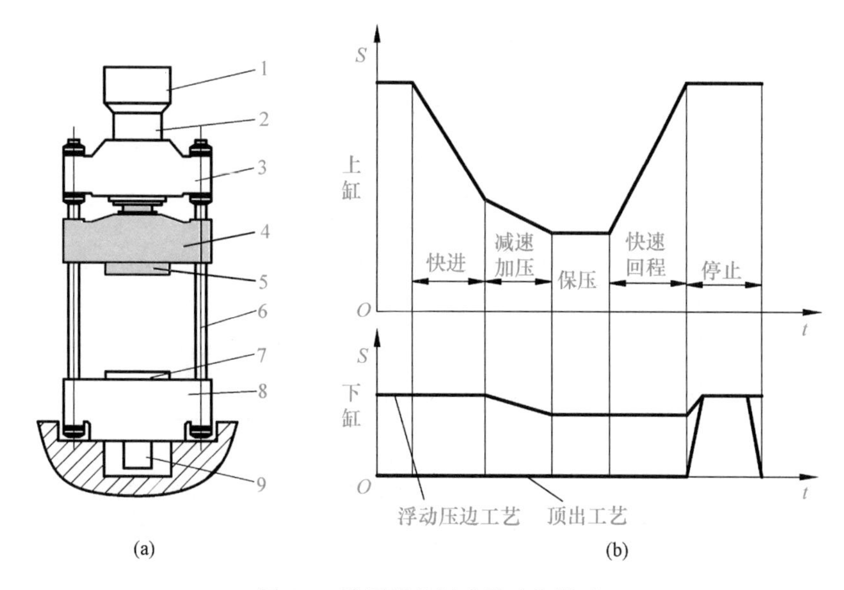

图 7-3　液压机的组成及动作循环

1-充液箱；2-上缸；3-上横梁；4-上滑块；5-上滑块模具；6-导向立柱；7-下滑块模具；8-下横梁；9-顶出缸

液压机的主要运动是上滑块机构和下滑块顶出机构的运动，上滑块机构由主液压缸（上缸）驱动，顶出机构由辅助液压缸（下缸）驱动。液压机的上滑块机构通过四个导柱导向、主缸驱动，实现上滑块机构"快速下行→慢速加压→保压延时→快速回程→原位停止"的动作循环。下缸布置在工作台中间孔内，驱动下滑块顶出机构实现"向上顶出→向下退回"或"浮动压边下行→停止→顶出"的两种动作循环，如图 7-3(b)所示。液压机液压系统以压力控制为主，系统具有高压、大流量、大功率的特点。如何提高系统效率，防止系统产生液压冲击是该系统设计中需要注意的问题。

7.3.2　3150kN 通用液压机液压系统工作原理及特点

1. 工作原理

图 7-4 所示为 3150kN 通用液压机的液压系统图。系统有两个泵，主泵 1 是一个高压、大流量恒功率（压力补偿）变量泵，最高工作压力由溢流阀 4 的远程调压阀 5 调定；辅助泵 2 是一个低压、小流量定量泵，用于供应液动阀的控制油，其压力由溢流阀 3 调整。

液压机的液压系统实现空载启动：按下启动按钮后，液压泵启动，此时所有电磁阀的电磁铁都处于失电状态，主泵 1 输出的油液经三位四通电液换向阀 6 及阀 20 中位流回油箱，泵卸荷。

液压系统在连续实现上述自动工作循环时，主液压缸（上缸）的工作情况如下。

1) 快速下行

快速下行时，电磁铁 1YA、5YA 得电，电液换向阀 6 左位接入系统，控制油液经电磁阀 8 右位使液控单向阀 9 打开，上缸带动上滑块实现空载快速运动。

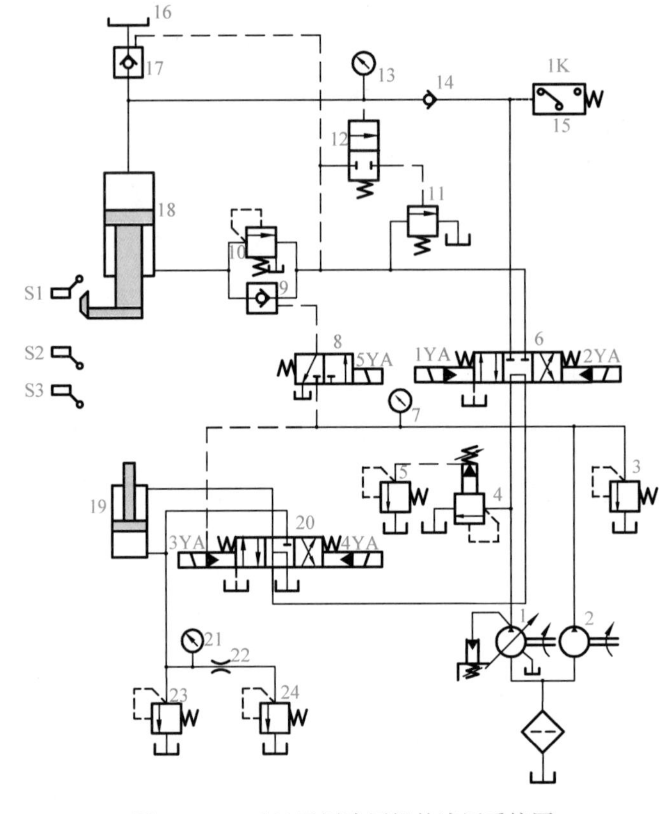

图 7-4 3150kN 通用液压机的液压系统图

1-主泵；2-辅助泵；3、4、23-溢流阀；5-远程调压阀；6、20-电液换向阀；7、13、21-压力表；8-电磁换向阀；9-液控单向阀；10、24-背压阀；11-顺序阀；12-液控滑阀；14-单向阀；15-压力继电器；16-油箱；17-充液阀；18-上缸；19-顶出缸；22-节流器

7-4

在上缸 18 下行的初始阶段，由于上缸竖直安放，且滑块的重量较大，上缸在上滑块自重作用下快速下降，此时泵 1 虽处于最大流量状态，但仍不能满足上缸快速下降的流量需要，因而在上缸上腔会形成负压，上部油箱 16 的油液在一定的外部压力作用下，经液控单向阀 17(充液阀)进入上缸上腔，实现对上缸上腔的补油。此时系统的油液流动情况为：

进油路　主泵 1→换向阀 6 左位→单向阀 14→上缸 18 上腔
　　　　油箱 16→液控单向阀 17→（上缸 18 上腔）

回油路　上缸 18 下腔→液控单向阀 9→换向阀 6 左位→换向阀 20 中位→油箱

2) 慢速下行、加压

当上滑块降至一定位置时(事先调好)，压下行程开关 S2 后，电磁铁 5YA 失电，阀 8 左位接入系统，使液控单向阀 9 关闭，上缸下腔油液经背压阀 10、阀 6 左位、阀 20 中位回油箱。这时，上缸上腔压力升高，充液阀 17 关闭。上缸滑块在泵 1 供给的压力油作用下慢速接近工件。当上缸滑块组件接触工件后，阻力急剧增加，上腔油液压力进一步升高，泵 1 的输出流量自动减小。此时系统的油液流动情况为：

进油路　主泵 1→换向阀 6 左位→单向阀 14→上缸 18 上腔

回油路　上缸 18 下腔→背压阀 10→换向阀 6 左位→换向阀 20 中位→油箱

3) 保压延时

当上缸上腔压力达到预定值时，压力继电器 15 发出信号，使电磁铁 1YA 失电，阀 6 回中位，上缸的上、下腔封闭，由于阀 17 和 14 具有良好的密封性能，使上缸上腔实现保压，其保压时间由压力继电器 15 控制的时间继电器(图中未画出)调整实现。在上腔保压期间，主泵 1 经由阀 6 和 20 的中位卸荷。

4) 泄压、快速返回

当保压过程结束后，时间继电器发出信号，使电磁铁 2YA 得电，电液换向阀 6 右位接入系统。由于上缸上腔压力很高，所以当阀 6 很快切换至回程位置时，会使回程开始的短时间内主泵 1 及上缸 18 下腔的油压升得很高，以至引起冲击和振动，因此保压后必须先使上缸上腔逐渐泄压然后再回程。因此回程开始时，上缸上腔高压油使液动换向阀 12 上位接入系统，泵 1 输出的压力油经阀 6 右位、阀 12 上位使外控顺序阀 11 开启，泵 1 输出油液经顺序阀 11 流回油箱，泵 1 在低压下工作。由于充液阀 17 的阀芯为复合式结构，具有先卸荷再开启的功能，所以阀 17 在泵 1 较低压力作用下，只能打开其阀芯上的卸荷针阀，使上缸上腔的很小一部分油液经充液阀 17 流回油箱 16，上腔压力逐渐降低，当该压力降到一定值后，阀 12 下位接入系统，外控顺序阀 11 关闭，泵 1 供油压力升高，使阀 17 完全打开。此时系统的油液流动情况为：

进油路　泵 1→换向阀 6 右位→单向阀 9→上缸下腔

回油路　上缸上腔→单向阀 17→上部油箱 16

5) 原位停止

当上缸滑块上升至行程挡块压下行程开关 S1 时，电磁铁 2YA 失电，换向阀 6 中位接入系统，液控单向阀 9 将上缸下腔封闭，上缸原位停止不动。泵 1 输出油液经阀 6、阀 20 中位回油箱，泵 1 卸荷。

液压机辅助液压缸(下缸)的工作情况如下。

1) 上行顶出、停留

当电磁铁 4YA 通电使下缸换向阀 20 右位接入系统时，下缸带动下滑块向上顶出。其油液流动情况为：

进油路　泵 1→换向阀 6 中位→换向阀 20 右位→下缸 19 下腔

回油路　下缸 19 上腔→换向阀 20 右位→油箱

当下滑块上移至下缸活塞碰到其上缸盖时，便停留在这个位置上。此时，下缸下腔压力由溢流阀 23 调定。

2) 下行退回

当电磁铁 4YA 断电，3YA 通电时，下缸快速退回。此时油液流动情况为：

进油路　泵 1→换向阀 6 中位→换向阀 20 左位→下缸 19 上腔

回油路　下缸 19 下腔→换向阀 20 左位→油箱

作薄板拉伸压边时，要求下缸作为液压垫工作，即在上缸加压前下缸活塞先上升到一定位置停留，上缸加压时，下缸既保持一定压力，又能随上缸滑块的下压而下降(浮动压边)。这时，换向阀 20 处于中位，由于上缸的压紧力远远大于下缸往上的上顶力，上缸滑块下压时下缸活塞被迫随之下行，下缸下腔油液经节流器 22 和背压阀 24 流回油箱。调节背压阀 24 的开启压力大小即可起到改变浮动压边力大小的作用。下缸上腔则经阀 20 中位从油箱补油。此时，溢流阀 23 为下缸下腔安全阀，只有在下缸下腔压力过载时才起作用。

该液压机完成上述动作的电磁铁动作如图 7-5 所示。

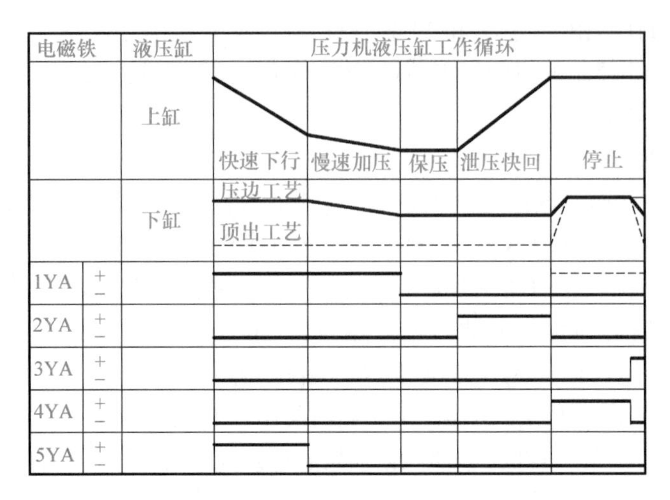

图 7-5 3150kN 通用液压机电磁铁动作顺序图

1YA 中的虚线表示浮动压边阶段,1YA 得电

2. 液压系统的主要特点

(1) 系统采用高压大流量恒功率(压力补偿)变量泵供油,并利用电液换向阀的中位机能实现空载启动及原位停止时的卸荷,这样既符合液压机的工作要求,又节省能源。

(2) 系统利用上缸活塞、滑块自重的作用实现快速下行,并利用充液油箱和液控单向阀对上缸充液,从而减小泵的流量,简化油路结构。

(3) 系统中采用了单向阀 14 保压及由外控顺序阀 11 和带卸荷阀芯的充液阀 17 组成泄压回路,结构简单,减小了由保压转换为快速回程时的液压冲击。

(4) 系统利用管道和油液的弹性变形来保压,方法简单,但对液控单向阀和液压缸等元件的密封性能要求较高。

(5) 系统中上、下两缸的动作协调由两换向阀 6 和 20 的互锁来保证,以确保操作安全。

7.3.3 3150kN 液压机插装阀集成系统原理

插装阀具有密封性好、通流能力大、压力损失小、易于集成化等优点,在液压机中得到广泛的应用。3150kN 液压机插装阀集成系统如图 7-6 所示。系统包括五个插装阀集成块:由 F1、F2 组成进油调压回路,F1 为单向阀,用以防止系统中的油液向泵倒流,F2 的先导溢流阀 2 用来调整系统压力,先导溢流阀 1 用于限制系统最高压力,缓冲阀 3 与电磁换向阀 4 配合,用于液压泵卸载、升压缓冲;由 F3、F4 组成上缸上腔油液三通回路,先导溢流阀 6 为上缸上腔安全阀,缓冲阀 7 与电磁换向阀 8 配合,用于上缸上腔泄压缓冲;由 F5、F6 组成上缸下腔油液三通回路,先导溢流阀 11 用于调整上缸下腔平衡压力,先导溢流阀 10 为上缸下腔安全阀;由 F7、F8 组成下缸上腔油液三通回路,先导溢流阀 15 为下缸上腔安全阀,单向阀 14 用于下缸作为液压垫,活塞浮动下行时上腔补油;由 F9、F10 组成下缸下腔油液三通回路,先导溢流阀 18 为下缸下腔安全阀。另外,进油主阀 F3、F5、F7、F9 的控制油路上都有一个压力选择梭阀,用于保证锥阀关闭可靠,防止反压使之开启。

系统实现图 7-3(b)所示的自动工作循环时,主液压缸(上缸)的工作循环如下。

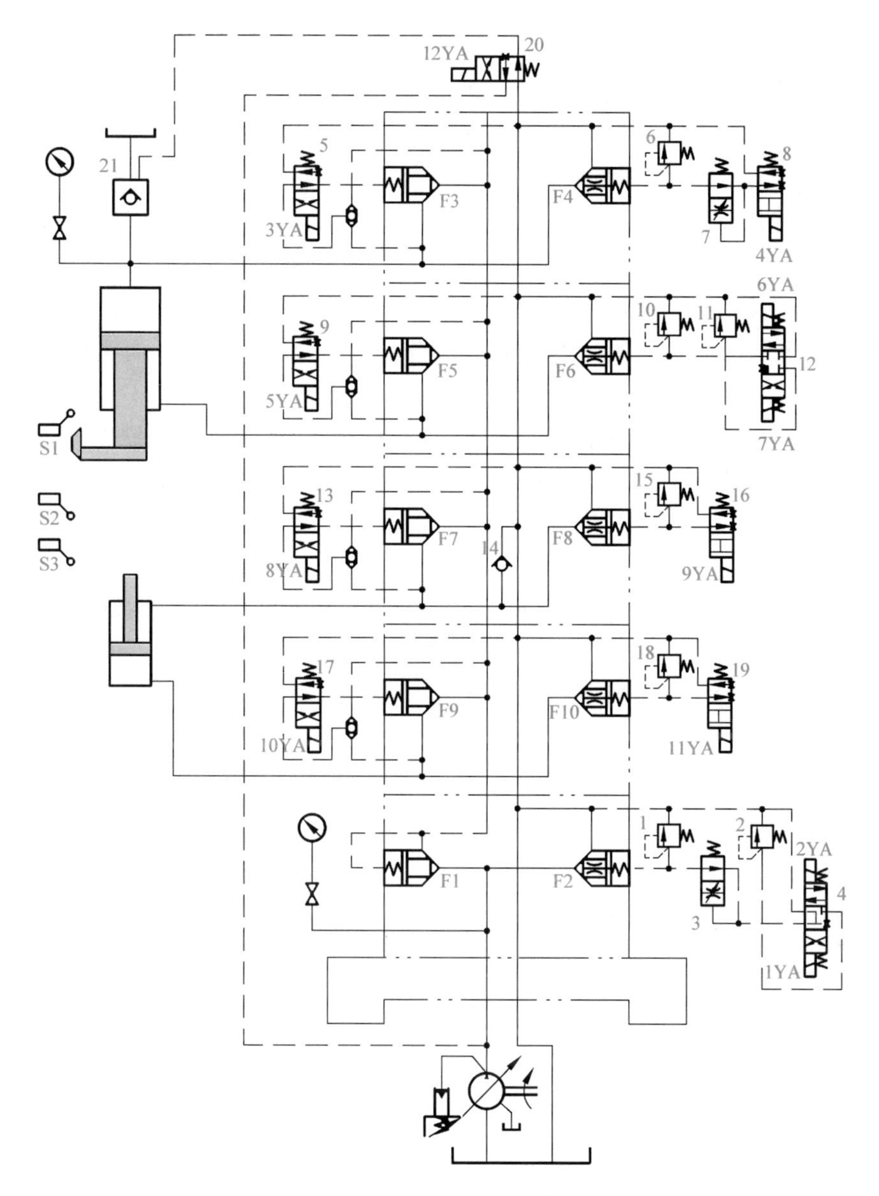

图7-6 3150kN液压机插装阀集成系统图

1) 快速下行

液压泵启动后，按下双手工作按钮，电磁铁1YA、3YA、6YA通电，插装阀F2关闭，F3、F6开启，液压泵向系统供油，输出油液经阀F1、F3进入上缸上腔，上缸下腔油液经阀F6快速排回油箱。于是液压机上滑块在自重作用下加速下行，上缸上腔产生负压，通过充液阀21从上部油箱充液。

2) 慢速下行、加压

当上滑块降至一定位置时，压下行程开关S2后，电磁铁6YA失电，7YA得电，插装阀F6的控制腔与先导溢流阀11接通，上缸下腔的油液经阀F6在阀11调定压力下溢流，因而下腔产生一定的背压，上腔压力随之升高，使充液阀21关闭。进入上缸上腔的油液仅为液压泵的流量，滑块慢速下行。

当上滑块慢速下行碰上工件时，上缸上腔压力升高，变量泵输出流量自动减小。当压力升至先导溢流阀2调定压力时，液压泵输出的流量全部经阀F2溢流回油箱，滑块停止运动。

3）保压延时

当上缸上腔压力达到所要求的工作压力后，电接点压力表发出信号，使电磁铁1YA、3YA、7YA全部失电，阀F3、F6关闭。上缸上腔闭锁，实现保压。同时阀F2开启，液压泵卸荷。

4）泄压、快速返回

当保压过程结束后，时间继电器发出信号，使电磁铁4YA得电，阀F4控制腔通过缓冲阀7及电磁换向阀8与油箱相通，由于缓冲阀7的作用，阀4缓慢开启，从而实现上缸上腔无冲击泄压。

上缸上腔压力降低至一定值后，电接点压力表发出信号，使电磁铁2YA、4YA、5YA、12YA得电，阀F2关闭，阀F4、F5开启，充液阀21开启，压力油经阀F1、阀F5进入上缸下腔，上缸上腔油液经充液阀21和阀F4分别流回上部油箱和主油箱。上缸实现回程。

5）原位停止

当上缸快速回程到上端点时，行程开关S1发出信号，使所有电磁铁都断电，阀F2开启，液压泵卸载。阀F5将上缸下腔封闭，上缸停止运动。

液压机辅助液压缸（下缸）的工作情况如下。

1）上行顶出

工件压制完毕后，按下顶出按钮，使电磁阀2YA、9YA、10YA得电，插装阀F8、F9开启，压力油经F1、F9进入下缸下腔，下缸上腔油液经阀F8排回油箱，实现顶出。

2）下行退回

把工件顶出模子后，按下退回按钮，使电磁铁9YA、10YA断电，2YA、8YA、11YA通电，阀F7、F10开启，压力油经阀F1、F7进入下缸上腔，下腔油液经阀F10排回油箱，实现退回。

7.4 机械手液压系统

7.4.1 概述

机械手是模仿人的手部动作，按给定程序、轨迹和要求实现自动抓取、搬运和操作的自动装置，属于典型的机电一体化产品。特别是在高温、高压、多粉尘、易燃、易爆、放射性等恶劣环境，以及笨重、单调、频繁的操作中，机械手能代替人作业，因此获得日益广泛的应用。

机械手一般由执行机构、驱动系统、控制系统及检测装置三大部分组成，智能机械手还具有感觉系统和智能系统。驱动系统多数采用电液（气）机联合传动。

本节介绍的JS01工业机械手属于圆柱坐标式、全液压驱动机械手，具有手臂升降、伸缩、回转和手腕回转四个自由度。执行机构相应由手部、手腕、手臂伸缩机构、手臂升降机构、手臂回转机构和回转定位装置等组成，每一部分均由液压缸驱动与控制。该机械手完成的动作循环为：

插定位销→手臂前伸→手指张开→手指夹紧抓料→手臂上升→手臂缩回→手腕回转180°→拔定位销→手臂回转95°→插定位销→手臂前伸→手臂中停（此时主机夹头下降夹料）→手指松开（此时主机夹头夹料上升）→手指闭合→手臂缩回→手臂下降→手腕回转复位→拔定位销→手臂回转复位→待料、液压泵卸荷

7.4.2 JS01 工业机械手液压系统工作原理及特点

1. 工作原理

图 7-7 所示为 JS01 工业机械手液压系统原理图。系统采用双联泵 1、2 供油，泵的额定压力为 6.3MPa，大泵 1 流量为 35L/min，小泵 2 流量为 18L/min，其压力分别由溢流阀 3 和 4 控制。减压阀 8 用于设定定位缸与控制油路所需的较低压力(1.5～1.8MPa)，单向阀 5 和 6 分别用于保护泵 1 和泵 2。系统的工作情况如下。

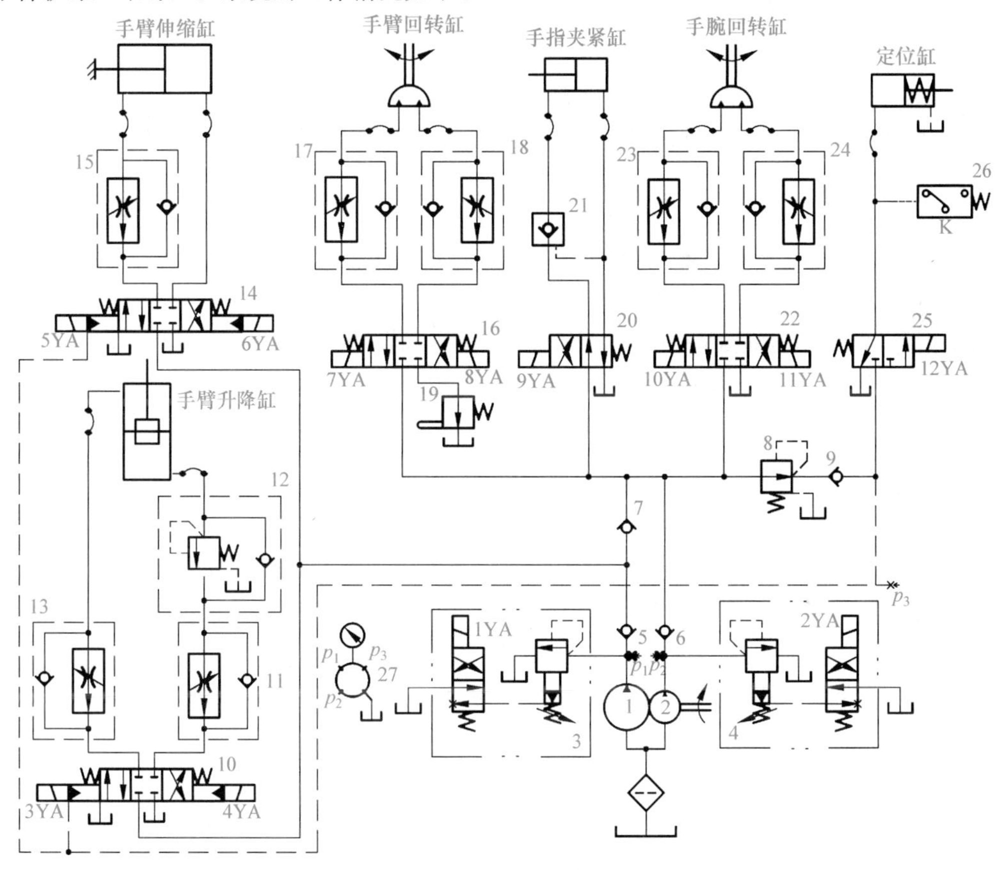

图 7-7 工业机械手液压系统原理图

1) *插销定位*

按下油泵启动按钮后，双联叶片泵 1、2 同时供油，电磁铁 1YA、2YA 通电，油液经溢流阀 3 和 4 至油箱，机械手处于待料卸荷状态。

当棒料到达待上料位置，启动程序动作。电磁铁 2YA 断电，则泵 2 停止卸荷。同时电磁铁 12YA 通电，定位缸接入油路。其油路为：

进油路　泵 2→单向阀 6 →减压阀 8→单向阀 9→电磁阀 25(右位)→定位缸左腔

2) *手臂前伸*

插销定位后，此支路油压升高，使继电器 K26 发出信号，电磁铁 1YA 断电、5YA 通电，泵 1、2 油液经相应的单向阀汇流到电液换向阀 14 左位，进入手臂伸缩缸右腔。其油路为：

进油路　泵 1 ⟶ 单向阀 5 ⟶ 电磁阀 14(左位)→手臂伸缩缸右腔

　　　　泵 2 → 单向阀 6 → 单向阀 7 ↗

回油路　手臂伸缩缸左腔→单向调速阀 15→电磁阀 14(左位)→油箱

3) 手指张开

手臂前伸至适当位置后,行程开关发出信号,使电磁铁 1YA 、9YA 得电,泵 1 卸荷,泵 2 油液经单向阀 6、电磁阀 20 进入手指夹紧缸,使机械手指张开。油路为:

进油路　泵 2→单向阀 6→电磁阀 20(左位)→手指夹紧缸右腔

回油路　手指夹紧缸左腔→液控单向阀 21→电磁阀 20(左位)→油箱

4) 手指抓料

手指张开后,时间继电器延时。待棒料由送料机构送到手指区域时,继电器发出信号使电磁铁 9YA 断电,泵 2 的压力油通过阀 20 的右位进入手指夹紧缸的左腔,使手指夹紧棒料。其油路为:

进油路　泵 2→单向阀 6→电磁阀 20(右位)→液控单向阀 21→手指夹紧缸左腔

回油路　手指夹紧缸右腔→电磁阀 20(右位)→油箱

5) 手臂上升

当手指抓料后,电磁铁 3YA 得电,泵 1 和泵 2 同时供油到手臂升降缸,手臂上升。其油路为:

进油路　泵 2 → 单向阀 6 → 单向阀 7 ↘

　　　　泵 1→单向阀 5→电磁阀 10(左位)→单向调速阀 11→单向顺序阀 12→手臂升降缸下腔

回油路　手臂升降缸上腔→单向顺序阀 13→电磁阀 10(左位)→油箱

6) 手臂缩回

手臂上升至预定位置,触及行程开关,使电磁铁 3YA 断电、6YA 得电,泵 1、2 油液一起由电磁阀 14 右位,经单向调速阀 15 进入伸缩缸左腔,而缸右腔油液经电磁阀 14 右位流回油箱,手臂快速缩回。

7) 手腕回转

当手臂上的挡块碰到行程开关时,电磁铁 6YA 断电,电磁阀 14 复位,同时电磁铁 1YA、10YA 通电。此时泵 2 单独给手腕回转缸供油,使手腕回转 180°。其油路为:

进油路　泵 2→单向阀 6→电磁阀 22(左位)→单向调速阀 24→手腕回转缸右腔

回油路　手腕回转缸左腔→单向调速阀 23→电磁阀 22(左位)→油箱

8) 拔定位销

当手腕上的挡块碰到行程开关时,电磁铁 10YA 断电,阀 22 复位,同时电磁铁 12YA 断电,在复位弹簧作用下,定位缸左腔油液经电磁换向阀 25 左位回油箱,同时活塞杆缩回拔出定位销。

9) 手臂回转

定位缸支路无油压后,压力继电器 K26 发出信号,使电磁铁 7YA 得电,泵 2 的压力油经电磁换向阀 16 左位、单向调速阀 18 进入手臂回转缸,使手臂回转 95°。

10) 插定位销

当手臂回转碰到行程开关时,电磁铁 7YA 断电,12YA 重又通电。插定位销同 1)。

11) 手臂前伸

此动作顺序及各电磁铁通、断电状态同7)。

12) 手臂中停

当手臂前伸碰到行程开关后,电磁铁5YA断电,伸缩缸停止动作,确保手臂将棒料送到准确位置处,"手臂中停"等待主机夹头夹紧棒料。

13) 手指张开

夹头夹紧棒料后,时间继电器发出信号,使电磁铁1YA、9YA通电,手指夹紧缸右腔进油,张开手指。进、回油路同3)。

14) 手指闭合

夹头移走棒料后,继电器发出信号,电磁铁9YA断电,手指闭合。进、回油路同4)。

15) 手臂缩回

当手指闭合后,电磁铁1YA断电、6YA通电,使泵1和泵2一起给手臂伸缩缸左腔供油,手臂缩回。油路同6)。

16) 手臂下降

手臂缩回碰到行程开关,电磁铁6YA断电、4YA通电,电液换向阀10右位接入油路,手臂伸降缸下降。其油路为:

进油路　泵2→单向阀6→单向阀7↘

泵1→单向阀5→电液换向阀10(右位)→单向调速阀13→手臂升降缸上腔

回油路　手臂升降缸下腔→单向顺序阀12→单向调速阀11→换向阀10(右位)→油箱

17) 手腕反转

当升降导套上的挡铁碰到行程开关时,电磁铁4YA断电,电磁铁1YA、11YA通电。泵2供油经电磁换向阀22右位、单向调速阀23进入手腕回转缸的另一腔,使手腕反转180°。

18) 拔定位销

手腕反转碰到行程开关后,电磁铁11YA断电、12YA断电。拔定位销动作顺序同8)。

19) 手臂反转

拔出定位销后,压力继电器26发信号,电磁铁8YA得电,泵2压力油经电磁换向阀16右位进入手臂回转缸的另一腔,手臂反转95°,机械手复位。

20) 待料卸载

手臂反转到位后,启动行程开关,使电磁铁8YA断电、2YA通电。此时,两油泵同时卸荷。机械手的动作循环结束,等待下一个循环。

2. 液压系统特点

(1) 系统采用双联泵供油形式,手臂升降及伸缩时由两个泵同时供油,手臂及手腕回转、手指松紧及定位缸工作时,仅由小流量泵2供油,大流量泵1自动卸荷,系统功率利用比较合理。

(2) 手臂的伸出和升降、手臂和手腕的回转分别采用单向调速阀实现回油节流调速,各执行机构速度可调,运动平稳。

(3) 手臂伸出、手腕回转到达端点前由行程开关切断油路,滑行缓冲,由死挡铁定位保证精度。手臂缩回和手臂上升由行程开关适时发出信号,提前切断油路滑行缓冲并定位。此外,手臂伸缩缸和升降缸采用了电液换向阀换向,换向时间可调,也增加缓冲效果。由于手臂的回转部分质量较大，转速较高，运动惯性矩较大，手臂回转缸除采用单向调速阀回油节流调速外，还在回油路上安装了行程节流阀 19 进行减速缓冲，最后由定位缸插销定位，满足定位精度要求。

(4) 为使手指夹紧工件后不受系统压力波动的影响，保证牢固地夹紧工件，采用了液控单向阀 21 的锁紧回路。

(5) 手臂升降缸为立式液压缸，为支承平衡手臂运动部件的自重，采用了单向顺序阀 12 的平衡回路。

习　　题

7-1 根据图 7-1 所示的 YT4543 型动力滑台液压系统图，试说明：(1) 液压缸快进时如何实现差动连接？写出差动快进时液压缸左腔压力 p_1 与右腔压力 p_2 的关系式。(2) 如何实现液压缸的快慢速运动换接和进给速度的调节？

7-2 列出如图 7-8 所示油路的电磁铁动作状态表(电磁铁通电用“+”表示)

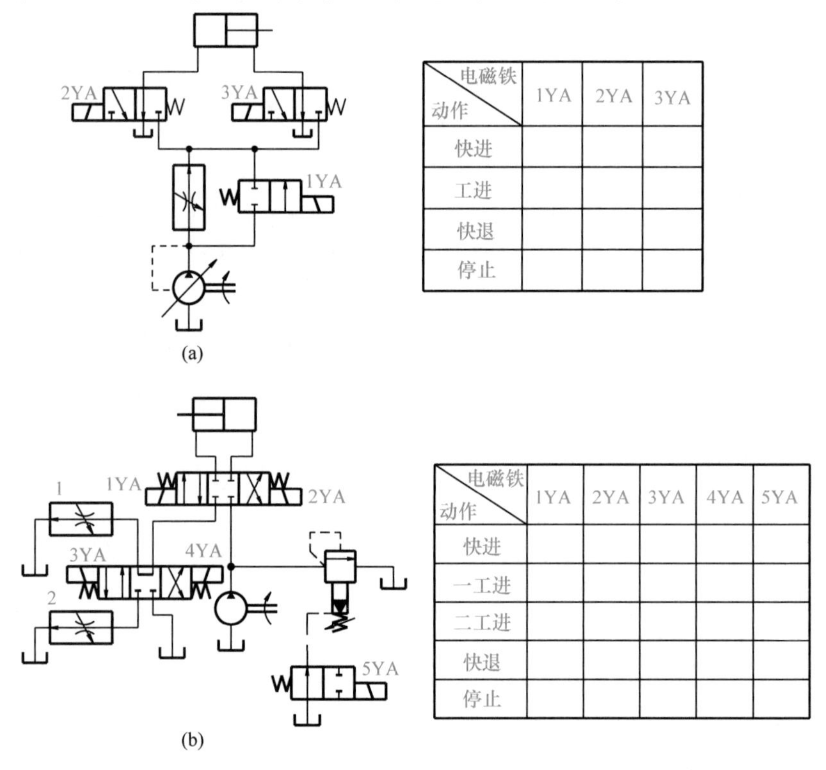

动作＼电磁铁	1YA	2YA	3YA
快进			
工进			
快退			
停止			

动作＼电磁铁	1YA	2YA	3YA	4YA	5YA
快进					
一工进					
二工进					
快退					
停止					

图 7-8 题 7-2 图

7-3 如图 7-9 所示为一组合机床液压系统原理图。该系统中具有进给和夹紧两个液压缸，要求完成的动作循环如图 7-9 所示。阅读该系统并完成下列工作：(1) 写出序号 1～21 的液压元件名称；(2) 根据动作循环图列出电磁铁和压力继电器动作顺序表；(3) 写出系统中所包含的液压基本回路。

7-4 如图 7-10 所示的液压回路中，单活塞杆液压缸实现“快速进给—加压、开泵保压—快速退回”工作循环，说明此液压回路的工作过程，分析双联泵流量和压力的关系，并请仔细分析单向阀 1 和 2 的功能，是否可以取消？

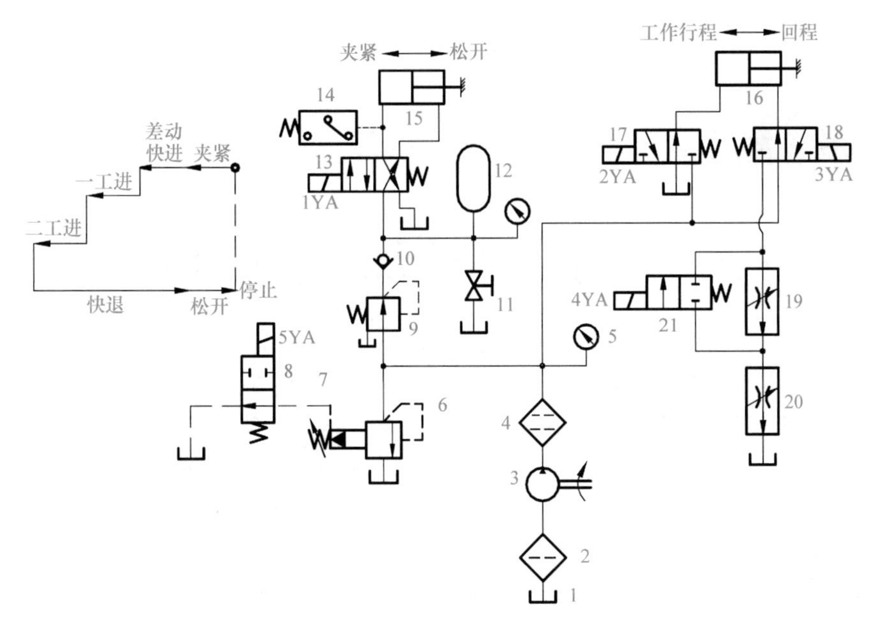

图 7-9 题 7-3 图

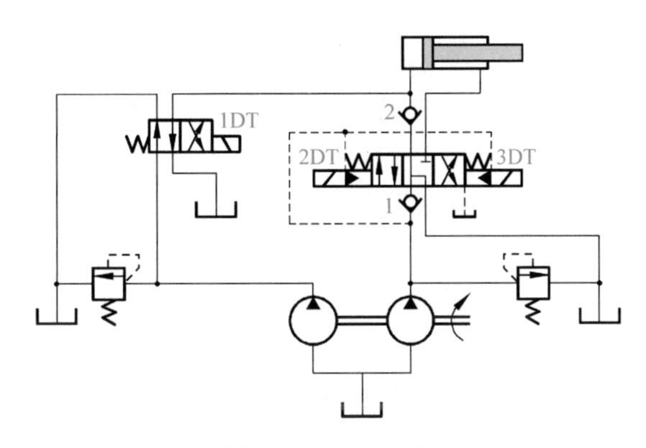

图 7-10 题 7-4 图

第8章

液压系统的设计与计算

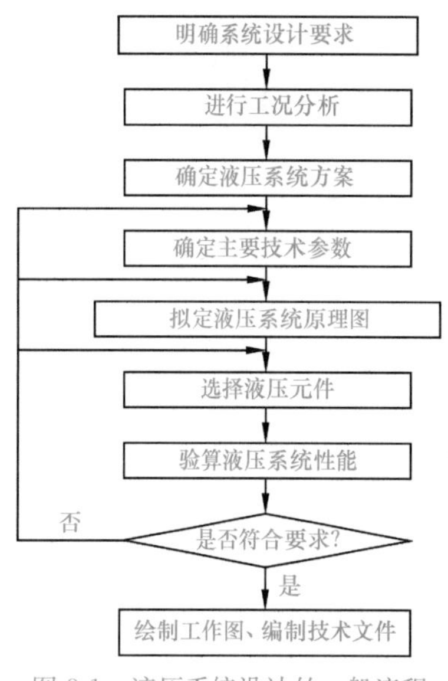

图 8-1　液压系统设计的一般流程

液压传动系统的设计是整机设计的一部分,它除了应满足主机要求的功能和性能外,还必须满足质量轻、体积小、成本低、效率高、结构简单、使用维护方便及工作可靠等要求。

目前液压系统的设计主要还是经验法,也可在专家的指导下使用计算机辅助设计进行。就其设计步骤而言,往往随着系统的简繁,借鉴的多寡,设计人员的经验不同而各有差异。实际设计工作中,大体可按图 8-1 所示的内容和流程进行。图 8-1 中各部分的设计是相互关联的,常需要穿插进行,并经多次反复才能完成。

随着国际能源供应的日趋紧张，节能问题越来越受到重视。液压系统应用广泛，但效率向来不高，其效率一般在 50%左右，造成的能源浪费十分可观。因此,提高系统效率,进行液压系统的节能设计尤为重要。

8.1　液压系统设计步骤

8.1.1　明确设计要求,进行工况分析

1. 明确设计要求

设计要求是进行每项工程设计的依据。设计者在制定基本方案并进一步着手液压系统各部分设计之前,应进行充分的调查研究,把设计要求及与设计内容相关的情况了解清楚。设计要求主要有液压系统的动作性能要求、工作环境要求等。

2. 工况分析

工况分析主要指对执行元件进行工况分析,分析每个执行元件在各自的工作过程中的速度和负载的变化规律。通常是求出一个工作循环内各阶段的速度和负载大小,并绘出速度、负载随时间(或位移)变化的曲线图(称速度循环图和负载循环图),作为拟定液压系统方案确定系统主要参数的依据。简单系统可不作图,但应找出最大负载和最大速度点。

1) *运动分析*

运动分析就是研究一台设备按工艺要求,以怎样的运动规律完成一个工作循环,并绘制出

速度循环图。图8-2(a)所示为液压缸驱动组合机床动力滑台的动作循环图，工作台完成快进→工进→快退的工作循环；图8-2(b)为速度循环图，由图可以看出，液压缸在工作过程中经历了加速、恒速(稳态)和减速制动等工况。另外速度循环图也是计算液压元件的惯性负载及绘制其负载循环图的依据。

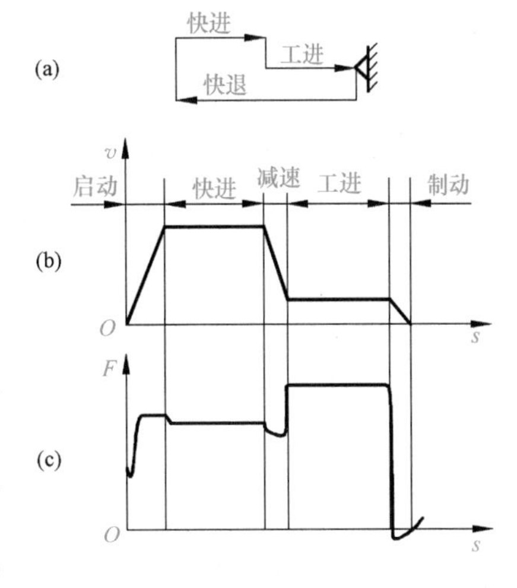

图8-2　组合机床工况图

2) 负载分析

负载分析是通过计算确定各液压执行元件的负载大小和方向，并分析各执行元件运动过程中的振动、冲击及过载能力等情况。根据工艺要求，把执行元件在各阶段的负载用曲线表示出来，即形成负载循环图，如图8-2(c)所示。由此图可直观地看出执行元件在运动过程中何时受力最大、何时受力最小等各种情况，以此作为以后的设计依据。现具体分析液压缸所承受负载情况。

一般情况下，做往复直线运动的液压缸的负载由六部分组成，即工作负载 F_W、惯性负载 F_m、重力负载 F_g、摩擦阻力 F_f、背压负载 F_b、液压缸自身的密封阻力 F_s。

(1) 工作负载 F_W。工作负载与设备的工作情况有关，有恒值负载与变值负载，如作用于活塞杆轴线上的切削力、挤压力等。工作负载又可分为阻力负载和超越负载，阻止液压缸运动的负载称为阻力负载，又称正值负载；助长液压缸运动的负载称为超越负载，也称负值负载。例如，液压缸提升重物时为阻力负载，重物下降时为超越负载。

(2) 惯性负载 F_m。惯性负载是运动部件在启动加速或减速制动过程中产生的惯性力，其值可按牛顿第二定律计算

$$F_m = ma = m\frac{\Delta v}{\Delta t} \tag{8-1}$$

式中，m 为运动部件质量；a 为运动部件的加速度；Δv 为 Δt 时间内速度的变化量；Δt 为启动或制动时间。一般机械系统取0.1～0.5s；行走机械系统取0.5～1.5s；机床运动系统取0.25～0.5s；机床进给系统取0.05～0.2s。工作部件较轻或运动速度较慢时取小值。

(3) 重力负载 F_g。当工作部件垂直或倾斜放置时，其自重也是负载，当工作部件水平放置时，$F_g=0$。

(4) 摩擦阻力 F_f。摩擦阻力是指液压缸驱动工作机构工作时所需克服的机械摩擦阻力。对于机床来说，即导轨的摩擦阻力，其值与导轨形状、安放位置、润滑条件及运动状态有关。

对于平导轨
$$F_f = fF_N \tag{8-2}$$

对于V形导轨
$$F_f = \frac{fF_N}{\sin(\alpha/2)} \tag{8-3}$$

式中，F_N 为运动部件及外负载对支承面的正压力；f 为摩擦系数，分为静摩擦系数($f_s \leqslant 0.2$～0.3)和动摩擦系数($f_d \leqslant 0.05$～0.1)；α 为V形导轨的夹角。

(5) 背压负载 F_b。指液压缸回油路上的阻力，该值与调速方案、系统所要求的稳定性、执行元件等因素有关，在系统方案未确定时无法计算，可放在液压缸的设计计算中考虑。

(6) 密封阻力 F_s。密封阻力指装有密封装置的零件在相对移动时的摩擦力，其值与密封装置的类型、液压缸的制造质量和油液的工作压力有关。详细计算比较烦琐，通常是在机械效

率中加以考虑。

因此，液压缸在各工作阶段所受外负载如下：

启动加速阶段 $$F=(F_f+F_m\pm F_g+F_b)/\eta_m \tag{8-4}$$

快进阶段 $$F=(F_f\pm F_g+F_b)/\eta_m \tag{8-5}$$

工进阶段 $$F=(F_f\pm F_W\pm F_g+F_b)/\eta_m \tag{8-6}$$

制动减速阶段 $$F=(F_f\pm F_W\pm F_g+F_m+F_b)/\eta_m \tag{8-7}$$

式中，η_m 为液压缸的机械效率，一般为 0.90～0.95。

计算出液压缸工作循环中各阶段的工作负载后，便可绘制液压缸的负载循环图。

8.1.2 液压系统主要参数的确定

执行元件的工作压力和流量是液压系统最主要的两个参数，这两个参数是计算和选择元件、辅件及原动机规格型号的依据。要确定液压系统的压力和流量，首先必须根据各液压执行元件的负载循环图，选定系统工作压力；再根据系统压力，确定液压缸有效工作面积 A 或液压马达的排量 V_M；最后根据速度循环图确定其流量。

1. 初选液压缸的工作压力

工作压力的选择是否合理，直接影响到整个系统设计的合理性，确定时除应满足负载要求外，还要全面考虑液压装置的性能要求和经济性。在负载一定的情况下，工作压力低，会加大执行元件的结构尺寸和质量，完成给定速度所需流量也大；反之压力过高，对液压元件和管路的材质、密封、制造精度要求也高，必然要提高设备的成本。一般来说，对于固定的、尺寸不太受限制的设备，可以选择较低一些的压力，行走机械、重载设备压力要选得高一些。具体选择可参照表 8-1 和表 8-2。

表 8-1 按负载选择压力

负载/kN	<5	5～10	10～20	20～30	30～50	>50
工作压力/MPa	$\leqslant 1$	1.5～2	2.5～3	3～4	4～5	>5

表 8-2 按设备类型选择系统工作压力

设备类型	机床				农业机械 小型工程机械 建筑机械 液压凿岩机	液压机 大中型挖掘机 重型机械 起重运输机械
	磨床	组合机床	龙门刨床	拉床		
工作压力/MPa	0.8～2	3～5	2～8	8～10	10～18	20～32

2. 液压缸主要结构尺寸的确定

液压缸主要结构尺寸是指缸的内径 D 和活塞杆直径 d。在计算液压缸有效面积时，还要考虑往返行程的速比 λ_v 的要求、活塞受拉或受压的情况以及背压力 p_b 的数值。这里需说明的是，在液压系统尚未最后确定之前，液压缸背压力无法精确算出，如在计算液压缸尺寸时需要考虑背压，则可初定一个参考值，待回路确定之后再进行修正。参考背压值见表 8-3。

表 8-3　液压缸参考背压

系统类型	背压 $p_b \times 10^5$/Pa	系统类型	背压 $p_b \times 10^5$/Pa
回油路上有节流阀的调速系统	2～5	回油路上装有背压阀	5～15
回油路上有调速阀的调速系统	5～8	带补油泵的闭式回路	8～15

当执行元件的运动速度很低时，已算出的液压缸有效工作面积 A 还应满足最低工作速度的要求，即 A 应满足下式

$$A \geqslant \frac{q_{\min}}{v_{\min}} \tag{8-8}$$

式中，$q_{\min}$ 为流量阀或变量泵的最小稳定流量，由产品样本查出；$v_{\min}$ 为液压缸最低工作速度。

最后确定的缸内径 D 和活塞杆直径 d 应圆整为标准值。

3. 作执行元件的工况图

执行元件主要参数确定之后，根据设计任务要求，就可以算出执行元件在工作循环中各阶段的工作压力、输入流量和功率，作出压力、流量和功率对时间（位移）的变化曲线，即工况图（包括压力图、流量图和功率图）。当系统中有多个执行元件同时工作时，必须把这些执行元件的流量图按系统总的动作循环组合成总流量图。如图 8-3 所示为某液压缸的工况图。

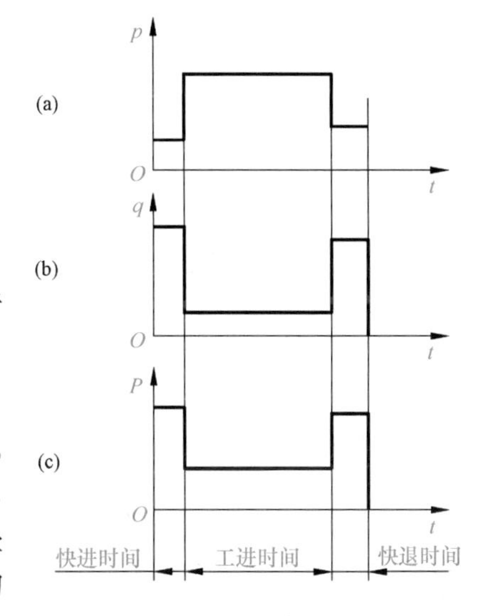

图 8-3　执行元件工况图

工况图是选择液压泵和计算电机功率等的依据。利用工况图可验算各工作阶段所确定参数的合理性。例如，当多个执行元件按各工作阶段的流量或功率叠加，其最大流量或功率重合而使流量或功率分布很不均衡时，可在整机设计要求允许的条件下，适当调整有关执行元件的动作时间或速度，尽量避开同时动作或减小流量、功率的最大值，以提高整个系统的效率。

8.1.3　拟定液压系统原理图

拟定液压系统原理图是整个液压系统设计工作中最重要的一环，它对系统的性能以及设计方案的经济性、合理性具有决定性的影响。其一般方法是：先根据具体的动作和性能要求选择液压基本回路，然后将各个回路有机地组合成一个完整的液压系统。拟定液压系统原理图时，应考虑以下几方面的问题。

1. 执行元件类型的确定

执行元件的类型可以根据主机工作部件的运动形式来确定。通常，直线运动机构一般采用液压缸驱动，旋转运动机构采用液压马达驱动，对于小于 360°的摆动可采用摆动缸或齿条液压缸。有时根据工作部件的性能要求，可通过各种机构对运动形式进行转换，如在设备的工作行程较长时，可采用液压马达通过齿轮齿条机构或丝杆螺母机构来实现往复直线运动。此类实例很多，设计时应灵活应用。

2. 液压基本回路的选择

在拟定系统原理图时，应根据各类主机的工作特点和性能要求，首先确定对主机主要性能起决定性影响的主要回路。例如，对于机床液压系统，调速和速度换接回路是主要回路；对于压力机液压系统，调压回路是主要回路。主要回路确定后，再考虑其他辅助回路，如有垂直运动部件的系统要考虑平衡回路，有多个执行元件的系统要考虑顺序动作、同步或互不干扰回路，有空载运动要求的系统要考虑卸荷回路等。同时，也要考虑节省能源，在满足系统功能要求的前提下，尽可能选用节能高效的回路。

8.1.4 液压元件的计算和选择

所谓液压元件的计算，就是计算该元件在工作中承受的压力和通过的流量，以便选择、确定元件的规格和型号。

1. 液压泵的选择

先根据设计要求和系统工况确定液压泵的类型，然后根据液压泵的最大供油量选择液压泵的规格。

1) 确定液压泵的最高工作压力 p_p

液压泵的最高工作压力就是在系统正常工作时泵所能提供的最高压力。对于定量泵系统来说，泵最高工作压力由溢流阀调定；对于变量泵系统来说，泵最高工作压力与泵特性曲线上的流量相对应。液压泵的最高工作压力是选择液压泵型号的重要依据。

泵的最高工作压力的确定要分两种情况。对于执行元件在行程终了时才需要最高工作压力的工况(此时执行元件本身只需要压力不需要流量，但泵仍需向系统少量供油以满足泄漏流量的需要，如液压机和夹紧机构中的液压缸)，可取执行元件的最高压力作为泵的最大工作压力；对于执行元件在工作过程中需要最大工作压力的情况，可按下式计算

$$p_p \geqslant p_1 + \sum \Delta p_1 \tag{8-9}$$

式中，p_1 为执行元件的最高工作压力；$\sum \Delta p_1$ 为从液压泵出口到执行元件入口总的压力损失。该值较为准确的计算需要管路和元件的布置图确定后才能进行，初步计算时可按经验数据选取。对简单系统流速较小时，取 $\sum \Delta p_1 = 0.2 \sim 0.5\text{MPa}$，对复杂系统流速较大时，取 $\sum \Delta p_1 = 0.5 \sim 1.5\text{MPa}$。

2) 确定液压泵的最大供油流量 q_p

液压泵的最大供油流量 q_p 按执行元件工况图上的最大工作流量及回路系统中的泄漏量来确定，即

$$q_p \geqslant K \sum q_{max} \tag{8-10}$$

式中，K 为系统的泄漏修正系数，一般取 1.1～1.3，大流量取小值，小流量取大值；$\sum q_{max}$ 为同时动作的各执行元件所需流量之和的最大值。对于工作中始终需要溢流的系统，尚需加上溢流阀的最小溢流量，溢流阀的最小溢流量可取其额定流量的 10%。

系统中采用蓄能器供油时，q_p 由系统中一个工作周期 T 中的平均流量确定

$$q_p \geqslant \frac{K}{T}\sum_{i=1}^{n} V_i \tag{8-11}$$

式中，T 为主机工作周期；V_i 为各执行元件在工作周期内的总耗油量；n 为执行元件的个数。

3) 选择液压泵的规格型号

根据以上计算所得的液压泵的最大工作压力和最大输出流量以及系统中拟定的液压泵的类型，查阅有关手册或产品样本即可确定液压泵的规格型号。为了使液压泵工作安全可靠，液压泵应有一定的压力储备量，通常所选泵的额定压力要高出计算所得的最大工作压力 25%～60%。泵的额定流量则宜与 q_p 相当，不要超过太多，以免造成过大的功率损失。

4) 确定液压泵的驱动功率

(1) 在整个工作循环中，液压泵的功率变化较小时，液压泵所需驱动功率可按下式计算

$$P=\frac{p_p q_p}{\eta_p} \tag{8-12}$$

式中，p_p 为液压泵的最大工作压力；q_p 为液压泵的实际输出流量；η_p 为液压泵的总效率。具体数值可见产品样本，一般有上下限，规格大的取上限，变量泵取下限，定量泵取上限。

(2) 限压式变量叶片泵的驱动功率，可按泵的实际压力——流量特性曲线拐点处的功率来计算。

(3) 在整个工作循环中，液压泵的功率变化较大，且在功率循环图中最高功率所持续的时间很短时，则按式(8-12)分别计算出工作循环各阶段的功率 P_i，然后按下式计算其所需电动机的平均功率

$$P=\sqrt{\frac{\sum_{i=1}^{n} P_i^2 t_i}{\sum_{i=1}^{n} t_i}} \tag{8-13}$$

式中，t_i 为一个工作循环中第 i 阶段持续的时间。

求出了平均功率后，还要验算每一阶段电动机的超载量是否在允许的范围内，一般电动机允许短期超载量为 25%。如果在允许超载范围内，即可根据平均功率 P 与泵的转速 n 从产品样本中选取电动机。

2. 阀类元件的选择

阀类元件的选择是根据阀的最大工作压力和流经阀的最大流量来确定阀的规格和型号，即所选用的阀类元件的额定压力和额定流量要大于系统的最高工作压力和实际通过阀的最大流量。必要时通过阀的实际流量可略大于该阀的额定流量，但不允许超出 20%，以免压力损失过大，引起噪声和发热。选择压力阀时应考虑其调压范围，选择流量阀时应注意其最小稳定流量，选择换向阀时除考虑压力、流量外，还应考虑其中位机能及操纵方式。

3. 液压辅助元件的选择

油箱、过滤器、蓄能器、油管、管接头、冷却器等液压辅助元件可按第 5 章的有关原则选取。选择油管和管接头的简便方法，是使它们的规格与它所连接的液压元件油口的尺寸一致。

8.1.5　验算液压系统的性能

液压系统初步确定之后，就需要对系统的有关性能进行验算，以便评判其设计质量，并改进和完善系统。对一般的系统，主要是进一步确切地计算系统的压力损失、容积损失、效率、压力冲击及发热温升等。下面说明系统压力损失及发热温升的验算方法。

1. 液压系统压力损失的验算

在选定了系统的液压元件、安装形式、油管和管接头，画出管路的安装图后，就可对管路系统总的压力损失进行验算。压力损失包括管道内的沿程压力损失 Δp_{λ} 和局部压力损失 Δp_{ζ} 以及阀类零件的局部压力损失 Δp_{V} 三项，总的压力损失即为各项总的压力损失之和

$$\sum \Delta p = \sum \Delta p_{\lambda} + \sum \Delta p_{\zeta} + \sum \Delta p_{V} \tag{8-14}$$

式(8-14)中的前两项可按第 2 章中的有关公式计算，后一项阀类元件处的局部压力损失可从产品样本中查出，或按下式计算

$$\Delta p_{V} = \Delta p_{n}\left(\frac{q}{q_{n}}\right)^{2} \tag{8-15}$$

式中，Δp_{n} 为阀的额定压力损失，可从产品样本中查到；q 为通过阀的实际流量；q_{n} 为阀的额定流量。

对于泵到执行元件的压力损失，如果计算出的总的压力损失比初选工作压力时按经验选取的总压力损失大得多，应重新调整泵及其他有关元件的规格尺寸等参数。

2. 液压系统发热温升的验算

液压系统工作时，液压泵和执行元件存在着容积损失和机械损失，管路和各种阀类元件通过液流时要产生压力损失和泄漏。这些损失大多转变为热能，使系统发热、油温升高。油温升高过多会造成系统的泄漏增加，运动件动作失灵，油液变质，缩短橡胶密封圈的寿命等不良后果。所以为了使液压系统保持正常工作，应进行发热计算，使油温保持在允许的范围之内。

系统的散热元件主要是油箱。系统经过一段时间工作后，发热和散热会相等，即达到热平衡。不同的设备在不同的情况下达到热平衡的温度也不一样，所以必须进行验算。

1) 系统发热量的计算

在单位时间内液压系统的发热量可按下式计算

$$\Phi = P(1-\eta) \tag{8-16}$$

式中，P 为液压泵的输入功率；η 为液压系统的总效率，它等于液压泵的效率 η_{p}、回路的效率 η_{c} 和液压执行元件的效率 η_{M} 的乘积，即 $\eta=\eta_{p}\eta_{c}\eta_{M}$。

如在一个工作循环中有几个工作阶段，则可根据各阶段的发热量求出系统的平均发热量

$$\Phi = \frac{1}{T}\sum_{i=1}^{n} P_{i}(1-\eta_{i})t_{i} \tag{8-17}$$

式中，T 为工作循环周期，s；t_{i} 为第 i 工作阶段的持续时间，s；P_{i} 为第 i 工作阶段泵的输入功率，kW；η_{i} 为第 i 工作阶段液压系统的总效率。

> **提示**
> 液压系统发热问题需要特别关注，这是有可能导致系统失效的重要影响因素之一。

2) 系统散热量的计算

在单位时间内油箱的散热量可用下式计算

$$\Phi' = C_{T}A\Delta T \tag{8-18}$$

式中，A 为油箱散热面积，m^{2}；ΔT 为系统温升℃，$\Delta T=T_{1}-T_{2}$，T_{1} 为系统达到热平衡时的油温，T_{2} 为环境温度；C_{T} 为油箱散热系数，kW/(m^{2}・℃)。自然冷却通风很差时，$C_{T}=(8\sim9)\times10^{-3}$；自然冷却通风良好时，$C_{T}=(15\sim17.5)\times10^{-3}$；当油箱加专用冷却器时，$C_{T}=(110\sim170)\times10^{-3}$。

3) 系统热平衡温度的验算

液压系统达到热平衡时，$\Phi=\Phi'$，即

$$\Delta T = \frac{\Phi}{C_T A} \tag{8-19}$$

当油箱的三个边长之比在1∶1∶1到1∶2∶3范围内，且油位是油箱高度的80%时，其散热面积可近似计算为

$$A = 0.065 \sqrt[3]{V^2} \tag{8-20}$$

式中，V为油箱有效容积，L。

然后按下式验算

$$T_1 = T_2 + \Delta T \leqslant [T_1] \tag{8-21}$$

式中，$[T_1]$为最高允许油温，对于一般机床，$[T_1]$=55～70℃；对于粗加工机床、工程机械，$[T_1]$=65～80℃。

如果油温超过最高允许油温，则必须采取降温措施，如改进液压系统设计、增加油箱散热面积或加装冷却器等。

8.1.6　绘制工作图，编制技术文件

经过对液压系统性能的验算和必要的修改之后，便可绘制正式工作图，它包括绘制液压系统原理图、液压系统装配图和各种非标准元件(如油箱、液压缸等)的设计图。

液压系统原理图上除画出整个系统的回路外，还应标明各液压元件的型号规格和参数调整值；对于复杂的系统应按各执行元件的动作顺序绘制工作循环图和电气元件动作顺序表。

液压系统装配图是液压系统的安装施工图，应包括液压泵装置图、集成油路装配图和管路安装图。在管路安装图上应表示出各液压部件和元件在设备与工作地的位置和固定方式，油管的规格和分布位置，各种管接头的形式和规格等。在绘制装配图时应考虑安装、使用、调整和维修方便，管道尽量短，弯头和管接头尽量少。

自行设计的非标准件，应绘出装配图和零件图。

编写的技术文件一般包括：设计计算说明书，液压系统的使用及维护技术说明书，零部件目录表、标准件、通用件及外购件总表等。

8.2　液压系统的节能设计

在液压系统的设计中，传统的设计方法主要考虑的是系统的功能、可靠性、成本等指标，对能耗方面考虑得不够多，由此存在各种不必要的损失而造成系统发热，为了维持理想的油温，又不得不采取降温的措施，从而进一步加剧了能量的无功消耗。因此，将节能意识融于液压系统设计过程中，其降低功率损耗的节能效果会更优于使用中的节能措施。

液压传动系统能量损失包括各元件中运动件的机械摩擦损失、泄漏损失、溢流损失、节流损失、输入和输出功率不匹配的无功损失等方面。机械摩擦损失、泄漏损失所占比例与所选元件本身的机械效率、容积效率、介质黏度、回路密封性以及系统组成的复杂程度有关；溢流损失、节流损失所占比例与回路和控制形式有关；而输入和输出功率不匹配的无功损失所占比例与控制策略有关。因此，液压系统的节能设计可从液压元件选择、传动介质选用、液压回路设计、液压传动系统等几方面考虑。

1. 合理选用低能耗、效率高的液压元件

1）动力元件

泵作为能量转换装置对液压系统的总效率影响很大，常用液压泵的效率参见第2章。可

以看出，从节能的目标出发，应依次选择柱塞泵、螺杆泵、叶片泵、齿轮泵，但泵的成本和其他性能也是需要考虑的。变量泵的机械效率、容积效率都没有定量泵高，但能按负载压力自动调节流量，在功率利用上比较合理。

2）执行元件

选取马达时，注意不要将大容量马达降低规格，同时注意其合适的转速，一般在1000～1800r/min，如果马达转速较低，压差较大，容积效率就会下降，其总效率也会下降。选取液压缸时，注意改善其密封条件。自行设计的液压缸，应选择低阻力材质（如橡塑混合材料）的密封件。

3）控制元件

控制元件虽不属于能量转换装置，但若根据系统实际功能要求合理选择控制元件，也可减少系统压力损失，提高回路效率。各类控制元件应根据其在系统中相应位置和可能出现的最高压力及最大流量来确定其规格，不宜过大或过小。例如，连续控制的比例阀，通常采用1MPa以下的阀口压降，而伺服阀阀口压降则为7MPa。在相等的负载条件下，选取比例阀可以采用较低的供油压力，从而减少了功率损耗。新型的二位插装阀是集成元件，其内部通道连接使阀体本身无泄漏，插装阀锥口节流损失小，元件集成式连接也起到良好的节能作用。

4）管路和密封

确定系统管路时，应合理选择管路的规格，注意优化管路系统，力求在满足功能的情况下，系统简单可靠，不出现多余的油路，尽量减少弯头，适当增大油管转弯半径，这样既可降低其制造成本，同时也减少了能量损失。

密封是解决液压系统泄漏问题的最重要、最有效的手段。液压系统如果密封不良，可能出现不允许的内外泄漏，使液压容积系数下降，设备工作效率降低，不仅浪费能源，而且对环境造成污染。所以解决密封问题不仅具有节能意义，而且可以减少环境污染。

2. 合理选择液压油的黏度

液压油的黏度随温度、压力、剪切速度等条件而变化，对液压泵、动力装置、控制阀等液压机械的效率影响极大。由于液压系统的能量消耗主要是压力损失，因而为提高液压系统的总效率，适当降低液压油的黏度，减小流动阻力是关键因素之一。

> **拓展**
>
> 液压系统的节能设计是近年来液压系统设计的重要应用和研究方向，在工程机械、液压机等典型大功率系统中是必须考虑的。

3. 液压回路的节能设计

设计节能液压系统时不但要保证系统的输出功率要求，还要保证尽可能经济、有效地利用能量，达到高效、可靠运行的目的。常用的高效回路主要有：差动回路、蓄能器回路、双泵供油回路、流量适应回路、压力适应回路、功率适应回路、负载感应回路等。另外，利用能量回收回路，对运动负载的机械能加以回收、存储与重新利用，是液压系统实现高效节能的新思路。

8.3 液压系统的设计计算举例

本节以一台卧式单面多轴钻孔组合机床为例，介绍动力滑台液压系统的设计过程。

8.3.1　设计要求及工况分析

1. 设计要求

设计要求动力滑台实现“快进→工进→快退→停止”的工作循环。已知：机床工作时轴向切削力为 $F_t=30000\text{N}$；移动部件的总重量为 $G=9800\text{N}$；快进、快退速度相等，$v_1=v_3=0.09\text{m/s}$；工进速度 $v_2=0.9\times10^{-3}\text{m/s}$；快进行程 $l_1=100\text{mm}$；工进行程 $l_2=50\text{mm}$；往复运动的加速、减速时间 $\Delta t=0.2\text{s}$；该动力台采用水平放置的平导轨，其静摩擦系数 $f_s=0.2$，动摩擦系数 $f_d=0.1$。液压执行元件选为液压缸。

2. 负载分析

负载分析中，暂不考虑回油腔的背压负载，液压缸的密封圈产生的摩擦阻力在机械效率中加以考虑；因工作部件水平放置，重力的水平分力为零。因此，需要考虑的负载有工作负载、惯性负载和摩擦阻力。

1）工作负载 F_W

工作负载即为切削阻力，即 $F_W=F_t=30000\text{N}$。

2）惯性负载 F_m

机床工作部件的总重量为 $G=9800\text{N}$，则

$$F_m=m\frac{\Delta v}{\Delta t}=\frac{G}{g}\frac{\Delta v}{\Delta t}=\frac{9800}{9.8}\times\frac{0.09}{0.2}=450(\text{N})$$

3）摩擦阻力 F_f

机床工作部件对动力滑台导轨的法向力为

$$F_N=G=9800\text{N}$$

静摩擦阻力　　$F_{fs}=f_sF_N=0.2\times9800=1960(\text{N})$

动摩擦阻力　　$F_{fd}=f_dF_N=0.1\times9800=980(\text{N})$

设液压缸的机械效率 $\eta_m=0.95$，由此得出液压缸在各工作阶段的负载如表 8-4所示。

根据负载计算结果和已知的各阶段的速度，可绘出负载图（F-s）和速度图（v-s），如图 8-4 所示。

表 8-4　液压缸在各工作阶段的负载

工况	负载组成	负载值 F/N	推力（F/η_m）/N
启动	$F=F_{fs}$	1960	2063
加速	$F=F_{fd}+F_m$	1430	1505
快进	$F=F_{fd}$	980	1032
工进	$F=F_{fd}+F_W$	30980	32611
快退	$F=F_{fd}$	980	1032

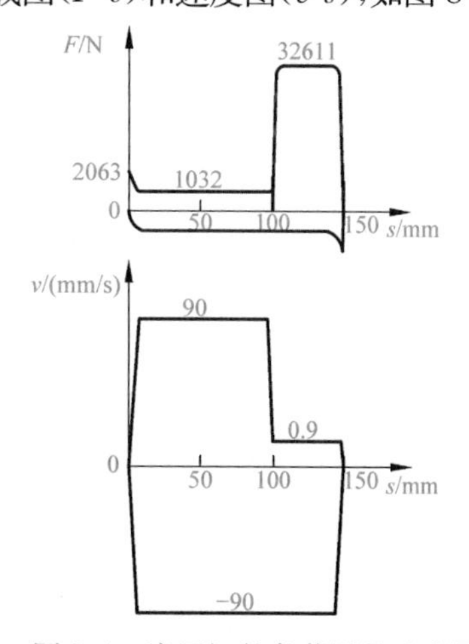

图 8-4　液压缸的负载图及速度图

8.3.2 确定液压系统主要参数

1) *初选液压缸的工作压力*

由表 8-1 和表 8-2 可知，组合机床在最大负载为 30000N 时液压系统宜取压力 $p_1=4\text{MPa}$。

2) *计算液压缸的尺寸*

鉴于动力滑台快进和快退速度相等，故可选用单活塞杆式液压缸（$A_1=2A_2$），并在快进时作差动连接。工进时为防止孔钻通时负载突然消失发生前冲现象，液压缸的回油腔应有背压，参照表 8-3，选背压为 $p_2=0.6\text{MPa}$，则

$$A_1=\frac{F}{\eta_m\left(p_1-\frac{p_2}{2}\right)}=\frac{32611}{0.95\times\left(4-\frac{0.6}{2}\right)\times 10^6}=92.78\times 10^{-4}(\text{m}^2)$$

则活塞直径

$$D=\sqrt{\frac{4A_1}{\pi}}=\sqrt{\frac{4\times 92.78\times 10^{-4}}{\pi}}=0.1087(\text{m})=108.7(\text{mm})$$

由 $d=\frac{\sqrt{2}}{2}D$ 得 $$d=76.9\text{mm}$$

圆整后取标准值得 $$D=110\text{mm},\quad d=80\text{mm}$$

由此，求得液压缸两腔的有效工作面积为

$$A_1=\frac{\pi D^2}{4}=\frac{\pi}{4}\times 0.11^2=95\times 10^{-4}(\text{m}^2)$$

$$A_2=\frac{\pi}{4}(D^2-d^2)=\frac{\pi}{4}\times(0.11^2-0.08^2)=44.77\times 10^{-4}(\text{m}^2)$$

经验算，活塞杆的强度和稳定性均符合要求。

3) *绘制液压缸的工况图*

根据计算出的液压缸的尺寸，可估算出液压缸在工作循环各阶段中的压力、流量和功率，如表 8-5 所示，并据此绘出液压缸的工况图如图 8-5 所示。

表 8-5 液压缸在各阶段的压力、流量和功率值

工作循环	负载 F/N	进油压力 p_1/MPa	回油压力 p_2/MPa	输入流量 $q/(\text{L/min})$	输入功率 P/kW	计算公式
快进	1032	0.65	1.15	27.12	0.294	$p_1=\frac{F+\Delta pA_2}{A_1-A_2}$ $q=(A_1-A_2)v_1$ $P=p_1q$
工进	32611	3.72	0.6	0.513	0.032	$p_1=\frac{F+p_2A_2}{A_1}$ $q=A_1v_2$ $P=p_1q$
快退	1032	1.29	0.5	24.18	0.52	$p_1=\frac{F+p_2A_1}{A_2}$ $q=A_2v_3$ $P=p_1q$

注：液压缸差动连接时，回油口到进油口之间的压力损失为 Δp，取 $\Delta p=0.5\text{MPa}$；快退时，液压缸有杆腔进油，压力为 p_1，无杆腔回油，取回油背压 $p_2=0.5\text{MPa}$。

8.3.3　设计液压系统原理图

1) 确定调速方式及供油形式

该组合机床工作时，要求低速运动平稳性好，速度负载特性好。由工况图可知，液压缸快进和工进时功率都较小，负载变化也较小，故宜采用调速阀的进油节流调速方式及开式循环系统。为解决孔钻通时滑台突然前冲的问题，回油路上要设置背压阀。

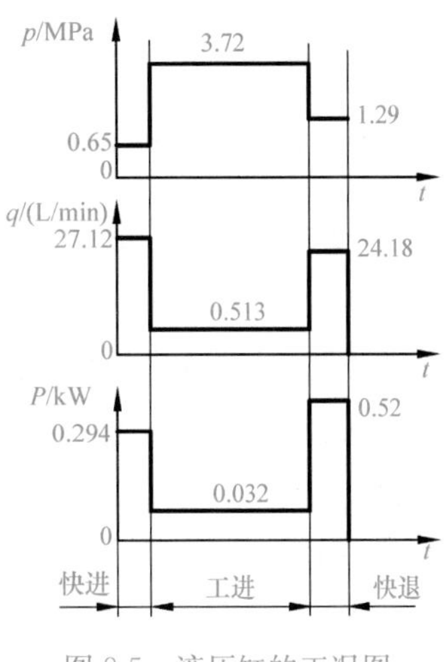

图 8-5　液压缸的工况图

由表 8-5 可知，液压系统的工作循环主要由低压大流量和高压小流量两个阶段组成，从提高系统效率和节省能源的角度来看，采用单个定量液压泵作为油源显然是不合适的，而宜采用双泵或限压式变量泵供油的供油方案。双泵供油方式因结构简单、噪声小、寿命长、成本低，故被采用。

2) 快速运动回路和速度换接方式的选择

本例采用差动连接和双泵供油快速运动回路来实现快速运动，即快进时，由大小泵同时供油，液压缸实现差动连接；快退时由双泵供油。由于快进和工进之间速度需要换接，但对换接的位置精度要求不高，所以采用行程开关发讯控制二位二通电磁阀来实现速度的换接。

3) 换向回路的选择

本系统对换向的平稳性没有严格的要求，所以选用电磁换向阀的换向回路。为便于实现差动连接，选用了三位五通换向阀。为提高换向的位置精度，采用死挡铁和压力继电器的行程终点返程控制。

4) 调压和卸荷回路的选择

在双泵供油的油源回路中，设有溢流阀和顺序阀，实现系统压力的调节和大流量泵卸荷。即滑台工进时，高压小流量泵的出口压力由溢流阀调定；在滑台工进和停止时，低压大流量泵通过液控顺序阀卸荷，高压小流量泵在滑台停止时虽未卸荷，但因其功率损失小，故不需再设卸荷回路。

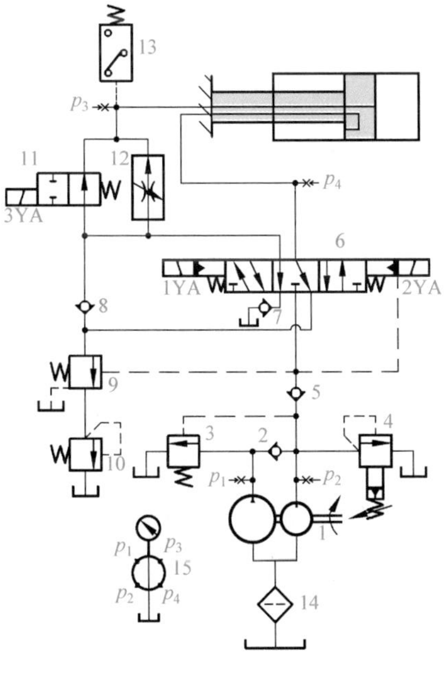

5) 组成液压系统

将上面选出的液压基本回路组合在一起，并经修改和完善，就可得到完整的液压系统工作原理图，如图 8-6 所示。在图 8-6 中，为了使液压缸(滑台)快进时实现差动连接而在工作进给时，使进油路与回油隔离，在系统中增设一个单向阀 8 及液控顺序阀 9；为了避免机床停止工作时回路中的油液流回油箱，导致空气进入系统，影响滑台工作的平稳性，在电液换向阀的回油口处增设一个单向阀 7；为了过载保护或行程终了时利用压力控制来实现切换油路，在系统中增设了压力继电器 13，当滑台碰上死挡块后，系统压力升高，压力继电器发出快退信号，操纵电液换向阀换向。为便于观察和调整系统压力，系统中设置四个测压点，采用了一个多点压力表开关 15。

图 8-6　液压系统工作原理图

8.3.4 选择液压元件

1. 确定液压泵的规格和电机功率

1) *确定液压泵的最大工作压力*

由表 8-5 可知，液压缸在整个工作循环中的最大工作压力为 3.72MPa，本系统采用调速阀进油节流调速，选取进油路压力损失为 $\sum \Delta p_1 = 0.5\text{MPa}$，考虑到压力继电器的动作可靠，要求压差 $\Delta p_e = 0.5\text{MPa}$，故泵的最高工作压力为

$$p_{p1} = p_1 + \sum \Delta p_1 + \Delta p_e = (3.72 + 0.5 + 0.5)\text{MPa} = 4.72\text{MPa}$$

此压力即为小流量泵的最高工作压力，也即溢流阀的调整压力。

大流量泵仅在快进和快退时向液压缸供油，由表 8-5 可知，液压缸快退时的工作压力比快进时大，考虑到快退时进油不通过调速阀，故其进油路上的压力损失比工进时小，现取进油路损失 $\sum \Delta p_1 = 0.3\text{MPa}$，则大流量泵的最高压力估算为

$$p_{p2} = p_1 + \sum \Delta p_1 = (1.29 + 0.3)\text{MPa} = 1.59\text{MPa}$$

2) *计算液压泵流量*

由表 8-5 可知，快进时需要最大供油量，其值为 27.12L/min，按式(8-10)计算液压泵的最大流量，取回路泄漏修正系数 $K=1.15$，则两个泵的总流量为

$$q_p \geqslant K \sum q_{max} = 1.15 \times 27.12\text{L/min} = 31.2\text{L/min}$$

最小流量在工进时，其值为 0.513L/min。为保证工进时系统压力稳定，应考虑溢流阀有一定的最小溢流量，取其额定流量的 10%，约为 2.5L/min。故小流量泵的流量最少应为 3.013L/min。

根据以上压力和流量的数值查阅产品样本，最后确定选取 PV2R12-6/33 型双联叶片泵，其小流量泵和大流量泵的排量分别为 6mL/r 和 33mL/r，当液压泵的转速 $n_p = 940\text{r/min}$ 时该液压泵的理论流量为 36.66L/min，若取液压泵的容积效率 $\eta_v = 0.9$，则双泵供油时，液压泵的实际输出流量为

$$q_p = q_{p1} + q_{p2} = [(6 + 33) \times 940 \times 0.9/1000]\text{L/min} = 33\text{L/min}$$

小流量泵单独供油时

$$q_{p1} = (6 \times 940 \times 0.9/1000)\text{L/min} = 5.08\text{L/min}$$

3) *确定电动机功率*

由于液压缸在快退时输入功率最大，其值为 0.52kW，若取液压泵的总效率为 $\eta_p = 0.75$，这时液压泵的驱动电机功率为

$$P = \frac{p_p q_p}{\eta_p} = \frac{1.59 \times 10^6 \times 33 \times 10^{-3}}{0.75 \times 10^3 \times 60} = 1.17(\text{kW})$$

根据此数值查阅电动机产品样本，选用规格相近的 Y100L-6 型电动机，其额定功率为 1.5kW，额定转速为 940r/min。

2. 选择阀类元件及辅助元件

根据阀类及辅助元件所在油路的最大工作压力和通过该元件的最大实际流量，查阅产

品样本，选出的阀类元件和辅助元件的型号及规格见表 8-6。表中序号与图 8-6 元件标号相同。

表 8-6　液压元件的型号及规格

序号	元件名称	通过流量 /(L/min)	额定流量 /(L/min)	额定压力 /MPa	额定压降 /MPa	型号、规格
1	双联叶片泵	—	5.08/27.92	16/14	—	PV2R12-6/33
2	单向阀	28	63	6.3	0.2	I-63B
3	液控顺序阀	28	63	6.3	0.3	XY-63B
4	溢流阀	5.1	10	6.3		Y-10B
5	单向阀	33	63	6.3	0.2	I-63B
6	三位五通电液换向阀	70	100	6.3	0.3	35DY-100BY
7	单向阀	70	100	6.3	0.2	I-100B
8	单向阀	29.4	63	6.3	0.2	I-63
9	液控顺序阀	<1	63	6.3	0.3	XY-63B
10	背压阀	<1	63	6.3	0.3	B-63B
11	二位二通电磁阀	62.4	63	6.3	0.3	E22DH-63
12	调速阀	<1	10	6.3	0.3	Q-10B
13	压力继电器			14		PF-B8L
14	滤油器	36.7	80	6.3	0.02	XU-80×200
15	压力表开关					K-6B

油管：根据选定的液压阀的连接尺寸确定油管尺寸，也可按管路中允许流速计算。设管道内允许流速 $v=4\text{m/s}$，根据表 8-7 中的数值，计算液压缸无杆腔和有杆腔相连的油管内径分别为 d_1 和 d_2

$$d_1=\sqrt{\frac{4q_1}{\pi v}}=\sqrt{\frac{4\times 62.4\times 10^{-3}}{60\times\pi\times 4}}=18.2(\text{mm})$$

$$d_2=\sqrt{\frac{4q_2}{\pi v}}=\sqrt{\frac{4\times 70\times 10^{-3}}{60\times\pi\times 4}}=19.3(\text{mm})$$

表 8-7　液压缸的进、出流量及流速

	快进	工进	快退
输入流量 /(L/min)	$q_1=\frac{A_1q_p}{A_1-A_2}=\frac{95\times 33}{95-44.77}=62.4$	$q_1=0.513$	$q_1=q_p=33$
排出流量 /(L/min)	$q_2=q_1\frac{A_2}{A_1}=62.4\times\frac{44.77}{95}=29.4$	$q_2=q_1\frac{A_2}{A_1}=0.513\times\frac{44.77}{95}=0.24$	$q_2=q_1\frac{A_1}{A_2}=33\times\frac{95}{44.77}=70$
运动速度 /(m/s)	$v_1=\frac{q_p}{A_1-A_2}=\frac{33\times 10^{-3}/60}{(95-44.77)\times 10^{-4}}=0.109$	$v_2=\frac{q_1}{A_1}=\frac{0.513\times 10^{-3}/60}{95\times 10^{-4}}=0.9\times 10^{-3}$	$v_3=\frac{q_1}{A_2}=\frac{33\times 10^{-3}/60}{44.77\times 10^{-4}}=0.123$

由于本系统液压缸差动连接快进时，油管内通油量最大，其实际流量约为泵额定流量的两倍，则液压缸进、出油管直径 d 按产品样本，选用内径为 20mm、外径为 28mm 的 10 号冷拔钢管。

油箱：油箱的容积根据液压泵的流量计算，一般取液压泵额定流量的 5～7 倍，本例取 7 倍，故油箱容积为

$$V = 7 \times 33 \approx 230(\mathrm{L})$$

8.3.5 验算液压系统的性能

1. 液压系统压力损失的验算及泵压力的调整

由于系统管路布置尚未确定，所以只能估算系统压力损失。估算时，首先确定管道内液体的流动状态，然后根据式(8-14)计算各种工况下总的压力损失。

已知：系统采用 N32 液压油，室温为 20℃时，$\nu=1.0\times10^{-4}\mathrm{m^2/s}$，油液密度$\rho=890\mathrm{kg/m^3}$。设进、回油管长度均为 2m。

1) *判断流动状态*

在快进、工进和快退三种工况下，进、回油管路中所通过的流量以快退时回油流量 $q_2=70\mathrm{L/min}$ 为最大，此时油液流动具有最大雷诺数，为

$$Re = \frac{vd}{\nu} = \frac{4q}{\pi d\nu} = \frac{4\times70\times10^{-3}}{60\times\pi\times0.02\times1\times10^{-4}} = 743 < 2000$$

由此可推断，各工况下的进、回油路中的油液的流动状态均为层流。

2) *计算系统压力损失*

层流流动状态下沿程压力损失的表达式为

$$\Delta p_\lambda = \lambda\frac{l}{d}\frac{\rho}{2}v^2 = \frac{75}{Re}\frac{l}{d}\frac{\rho}{2}v^2 = \frac{150\rho\nu l}{\pi d^4}q$$

$$= \frac{150\times890\times1\times10^{-4}\times2}{\pi\times(20\times10^{-3})^4}q = 5.312\times10^7 q$$

由于管道结构尚未确定，管道的局部压力损失按经验公式计算，即

$$\Delta p_\zeta = 0.1\Delta p_\lambda$$

阀类元件的局部压力损失按式(8-15)计算，即

$$\Delta p_{\mathrm{V}} = \Delta p_{\mathrm{n}}\left(\frac{q}{q_{\mathrm{n}}}\right)^2$$

式中，Δp_{n} 由产品样本查出，q_{n} 和 q 的数值由表 8-6 和表 8-7 列出。

利用上面的公式，滑台在快进、工进和快退工况下的压力损失计算如下。

1) *快进*

滑台快进时，液压缸通过电液换向阀差动连接。在进油路上，油液通过单向阀 2 和 5、电液换向阀 6，然后与液压缸有杆腔的回油汇合后通过电磁换向阀 11 进入无杆腔。在进油路上，压力损失计算为

$$\sum \Delta p_{\lambda i}=5.312\times 10^{7}q=5.312\times 10^{7}\times \frac{62.4\times 10^{-3}}{60}\times 10^{-6}=0.055245(\mathrm{MPa})$$

$$\sum \Delta p_{\zeta i}=0.1\Delta p_{\lambda}=0.1\times 0.055245=0.0055245(\mathrm{MPa})$$

$$\sum \Delta p_{\mathrm{V}i}=0.2\times \left(\frac{28}{63}\right)^{2}+0.2\times \left(\frac{33}{100}\right)^{2}+0.3\times \left(\frac{33}{63}\right)^{2}+0.3\times \left(\frac{62.4}{63}\right)^{2}=0.4379(\mathrm{MPa})$$

$$\sum \Delta p_{i}=\sum \Delta p_{\lambda i}+\sum \Delta p_{\zeta i}+\sum \Delta p_{\mathrm{V}i}=0.055245+0.0055245+0.4379=0.4987(\mathrm{MPa})$$

在回油路上，压力损失分别为

$$\sum \Delta p_{\lambda o}=5.312\times 10^{7}q=5.312\times 10^{7}\times \frac{29.4\times 10^{-3}}{60}\times 10^{-6}=0.02603(\mathrm{MPa})$$

$$\sum \Delta p_{\zeta o}=0.1\Delta p_{\lambda}=0.1\times 0.02603=0.002603(\mathrm{MPa})$$

$$\sum \Delta p_{\mathrm{V}o}=0.3\times \left(\frac{29.4}{100}\right)^{2}+0.2\times \left(\frac{29.4}{63}\right)^{2}=0.0695(\mathrm{MPa})$$

$$\sum \Delta p_{o}=\sum \Delta p_{\lambda o}+\sum \Delta p_{\zeta o}+\sum \Delta p_{\mathrm{V}o}=0.02603+0.002603+0.0695=0.0981(\mathrm{MPa})$$

将回油中上的压力损失折算到进油路上去，便得到快进运动的总的压力损失

$$\sum \Delta p=\sum \Delta p_{i}+\frac{A_2}{A_1}\sum \Delta p_{o}=0.4987+\frac{44.77}{95}\times 0.0981=0.545(\mathrm{MPa})$$

由快进工况下压力损失计算过程可以看出，在总的压力损失中，阀类元件的局部压力损失所占份额较大，而沿程压力损失和管道局部压力损失则较小。

2) 工进

工进时管路中流速很小，所以沿程压力损失和局部压力损失都非常小，可以忽略不计。这时进油路仅需考虑调速阀的压力损失 $\Delta p_{t}=0.5\mathrm{MPa}$，回油路上只有背压阀的压力损失 $\Delta p_{b}=0.6\mathrm{MPa}$，小流量泵的调整压力应等于工进时液压缸的工作压力 p_1 加上进油路压差 $\Delta p_1\approx\Delta p_{t}$，并考虑压力继电器的动作需要，则

$$p_{p1}=p_1+\Delta p_1+\Delta p_{e}=3.72+0.5+0.5=4.72(\mathrm{MPa})$$

此即溢流阀 4 调定压力。

3) 快退

滑台快退时，在进油路上，油液通过单向阀 2、单向阀 5、电液换向阀 6 进入液压缸有杆腔。在回油路上，油液通过电磁换向阀 11、电液换向阀 6 和单向阀 7 返回油箱。忽略沿程压力损失和管道局部压力损失，则进油路上总的压力损失为

$$\sum \Delta p_{i}=\sum \Delta p_{\mathrm{V}i}=2\times 0.2\times \left(\frac{27.92}{100}\right)^{2}+0.3\times \left(\frac{27.92}{100}\right)^{2}=0.05457(\mathrm{MPa})$$

回油路上总的压力损失为

$$\sum \Delta p_{o}=\sum \Delta p_{\mathrm{V}o}=2\times 0.3\times \left(\frac{70}{100}\right)^{2}+0.2\times \left(\frac{70}{100}\right)^{2}=0.392(\mathrm{MPa})$$

此值略小于估计值，故不必重算。

则大流量泵的工作压力为

$$p_{p2}=p_1+\sum \Delta p_{i}=1.29+0.05457=1.345(\mathrm{MPa})$$

此值是调整液控顺序阀 3 调整压力的主要参考数据。

2. 液压系统发热温升的验算

在整个工作循环中，工进阶段所占用的时间最长，所以系统的发热主要是工进阶段造成的，故按工进工况验算系统温升。

工进时，大流量泵经液控顺序阀 3 卸荷，其出口压力即为油液通过液控顺序阀的压力损失。

$$p_{p2}=\Delta p_{V3}=\Delta p_n\left(\frac{q}{q_n}\right)=0.3\times\left(\frac{27.92}{63}\right)^2=0.0589(\text{MPa})$$

液压系统的总的输入功率即为液压泵的输入功率

$$P_i=\frac{p_{p1}q_{p1}+p_{p2}q_{p2}}{\eta_p}=\frac{4.72\times10^6\times5.08\times10^{-3}+0.0589\times10^6\times27.92\times10^{-3}}{0.75\times60}=569.4(\text{W})$$

液压系统输出有效功率即为液压缸输出的有效功率

$$P_w=Fv_2=32611\times0.9\times10^{-3}=29.35(\text{W})$$

液压系统的总效率为 $\eta=\frac{P_w}{P_i}=\frac{29.35}{569.4}=0.05155$

则由式(8-16)计算系统的发热功率为

$$\Phi=P(1-\eta)=569.4\times(1-0.05155)\text{W}=540\text{W}$$

由式(8-20)近似计算油箱散热面积

$$A=0.065\sqrt[3]{V^2}=0.065\times\sqrt[3]{230^2}=2.44(\text{m}^2)$$

假定通风良好，取油箱散热系数 $C_T=16\times10^{-3}\text{kW/(m}^2\cdot{}^\circ\text{C)}$，则利用式(8-19)计算油液温升

$$\Delta T=\frac{\Phi}{C_TA}=\frac{560\times10^{-3}}{16\times10^{-3}\times2.44}=14.34(^\circ\text{C})$$

设环境温度 $T_2=25^\circ\text{C}$，则热平衡温度为

$$T_1=T_2+\Delta T=25+14.34=39.34^\circ\text{C}\leqslant[T_1]=55^\circ\text{C}$$

油温在允许范围内，油箱散热面积符合要求，不必设置冷却器。

习　题

8-1　设计液压系统一般经过哪些步骤？要进行哪些方面的计算？

8-2　试根据如图 8-7 所示的压力机液压系统，对其系统主要工作参数进行计算。已知：(1) 工作循环为快速下降→压制工件→快速退回→原位停止；(2) 液压缸无杆腔面积 $A_1=100\text{cm}^2$，有杆腔有效面积 $A_2=50\text{cm}^2$，移动部件自重 $F_g=5000\text{N}$；(3) 快速下降时的外负载 $F_1=10000\text{N}$，速度 $v_1=6\text{m/min}$；(4) 压制工件时的外负载 $F_2=50000\text{N}$，速度 $v_2=0.2\text{m/min}$；(5) 快速回程时的外负载 $F_3=10000\text{N}$，速度 $v_3=12\text{m/min}$。管路压力损失、泄漏损失、液压缸的密封摩擦力以及惯性力等均忽略不计。试求：(1) 液压泵的最大工作压力及流量。(2) 阀 3～7 各起什么作用？它们的调整压力各为多少？

8-3　某组合机床的动力滑台，其液压系统如图 8-8所示，其工作循环为快进→工进→快退→原位停止。已知：液压缸直径 $D=63\text{mm}$，活塞杆直径 $d=45\text{mm}$，工作负载 $F=16000\text{N}$，液压缸的效率 $\eta_m=0.95$，不计惯性力和导轨摩擦力。快速运动的 $v_1=7\text{m/min}$，工作进给速度 $v_2=0.053\text{m/min}$，系统总的压力损失折合到进油路上 $\sum\Delta p=0.5\text{MPa}$。试求：(1) 该系统实现工作循环时电磁铁、行程阀、压力继电器的动作顺序表；(2) 计算并选择系统所需元件，并在图上标明各元件型号。

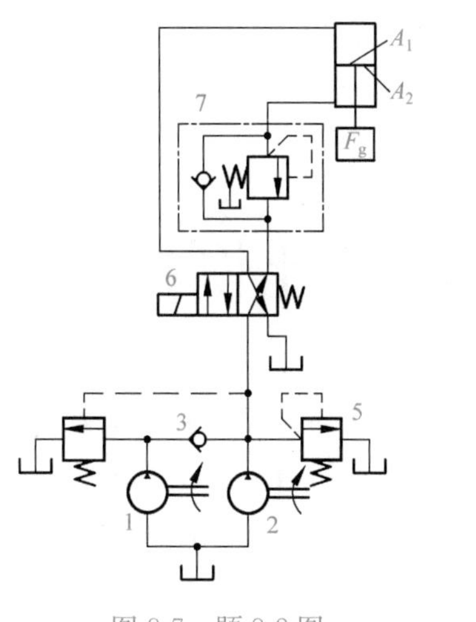

图 8-7　题 8-2 图

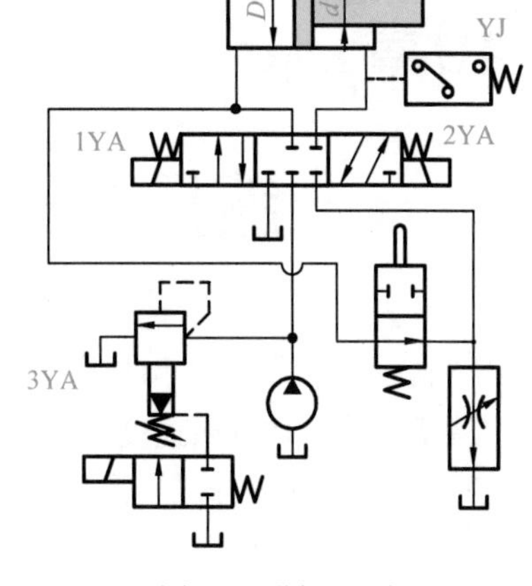

图 8-8　题 8-3 图

8-4　设计一台专用铣床，若工作台、工件和夹具的总重量为 5500N，轴向切削力为 30kN，工作台总行程为 400mm，工作行程为 150mm，快进、快退速度为 4.5m/min，工进速度为 60～1000mm/min，加速、减速时间均为 0.05s，工作台采用平导轨，静摩擦系数为 0.2，动摩擦系数为 0.1，试设计该机床的液压传动系统。

第9章
液压伺服与电液比例控制

液压伺服控制系统和电液比例控制系统是在液压传动和自动控制理论基础上建立起来的，以液压能为能源来控制位移、速度、力等机械量的一种液压自动控制系统。其控制精度和响应的快速性远远高于普通的液压传动，因而在现代工业生产中被广泛采用。本章将主要介绍液压伺服控制和电液比例控制系统的关键元件结构、工作原理及应用特点。

9.1 液压伺服控制

微课

液压伺服系统是以液压动力元件作为驱动装置所组成的自反馈闭环控制系统。在该系统中，输出量(位移、速度、加速度和力)能自动、快速准确地按照输入信号的变化规律运动。另外，液压伺服系统还兼有信号放大和能量转换的作用，是一种典型的功率放大装置。本节将在介绍液压伺服系统的工作原理、组成及特点的基础上，对液压伺服阀构成、原理及应用进行介绍。

9.1.1 液压伺服系统的工作原理与基本组成

1. 液压伺服系统的工作原理

液压伺服系统通过机械或电气传动方式，将控制信号输入系统中去操纵液压控制元件动作，控制液压执行元件跟随输入信号动作。广泛应用于自动仿形机床中的液压仿形刀架就是一种典型的液压伺服位置控制系统。下面将以此为例来说明液压伺服系统的工作原理。

如图 9-1 所示的仿形刀架液压伺服系统主要由伺服阀、液压缸和反馈机构三部分组成。阀体和缸体刚性连接，与杠杆构成反馈机构。活塞杆固定在刀架的底座上，缸体带动车刀可在刀架底座的导轨上移动。控制阀一端因有弹簧 3 的作用，使杠杆 5 上的触头压紧在样件 1 上。此刀架采用差动液压缸，且 $A_1=2A_2$。液压泵供油直接进入有杆腔，其油压始终等于液压泵的供油压力 p_p、p_p 由溢流阀调定；而无杆腔一方面通过阀口 δ_1 与进油口相通，另一方面通过阀口 δ_2 与油箱相通。因此，无杆腔内的压力受双边控制阀的开口 δ_1 和 δ_2 的控制。当阀芯处于中间位置时，即 $\delta_1=\delta_2$ 时，缸无杆腔压力 p_1 为进油压力的一半，即 $p_1=p_p/2$ 时，液压缸处于相对平衡状态，缸静止不动。

仿形加工时，如当触头 2 碰到样件 b 处和 c 处时，就绕支点 O 抬起，并经阀杆 4 拉动阀芯上移，δ_1 开大，δ_2 关小，使压力 p_1 升高，系统平衡被破坏，$p_1A_1 = p_pA_2+F$，缸体带着车刀后移，开始车正锥面或直角台肩。在此期间，由于缸体后移又使 δ_1 关小，δ_2 开大，系统又建立新的平衡。溜板连续地以速度 v_z 做纵向移动，这样触头不断上移，缸体带着车刀就不停地以速度 v_f 后移，则上面的反馈过程就不断地发生，液压缸的运动将完全跟随触头而运动。v_z 和 v_f

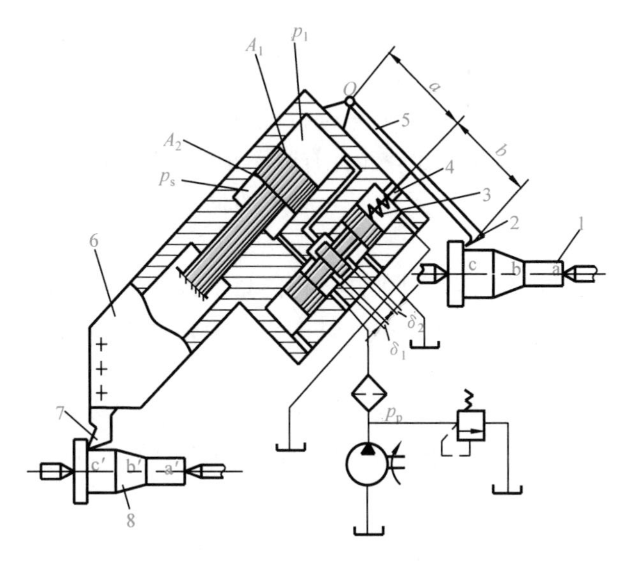

图 9-1　液压仿形刀架原理

1-样件；2-触头；3-弹簧；4-阀杆；5-杠杆；6-刀架；7-车刀；8-工件

的合成运动使车刀车出与样件类似的曲面。由上述工作原理可以看出：

(1) 液压伺服系统是一个具有负反馈的闭环自动控制系统。正是系统的输入信号(仿形销的机械运动)与输出信号(刀架的仿形运动)的不一致，导致出现了位置误差。位置误差将引起随动阀阀芯相对阀套产生偏移，从而改变了节流口 δ_1 和 δ_2 的大小，也因此改变了进入液压缸的压力油的压力与流量，液压缸产生运动，直到输入与输出信号之间的误差消除时停止。

(2) 液压伺服系统是一个功率放大装置。推动仿形销的力很小，一般不超过 10N，而液压缸上产生的力很大，达几千至几万牛顿。系统中作为功率放大的关键环节是伺服阀。它根据输入的微弱机械运动信号的大小，输出相应的具有很大功率的压力油去驱动液压缸。所以伺服阀又称为液压放大器。

(3) 液压伺服系统主要是依靠液压放大器上的两个节流口 $\boldsymbol{\delta}_1$ 和 $\boldsymbol{\delta}_2$ 的通流截面积的改变，即液阻的改变来控制液压缸的运动。所以这种系统实质上是一种自动节流调速系统，因而具有节流调速的基本特点。

2. 液压伺服系统的基本组成

液压伺服系统不管具体结构如何，都是由一些具体元件组成的。元件的功能、系统的组成可由图 9-2 表示。

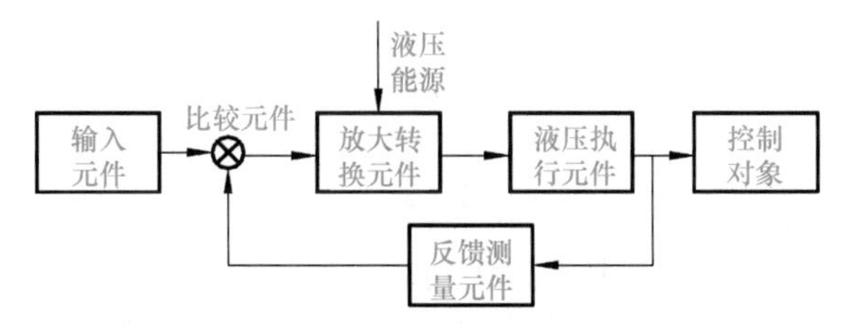

图 9-2　液压伺服控制系统的组成

(1) 输入元件。主要用来产生控制信号，它给出输入信号(指令信号)加于系统的输入端。它可以是机械式，也可以是电气元件。

（2）反馈测量元件。测量系统的输出量，并转换成反馈信号。上例中是通过把伺服阀体与液压缸刚性固联实现反馈测量功能的。

（3）比较元件。将反馈信号与输入信号进行比较，给出偏差信号。反馈信号与输入信号应是相同的物理量，以便进行比较。比较元件有时不单独存在，而是与输入元件、反馈测量元件或放大元件一起组合为同一结构元件。上例中的伺服阀同时具有输入比较和放大两种功能。

（4）放大转换元件。将偏差信号放大并进行能量形式的转换，如伺服阀可把位移信号转换成流量输出并实现功率放大。放大转换元件的输出级是液压的，前置级可以是机械、电气、液压、气动或它们的组合形式。

（5）液压执行元件。直接对控制对象起控制作用的元件，如液压缸、液压马达等。

（6）控制对象。即运动部件，如仿形刀架的刀台、机床的工作台等。

3. 液压伺服控制系统的分类

按不同的分类原则，液压伺服控制系统可以作以下分类。

1）按系统输入信号的变化规律分类

按液压伺服控制系统输入信号的变化规律可分为：定值控制系统、程序控制系统和伺服控制系统。

当系统输入信号为定值时，称为定值控制系统。对定值控制系统，基本任务是提高系统的抗干扰性，将系统的实际输出量保持在希望值上。当系统的输入信号按预先给定的规律变化时，称为程序控制系统。伺服系统也称为随动系统，其输入信号是时间的函数，而输出量能够准确、快速地复现输入量的变化规律。

2）按被控物理量的名称分类

按被控物理量的名称可分为：位置伺服控制系统、速度伺服控制系统、力控制系统和其他物理量的控制系统。

3）按液压动力元件的控制方式或液压控制元件的形式分类

按液压动力元件的控制方式或液压控制元件的形式分类，液压伺服系统可分为节流式控制（阀控式）系统和容积式控制（变量泵控制或变量马达控制）系统两类。其中，阀控式系统又可分为阀控液压缸系统和阀控液压马达系统两种；容积式系统又可分为伺服变量泵系统和伺服变量马达系统两种。

4）按信号传递介质的形式分类

按系统中信号传递介质的形式或信号的能量形式可分为：机械液压伺服系统、电气液压伺服系统和气动液压伺服系统等。

在机械液压伺服系统中，输入信号给定，反馈测量和比较均用机械构件实现。其优点是结构简单、工作可靠、维护简便；缺点是系统的校正及系统增益的调整都不如电控式方便。

在电气液压伺服系统中，偏差信号的检测、校正和初始放大等均采用电气、电子元件实现，它们具有很大的灵活性，对信号的测量、校正、放大都比较方便。而液压动力元件响应速度快、抗负载刚性大。两者相结合，使电气液压伺服系统具有很大的灵活性和广泛性。电气液压伺服系统与计算机相结合，则可充分地运用计算机的信息处理能力，使系统具有更复杂的功能和更广泛的适应性。

在气动液压伺服系统中，偏差信号的检测和初始放大均采用气动元件完成。气动测量灵敏度高、工作可靠、可在恶劣的环境(高温、振动、易爆等)中工作,并且结构简单,但需要有气源和附属设备。

9.1.2　电液伺服阀

电液伺服阀的作用是功率放大与转换,因而电液伺服阀既是电液转换元件,又是功率放大元件,它将小功率的电信号输入转换为大功率的液压能(压力和流量)输出,实现执行元件的位移、速度、加速度及力控制。

1. 电液伺服阀的组成

电液伺服阀通常由电-机转换装置、液压放大器以及反馈与平衡机构组成。

电-机转换装置用来将输入的电信号转换为转角或直线位移输出,输出转角的装置称为力矩马达,输出直线位移的装置称为力马达。受结构尺寸限制,电-机转换装置输出的功率很小。

液压放大器接受小功率的电-机转换装置输入的转角或直线位移信号,对大功率的压力油进行调节和分配,实现控制功率的转换和放大。

反馈与平衡机构使电液伺服阀输出的流量或压力获得与输入电信号成比例的特性。

2. 电液伺服阀的工作原理

图 9-3 为喷嘴挡板式电液伺服阀。图中上半部分为力矩马达,下半部分为前置级(喷嘴挡板)和主滑阀。当无电流信号输入时,力矩马达无力矩输出,与衔铁 5 固定在一起的挡板 9 处

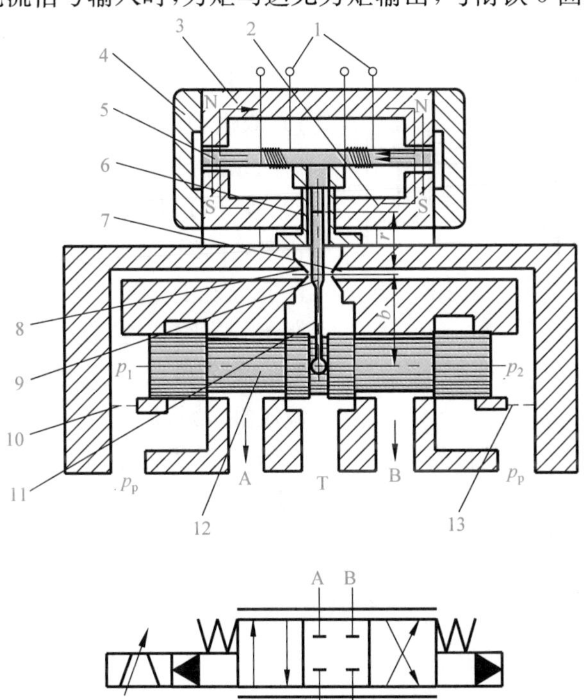

图 9-3　喷嘴挡板式电液伺服阀工作原理

1-线圈;2、3-导磁体极掌;4-永久磁体;5-衔铁;6-弹簧管;7、8-喷嘴;9-挡板;10、13-固定节流孔;11-反馈弹簧杆;12-主滑阀

9-3

于中位，主滑阀阀芯也处于压力油 p_p 进入主滑阀阀口，因阀芯两端台肩将阀口关闭，中位(零位)。进口油液不能进入 A、B 口，但经固定节流孔 10 和 13 分别引到喷嘴 8 和 7，经喷射后，液压油流回油箱。由于挡板处于中位，两喷嘴与挡板的间隙相等(液阻相等)，因此喷嘴前的压力 p_1 与 p_2 相等，主滑阀阀芯两端压力相等，阀芯处于中位。若线圈输入电流，控制线圈产生磁通，衔铁上产生顺时针方向的磁力矩，使衔铁连同挡板一起绕弹簧管中的支点顺时针偏转，左喷嘴 8 的间隙减小、右喷嘴 7 的间隙增大，压力 p_1 增大而 p_2 减小，主滑阀阀芯在两端压力差作用下向右运动，开启阀口，p_p 与 B 通，A 与 T 通。在主滑阀阀芯向右运动的同时，通过挡板下端的弹簧杆 11 反馈作用使挡板逆时针方向偏转，左喷嘴 8 的间隙增大，右喷嘴 7 的间隙减小，于是压力 p_1 减小，p_2 增大。当主滑阀阀芯向右移到某一位置，由两端压力差(p_1-p_2)形成的液压力通过反馈弹簧杆作用在挡板上的力矩、喷嘴液流压力作用在挡板上的力矩以及弹簧管的反力矩之和与力矩马达产生的电磁力矩相等时，主滑阀阀芯受力平衡，稳定在一定的开口下工作。

显然，改变输入电流大小，可成比例地调节电磁力矩，从而得到不同的主阀开口大小。若改变输入电流的方向，主滑阀阀芯反向位移，实现液流的反向控制。因图 9-3 所示电液伺服阀的主滑阀阀芯的最终工作位置是通过挡板弹性反力反馈作用达到平衡的，因此称为力反馈式电液伺服阀。除力反馈式外，还有位置反馈、负载流量反馈、负载压力反馈等。

3. 液压放大器的结构与特性

电液伺服阀的液压放大器常用的形式有滑阀、射流管和喷嘴挡板三种。这里仅介绍滑阀式液压放大器的结构形式。

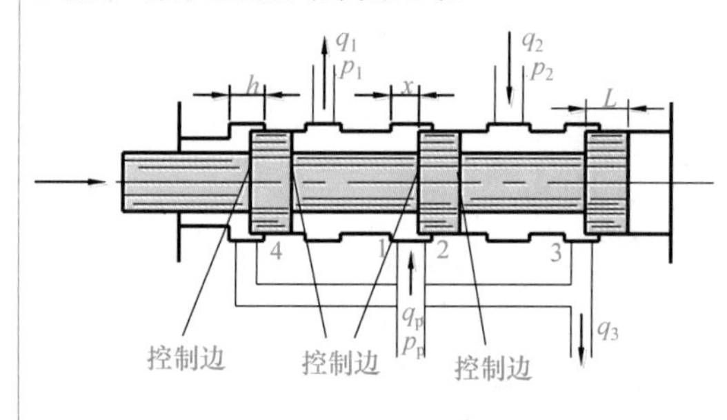

图 9-4 零开口四边滑阀

1、2、3、4-阀口

根据滑阀的控制边数，滑阀的控制形式有单边、双边和四边三种。根据滑阀阀芯在中位时阀口的预开口量的不同，滑阀又可分为负开口($L>h$)、零开口($L=h$)和正开口($L<h$)三种形式。目前，在多种液压伺服阀的放大器中，应用最广、性能最好的是零开口四边控制式滑阀，如图 9-4 所示。当阀芯由图示位置向右偏移时，阀口 1 和 3 开启，2 和 4 关闭。压力油源 p_p 经阀口 1 通往液压缸，液压缸的回油经阀口 3 回油箱。因阀口开度很小，因而在进、回油路上起节流作用，阀口 1 处压力由 p_p 降为 p_1，流量为 q_1，阀口 3 处的压力由 p_2 降为零，流量为 q_3。当负载条件下进入伺服阀的流量为 q_p，进入液压缸的负载流量为 q_L 时，则在液压缸为双出杆形式时可得到下列方程

$$q_1 = C_d A_1 \sqrt{\frac{2}{\rho}(p_p - p_1)} \tag{9-1}$$

$$q_3 = C_d A_3 \sqrt{\frac{2}{\rho} p_2} \tag{9-2}$$

$$q_p = q_1 = q_L = q_3 \tag{9-3}$$

式(9-1)～式(9-3)中，A_1、A_3 分别为阀口 1、3 的过流面积。当阀芯为对称结构时 $A_1=A_3$，$q_1=q_3$，由此可得 $p_p-p_1=p_2$。又因负载压力 $p_L=p_1-p_2$，所以

$$p_1=(p_p+p_L)/2,\ p_2=(p_p-p_L)/2$$

阀口的流量方程可写为

$$q_L = C_d w x \sqrt{(p_p - p_L)/\rho} \tag{9-4}$$

式中，w 为阀口面积梯度，当窗口为全圆周时，$w=\pi D$。

式(9-4)表示了伺服阀处于稳态时各参量(q_L，x，p_p，p_L)之间的关系，因此被称为静特性方程，可用流量放大系数 k_q、流量压力系数 k_c 及压力放大系数 k_p 来表示，三个系数的定义为

$$k_q = \left.\frac{\partial q_L}{\partial x}\right|_{p_L=常数} \tag{9-5}$$

$$k_c = -\left.\frac{\partial q_L}{\partial p_L}\right|_{x=常数} \tag{9-6}$$

$$k_p = \left.\frac{\partial q_L}{\partial x}\right|_{q_L=常数} \tag{9-7}$$

阀系数 k_q 和 k_p 越大，k_c 越小，则伺服阀性能越好。

9.1.3　电液伺服系统应用举例

机械手手臂伸缩电液伺服系统工作原理如图 9-5 所示，系统由电液伺服阀 1、液压缸 2、活塞杆带动的机械手手臂 3、电位器 4、步进电动机 5、齿轮齿条机构 6 和放大器 7 等元件组成。齿条固定在机械手手臂上，电位器固定在齿轮上，所以当手臂带动齿轮转动时，电位器和齿轮一起转动，形成负反馈。

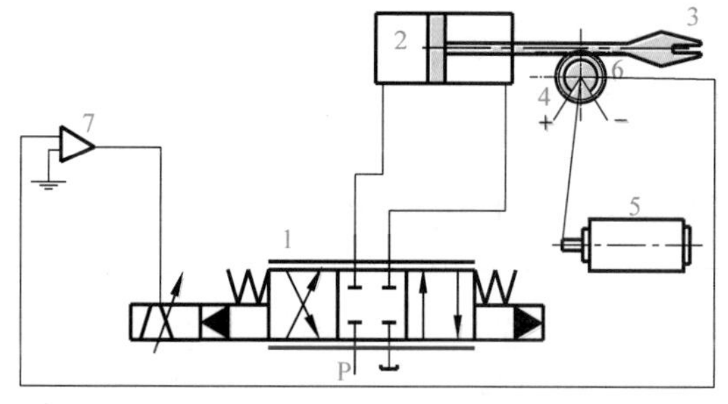

9-5

图 9-5　机械手手臂伸缩电液伺服系统工作原理

1-电液伺服阀；2-液压缸；3-机械手手臂；4-电位器；5-步进电动机；6-齿轮齿条机构；7-放大器

当数字装置发出一定数量的脉冲信号时，步进电动机带动电位器 4 的动触头转过一定的角度，使动触头偏移电位器中位，产生微弱电压信号，该信号经放大器 7 放大后输入电液伺服阀 1 的控制线圈，使伺服阀产生一定的开口量。这时，压力油经伺服阀的开口进入液压缸的左腔，推动活塞连同机械手手臂一起向右移动，液压缸右腔的回油经伺服阀流回油箱。由于电位器的齿轮和机械手手臂上齿条相啮合，手臂向右移动时，电位器跟着做顺时针方向转动。当电位器的中位和动触头重合时，动触头输出电压为零，电液伺服阀失去信号，阀口关闭，手臂停止移动。手臂移动的行程决定于脉冲的数量，手臂移动的速度决定于脉冲的频率。当数字装置发出反向脉冲时，步进电动机逆时针方向转动，手臂缩回。

由于机械手手臂移动的距离与输入电位器的转角成比例，机械手手臂完全跟随输入电位器的转动而产生相应的位移，所以它是一个带有反馈的位置控制电液伺服系统。

9.2 电液比例控制

电液比例控制系统是由电子放大及校正单元、电液比例控制元件或动力元件、执行元件及动力源、工作负载及信号检测处理装置等组成的新型控制系统，其性能介于普通液压阀的开关式控制和电液伺服控制之间。它能实现对液流压力和流量的连续、按比例跟随控制。目前，由于其控制性能优于开关式控制，而成本大大低于伺服控制，并且抗污染能力强，因而近年来发展很快。比例控制的核心元件是电液比例阀，简称比例阀。本节将对常用的电液比例阀的原理及应用进行介绍。

9.2.1 电液比例阀的特点及分类

电液比例阀是一种按输入的电气信号连续地、按比例地对工作液压油的压力、流量和方向进行控制的液压控制阀。其结构通常由常用的人工调节或开关控制的液压阀加上电-机比例转换装置而构成。常用的电-机转换装置是有一定性能要求的电磁铁，它能把电信号按比例地转换成力或位移，对液压阀进行控制。在使用过程中，电液比例阀可以按输入的电气信号连续地、按比例地对油液的压力、流量和方向进行远距离控制，比例阀一般都具有压力补偿性能，所以它的输出压力和流量可以不受负载变化的影响，因而广泛应用于对液压参数进行连续、远距离控制或程序控制，但对控制精度和动态特性要求不太高的液压系统中。

概括来讲，电液比例阀具有如下特点：

(1) 可实现液压参数的连续控制。一个比例阀可得到多个连续的调定值，而且能控制各调节值之间的过渡过程。

(2) 可实现远距离控制或编程。比例阀与电气放大器的距离可达 60m，放大器与信号源的距离可任意远。

(3) 比例阀具有复合功能，可实现一阀多用，简化回路结构，减少阀的数量。

(4) 比例阀的压力切换平稳，冲击小。

(5) 抗污染能力强，维护方便。

从经济价值上看，它结构简单，价格低廉，但其控制精度和动态快速性不如电液伺服阀。

电液比例阀的种类及规格很多，按用途可将它们分为：电液比例压力阀、电液比例流量阀以及电液比例方向阀。而对上述三种比例阀，按照阀是否带有位移闭环控制，又可分为带电反馈的电液比例阀与不带电反馈的电液比例阀。这两种阀差异很大，带位移电反馈的比例阀的稳态误差(滞环、回差、灵敏度)大约在 1%，而不带电反馈的普通比例阀则为 3%～5%。另外，按照电子放大器与比例阀体的安装关系，又可分为分离型及带集成电子放大器型。下面将分别对电液比例压力阀、流量阀以及方向阀进行介绍。

9.2.2 电液比例压力阀

1. 电液比例压力先导阀

图 9-6 为电液比例压力先导阀的结构示意图，它由压力阀和比例电磁铁两部分组成。当比例电磁铁 1 线圈中输入一定电流时，推杆 2 通过传力弹簧 3 把电磁推力传给阀芯。推力大小与电流成比例，这样，当阀进油口 P 处的压力油作用在锥阀上的力超过弹簧力时，锥

阀打开，油液通过阀口由出油口 T 排出，阀口的开度不影响电磁推力。不同于普通压力先导阀，这里与阀芯上液压力进行比较的是比例电磁铁的电磁吸力，不是弹簧力（图中弹簧无压缩量，只起传递电磁吸力的作用，因此称为传力弹簧）。改变输入电磁铁的电流大小，即可改变电磁吸力，从而改变先导阀的前腔压力（即主阀上腔压力），对主阀的进口或出口压力实现控制。

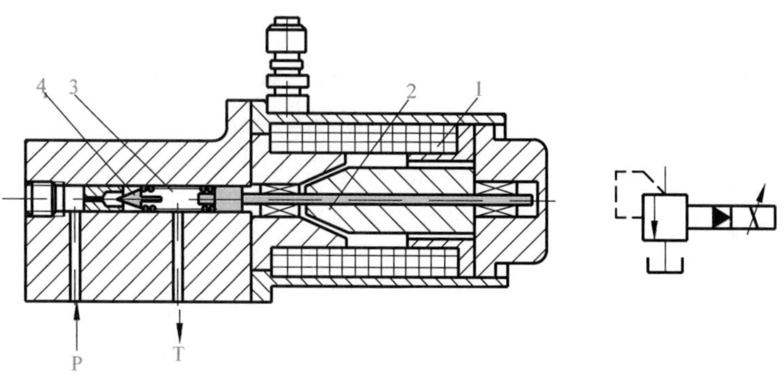

图 9-6　电液比例压力先导阀

1-比例电磁铁；2-推杆；3-传力弹簧；4-阀芯

上述比例压力先导阀本身可作为直动式压力阀直接使用。另外，它与普通溢流阀、减压阀、顺序阀的主阀组合即可构成电液比例溢流阀、电液比例减压阀和电液比例顺序阀。下面将以一种电液比例溢流阀为例说明先导式电液比例压力阀的基本工作原理。

2. 先导式电液比例压力阀组成及工作原理

先导式电液比例压力阀工作原理如图 9-7 所示，其先导阀为滑阀结构，溢流阀的进口压力油 p_p 被直接引到先导滑阀反馈推杆 3 的左端（作用面积为 A_0），然后经过固定阻尼 R_1 到先导滑阀阀芯 4 的左端（作用面积为 A_1），进入先导滑阀阀口和主阀上腔，主阀上腔的压力油再引到先导滑阀的右端（作用面积为 A_2）。在主阀阀芯 2 处于稳定受力平衡状态时，先导滑阀阀口与主阀上腔之间的动压反馈阻尼 R_3 不起作用，因此作用在先导滑阀阀芯两端的压力相等。设计时取 $A_1-A_0=A_2$，于是作用在先导滑阀上的液压力 $F=p_pA_0$。当液压力 F 与比例电磁铁吸力 F_E 相等时，先导滑阀阀芯受力平衡，阀芯稳定在某一位置，先导滑阀开口一定，先导滑阀前腔压力即主阀上腔压力 p_1 为一定值（$p_1<p_p$），主阀阀芯在上下两腔压力 p_1 和 p_p 及弹簧力、液动力的共同作用下处于受力平衡，主阀开口一定，保证溢流阀的进口压力 p_p 与电磁吸力成正比，调节输入的电流大小，即可调节阀的进口压力。

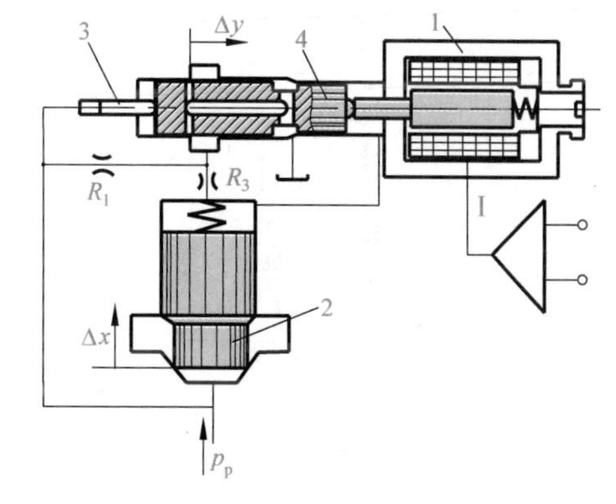

图 9-7　直接检测型先导式比例溢流阀

1-比例电磁铁；2-主阀阀芯；3-反馈推杆；4-先导滑阀阀芯

若溢流阀的进口压力 p_p 因外界干扰突然升高，先导滑阀阀芯受力平衡被破坏，阀芯右移、阀口增大使先导阀前腔压力 p_1 减小，即主阀上腔压力减小，于是主阀阀芯受力平衡也被破坏，阀芯上移开大阀口使升高了的进口压力下降，当进口压力 p_p 恢复到原来值时，先导滑阀阀芯和主阀阀芯重新回到平衡位置，阀在新的稳态下工作。

当阀处于稳态时，阻尼 R_3 没有流量通过，主阀上腔压力与先导阀前腔压力相等。当阀处于动态即主阀芯向上或向下运动时，阻尼 R_3 使主阀上腔压力高于或低于先导阀前腔压力，这一瞬态压力差不仅对主阀芯直接起动压反馈作用(阻碍主阀芯运动)，而且反馈作用到先导滑阀的两端，通过先导滑阀的位移控制压力的变化进而对主阀芯的运动起动压反馈作用。因此，阀的动态稳定性好，超调量小。

因为这种比例溢流阀的被控进口压力直接与比例电磁铁电磁吸力相比较，而比例电磁铁的电磁吸力只与输入电流大小有关，与铁心(阀芯)位移无关。对比普通溢流阀不仅控制进口压力需要在主阀芯上进行第二次比较，而且弹簧力会因阀芯位移波动，这种比例溢流阀的压力流量特性要好得多。

9.2.3 电液比例流量阀

电液比例流量阀用于控制液压系统中的流量，它们可分为电液比例节流阀、电液比例流量阀和电液比例流量压力复合控制阀等。

电液比例节流阀：通过电液比例节流阀的流量不仅与节流口的开度有关，而且受节流口两端的压差影响，属于节流控制功能阀类。

电液比例流量阀(调速阀)：一般由电液比例节流阀加压力补偿器或流量反馈元件组成。压力补偿器使节流口两端的压差基本保持为常值，使通过电液比例流量阀的流量只取决于节流口的开度，属于流量控制功能阀类。

电液比例流量压力复合控制阀：将电液比例压力阀和电液比例流量阀复合在一个控制阀中，构成一个专用阀，也称为PQ阀。这种阀在塑机控制系统中得到广泛应用。

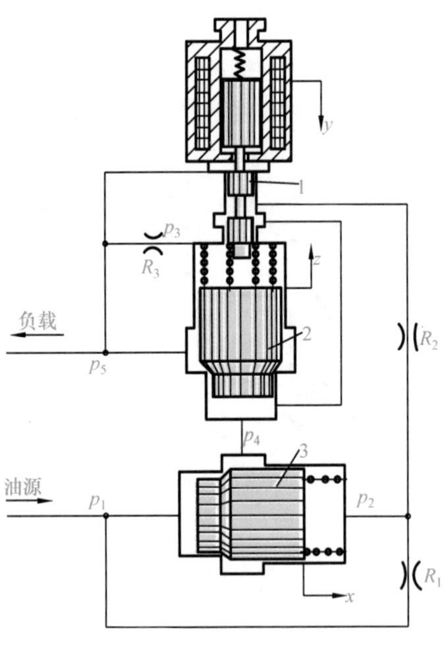

图 9-8 流量-位移-力反馈型电液比例二通流量阀

1-先导阀；2-流量传感器；3-调节器

下面以流量-位移-力反馈型二通比例流量阀为例说明当前的电液比例流量阀结构和工作原理。

图9-8所示的流量-位移-力反馈型电液比例二通流量阀由比例电磁铁、先导阀、流量传感器、调节器以及阻尼 R_1、R_2、R_3 等组成。

当比例电磁铁无电流信号输入时，先导滑阀由下端反馈弹簧(内弹簧)支承在最上位置，此时弹簧无压缩量，先导滑阀阀口关闭，于是调节器3阀芯两端压力相等，调节器阀口关闭，无流量通过。当比例电磁铁输入一定电流信号产生一定的电磁吸力时，先导滑阀阀芯1向下位移、阀口开启，于是液压泵的泵出油经阻尼 R_1、R_2 以及先导滑阀阀口到流量传感器2的进油口。由于油液流动的压力损失，调节器3控制腔的压力 $p_2<p_1$。当压力差(p_1-p_2)达到一定值时，调节器阀芯位移，阀口开启，液压泵的泵出油经调节器阀口到流量传感器2进口，顶开阀芯，流量传感器阀口开启。在流量传感器阀芯上移的同时，阀芯的位移转换为反馈弹簧的弹簧力。通过先导滑阀阀芯与电磁吸力相比较，当弹簧力与电磁吸力相等时，先导滑阀阀芯受力平衡。与此同时，调节器阀芯、流量传感器阀芯也受力平衡，所有阀口满

足压力流量方程，油源压力油 p_1 经调节器阀口后降为 p_4，并为流量传感器的进口压力，流量传感器的出口压力 p_5 由负载决定。由于流量传感器的出口压力 p_5 经阻尼 R_3 引到流量传感器阀芯上腔，因此在流量传感器阀芯受力平衡时，流量传感器的进出口压力差（p_4-p_5）由弹簧确定为定值，阀的开口一定。

如上所述，二通流量阀在比例电磁铁输入一定电流信号后，流量传感器开启一定的开口。由于流量传感器的进出口压力差一定，因此流经流量传感器的流量对应于一定的阀开口，即流量传感器在调节流经阀的流量的同时，将电流信号检测转换为阀芯的位移（开口），用弹簧力的形式反馈到先导滑阀与电磁吸力比较。因此，二通流量阀又称为流量-位移-力反馈型比例流量阀。由于反馈形成的闭环包含调节器在内，所以作用在闭环内的干扰（如负载波动或液动力变化等）均会受到有效的抑制。

二通流量阀中的调节器起压力补偿作用，保证流量传感器进出口压力差为定值，流经阀的流量稳定不变。由于调节器阀芯的位移是由流量传感器检测流量信号控制的，因此流量稳定性比普通调速阀有很大的提高。

9.2.4　电液比例方向阀

电液比例方向阀能按照输入电信号的正负及幅值大小，同时实现流动方向控制及流量的比例控制，而其结构形式又与开关式方向阀类似。电液比例方向阀既可用于开环系统，又可用于闭环系统。

下面以图 9-9 所示的电液比例方向阀为例说明典型的电液比例方向阀的结构及原理。电液比例方向阀由前置级（电液比例双向减压阀）和放大级（液动比例双向节流阀）两部分组成。前置级由两端比例电磁铁 4、8 分别控制双向减压阀阀芯 1 的位移。如果左端比例电磁铁 8 输入电流 I_1，则产生一电磁吸力 F_{E1} 使减压阀阀芯 1 右移，右边阀口开启，供油压力 p_p 经阀口后减压为 p_c（控制压力）。因 p_c 经流道 3 反馈作用到阀芯右端面（阀芯左端通回油 p_d）。形成一个与电磁吸力 F_{E1} 方向相反的液压力 F_1，当 $F_1=F_{E1}$ 时，阀芯停止右移稳定在一定的位置，减压阀右边阀口开度一定，压力 p_c 保持一个稳定值。显然压力 p_c 与供油压力 p_p 无关，仅与比例电磁铁的电磁吸力即输入电流大小成比例。同理，当右端比例电磁铁输入电流 I_2 时，减压阀阀芯将左移，经左阀口减压后得到稳定的控制压力 p_c'。

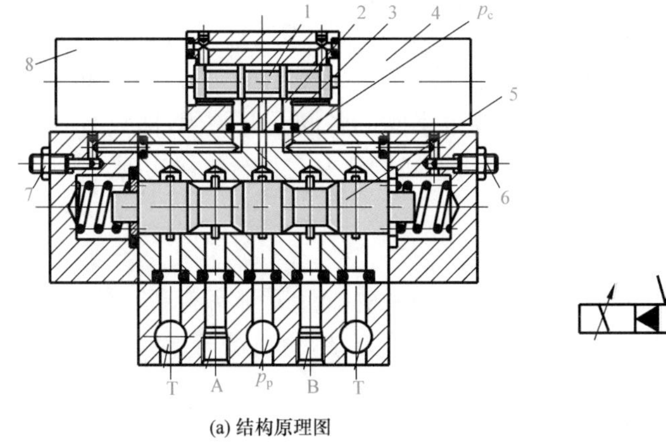

(a) 结构原理图

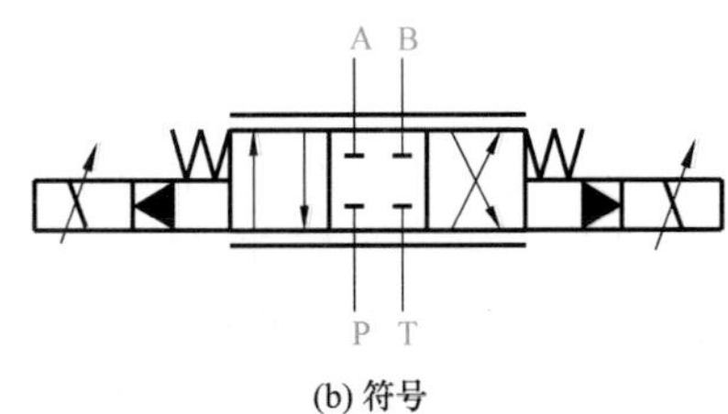

(b) 符号

图 9-9　电液比例方向阀

1-减压阀阀芯；2、3-流道；4、8-比例电磁铁；5-主阀芯；6、7-阻尼器

> **思考 9-1**
>
> 航空器设备的飞行翼驱动多采用液压比例阀或液压伺服阀控制，而不选用电磁阀，试分析原因。

放大级由阀体、主阀芯、左右端盖和阻尼器6、7等零件组成。当前置级输出的控制压力 p_c 经阻尼孔缓冲后作用在主阀芯5右端时，液压力克服左端弹簧力使阀芯左移(阀芯左端弹簧腔通回油 p_d)开启阀口，油口 p_p 与B通，A与T通。随着弹簧压缩量增大，弹簧力增大。当弹簧力与液压力相等时，主阀芯停止左移稳定在某位置，阀口开度一定。因此，主阀开口大小取决于输入的电流大小。当前置级输出的控制压力为 p_c' 时，主阀反向位移，开启阀口，贯通油口 p_p 与B、A与T，液流换向并保持一定的开口，开口大小与输入电流大小成比例。

综上所述，改变比例电磁铁的输入电流，不仅可以改变阀的工作液流方向，而且可以控制阀口大小实现流量调节，即具有换向、节流的复合功能。

9.3 电液数字阀

用数字信息直接控制的阀，称为电液数字阀，简称数字阀。数字阀可直接与计算机接口，不需要D/A转换器。与伺服阀、比例阀相比，这种阀结构简单、工艺性好、价廉、抗污染能力好、重复性好、工作稳定可靠、功耗小。它的应用也最为广泛，将其与普通的液压缸、泵、马达组合起来，就可以得到不同的数字缸、数字泵、数字马达等。在计算机实时控制的电液系统中，它已部分取代了比例阀或伺服阀，为计算机在液压系统中的应用开拓了一条新的道路。

目前数控液压系统中应用的数字阀按控制方式的不同大致可以分为三种：二进制组合数字阀、步进式数字阀和高速开关阀。

9.3.1 二进制组合数字阀

1. 控制原理

二进制组合阀的驱动信号是二进制驱动信号，可方便地与计算机或其他数字式控制装置直接连接。这种数字阀是由多个按二进制排列的阀门组成的阀组。每个阀门的流量系数按二进制序列设计，即按2的幂次设计，例如 2^{-2}、2^{-1}、2^0、2^1、2^2、2^3 等设计。例如，8位数字阀由8个二进制信号驱动，当这8个二进制数取不同的值时，可以得到0～255的数值，可调比达255∶1，增加数字阀的位数，可提高可调比。组成数字阀的各阀是开关阀，即只有开和关两种状态。因此，对它们的控制可采用电磁阀或带弹簧返回的活塞式执行机构实现。

2. 控制特点

该阀的特点是分辨率高(数字阀的位数越多，可控制的流量分辨率越高)、精度高、响应速度快、关闭特性好、复现性好、跟踪性好；但其缺点是结构复杂，价格高，数字阀位数越多，控制元件越多，结构越复杂，价格也越高，因此影响了其使用范围。

9.3.2 增量式数字阀

增量式数字阀采用由脉冲数字调制演变而成的增量控制方式，以步进电动机作为电气机械转换器驱动液压阀芯工作，又称步进式数字阀。该阀利用步进电动机接收脉冲序列的控制，输出位移转角，转角与输入的脉冲数成正比。然后通过机械转换装置，一般为齿轮减速的凸轮机构或螺杆机构，把转角变成阀芯的阀位移，使阀口开启或关闭。步进电动机转过一定的角度相当于数字阀的一定开度。因此，这种阀可以控制相当大的流量和压力范围。

1. 控制原理

增量式数字阀控制系统工作原理如图9-10所示。计算机发出脉冲序列经驱动器放大后使步进电动机工作。步进电动机是一个数字元件，根据增量控制方式工作。增量控制方式是由脉冲数字调制法演变而成的一种数字控制方法，是在脉冲数字信号的基础上，使每个采样周期的步数在前一采样周期的步数上增加或减少一些，从而达到需要的幅值。步进电动机转角与输入的脉冲数成比例，通过机械转换器(丝杆-螺母副或凸轮机构)使转角转换为轴向位移，使阀口开度变化，从而得到与输入脉冲数成比例的压力、流量。有时，阀中还设置用以提高阀重复精度的零位传感器和用以显示被控量的显示装置。阀的输出量与输入脉冲数成正比，输出响应速度与输入脉冲频率成正比。对应于步进电动机的步距角，阀的输出量有一定的分辨率，它直接决定了阀的最高控制精度。

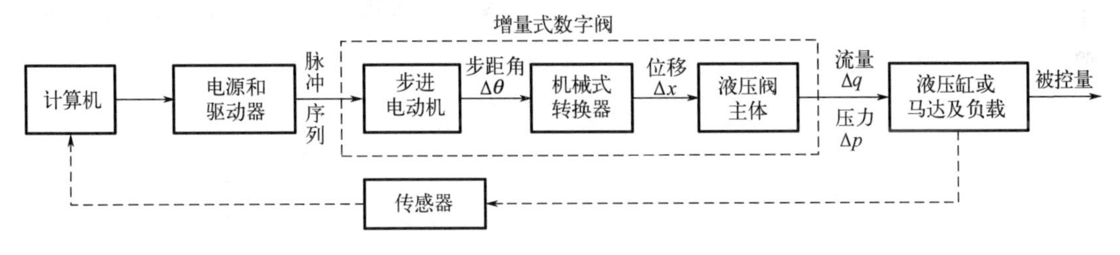

图9-10　增量式数字阀控制系统工作原理图

2. 控制特点

增量式数字阀具有以下优点：首先步进电动机本身就是一个数字式元件，这便于与计算机接口连接，简化了阀的结构，降低了成本。并且步进电动机没有累积误差，重复性好。当采用细分式驱动电路后，理论上可以达到任何等级的定位精度，部分步进数字阀产品定位精度可达0.1%。其次步进电动机几乎没有滞环误差，因此整个阀的滞环误差很小，部分数字阀产品滞环误差在0.5%以内。再次步进电动机的控制信号为脉冲逻辑信号，整个阀的可靠性和抗干扰能力都比相应的比例阀和伺服阀好。最后增量式数字阀对阀体没有特别的要求，可以沿用现有比例阀或常规阀的阀体。由于增量式数字阀具有许多突出的优点，因此这类阀获得广泛的应用。

9.3.3　数字高速开关阀

1. 控制原理

高速开关阀早期主要是应用在一些要求快速操作的液压系统中，其后，由于其数字化的特征在计算机控制的液压系统中越来越受到重视。按电-机械转换装置可分为螺管电磁铁式、盘式电磁铁式、力矩马达和压电晶体式等。目前应用最广泛的是高速电磁开关阀，采用脉宽控制(PWM)方式，借助于电磁铁所产生的吸力，使得阀芯高速正反向运动，从而使液流在阀口处产生交替通断，达到对流量进行连续控制的目的。

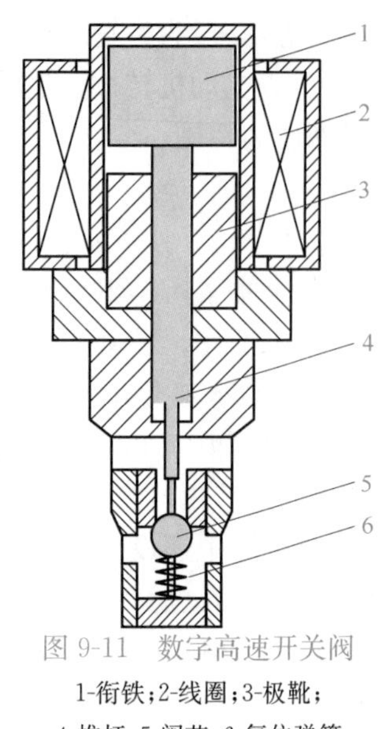

图 9-11 数字高速开关阀
1-衔铁；2-线圈；3-极靴；
4-推杆；5-阀芯；6-复位弹簧

图 9-11 所示的数字高速开关阀由电磁铁、极靴、推杆、阀芯、弹簧等组成，其控制系统工作原理框图如图 9-12 所示。由微型计算机产生脉宽调制的脉冲序列，经脉宽调制放大器放大后驱动数字阀，即高速开关阀，控制流量或压力。由于作用于阀上的信号是一系列脉冲，所以高速开关阀只有快速切换的“开”和“关”两种状态，以开启时间的长短来控制流量。在闭环系统中，由传感器检测输出信号反馈到计算机形成闭环控制。如果信号是确定的周期信号或其他给定信号，可预先编程存在计算机内，由计算机完成信号发生功能。如果信号是随机信号，则信号源经 A/D 转换后输入计算机内，由计算机完成脉宽调制后输出。在需要做两个方向运动的系统中，要用两个数字阀分别控制不同方向的运动。与增量式数字阀控制系统相同，该系统的性能与计算机、放大器、数字阀有关，三者相互关联，使用时必须有这些配套的装置。

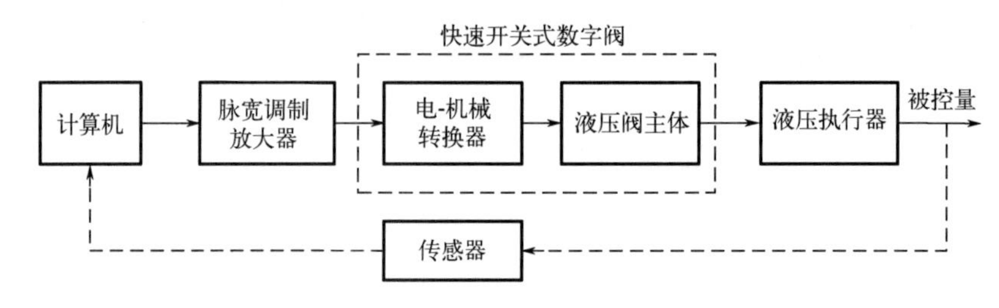

图 9-12 高速数字开关阀控制系统工作原理框图

2. 控制特点

此控制方式具有不易堵塞、抗污染能力强及结构简单的优点。系统可以是开环控制，也可以进行闭环控制、开环控制不存在稳定性问题，控制比较简单

9.4 电液比例控制系统实例-折弯机同步控制回路

折弯机是钣金行业工件折弯成形的重要设备，折弯机利用所配备的模具(通用或专用模具)将冷态下的金属板材折弯成各种几何截面形状的工件。折弯机分为手动折弯机、液压折弯机和数控折弯机，手动折弯机又分为机械手动折弯机和电动手动折弯机。液压折弯机按同步方式又可分为扭轴同步、机液同步和电液同步等。数控折弯机的同步方式与普通折弯机不同，该机使用伺服阀与光栅尺等液压装置形成闭环回路，从而精确控制折弯机的各种动作。

如图 9-13 所示，折弯机结构主要由左右立柱、滑块、工作台、机架等组成，左右液压缸固定在立柱上，滑块与液压缸的活塞连接、沿固定在立柱上的导轨上下运动，下模固定在工作台上，上模安装在滑块下端，液压系统提供动力，电气系统给出指令，在液压缸作用下，滑块带动上模向下与下模闭合实现板料的折弯。

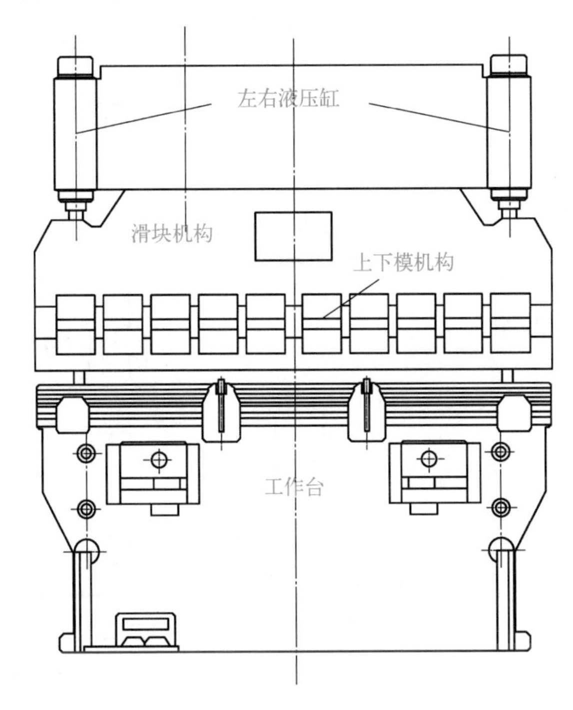

图 9-13　折弯机结构图

左右液压缸带动滑动上下移动，滑块需完成以下动作功能。

(1)滑块快速前进：此时双缸活塞同步快速空程向下运动。

(2)滑块慢速加压：此时双缸活塞同步慢速向下并加压。

(3)滑块到位并保压：滑块到位折弯工件，为防止工件回弹需要保压一段时间。

(4)卸压：为了减小由于工件回弹和活塞换向引起的液压冲击，滑块回程前必须卸掉液压缸上腔的高压。

(5)滑块快速回程：此时双缸活塞同步快速向上运动。

分析以上动作要求，折弯机液压系统具备的基本回路：方向控制回路、压力控制回路、调速回路及速度换接回路、同步回路、保压回路、卸压回路等，这些基本回路是组成折弯机液压系统的基础。数控折弯机对同步精度要求很高，其动态同步精度达到±0.2mm。与普通折弯机的扭轴同步方式不同，数控折弯机使用伺服阀与光栅尺等液压装置形成闭环回路，从而精确控制折弯机的各种动作。图 9-14 为数控折弯机液压系统，其中两个液压缸控制子系统完全相同。每个液压缸与位移传感器、比例方向阀和计算机一起构成全闭环位置控制系统。同时计算机还控制两个活塞的同步。

(1)滑块快速下行时，比例方向阀 3 输入正电压，液压缸上腔进油，同时电磁换向阀 9 的电磁铁 4YA 吸合，液控插装阀 8 开启，液压缸下腔通过比例方向阀 3 与油箱相通，滑块靠自重快速下行。计算机通过调节两个比例方向阀的开度，控制两缸下腔的回油量，使两缸活塞同步下行。此时，液压缸上腔在液压泵供油不足时，可以通过液控换向阀 7 从油箱补油。

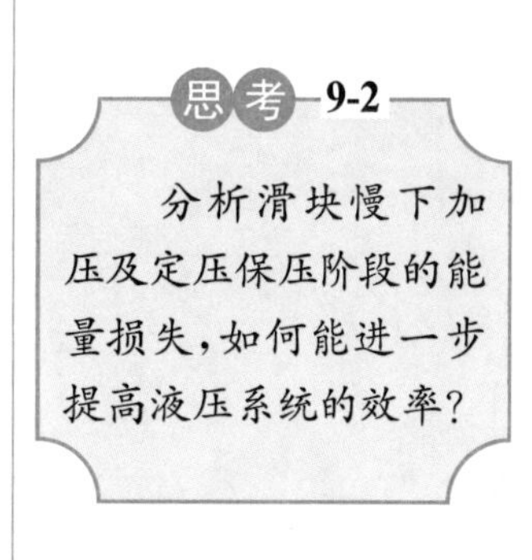

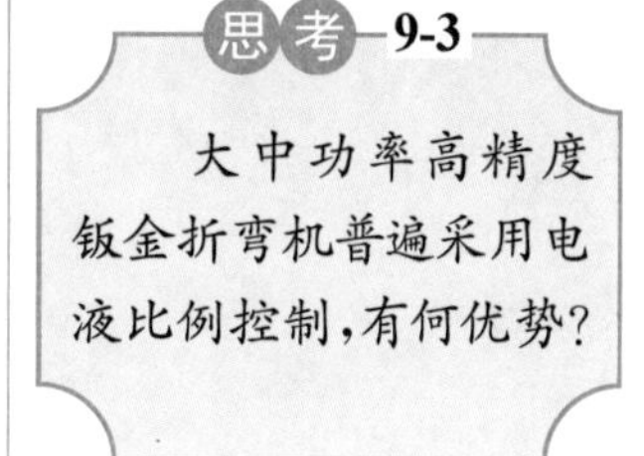

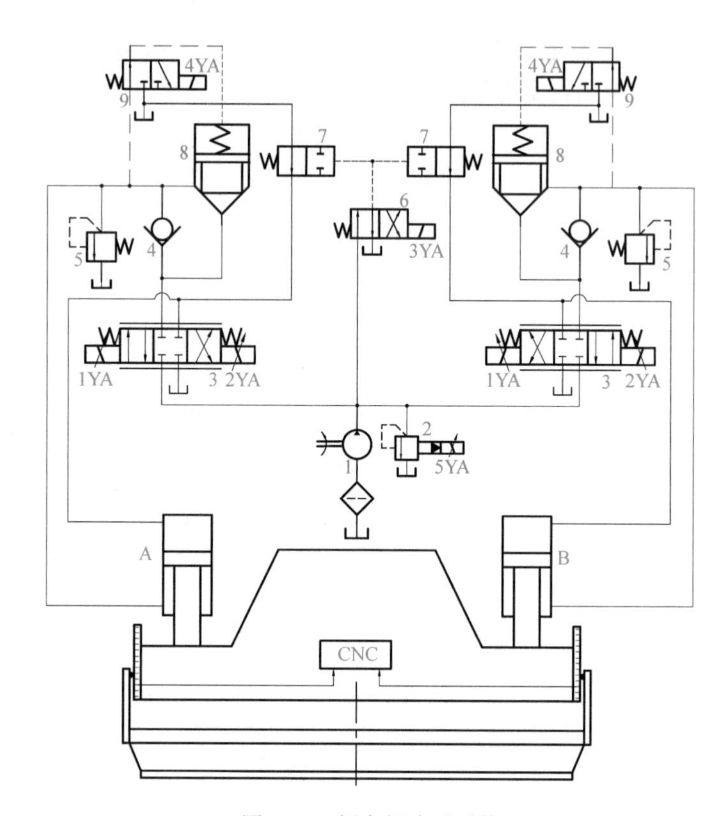

图 9-14 折弯机液压系统

1-液压泵；2-比例溢流阀；3-比例方向阀；4-单向阀；5-安全阀；
6-电磁换向阀；7-液控换向阀；8-液压插装阀；9-电磁换向阀

(2)滑块慢下加压及定位保压时，电磁铁 4YA 吸合，液控插装阀 8 开启，液压缸下腔油液通过比例方向阀流回油箱。同时，电磁铁 3YA 吸合，换向阀 6 右位工作，控制液控阀 7，切断液压缸上腔与油箱的连接油路。高压油通过比例方向阀进入液压缸上腔，通过调节比例方向阀的开度控制缸上腔进油量并使两缸活塞慢速同步下行。定位保压与慢下加压的工作状态相同，此时比例方向阀处于零位附近。

(3)卸压时，通过改变比例溢流阀 2 的比例电磁铁 5YA 的输入电压，使系统压力降低。

(4)滑块回程时，通过提高比例溢流阀 2 的输入电压使系统压力升高，比例方向阀 3 输入负电压，电磁阀 9 的电磁铁 4YA 断电，液控插装阀关闭，高压油通过比例方向阀和单向阀 4 进入液压缸下腔。同时，电磁阀 6 的电磁铁 3YA 断电，控制液控阀 7，使液压缸上腔与油箱相通。调节两个比例阀的开度，控制两液压缸下腔的进油量，使两缸活塞带动滑块快速回程。

习 题

9-1 简述电液伺服控制系统与电液比例控制系统的差异及各自的优缺点。

9-2 分析电液比例压力阀、流量阀与传统的液压阀相比各自的优缺点。

9-3 电液伺服阀的作用、组成和特点是什么？

第二篇　气压传动

第10章　气压传动基础知识

10.1　空气的物理性质

要正确设计和使用气压传动系统，必须首先了解空气的基本性质，掌握气压传动的基本概念和相关计算方法。

10.1.1　空气的组成

自然界中的空气是由多种气体混合组成的，其主要成分是氮气(N_2)与氧气(O_2)，其他气体如氩(Ar)、二氧化碳(CO_2)等所占比例很小。此外，空气中常含有一定量的水蒸气，含有水蒸气的空气称为湿空气。不含水蒸气的空气称为干空气。

10.1.2　空气的性质

1. 密度

空气的密度是表示单位体积V内的空气的质量m，用ρ表示。空气的密度与温度、压力以及水蒸气含量有关。标准状态下干空气的密度$\rho=1.293\text{kg/m}^3$。

2. 黏度

气体质点相对运动时产生阻力的性质叫气体的黏性。黏性的大小用黏度来描述。

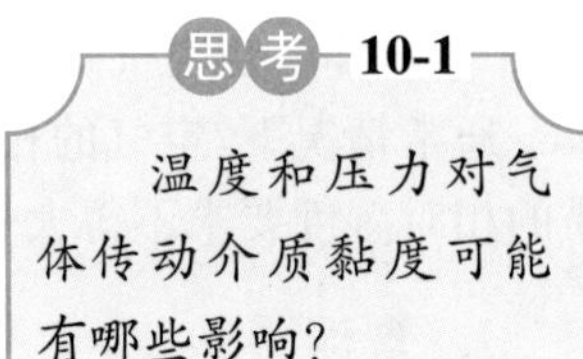

空气黏度受压力变化的影响甚微，因而通常忽略不计。影响空气黏度的最主要因素为温度。由于温度升高后空气分子运动加剧，原本间距较大的分子相互碰撞的机会增多，因而空气黏度随温度升高而增大，这与液体黏度随温度变化的规律相反。

3. 压缩性和膨胀性

气体因分子间的距离大(空气分子间距是分子直径的 9 倍),内聚力小,故分子可自由运动。因此,气体的体积也容易随压力和温度变化而变化。

气体体积随压力升高而减小的性质称为压缩性,而气体体积随温度升高而增大的性质称为膨胀性。气体的压缩性与膨胀性都远大于液体的压缩性与膨胀性,所以,在研究和应用气压传动时必须引起足够的注意。

气体体积随压力和温度的变化规律服从气体状态方程

$$pV = mRT \tag{10-1}$$

式中,p 为气体的绝对压力,N/m^2;V 为气体体积,m^3;m 为气体的质量;R 为气体常数;T 为气体的热力学温度,K。

在没有任何制约条件下,一定质量气体所进行的状态变化过程,称为多变过程。理想气体的多变状态过程遵循下述方程

$$pV^n = p_1V_1^n = p_2V_2^n = 常数 \tag{10-2}$$

式中,n 为多变指数,对于空气 $1<n<1.4$。

气体状态等容、等压、等温和绝热这四种变化过程都是多变过程的特例。

当 $n=0$ 时,为等压变化过程;当 $n=1$ 时,为等温变化过程;当 $n=\pm\infty$ 时,为等容变化过程;当 $n=\kappa$ 时,为绝热变化过程(其中 κ 为绝热指数,对空气来说,$\kappa=1.4$)。

10.1.3 湿空气及其特性参数

湿空气中含有水蒸气,不仅会腐蚀元件,且由于气、液两相混合运动,还会直接影响系统工作的稳定性。因此,各种气动元件对使用空气的含水量有明确规定,而且常采取多种措施防止水分带入系统。

湿空气所含水分的程度常用湿度和含湿量来表示,而湿度又分绝对湿度和相对湿度。

1. 湿度

每立方米的湿空气中所含水蒸气的质量称为湿空气的绝对湿度,常用 x 表示,单位为 kg/m^3,即

$$x = \rho_s = \frac{m_s}{V} = \frac{p_s}{R_sT} \tag{10-3}$$

式中,m_s 为水蒸气的质量,kg;V 为湿空气的体积,m^3;ρ_s 为水蒸气的密度,kg/m^3;p_s 为水蒸气的分压力,Pa;R_s 为水蒸气的气体常数,$R_s=462.05N\cdot m/(kg\cdot K)$;$T$ 为热力学温度,K。

一定温度下,每立方米饱和湿空气中所含水蒸气的质量称为该温度下的饱和绝对湿度,用 x_b 表示。

在相同温度和压力下,湿空气的绝对湿度 x 与饱和绝对湿度 x_b 之比称为该温度下的相对湿度,用 φ 表示。当空气绝对干燥时,$p_s=0$,$\varphi=0$;当湿空气达到饱和时,$p_s=p_b$,$\varphi=100\%$。

通常情况下,空气的相对湿度在 60%~70%时人体感觉舒适,气动系统中适用的工作介质的相对湿度要求不得大于 95%。

2. 含湿量

(1) 质量含湿量 d。在含有 1kg 干空气的湿空气中所混合的水蒸气的质量称为湿空气的

质量含湿量。

(2) 容积含湿量 d'。在含有 $1m^3$ 体积干空气的湿空气中所混合的水蒸气的质量称为该湿空气的容积含湿量。

空气中水蒸气的分压力和含湿量均随温度的降低而显著减小，所以，降低进入气动装置空气的温度，是使用空气除水的有效措施。

3. 自由空气流量

气动系统中使用的介质是经空气压缩机压缩后的压缩空气(高于大气压)，未经压缩处于自由状态(一个标准大气压)的空气称为自由空气。空气压缩机铭牌上标明的流量通常指自由空气流量，选择空气压缩机通常以此为依据。自由空气流量计算如下式

$$q_z = q\frac{p}{p_z}\frac{T_z}{T} \tag{10-4}$$

式中，q、q_z 分别为压缩空气和自由空气流量，m^3/min；p、p_z 分别为压缩空气和自由空气的绝对压力，MPa；T、T_z 分别为压缩空气和自由空气的热力学温度，K。

严格来说，自由空气流量是指温度在 20℃、大气压力为 0.1013MPa、相对湿度为 65%时的空气流量。

4. 露点与析水量

将湿空气冷却降温，使其中所含水蒸气达到饱和并开始凝结形成水滴时的温度称为该湿空气的露点。湿空气的露点随着压力的下降而降低。

气动系统中使用的介质是经空气压缩机压缩后的压缩空气。湿空气经压缩后，其压力、温度和绝对湿度都随之增加。加压能使露点升高，达到一定压力时能析水。当压缩空气冷却降温时，其相对湿度增加，温度降至露点后便有水滴析出。每小时从压缩空气中析出水的质量称为析水量。析水量与压缩前后的空气压力、温度和湿度等因素有关，其计算公式可以查阅相关资料。

10.2　气体的流动规律

10.2.1　气体流动的基本方程

当气体流速较低时，流体运动学和动力学的三个基本方程，对于气体和液体是一致的。但当气体流速较高($v>5m/s$)时，气体的可压缩性将对流体运动产生较大影响。

根据质量守恒定律，气体在管道内做恒定流动时，单位时间内流过管道任一通流截面的气体质量都相等，故可压缩气体的连续性方程形式为

$$\rho_1 v_1 A_1 = \rho_2 v_2 A_2 \tag{10-5}$$

式中，ρ 为气体的密度；v 为气体运动速度；A 为流管的截面积。

与液体流动分析类似，在通流管道的任意截面上，推导出的伯努利方程式为

$$\int \frac{dp}{g\,d\rho} + \frac{v^2}{2g} + z + h_w = 常数$$

思考 10-2

根据传动介质的特性不同，分析比较气压传动与液压传动的主要差异和优缺点。

因气体黏度很小，若不考虑阻力，再忽略位置高度的影响，则有

$$\int \frac{dp}{d\rho} + \frac{v^2}{2} = 常数 \tag{10-6}$$

由于气体流动通常较快，来不及跟周围环境进行热交换，因而整个过程可以看作绝热变化过程。根据气体状态变化基本方程，绝热变化时

$$\frac{p}{\rho^\kappa} = C_1, \quad \rho = \frac{p^{1/\kappa}}{C_1^{1/\kappa}}$$

因而，绝热变化时，可压缩气体的伯努利方程为

$$\frac{\kappa}{\kappa-1}\frac{p}{\rho} + \frac{v^2}{2} = C \tag{10-7}$$

式中，C 为常数。

10.2.2 声速和马赫数

1. 声速

声音是由于物体的振动引起周围介质（如空气、液体）的密度和压力的微小变化而产生的。声波在介质中的传播速度叫声速。声波是一种微弱的扰动波。实验证明，一切微小扰动的传播速度都与声速一致，其速度很快，在传播过程中来不及与周围介质进行热交换，因而是绝热变化过程。

对理想气体而言，声音在其中的传播速度只与气体的温度有关，可用下式计算

$$c = \sqrt{\kappa \frac{p}{\rho}} = \sqrt{\kappa RT} \tag{10-8}$$

式中，c 为流动介质声速或局部声速；κ 为绝热指数。

2. 马赫数

在气体力学中，压缩性起着重要作用。判定压缩性对气流运动的影响最常用的就是马赫数。马赫数是气流速度 v 与该速度下的局部声速 c 之比，以 Ma 表示

$$Ma = \frac{v}{c} \tag{10-9}$$

随着 Ma 加大，气流的压力及密度都减少，所以 Ma 是反映压缩性影响的指标。Ma 越大，压缩性的影响越大。

10.2.3 气体在管道中的流动特性

气体在管道中的流动特性，随流动状态的不同而不同。

气体在流过变截面管道、节流孔时，由于流体黏性和流动惯性的作用，会产生收缩。流体收缩后的最小截面积称为有效截面积 S，它反映了变截面管道和节流孔的实际通流能力。对可压缩流体来说，应该满足连续性方程。对有效截面积 S 进行微分可得

$$\rho v \frac{dA}{dS} + \rho A \frac{dv}{dS} + Av \frac{d\rho}{dS} = 0 \tag{10-10}$$

对绝热过程而言，$c^2 = \dfrac{dp}{d\rho}$，所以

$$\mathrm{d}\rho=\frac{\mathrm{d}p}{c^2}=-\frac{\rho v\mathrm{d}v}{c^2} \tag{10-11}$$

连续性方程可简化为

$$\frac{1}{A}\frac{\mathrm{d}A}{\mathrm{d}S}=(Ma^2-1)\frac{1}{v}\frac{\mathrm{d}v}{\mathrm{d}S} \tag{10-12}$$

依据式(10-12),分析可压缩流体在管嘴中运动时的三种基本情况,如图 10-1 所示。

(1) $Ma<1$,即 $v<c$,这种流动称为亚声速流动,$\mathrm{d}A/\mathrm{d}S$ 的符号与 $\mathrm{d}v/\mathrm{d}S$ 相反,速度与断面积成反比。这种规律与不可压缩流体的流动是一致的。

(2) $Ma>1$,即 $v>c$,这种流动称为超声速流动。此时,$\mathrm{d}A/\mathrm{d}S$ 的符号与 $\mathrm{d}v/\mathrm{d}S$ 的符号相同,即气流速度与断面积成正比,截面积越大,气流速度越大。这种规律与不可压缩流体的规律完全相反。

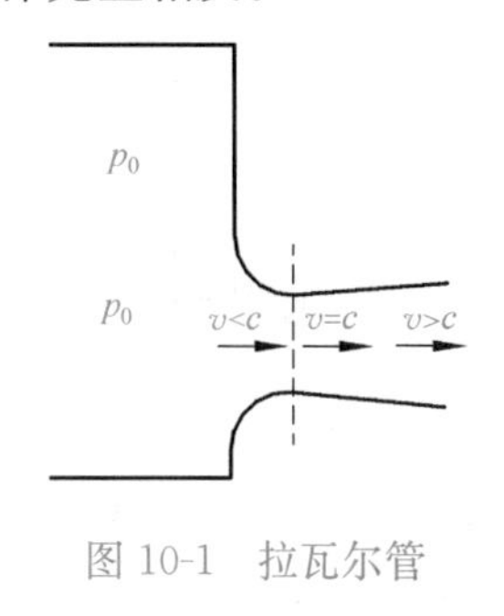

图 10-1　拉瓦尔管

(3) $Ma=1$,即 $v=c$,这种流动称为临界流动,其速度为临界流速。此时,$\mathrm{d}A/\mathrm{d}S=0$,即流速等于临界流速(即局部声速)时其断面为最小断面。喷嘴只有在最小断面处才能达到声速,如图 10-1 虚线所示的断面,称为临界断面。

根据上述分析可知:单纯地收缩管嘴最多只能得到临界速度——声速,要得到超声速,必须在临界断面之后具有扩张管,在扩张管段内的流速可以达到超声速。如图 10-1 所示的先收缩后扩张的管称为拉瓦尔管。

10.2.4　气体管道的阻力计算

气体沿程阻力计算的基本公式与液体相同,所不同的是,在工程上,气体流量以质量流量(单位时间内流过某有效截面的气体质量)q_m 来计算更方便,因而,气体管道每米管长的压力损失为

$$\Delta p=\frac{8\lambda q_m^2}{\pi^2\rho d^5} \tag{10-13}$$

式中,q_m 为质量流量,$q_m=\rho vA$,$A=\frac{\pi}{4}d^2$;d 为管径;λ 为沿程阻力系数,相关数值可查阅相关图表得到。

10.3　气动元件的通流能力

单位时间内通过阀、管道等气动元件的气体体积或质量的能力,称为该元件的通流能力。任何气动元件或回路都是由各种界面尺寸的通道或节流孔组成的。流经元件或回路的能量与通流截面积相关,但因为流动空气的黏性和压缩性等因素的影响,实际流量与理论流量存在一定的差距。因此,在气压传动中常用有效截面积 S 值、通流能力 C 值和流量 q 来表示气动元件的通流能力。

10.3.1　有效截面积 S 值

气体流经节流孔(如阀口)时,由于实际流体的黏性和流动惯性的作用,流束在孔口处会产生收缩,收缩后流束的最小截面积称为有效截面积(图 10-2),常用 S 表示,它反映了节流孔的实际通流能力。

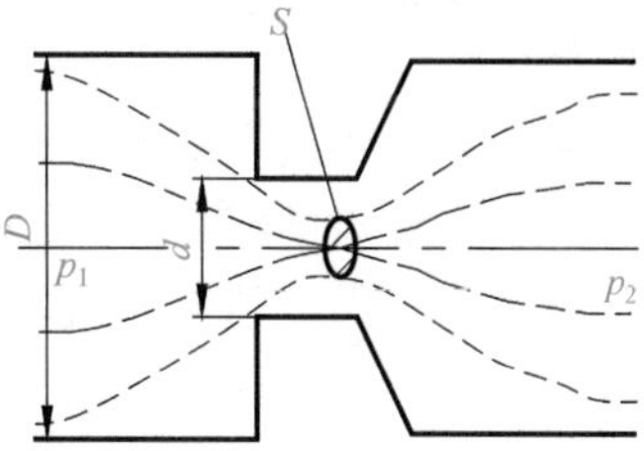

图 10-2　节流孔的有效截面积

思考 10-3

某些气体管道中使用了方形管道，而液压管道绝大多选用圆形管道，可能的原因是什么？

1. 单个元件的 S 值

气动元件的有效截面积 S 值可通过实验测定。图 10-3 所示为声速排气法测定电磁阀 S 值的测试装置，它由容器与被测元件连接而成。测试出有关参数后便可通过下式计算气动元件的有效截面积 S 值

$$S=\left(12.9\times10^{-3}V\frac{1}{t}\lg\frac{p_1+0.1013}{p_2+0.1013}\right)\sqrt{\frac{273.16}{T}} \tag{10-14}$$

式中，S 为有效截面积，m^2；V 为容积体积，m^3；t 为放气时间，s；p_1 为放气前容器内的相对压力，MPa；p_2 为放气后容器内的剩余相对压力，MPa；T 为室内热力学温度，K。

式(10-14)只适用于声速流动的气流。由于放气过程中，放气开始时容器内、外压力差较大，这时是声速放气。当容器内、外压力差降到某一数值后，放气就转为亚声速放气了。所以必须控制放气后容器内的压力。容器内的压力从 $p_1=0.5$MPa 降至 $p_2=0.2$MPa 时，经阀口排出的气体是亚声速流动，所以实验中 p_1、p_2 多采用该压力。

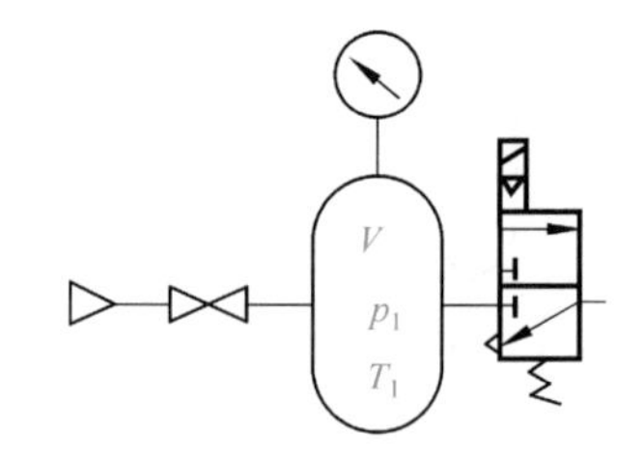

图 10-3 电磁阀 S 值的测试装置

2. 系统中多个元件合成的 S 值

系统由多个元件串联组合时，合成的有效截面积 S 值通过下式计算

$$\frac{1}{S^2}=\frac{1}{S_1^2}+\frac{1}{S_2^2}+\cdots+\frac{1}{S_n^2}=\sum_{i=1}^{n}\frac{1}{S_i^2} \tag{10-15}$$

系统由多个元件并联组合时，合成的有效截面积 S 值通过下式计算

$$S=S_1+S_2+\cdots+S_n=\sum_{i=1}^{n}S_i \tag{10-16}$$

式中，S 为各元件组合后合成的有效截面积，m^2；S_i 为各元件相应的有效截面积，m^2。

10.3.2 通流能力 C 值

通流能力 C 值常用于表述气动元件的流量特性。当被测元件全开、元件两端压力差 $\Delta p_0=0.1$MPa、流过元件的流体密度 $\rho_0=1000\text{kg/m}^3$ 时，通过元件的流量值(m^3/h)称为元件的通流能力 C 值。实际中用下式计算 C 值

$$C=q\sqrt{\frac{\rho\Delta p_0}{\rho_0\Delta p}} \tag{10-17}$$

式中，q 为实测液体的体积流量，m^3/h；ρ 为实测液体的密度，kg/m^3；Δp 为被测元件前后的压力差，MPa。

用 C 值表示气动元件的流量特性，只在元件上的压降较小时较合理，否则误差较大，且测定时要用清水，对气动元件是不利的，因而有一定的局限性。

有效截面积 S 值与通流能力 C 值间的换算关系为

$$S=19.82\times10^{-6}C \tag{10-18}$$

10.3.3 流量 q 值

1. 不可压缩气体通过节流孔的流量

当气流流速较低时($v<5\text{m/s}$)，可不计压缩性的影响，将其密度视为常数，气体通过节流孔的流量可按不可压缩流体的流量公式计算，即

$$q = C_d A\sqrt{\frac{2}{\rho}\Delta p} \tag{10-19}$$

式中，q 为通过节流孔的流量，m^3/s；C_d 为流量系数，对于空气一般取 $C_d=0.62\sim0.64$；A 为节流孔面积，m^2；Δp 为节流孔前后的压力差，MPa。

2. 可压缩气体通过节流孔的流量

当气流以较高的速度通过节流孔时，需考虑气体压缩性的影响，其密度也不可再视为常数，这时应按绝热流动进行分析和计算。

当 $p_2/p_1>0.528$ 时，气流以亚声速流动，通过节流孔的自由空气流量为

$$q_z = 3.7\times10^{-3}S\sqrt{\Delta p(p_2+1.013\times10^5)}\sqrt{\frac{273.16}{T_1}} \tag{10-20}$$

当 $p_2/p_1<0.528$ 时，气流以超声速流动，通过节流孔的自由空气流量为

$$q_z = 1.85\times10^{-4}S(p_1+1.013\times10^5)\sqrt{\frac{273.16}{T_1}} \tag{10-21}$$

式中，q_z 为通过节流孔的自由空气流量，m^3/s；S 为有效截面积，m^2；p_1、p_2 为节流孔前后绝对压力，MPa；Δp 为节流孔前后的压力差，$\Delta p=p_1-p_2$，MPa；T_1 为节流孔前热力学温度，K。

例 10-1 已知某气动阀在环境温度为20℃、气源压力(表压)为0.5MPa的条件下进行实验，测得阀的进出口压差 $\Delta p=0.03\text{MPa}$，阀的额定流量 $q=3\text{m}^3/\text{h}$。试求该阀有效截面积 S 值。

解 通过阀的自由空气的流量可由式(10-4)计算

$$q_z = q\frac{p}{p_z} = \frac{3}{3600}\times\frac{0.5+0.1013}{0.1013} = 4.95\times10^{-3}(\text{m}^3/\text{s})$$

$$p_2 = p_1-\Delta p = (0.5+0.1013)-0.03 = 0.5713(\text{MPa})$$

由于

$$\frac{p_2}{p_1} = \frac{0.5713}{0.5+0.1013} = 0.95 > 0.528$$

所以经阀口排出的气体为亚声速气流，应用式(10-20)有

$$S = \frac{q_z}{3.7\times10^3\sqrt{\Delta p(p_2+1.013\times10^5)}}\sqrt{\frac{T_1}{273}} = 9.8\times10^{-6}(\text{m}^2)\approx10(\text{mm}^2)$$

习 题

10-1 在常温 $t=20$℃时，将空气从0.1MPa(绝对压力)压缩到0.7MPa(绝对压力)，求温升 Δt 为多少？

10-2 通过有效面积为 50mm^2 的回路流动的气体，压力为 $p_1=0.8\text{MPa}$，温度为20℃，现在想用节流阀将其压力降到0.5MPa，求通过节流阀的气体的流量。

第11章 气源装置及气动辅助元件

气源装置和气动辅助元件是气动系统的两个不可缺少的重要组成部分。气源装置给系统提供足够清洁干燥且具有一定压力和流量的压缩空气；气动辅助元件是气路连接、提高系统可靠性及使用寿命以及改善工作环境等所必不可少的。

11.1 气源装置

11.1.1 气动系统对压缩空气品质的要求

气压传动(简称气动)系统所使用的压缩空气必须经过干燥和净化处理后才能使用，因为压缩空气中的水分、油污和灰尘等污染物，若不经处理而直接进入管路系统，可能会造成以下不良后果。

(1) 油液挥发的油蒸气可能聚集在储气罐、管道、气动元件的容腔里形成易燃物，有爆炸危险。另外润滑油被汽化后形成一种有机酸，使气动元件、管道内表面腐蚀、生锈，影响其使用寿命。

(2) 在气温较低时，水汽凝结后会使管道或附件因冻结而损坏，或形成水膜增加气流阻力继而产生误动作。

(3) 混在空气中的灰尘等污染物沉积在系统内，与凝聚的油分、水分混合形成胶状物质，堵塞节流孔和气流通道，使气动信号不能正常传递，气动系统工作不稳定；同时还会使配合运动部件间产生研磨磨损，降低元件的使用寿命。

(4) 压缩空气温度过高会加速气动元件中各种密封件、膜片和软管材料等的老化，且温差过大，元件材料会发生胀裂，降低系统使用寿命。

因此，由空气压缩机产生的压缩空气，必须经过降温、除油、除水、除尘、干燥、减压和稳压等一系列处理，才能供给控制元件(阀、逻辑元件等)及执行元件(缸、马达等)使用。

11.1.2 气源装置的组成和布置

通常根据气动系统对压缩空气品质的要求来设置气源装置，一般气源装置的组成和布置如图 11-1 所示，主要由四个部分组成：

(1) 气压发生装置；

(2) 净化、储存压缩空气的装置和设备；

(3) 传输压缩空气的管道系统；

(4) 气动三联件。

图 11-1 中，空气压缩机 1 用以产生压缩空气，一般由电动机带动。其吸气口装有空气过

滤器，以减少进入空气压缩机内气体的杂质。后冷却器 2 用以降温冷却压缩空气，使汽化的水、油凝结出来。油水分离器 3 用以分离并排出降温冷却凝结的水滴、油滴、杂质等。储气罐 4 和 7 用以储存压缩空气，稳定压缩空气的压力，并除去部分油分和水分。干燥器 5 用以进一步吸收或排除压缩空气中的水分及油分，使之变成干燥空气。过滤器 6 用以进一步过滤压缩空气中的灰尘、杂质颗粒。储气罐 4 输出的压缩空气可用于一般要求的气动系统，储气罐 7 输出的压缩空气可用于要求较高的气动系统（如气动仪表及射流元件组成的控制回路等）。

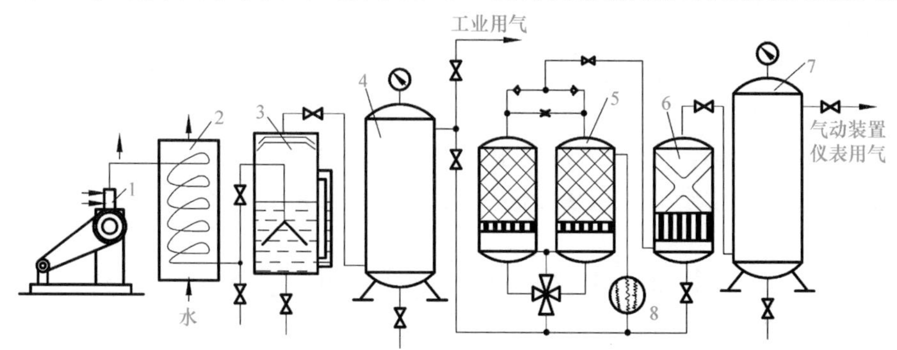

图 11-1　气源装置组成及布置示意图

1-空气压缩机；2-后冷却器；3-油水分离器；4、7-储气罐；5-干燥器；6-过滤器；8-加热器

11.1.3　气压发生装置

1）空气压缩机的分类

空气压缩机简称空压机，是气源装置的核心，用以将原动机输出的机械能转换成气体的压力能。空气压缩机的种类很多，如按工作原理分为容积型压缩机和速度型压缩机。容积型压缩机的工作原理是压缩气体的体积，使单位体积内气体分子的密度增加以提高压缩空气的压力。速度型压缩机的工作原理是提高气体分子的运动速度，然后使气体分子的动能转化为压力能以提高压缩空气的压力。容积型压缩机按结构又可分为活塞式、膜片式和螺杆式等；速度型压缩机按结构可分为离心式和轴流式等。

2）空气压缩机的工作原理

气动系统中最常用的是往复活塞式空压机，其工作原理如图 11-2 所示，它与单柱塞液压泵工作原理相似。当电动机带动曲柄 8 旋转时，通过连杆 7、滑块 5 和活塞杆 4 的传动转换，使活塞 3 在气缸 2 内做往复运动。当活塞右移时，缸内左腔密封容积逐渐增大，使其中的气压低于大气压，吸气阀 9 被外界大气压力顶开，空气在大气压力作用下进入缸内，形成吸气过程；

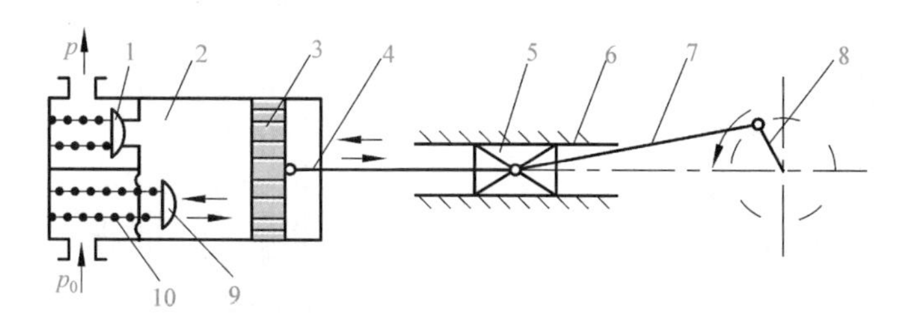

图 11-2　单缸单作用活塞式空气压缩机工作原理图

1-排气阀；2-气缸；3-活塞；4-活塞杆；5-滑块；6-滑道；7-连杆；8-曲柄；9-吸气阀；10-弹簧

11-2

当活塞左移时,缸内左腔密封容积逐渐减小,空气受压使气压升高,将吸气阀关闭,形成压缩过程;当缸内压缩空气压力升至高于输气管路中压力时,排气阀 1 顶开,压缩空气排入输气管路,形成排气过程。图示为单缸空气压缩机的工作情况,实际上多数空气压缩机是多缸的。

活塞式空气压缩机的优点是结构简单,使用寿命长,容易实现大流量和高压输出;缺点是振动大、噪声大,输出流量、压力有脉动,需使用储气罐稳压。

3) 空气压缩机选用原则

选择空气压缩机的根据是气压传动系统所需要的工作压力和流量两个主要参数。一般空气压缩机为中压空气压缩机,额定排气压力为 1MPa。另外,还有低压空气压缩机,排气压力为 0.2MPa;高压空气压缩机,排气压力为 10MPa;超高压空气压缩机,排气压力为 100MPa。输出流量的选择,要根据整个气动系统对压缩空气的需要再加一定的备用余量,作为选择空气压缩机(或机组)流量的依据。空气压缩机铭牌上的流量是自由空气流量。

11.2 压缩空气净化、储存装置

压缩空气的净化、储存装置一般包括:后冷却器、油水分离器、储气罐、干燥器。

11.2.1 后冷却器

后冷却器的作用是将空气压缩机排出的温度由 140~170℃ 降到 40~50℃,促使其中水汽和油气大部分冷凝成水滴和油滴,以便经油水分离器析出。

后冷却器按其冷却介质不同,分为风冷式后冷却器和水冷式后冷却器。

风冷式后冷却器通过风扇产生的冷空气吹向带散热片的热气管道来降低压缩空气的温度。一般不需要冷却水设备,不用担心断水或水冻结,占地面积小、质量轻,但适用面积小,只适合于入口温度低于 160℃并且排气量较小的场合。

水冷式后冷却器靠强迫输入的冷却水沿热空气反向流动,加大冷却水与热空气的交流,来降低压缩空气的温度。水冷式后冷却器散热面积大,热交换均匀,适合于入口温度低于 200℃并且处理空气量较大的场合。

后冷却器一般使用水冷式后冷却器。其结构形式有:列管式、散热片式、套管式和蛇形管式等。最常用的是蛇形管式和列管式后冷却器,其结构如图 11-3 所示。

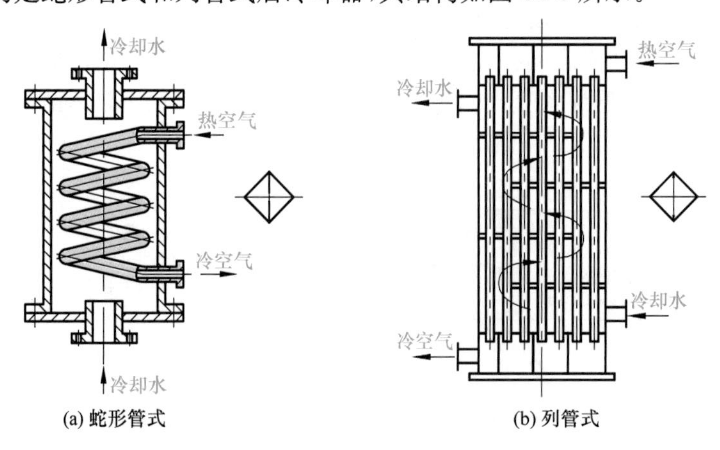

图 11-3 后冷却器

11.2.2　油水分离器

油水分离器的作用是分离压缩空气中的水分和油分等杂质，使压缩空气得到初步净化。油水分离器的结构形式有环形回转式、撞击并折回式、离心旋转式、水浴式以及以上形式的组合使用等。

图 11-4 所示为撞击折回并环形回转式油水分离器。其工作原理是：当压缩空气进入油水分离器后产生流向和流速的急剧变化，再依靠惯性作用，将密度比压缩空气大的油滴和水滴分离出来。为了提高油水分离效果，气流回转后上升速度越小越好，但为了不使容器内径过大，上升速度以小于 1m/s 为宜。油水分离器的高度 H 一般是其内径 D 的 3.5～4 倍。

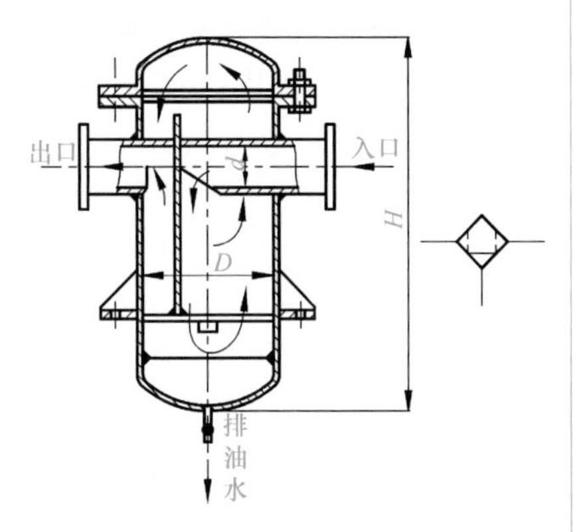

图 11-4　油水分离器图

11-4

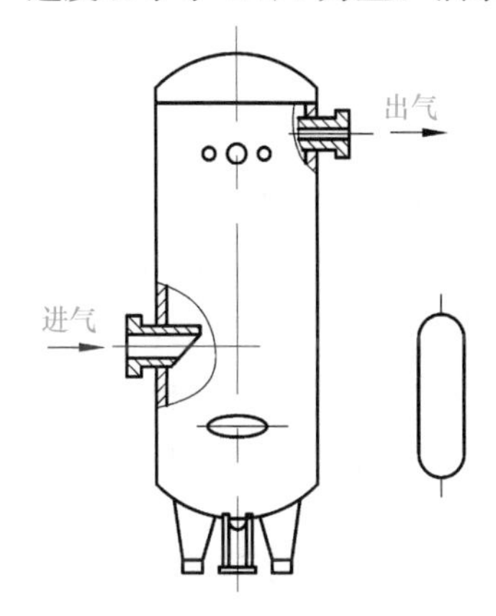

图 11-5　储气罐

11.2.3　储气罐

储气罐的作用是消除排出气流的脉动，保证输出气流的连续性；储存一定数量的压缩空气，调节用气量或以备发生故障和临时需要时应急使用。此外可以进一步冷却压缩空气的温度，分离压缩空气中的水分和油分。

储气罐一般采用焊接结构，以立式居多，如图 11-5所示。一般来讲，储气罐进气口在下，出气口在上，两气口距离尽可能加大。罐的上部应装安全阀和压力表以控制与显示其内部压力，底部应装排污阀并定时排污。储气罐属于压力容器，其设计、制造和使用维护应遵守国家有关压力容器的相关规定。

11-5

11.2.4　干燥器

干燥器的作用是进一步除去压缩空气中的水分、油分和颗粒杂质等，使压缩空气干燥，以供给对气源质量要求较高的气动装置、气动仪表等。压缩空气干燥方法主要有机械法、冷冻法、吸附法、离心法等。机械法和离心法的原理基本上与油水分离器的工作原理相同。目前在工业上常用的是冷冻法和吸附法。

冷冻法是利用制冷设备使空气冷却到一定的露点温度，析出空气中超过饱和水蒸气部分的水分，以降低其含湿量，增加干燥程度的方法。吸附法是利用硅胶、铝胶、分子筛、焦炭等吸附剂吸收压缩空气中的水分，使压缩空气得到干燥的方法。吸附剂的再生方法有加热再生和无加热再生两种。

图 11-6 所示为一种不加热再生式干燥器，它有两个填满干燥剂的相同容器。空气从一个容器的下部流到上部的过程中，水分被干燥剂吸收而得到干燥，一部分干燥后的空气又从另一个容器的上部流到下部，从饱和的干燥剂中把水分带走并排入大

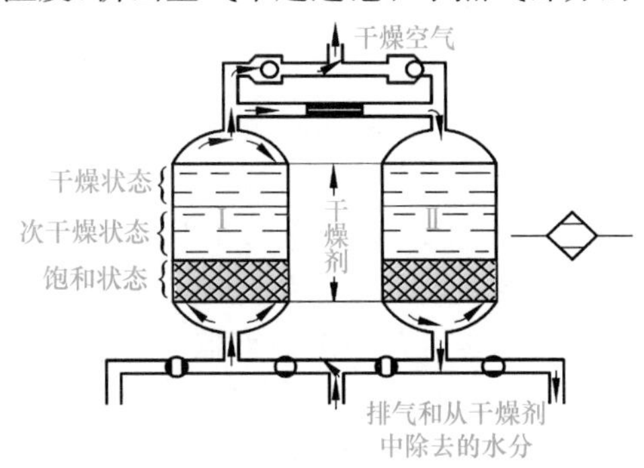

图 11-6　不加热再生式干燥器

气，即实现了不需外加热源而使吸附剂再生。Ⅰ、Ⅱ两容器定期地交换工作（5～10min）使吸附剂产生吸附和再生，这样可得到连续输出的干燥压缩空气。

11.3 气动三联件

气动三联件是指分水过滤器、减压阀、油雾器依次组合的统称（又称为气动三大件），是多数气动设备必不可少的气源装置。大多数情况下气动三联件是组合件，也可以按照上述次序连接组合，应安装在用气设备近处，如图 11-7 所示。气动三联件是一般气动元件和气动系统用气质量的最后保证。

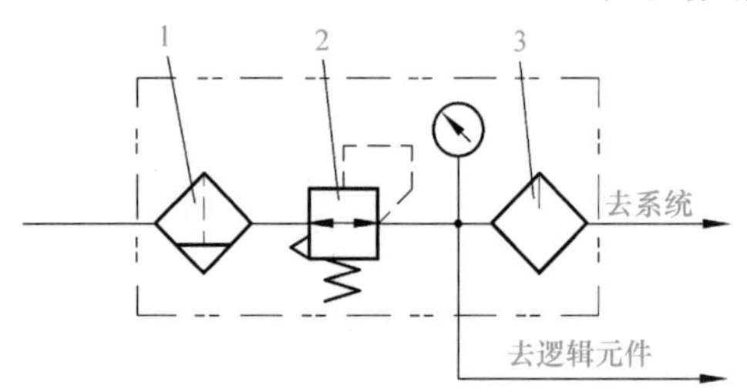

图 11-7 气动三联件布置图

1-分水过滤器；2-减压阀；3-油雾器

下面主要介绍分水过滤器和油雾器的结构原理，减压阀将在第 13 章中介绍。

11.3.1 分水过滤器

过滤器的作用是滤去空气中的油污、水分和灰尘等杂质。过滤器分为一次过滤器、二次过滤器和高效过滤器。一次过滤器又称简易过滤器，置于空压站内干燥器之后，常用滤网、毛毡、焦炭等材料起吸附过滤作用，其滤灰效率为 50%～70%。二次过滤器又称分水过滤器，在气动系统中应用最广泛，其滤灰效率为 70%～90%。高效过滤器是采用滤芯孔径很小的精密分水过滤器，装在二次过滤器之后作为第三级过滤，其滤灰效率达到 99%，常用于气动传感器和检测装置等。

过滤器的过滤原理是根据固体物质和空气分子的大小和质量不同，利用惯性、阻隔和吸附的方法将灰尘和杂质与空气分离。

图 11-8 所示为分水过滤器的结构原理。压缩空气从输入口进入后，被旋风叶子 1 导向，使气流沿存水杯 3 的圆周产生强烈旋转，空气中夹杂的较大水滴、油污物等在离心力的作用下与存水杯内壁碰撞，并从空气中分离出来沉到杯底，而微粒灰尘和雾状水汽则由滤芯 2 滤除。挡水板 4 可以防止气流的旋涡卷起存水杯中的积水。此外存水杯中的污水应通过手动排水阀 5 及时排放。在某些人工排水不方便的场合，可采用自动排水式分水过滤器。

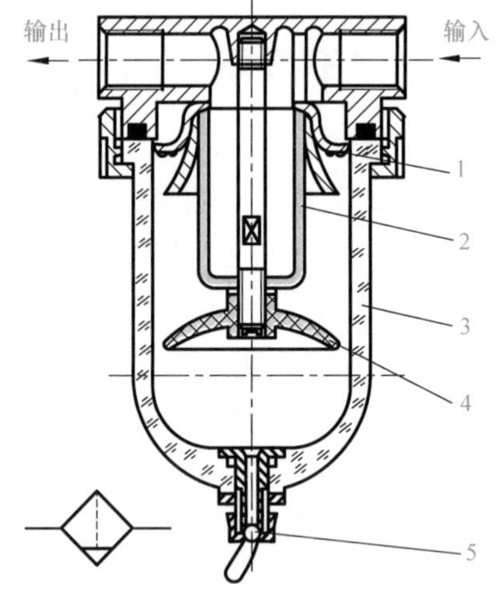

图 11-8 分水过滤器

1-旋风叶子；2-滤芯；3-存水杯；4-挡水板；5-排水阀

11.3.2 油雾器

油雾器是一种特殊的给油装置，其作用是将润滑油雾化并混入压缩空气流进需要润滑的元件，达到润滑的目的。油雾器有一次油雾器（普通油雾器）和二次油雾器之分。普通油雾器的雾化颗粒直径为 20～35μm，一次输送距离在 5m 以内，适用于一般气动元件的润滑；二次油雾器为微雾型，雾化颗粒直径达到 2～3μm。

1) 油雾器的工作原理

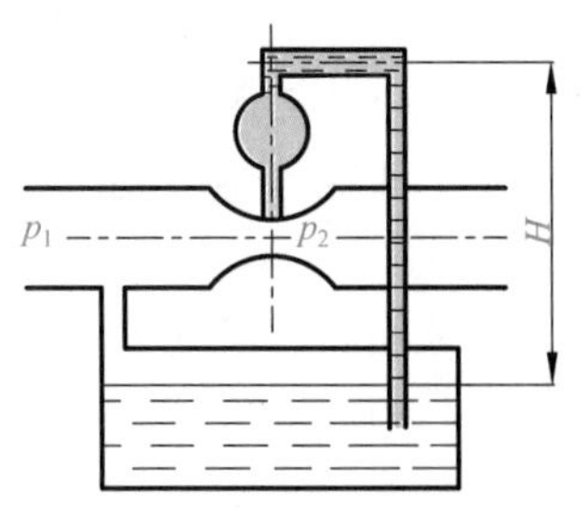

图 11-9　油雾器的工作原理

油雾器的工作原理如图 11-9 所示，假设气流通过文氏管后压力由 p_1 降为 p_2，当压差 $\Delta p = p_1 - p_2$ 大于把油吸引至排出口所需压力 $\rho g h$ 时，油被吸上，在排出口形成油雾并随压缩空气输送出去。不同黏度的润滑油吸至排出口时所需压差不同，黏度较低的油液吸上时所需压差较小，但低黏度润滑油即使雾化后也容易沉积在管道上，很难到达所期望的润滑地点，因此在气动装置中要正确选择润滑油的牌号。

思考

在气源发生装置之后和用气设备近处的过滤装置分别是什么，作用有什么不同？

2) 普通油雾器的结构简介

图 11-10 所示为普通油雾器的结构图。当压缩空气从输入口进入后，通过立杆 1 上的小孔 a 进入截止阀 2 的腔室内，在截止阀的阀芯（钢球）上下表面形成压差，由于泄漏和阀中弹簧的作用，钢球处于中间位置，压缩空气进入储油杯 3 的上腔，油面受压，迫使储油杯中的油液经吸油管 4、单向阀 5 和节流针阀 6 滴入透明的视油器 7 内，然后从油口 b 被主气管道中的气流引射出来，在气流的气动力和油黏性力对油滴的作用下，油滴雾化并随气流从输出口输出。节流针阀可调节油量，使滴油量在每分 0～120 滴变化。

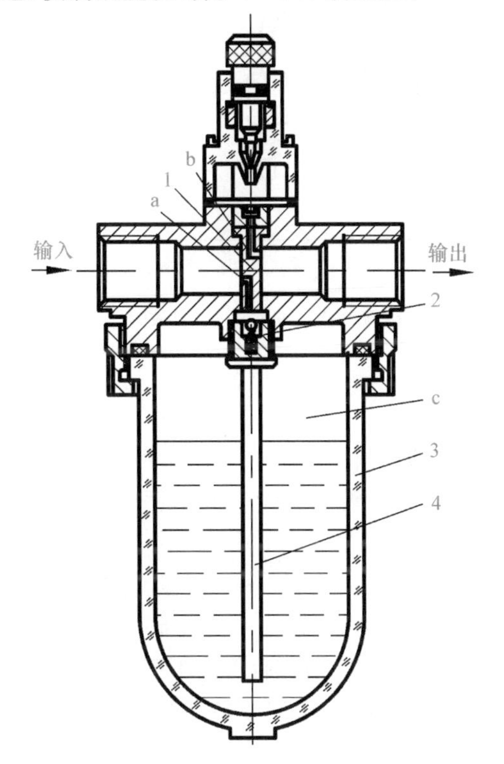

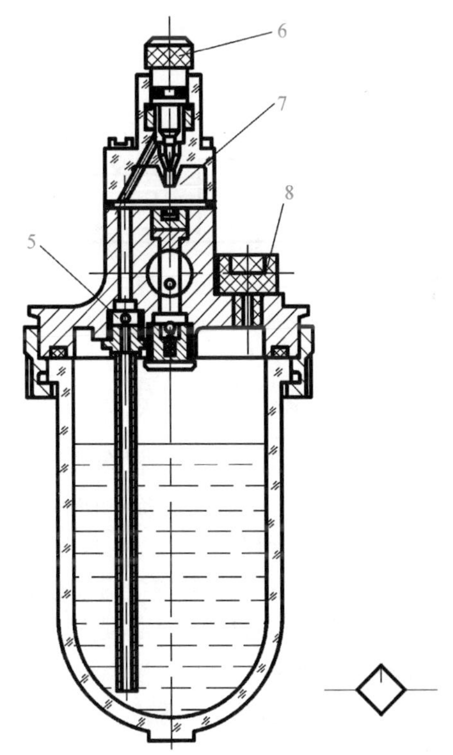

图 11-10　普通油雾器

1-立杆；2-截止阀；3-储油杯；4-吸油管；5-单向阀；6-节流针阀；7-视油器；8-注油塞

11-10

3) 油雾器的主要性能指标

(1) 流量特性。表示其输入压力一定时，随着空气流量的变化对输出压力波动的影响。

(2) 起雾空气流量。储油杯中油液处于正常工作油位，油雾器进口压力为规定值，油滴量约为5滴/min(节流阀全开)时的最小空气流量。

(3) 油雾粒径。在规定的试验压力0.5MPa下，输油量为30滴/min，其粒径不大于50μm。

(4) 加油后恢复滴油时间。加油后，油雾器不能马上滴油，要经过一定时间，在额定工作状态下，一般为20～30s。

11.4 气动系统的管道设计

供气系统管道主要包括三类(图11-11)：

(1) 压缩空气站内气源管道包括空压机的排气口至后冷却器、油水分离器、储气罐、干燥器等设备的压缩空气管道。

(2) 厂区压缩空气管道包括从压缩空气站至各用气车间的压缩空气输送管道。

(3) 用气车间压缩空气管道包括从车间入口到气动装置和气动设备的压缩空气输送管道。

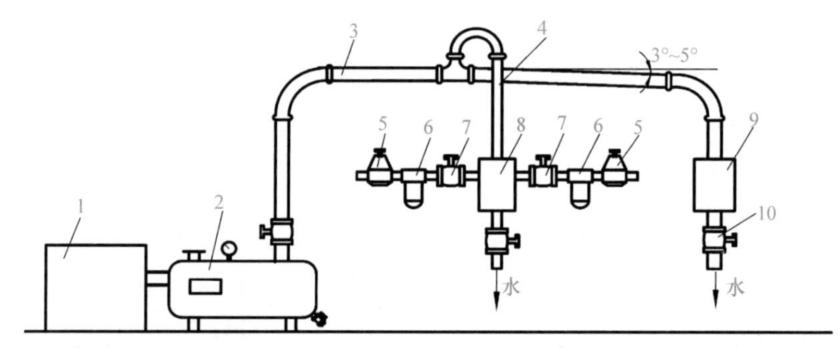

图11-11 管路布置

1-压缩机；2-储气罐；3-主管；4-支管；5-减压阀；6-过滤器；7-阀门；8-配气器；9-集水罐；10-排放阀

1. 管道系统的布置原则

(1) 所有管道系统统一根据现场实际情况因地制宜地安排，尽量与其他管网(如水管、煤气管、暖气管网等)、电线等统一协调布置；并在管道外表面涂敷相应颜色的防锈油漆和标志环，以防腐和便于识别。

(2) 车间内部干线管道应沿墙或柱子顺气流流动方向向下倾斜3°～5°敷设，在主干管和支管终点(最低点)设置集水罐或排放阀门，定期排放集水、污物等，如图11-11所示。

(3) 沿墙或沿柱接出的支管必须在主干管的上部采用大角度拐弯后再向下引出。在离地面1.2～1.5m处，接入一配气器。在配气器的两侧接分支管引入用气设备，配气器下端设置排污装置。

(4) 为保证可靠供气可采用多种供气网络：单树枝状管网、双树枝状管网和环形管网等。其中，单树枝状管网结构简单、经济性好，较适于间断供气的工厂或车间使用；双树枝状管网相当于两套单树枝状管网，能保证对所有气动装置不间断供气。环形管网供气可靠性高，且压力稳定，末端压力损失小，但成本较高。

2. 管道系统设计计算原则

1) 管道内径

从供气的流量、压力要求来决定供气管道的直径。管道内径 d 按下式计算

$$d=\sqrt{\frac{4q_V}{\pi v}},\quad \mathrm{m} \tag{11-1}$$

式中，q_V 为压缩空气的体积流量，$\mathrm{m^3/s}$；v 为管内压缩空气流速，m/s。

一般压缩空气在厂区管道内的流速取 8～10m/s，车间内管道压缩空气流速取 10～15m/s。为避免压力损失过大，限定压缩空气管内流速 $v \leqslant 30\mathrm{m/s}$。

2) 管道壁厚

管道壁厚 δ 可按薄壁容器强度公式确定

$$\delta=\frac{pd}{2[\sigma]},\quad \mathrm{m} \tag{11-2}$$

式中，p 为计算管段内气体的压力，Pa；$[\sigma]$为管材许用应力(Pa)，$[\sigma]=\sigma_b/n$；σ_b 为材料抗拉强度，Pa；n 为安全系数，一般取 $n=6\sim8$。

11.5　气动辅助元件

11.5.1　消声器

气缸、气马达、气阀等工作时排气速度很高，气体体积急剧膨胀，引起气体振动，产生强烈的排气噪声。为了降低噪声，可在排气口装设消声器。消声器是通过增加阻尼或排气面积来降低排气的速度和功率，从而降低噪声的。常见的消声器有阻性消声器、抗性消声器和阻抗复合消声器三大类。

1) 阻性消声器

阻性消声器主要利用吸声材料来消声。吸声材料主要有玻璃纤维、毛毡、泡沫塑料、烧结金属、烧结陶瓷以及烧结塑料等，将这些材料装在消声器内，使气流通过时受到阻力，一部分声音能被吸声材料吸收，起到消声作用。这种消声器能在较宽的中高频范围内消声，特别是对刺耳的高频声波有突出的消声作用，但对低频的消声效果较差。图11-12为阻性消声器的结构示意图。

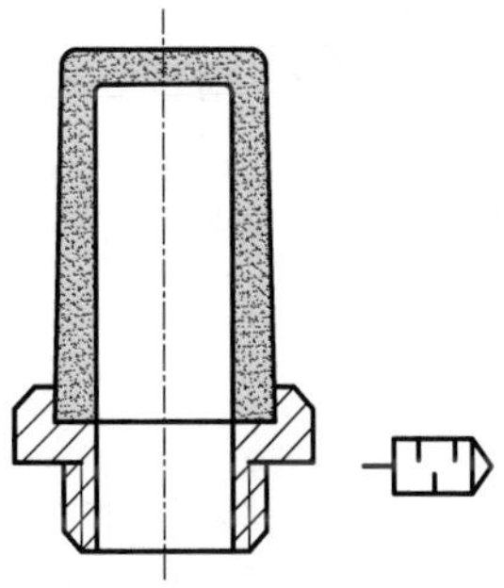

图11-12　阻性消声器

2) 抗性消声器

抗性消声器是利用管道的声学特性，在管道上设突变交界面或旁通共振腔，使声波不能沿管道传播，从而达到消声的目的。此类消声器结构很简单，相当于一段比排气孔口径大的管件。当气流通过时，让气流在其内部扩散、膨胀、碰壁撞击、反射、相互干涉而消声。其特点是排气阻力小，消声效果好，但结构不太紧凑。其主要用于消除中、低频噪声，尤其是低频噪声。

3) 阻抗复合消声器

此类消声器是上述两类消声器的组合，这种消声器既有阻性吸声材料，又有抗性消声器的

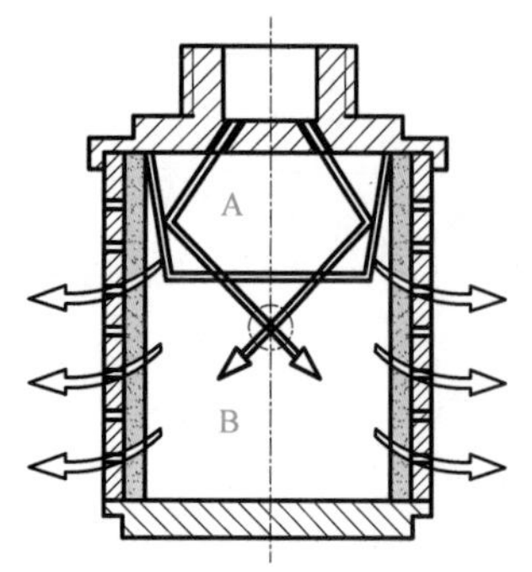

图 11-13 阻抗复合消声器

干涉等作用，可以在较宽的频率范围内得到良好的消声效果。图 11-13 为阻抗复合消声器的结构示意图，气流由斜孔引入，在 A 室内扩散、减速、碰壁撞击后反射到 B 室，气流束互相冲撞、干涉，进一步减速，再通过敷设在消声器内壁的吸声材料排向大气。

11.5.2 转换器

在气动控制系统中，与其他控制装置一样，都有发送、控制和执行部分，其控制部分工作介质是气体，而信号传感部分和执行部分不一定全用气体，可能用电或液体来传输，这就需要通过转换器来转换。常用的转换器有气-电转换器、电-气转换器和气-液转换器等。

1. 气-电转换器

气-电转换器是把气信号转换成电信号的装置，即利用输入气信号的变化引起可动部分（如膜片、顶杆等）的位移来接通或断开电路，以输出电信号。气-电转换器按输入气信号压力的大小分为高压、中压和低压三种。高压气-电转换器又称为压力继电器。

图 11-14 所示是一种高压气-电转换器，其输入气信号压力大于 1MPa。膜片 6 受压后，推动顶杆 2 克服弹簧 3 的弹簧力向上移动，带动爪枢 4 启动微动开关 1 发出电信号。改变弹簧的压缩量，就可以调节控制压力范围，调压范围分别是 0.025～0.5MPa、0.065～1.2MPa 和 0.6～3.0MPa。

2. 电-气转换器

电-气转换器是将电信号转换成气信号的装置，与气-电转换器作用正好相反，实际上各种电磁换向阀都可作为电-气转换器。图 11-15 所示为喷嘴挡板式电-气转换器结构图，通电时线圈 2 产生磁场将衔铁吸下，使橡胶挡板 4 堵住喷嘴 5，气源输入的气体通过固定节流孔 6 从输出口输出，即产生气信号。若线圈断电则磁场消失，衔铁在弹性支承 1 的作用下使橡胶挡板 4 离开喷嘴 5，气源输入的气体经固定节流孔 6 后从喷嘴 5 喷出，输出口则无气信号输出。

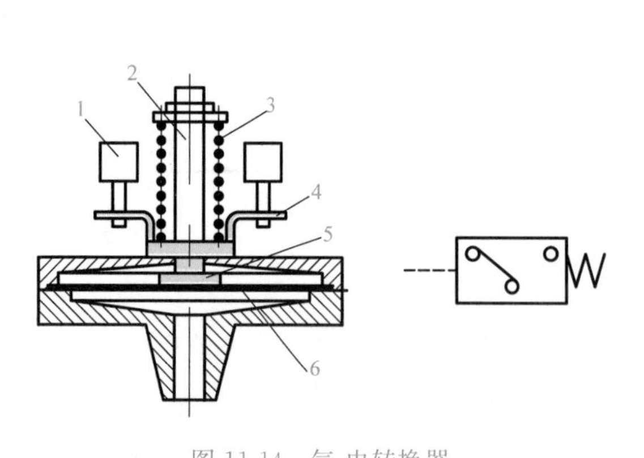

图 11-14 气-电转换器

1-微动开关；2-顶杆；3-弹簧；4-爪枢；5-圆盘；6-膜片

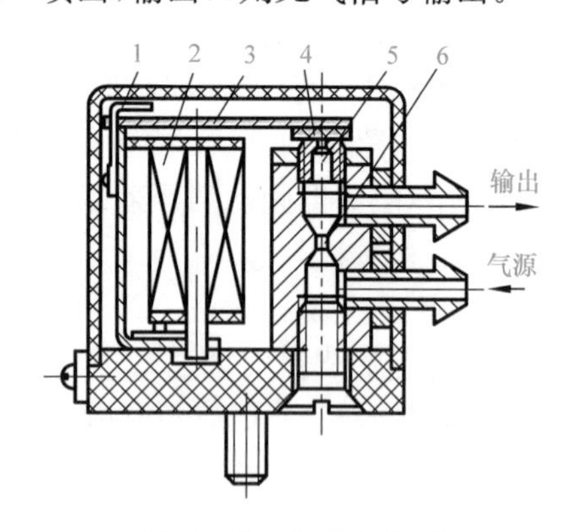

图 11-15 电-气转换器

1-弹性支承；2-线圈；3-杠杆；4-橡胶挡板；5-喷嘴；6-固定节流孔

3. 气-液转换器

气动系统中常常用到气-液阻尼缸或液压缸作为执行元件，以求获得较平稳的运动速度，因此需要一种把气信号转换成液压信号输出的装置，即气-液转换器。常用的气-液转换器有两种：一种是直接作用式，即在一个筒式容器内，压缩空气直接作用在液面上，或通过活塞、隔膜等作用在液面上，推压液体以同样的压力输出至系统(液压缸等)。图 11-16 所示为气-液直接接触式转换器，当压缩空气由上部的空气输入管 1 输入后，经过管道末端的缓冲装置使压缩空气作用在液压油液面上，因而液压油即以与压缩空气相同的压力由转换器下部的油液输出口 3 输出。缓冲装置用以避免气流直接接触到液面上引起飞溅，油标 2 用于观察液位高低，保证转换器的储油量不小于液压缸最大有效容积的两倍。另一种气-液转换器是换向阀式，即气控液压换向阀。采用气控液压换向阀，气液不接触，可防止油气混合，且输入较低压力的气控信号就可以获得较高压力的液压输出，但需另外配备液压油源。

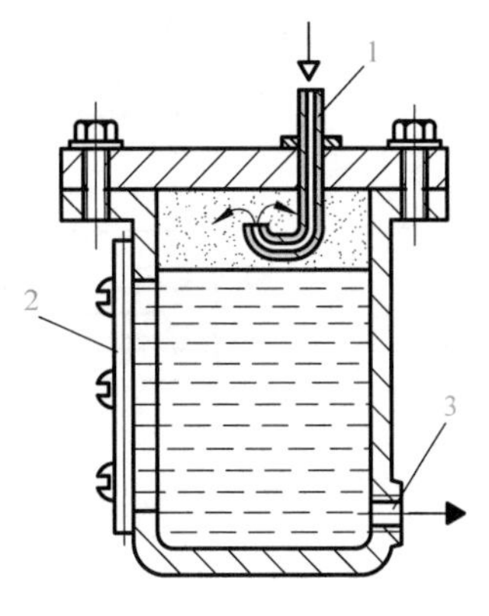

图 11-16　气-液转换器
1-空气输入管；2-油标；
3-油液输出口

11.5.3　程序器

程序器是一种控制装置，其作用是储存各种预定的工作程序，按预先规定的顺序发出信号，使其他控制装置或执行机构以需要的次序自动动作。程序器一般有时间程序器和行程程序器。

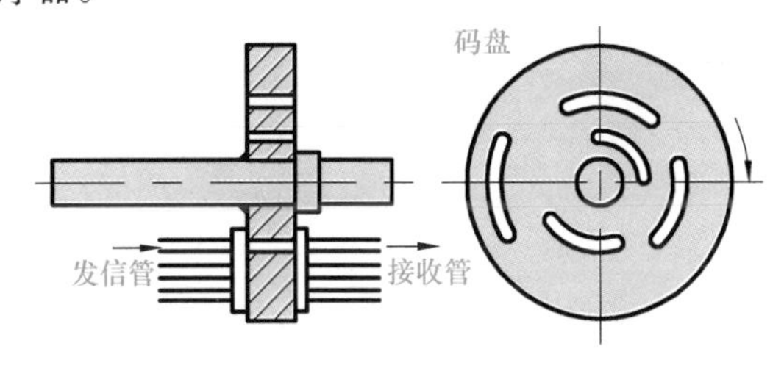

图 11-17　码盘式时间程序器

时间程序器是依据动作时间的先后安排工作程序，按预定的时间间隔顺序发出信号的程序器。其结构形式有码盘式、凸轮式、棘轮式、穿孔带式、穿孔卡式等。常见的是码盘式和凸轮式。图 11-17 所示是码盘式时间程序器的工作原理图。把一个开有槽或孔的圆盘固定在一根旋转轴上，由减速机构或同步电机带动以一定转速转动。圆盘两侧面装有发信管和接收管，由发信管发出的气信号在圆盘无孔或槽的地方被挡住，接收管无信号输出；在圆盘上有孔或槽的地方，发信管的信号由接收管接收，并将信号送入相应的控制线路，完成相应的程序控制。这个带孔或槽的圆盘一般称为码盘。

行程程序器是依据执行元件的动作先后顺序安排工作程序，并利用每个动作完成以后发回的反馈信号控制程序器向下一步程序的转换，发出下一步程序相应的控制信号。无反馈信号发回时，程序器就不能转换，也不会发出下一步的控制信号。这样就使程序信号指令的输出和执行机构的每一步动作有机地联系起来，只有执行机构的每一步都到达了预定的位置，发回反馈信号，整个系统才能一步步地按预定的程序工作。行程程序器有多种结构形式，此处不详细介绍。

11.5.4 延时器

气动延时器的工作原理如图 11-18 所示，当输入气体分两路进入延时器时，由于节流口 1 的作用，膜片 2 下腔的气压首先升高，使膜片堵住喷嘴 3，切断气室 4 的排气通路；同时，输入气体经节流口 1 向气室缓慢充气，当气室 4 的压力逐渐升高到一定值时，膜片 5 堵住上喷嘴 6，切断低压气源的排空通路，于是输出口 S 便有信号输出。从输入信号 A 的输入到输出口 S 有信号输出，中间延迟了一段时间，延迟时间的大小取决于节流口的大小、气室的大小以及膜片 5 的刚度。当输入信号消失后，膜片 2 复位，气室内的气体经下喷嘴排空；接着膜片 5 复位，气源经上喷嘴排出，输出端无输出。节流口 1 可调时，该延时器称为可调式延时器。

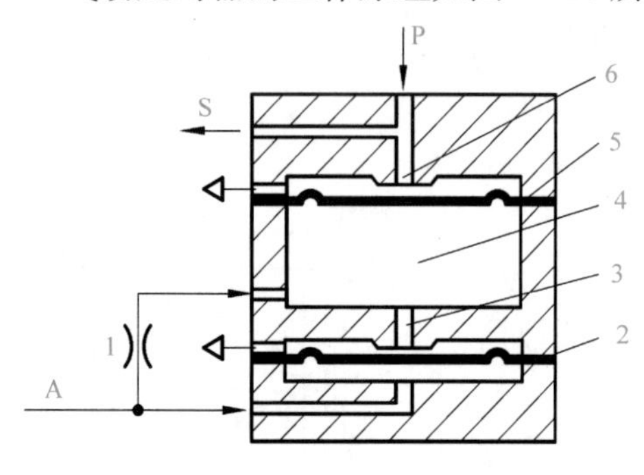

图 11-18 延时器工作原理

1-节流口；2、5-膜片；3、6-喷嘴；4-气室

习 题

11-1 气源系统主要由哪几部分组成？简述其各自的作用。

11-2 简述活塞式空气压缩机的工作原理。

11-3 气动三联件包括哪几个元件，它们的连接次序如何？为什么？

11-4 气-电转换器和电-气转换器在气动系统中各有何作用？

11-5 气动管道系统的布置原则是什么？

第12章 气动执行元件

气动执行元件是将压缩空气的压力能转换为机械能的装置。气动执行元件有做直线往复运动的气缸、做连续回转运动的气马达和做不连续回转运动的摆动马达等。气动执行元件用于驱动机构实现直线往复运动、摆动、旋转运动或夹持动作。

12.1 气 缸

12.1.1 气缸分类

气缸是气动系统中使用最广泛的一种执行元件。根据使用条件、场合的不同，其结构、形状和功能也不一样，种类很多。

1) 按压缩空气对活塞端面作用力的方向分

(1) 单作用气缸。气缸只有一个方向的运动是气压传动，活塞或柱塞的复位靠弹簧力或自重和其他外力。

(2) 双作用气缸。压缩空气驱动活塞做往复运动。

2) 按气缸的结构特征分

(1) 活塞式气缸。

(2) 薄膜式气缸。

(3) 伸缩式气缸。

3) 按气缸的安装形式分

(1) 固定式气缸。气缸安装在机体上固定不动，有耳座式、凸缘式和法兰式等。

(2) 摆动式气缸。缸体能绕一个固定轴做一定角度的摆动，其结构有头部、中间及尾部轴销式。

(3) 回转式气缸。缸体固定在机床主轴上，可随机床主轴做高速旋转运动。常用于机床上气动卡盘中，以实现工件的自动装卡。

(4) 嵌入式气缸。气缸直接制作在夹具体内。

4) 按气缸的功能分

(1) 普通气缸。主要指活塞式单活塞杆型气缸，分为单作用式气缸和双作用式气缸两种，常用于无特殊要求的场合。

(2) 特殊气缸。包括缓冲气缸、气-液阻尼缸、摆动气缸、冲击气缸、制动气缸、多位气缸、伸缩气缸、增压气缸、数字气缸、伺服气缸等。

12.1.2 普通气缸

1）单活塞杆双作用气缸

图 12-1 所示为最常用的单活塞杆双作用普通气缸结构示意图。气缸主要由缸筒、前后缸盖、活塞、活塞杆、密封件和紧固件等组成。其工作原理同双作用液压缸，当左侧无杆腔进气时，右侧有杆腔排气，活塞杆伸出；反之，活塞杆缩回。两端盖处装有缓冲密封圈，在活塞运行至行程终点时起缓冲作用。

2）单作用气缸

图 12-2 所示为单作用气缸的结构简图。有杆腔装有复位弹簧 2，无杆腔进气时，压缩空气推动活塞压缩弹簧使活塞杆伸出，活塞杆回程则靠弹簧复位。过滤片 4 用于活塞移动时有杆腔的进气和排气。

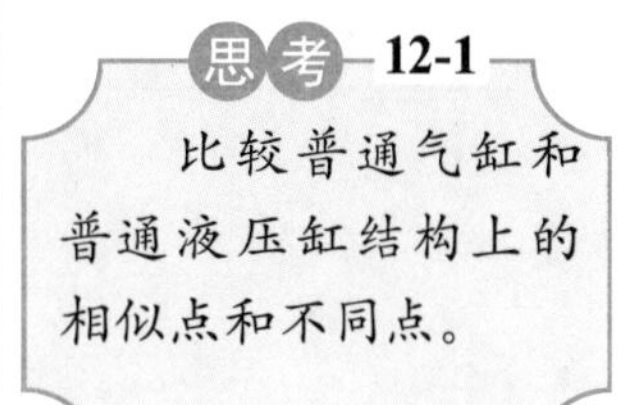

单作用气缸的特点是：

(1) 结构简单。由于只需向一端供气，耗气量小。

(2) 复位弹簧的反作用力随压缩行程的增大而增大，因此活塞的输出力随活塞的运动行程增加而减小。

(3) 缸体内安装弹簧，增加了缸筒长度，缩短了活塞的有效行程。这种气缸一般多用于行程短、对输出力和运动速度要求不高的场合。

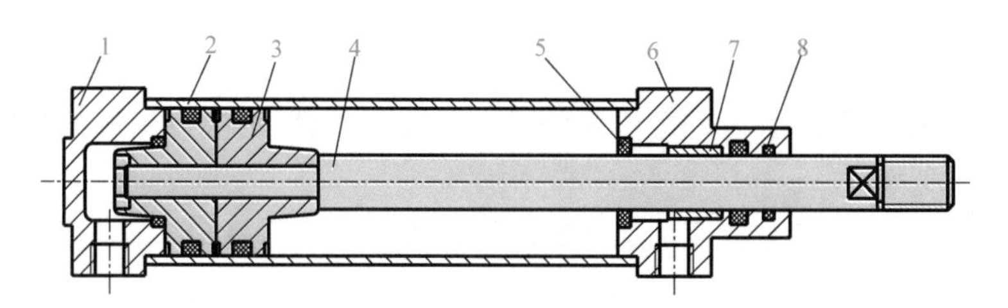

图 12-1 单活塞杆双作用气缸

1-后缸盖；2-缸筒；3-活塞；4-活塞杆；5-缓冲密封圈；6-前缸盖；7-导向套；8-防尘圈

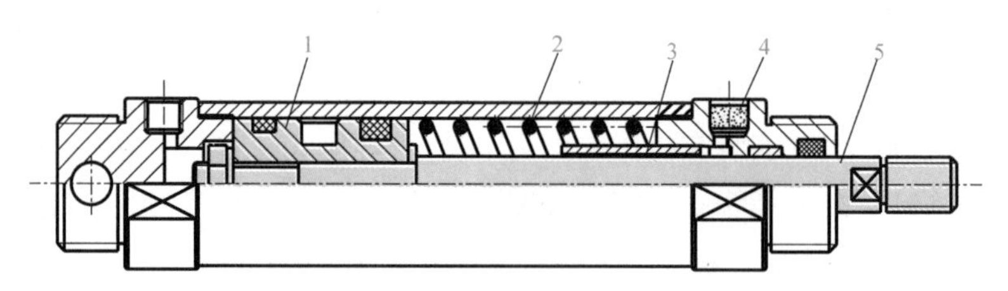

图 12-2 单活塞杆单作用气缸

1-活塞；2-弹簧；3-止动套；4-过滤片；5-活塞杆

12.1.3 特殊气缸

1. 气-液阻尼缸

气-液阻尼缸是由气缸与液压缸构成的组合缸，它以压缩空气为能源，利用油液的不可压缩性和对液体流量易于控制的优点来获得活塞的平稳运动和调节活塞的运动速度。与气缸相比，它传动平稳、停位准确、噪声小；与液压缸相比，它不需要液压源，经济性好。由于其同时具有气缸和液压缸的优点，因此得到了越来越广泛的应用。

气-液阻尼缸有串联式和并联式两种结构，图 12-3 所示是其工作原理图。

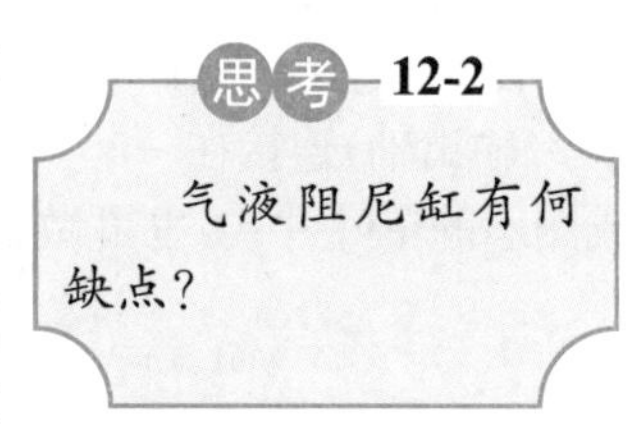

串联式气-液阻尼缸（图 12-3(a)）的气缸和液压缸的活塞用同一根活塞杆串联在一起，两缸之间用隔板隔开以防止空气和液压油互窜，在液压缸的进、出口间连接了调速用的单向节流阀。工作时由气缸驱动，液压缸起阻尼作用。当气缸活塞左移时，液压缸左腔的油液通过节流阀进入右腔，此时单向阀关闭，利用节流阀调节液压缸的排油量，从而调节活塞运动的速度；反之，当气缸活塞向右退回时，液压缸右腔的油液直接通过单向阀排向左腔，实现快速退回。这种缸有慢进快退的调速特性，常用于空行程较快而工作行程较慢的场合。储油杯和单向阀组成了补油系统，补充因泄漏、液压缸两腔容积误差造成的流量差。

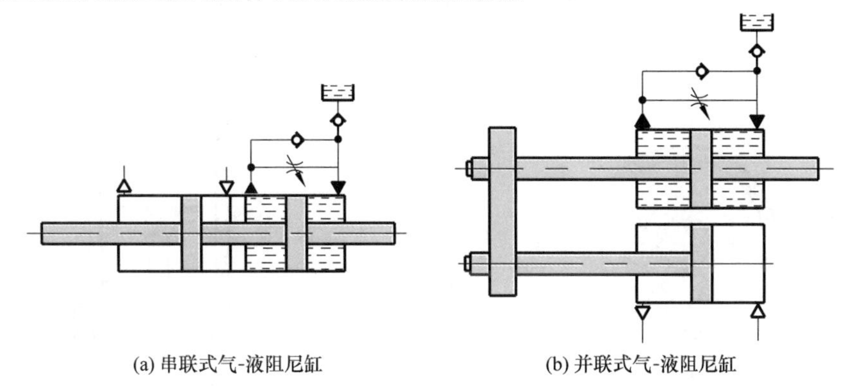

(a) 串联式气-液阻尼缸　　(b) 并联式气-液阻尼缸

图 12-3　气-液阻尼缸

并联式气-液阻尼缸（图 12-3(b)）的气缸和液压缸并联，用刚性连接板相连，液压缸活塞杆可在连接板内浮动（或调节）一段行程。这种缸的特点是缸体长度短、占机床空间位置小，结构紧凑，空气和液压油不互窜。缺点是液压缸活塞杆与气缸活塞杆安装在不同轴线上，运动时易产生附加力矩，使运动速度不稳定。

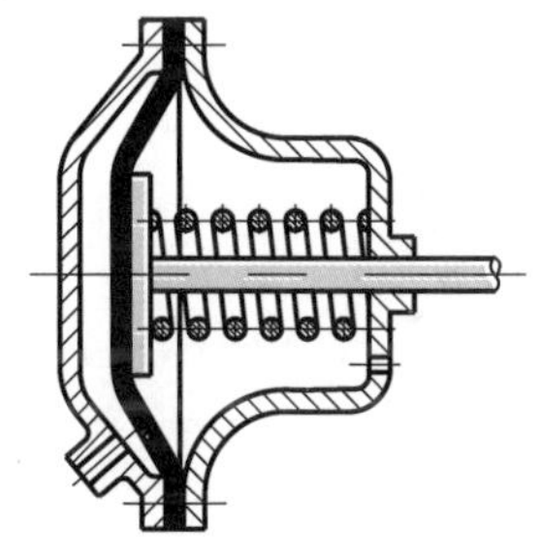

图 12-4　薄膜气缸

2. 薄膜气缸

薄膜气缸是依靠膜片在压缩空气作用下的变形来推动活塞杆做直线运动的气缸，主要由缸体、膜片、膜盘和活塞杆等零件组成。结构上分为单作用式和双作用式两类，单作用式薄膜气缸结构如图 12-4 所示。膜片有平膜片和盘形膜片两种，一般用夹织物橡胶或聚氨酯材料制成，盘形膜片薄膜气缸工作行程较长。

薄膜气缸具有结构紧凑、简单，体积小，质量轻，维修方便，密封性能好，制造成本低等优点，但膜片的变形量小，行程短。这种气缸适用于气动夹具、气动调节机构等工作行程较短的场合。

某些小型气泵结构类似薄膜气缸，请分析薄膜气缸并提出薄膜气泵的工作原理。

3. 摆动式气缸(摆动马达)

摆动式气缸是一种在一定角度范围内做往复摆动的气动执行元件。它将压缩空气的压力能转换成机械能，输出转矩，使机构实现往复摆动，多用于安装位置受到限制，或转动角小于 360°的回转工作部件，如夹具的回转、阀门的开启、转塔车床转塔的转位以及自动线上物料的转位等场合。

图 12-5 所示为单叶片式摆动气缸的结构原理图。定子 3 与缸体 4 固定在一起，叶片 1 和转子 2(输出轴)连接在一起。当左腔进气时，转子顺时针转动；反之，转子则逆时针转动。转子可做成图示的单叶片式，也可做成双叶片式。双叶片式摆动气缸输出转角较小，摆角范围小于 180°。

4. 冲击气缸

冲击气缸是将压缩空气的压力能转换为活塞组件高速运动冲击动能的特殊气缸，其最高速度可达 10m/s 以上。冲击气缸有普通型和快排型两种，它们的工作原理相同，差别仅在于快排型冲击气缸在普通型冲击气缸的基础上增加了快速排气机构，能获得更大的冲击能量。

图 12-6 为普通型冲击气缸的结构原理图。它与普通气缸相比增加了储能腔以及带有喷嘴和具有排气小孔的中盖，喷嘴口的直径设计为活塞直径的 1/3。冲击气缸工作原理及工作过程可分为初始段(又称复位段)、蓄能段和冲击段三个阶段，如图 12-7 所示。

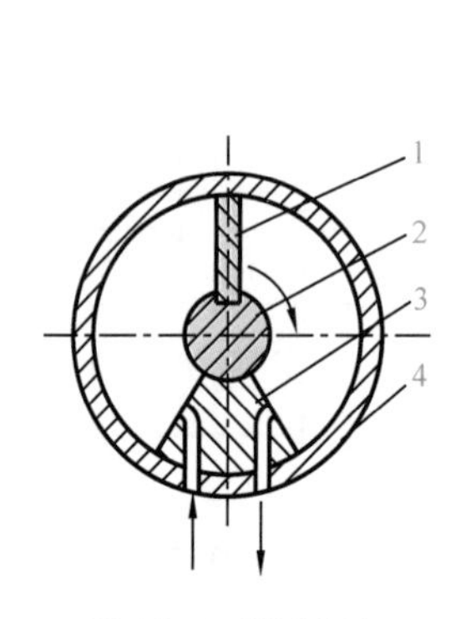

图 12-5 摆动气缸

1-叶片；2-转子；3-定子；4-缸体

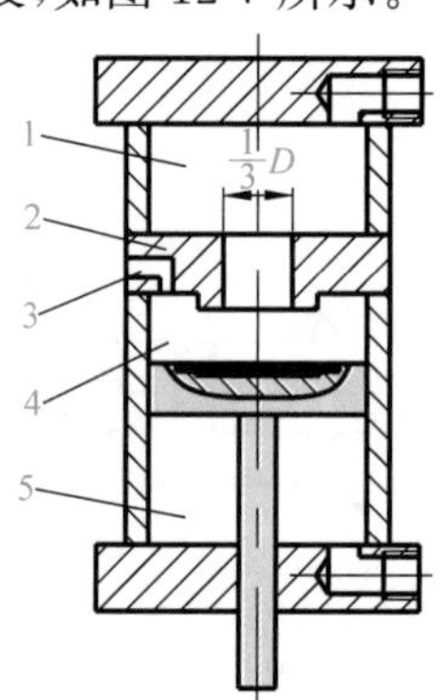

图 12-6 普通型冲击气缸

1-蓄能腔；2-中盖；3-排气小孔；4-尾腔；5-头腔

12-7

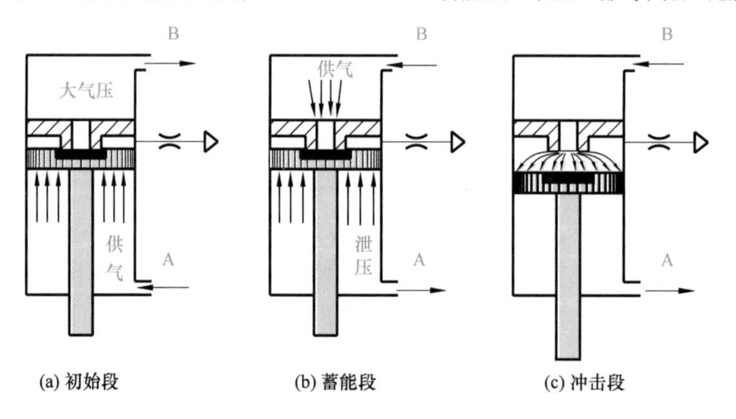

图 12-7 普通型冲击气缸的工作过程

图 12-7(a)所示为初始段，这时头腔进气，蓄能腔排气，在压差的作用下活塞上移至封住中盖的喷嘴口；头腔压力升至气源压力，尾腔及蓄能腔与大气相通，压力降为大气压力。

图 12-7(b)所示为蓄能段，这时气缸控制阀切换，蓄能腔进气、头腔排气，蓄能腔的压缩空气通过喷嘴口作用于活塞中心的小面积上，其作用力无法克服头腔排气压力产生的上推力及活塞、活塞杆与缸体间的摩擦力，活塞不动，喷嘴一直被封闭，蓄能腔的压力得以不断升高，同时头腔的压力不断下降，使得蓄能腔与头腔的压力差不断增大。

图 12-7(c)所示为冲击段，当蓄能腔的压力与头腔压力的比值大于头腔作用面积与喷嘴口面积之比时，活塞下移使喷嘴口开启，在喷嘴口开启瞬间，积聚于蓄能腔的压缩空气经喷嘴口以声速向尾腔充气，蓄能腔的气压突然作用于尾腔的整个活塞面上，于是活塞在很大的压差作用下加速向下运动，使活塞、活塞杆等运动部件在瞬间达到很高的速度(为同样条件下普通气缸速度的 10～15 倍)，以很高的动能冲击工件。

冲击气缸广泛应用于冲压、锻造、铆接、压配、下料和破碎等多种作业。

12.2　气动马达

1) 气动马达的类型

气动马达是将压缩空气的压力能转换成旋转的机械能的装置。按结构形式可分为叶片式、活塞式、齿轮式等。在气压传动中使用最广泛的是叶片式和活塞式气动马达。本节以叶片式气动马达为例介绍气动马达的工作原理及主要技术性能。

2) 叶片式气动马达的工作原理

图 12-8 所示为双向叶片式气动马达的结构原理图。它的主要结构和工作原理与液压叶片马达相似，主要由转子、定子、叶片和壳体等构成。有 3～10 个叶片安装于转子径向槽中并沿径向自由滑动。为保证叶片外伸并与定子内表面可靠密封，叶片根部装有自位弹簧(图中未画出)并通以压缩空气。当压缩空气从 A 口进入定子腔内后，会使叶片带动转子逆时针旋转，产生旋转力矩，排气口 C 排气，而定子腔内残余气体则经 B 口排出(二次排气)。若改变压缩空气输入方向(B 孔进气)，即改变了转子回转方向。

3) 叶片式气动马达的特性

图 12-9 所示是在一定工作压力下作出的叶片式气动马达的特性曲线。由图可知，气动马达具有软特性的特点。当外加负载转矩 T 等于零(即空转)时，马达转速达到最大值 n_{max}，输出功率为零；当外加负载转矩达到马达最大转矩 T_{max}时，马达停止转动，输出功率为零；当外加负载转矩等于最大转矩的一半时，马达的转速也为最大转速的一半，输出功率达到最大值 P_{max}，为气动马达的额定功率。工作压力变化时，特性曲线的各值都将随压力的变化有较大的变化。

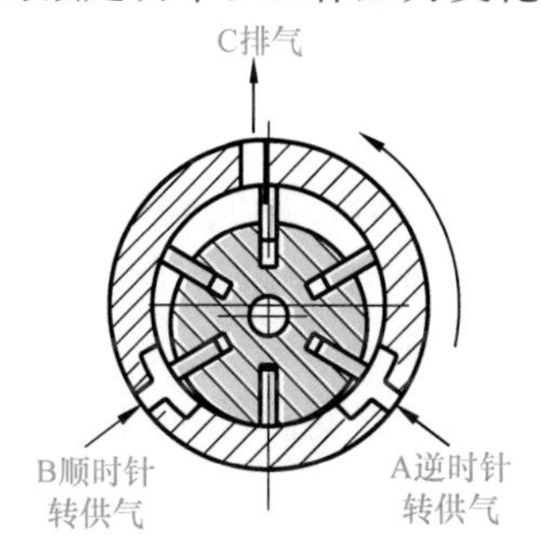

图 12-8　叶片式气动马达

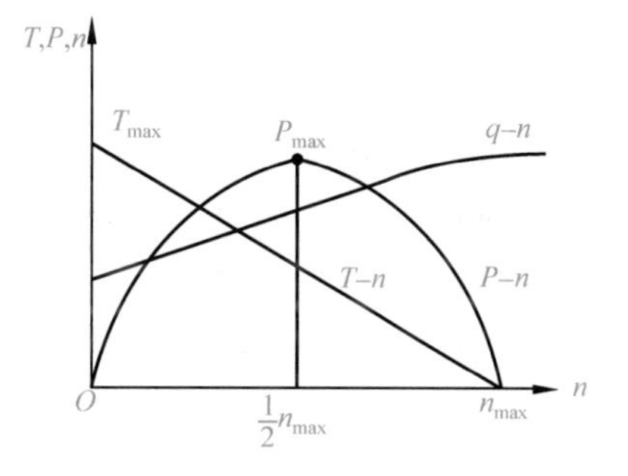

图 12-9　叶片式气动马达特性曲线

叶片式气动马达主要用于风动工具、高速旋转机械及矿山机械等。

习　　题

12-1　简述气-液阻尼缸的工作原理及作用。

12-2　简述冲击气缸的工作过程及工作原理。

12-3　摆动气缸与气动马达都能实现回转运动吗？这两种执行元件有何主要区别？

第13章 气动控制元件

在气压传动系统中，控制元件是控制和调节压缩空气的压力、流量、流动方向与发送信号的重要元件，利用它们可以组成各种气动回路，使气动执行元件按设计要求正常工作。与液压控制元件一样，按功能和用途可分为方向控制阀、流量控制阀和压力控制阀三大类。此外，还有通过改变气流方向和通断实现各种逻辑功能的气动逻辑元件等。

13.1 方向控制阀

13.1.1 方向控制阀的类型及主要特点

气动方向控制阀与液压方向控制阀类似，分类方法也大致相同。按作用特点可分为单向型和换向型；按阀芯结构可分为滑阀式、截止式（又称提动式）、平面式（又称滑块式）、旋塞式和膜片式等，其中以截止式和滑阀式应用较多；按控制方式可分为电磁控制式、气压控制式、机械控制式、人力控制式和时间控制式等；另外，按阀的密封形式可分为硬质密封和软质密封，其中软质密封因制造容易、泄漏少、对介质污染不敏感等优点，在气动方向控制阀中被广泛采用。

13.1.2 单向型控制阀

单向型控制阀包括单向阀、或门型梭阀、与门型梭阀和快速排气阀等。

1. 单向阀

单向阀是指气流只能向一个方向流动而不能反向流动的阀。单向阀的工作原理、结构和图形符号与液压阀中的单向阀基本相同，只不过在气动单向阀中，阀芯与阀座之间有一层胶垫（密封垫），如图13-1所示。

在气动系统中，单向阀除单独使用外，还经常与其他阀组成复合阀，如单向节流阀、单向顺序阀等。

2. 或门型梭阀

图13-2为或门型梭阀的结构简图。这种阀相当于两个单向阀的组合，有两个输入口和一个输出口。无论 P_1 口还是 P_2 口输入，A口总是有输出的，其作用相当于实现逻辑或门的逻辑功能。

或门型梭阀的工作原理如图13-3所示。当输入口 P_1 进气时，阀芯被推向右端，通路 P_2 被关闭，于是气流从 P_1 进入通路A，如图13-3(a)所示；当 P_2 有输入时，则关闭 P_1 进气通路，气流从 P_2 进入通路A，如图13-3(b)所示；若 P_1、P_2 同时进气，则哪端压力高，出口A就与哪端相通，另一端就自动关闭。图13-3(c)为该阀的图形符号。

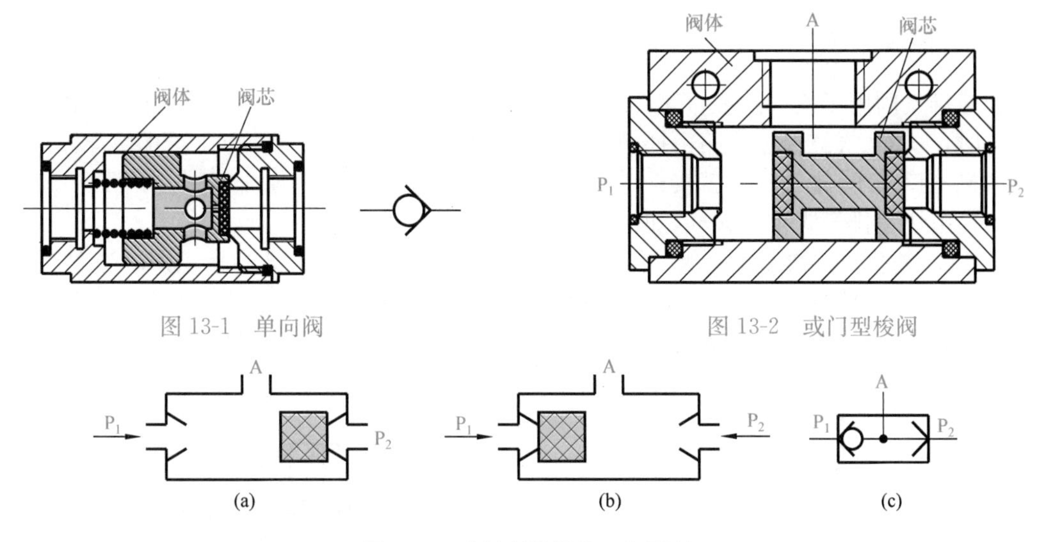

图 13-1　单向阀　　图 13-2　或门型梭阀

图 13-3　或门型梭阀的工作原理

或门型梭阀在逻辑回路和程序控制回路中被广泛使用。图 13-4 是或门型梭阀应用回路，该回路应用或门型梭阀实现手动和电动操作方式的切换。

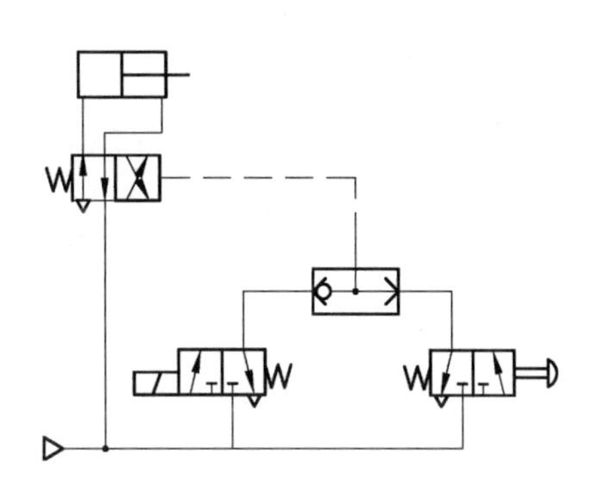

图 13-4　或门型梭阀应用回路

3. 与门型梭阀

与门型梭阀又称双压阀，它也相当于两个单向阀的组合，如图 13-5 所示。该阀只有当两个输入口 P_1、P_2 同时进气时，A 口才有输出，因此具有逻辑“与”的功能。图 13-6 为与门型梭阀的工作原理图。当 P_1 或 P_2 单独有输入时，阀芯被推向右端或左端(图 13-6(a)、(b))，自动关闭流向 A 口的通道，此时 A 口无输出；只有当 P_1 和 P_2 同时有输入时，A 口才有输出(图 13-6(c))。当 P_1 和 P_2 气体压力不等时，气压高的一侧将阀芯推至对方一侧并将本侧阀口关闭，气压低的一侧与 A 口相通并通过 A 口输出。图 13-6(d)为该阀的图形符号。

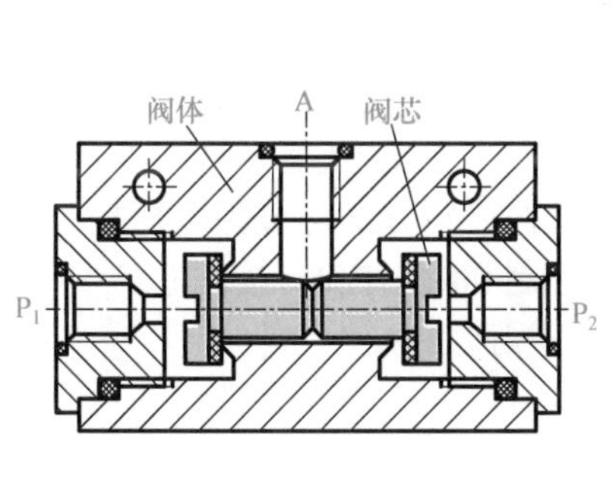

图 13-5　与门型梭阀

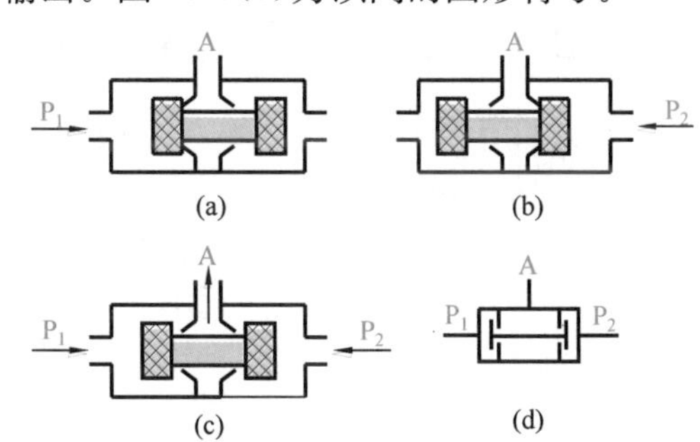

图 13-6　与门型梭阀的工作原理

图 13-7 是与门型梭阀在钻床控制回路中的应用。行程阀 1 为工件定位信号，行程阀 2 是夹紧工件信号。当两个信号同时存在时，与门型梭阀 3 才有输出，使换向阀 4 切换，钻孔缸 5 进给，钻孔开始。

4. 快速排气阀

快速排气阀用于使气动执行元件或装置快速排气，简称快排阀。通常气动执行元件，如气缸排气时，气体从气缸经过管路由换向阀的排气口排出。如果气缸至换向阀的距离较长，而换向阀的排气口又小，排气时间就较长，气缸运动速度较慢；若采用快速排气阀，则气缸内的气体就能直接由快速排气阀排向大气，加快气缸的运动速度。

图 13-8 是膜片式快速排气阀的结构原理图，其中图 13-8(a)为结构示意图。当 P 口进气时，膜片被压下封住排气口 O，气流经膜片四周小孔从 A 口流出，如图 13-8(b)所示；当 P 口停止进气时，A 口气压将膜片顶起封住 P 口，A 口气体经 O 口迅速排向大气，如图 13-8(c)所示。快速排气阀的符号如图 13-8(d)所示。

13-7

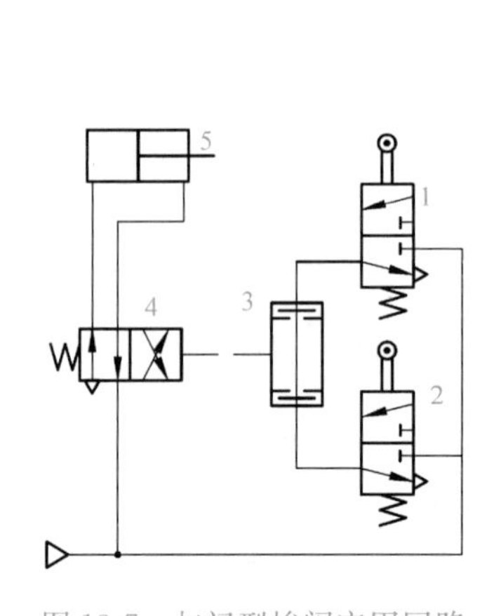

图 13-7 与门型梭阀应用回路
1、2-行程阀；3-与门型梭阀；4-换向阀；5-钻孔缸

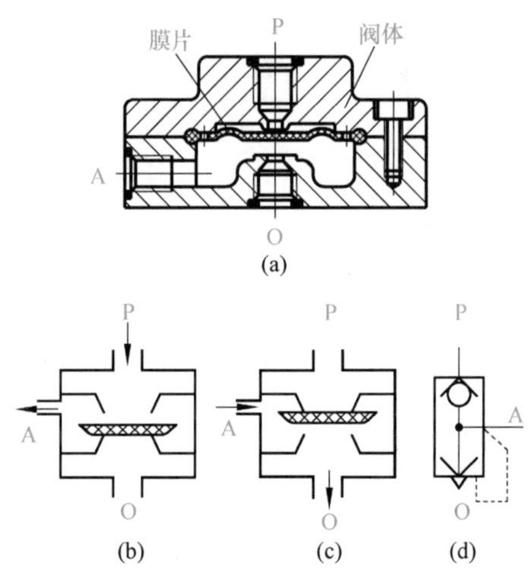

图 13-8 快速排气阀

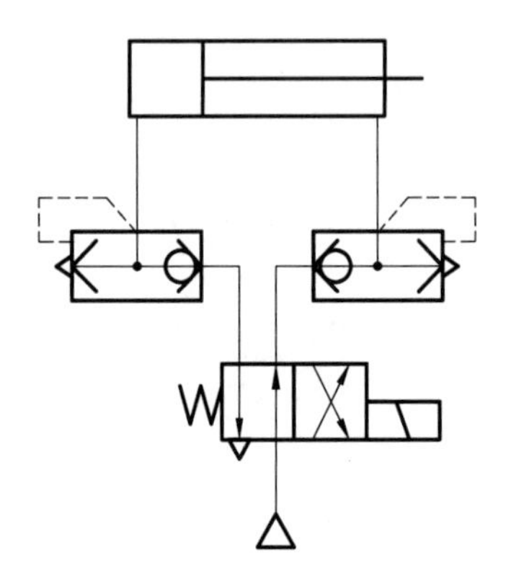
图 13-9 快速排气阀的应用回路

快速排气阀的应用回路如图 13-9 所示。在实际使用中，快速排气阀应配置在需要快速排气的执行元件附近，否则会影响排气效果。

13.1.3 换向型控制阀

换向型方向控制阀(简称换向阀)，是通过改变气流通道而使气体流动方向发生变化，从而达到改变气动执行元件运动方向的目的。按控制方式可分为气压控制、电磁控制、机械控制、人力控制和时间控制；按阀芯结构可分为截止式、滑阀式和膜片式等。

1. 气压控制换向阀

气压控制换向阀，是利用气体压力来使主阀芯运动而使气体改变流向的。按施加压力的方式可分为加压控制、卸压控制、差压控制和时间控制等。

1) *加压控制*

加压控制是指所加的控制信号压力是逐渐上升的，当气压增加到阀芯的动作压力时，阀芯沿着加压方向移动，迅速换向。它有单气控和双气控两种。

图 13-10 为单气控截止式换向阀的工作原理图。图 13-10(a)为无控制信号 K 时的状态，阀芯在弹簧和 P 腔气压作用下，使 P、A 断开，A、O 相通，阀处于排气状态；当 K 口有控制信号时(图 13-10(b))，阀芯在控制信号 K 的作用下下移，A、O 断开，P、A 接通，阀处于工作状态。该阀属于常闭型二位三通换向阀，图 13-10(c)为其图形符号。该阀采用端面软密封，抗污染能力强，开启快，通流流量大，适用大流量应用场合，但也存在换向力大、冲击力大的问题。

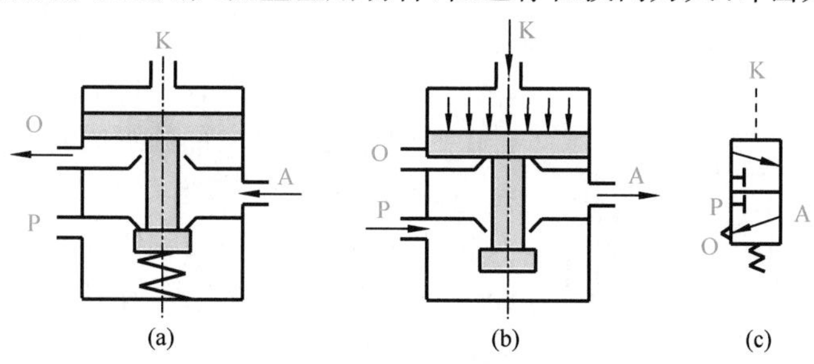

图 13-10　单气控截止式换向阀

图 13-11 为双气控换向阀的工作原理，它是滑阀式二位五通换向阀。图 13-11(a)为控制信号 K_1 存在，信号 K_2 不存在的状态，阀芯停在右端，P、A 接通，B、O_2 接通；图 13-11(b)为信号 K_2 存在，信号 K_1 不存在的状态，此时阀芯停在左端，P、B 接通，A、O_1 接通。图 13-11(c)为其图形符号。双气控换向阀具有记忆功能，即控制信号消失后，阀的输出状态仍然保持在信号消失前的状态。

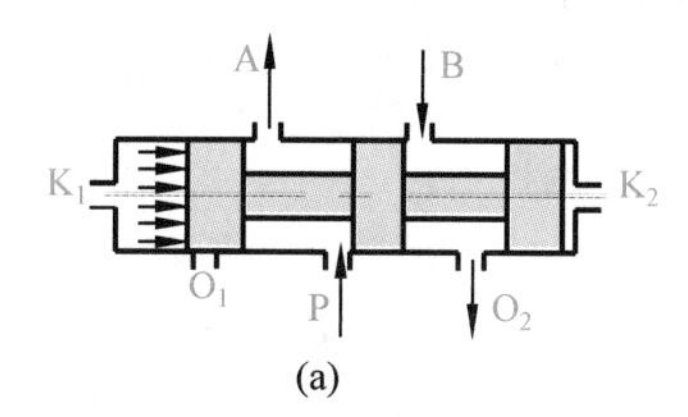

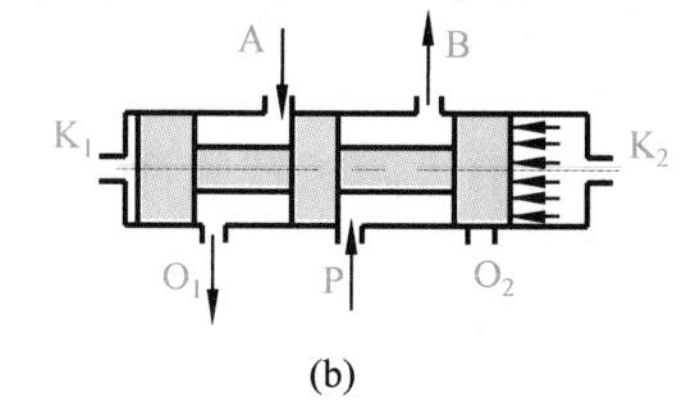

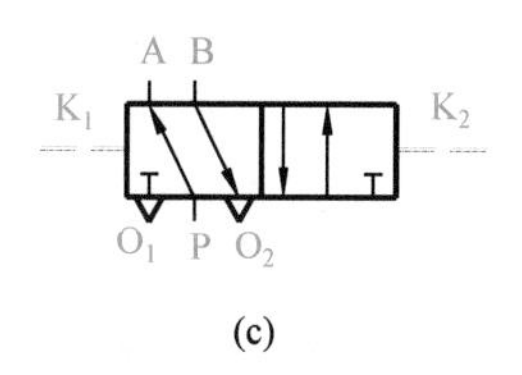

图 13-11　双气控换向阀

2) 卸压控制

卸压控制是指所加的气控信号压力是逐渐减小的，当减小到某一压力值时，使阀芯迅速移动而实现气流换向。这种阀也有单气控与双气控之分。卸压控制阀的切换性能不如加压控制阀好。

如图 13-11，气体阀中很多是五通的，而液压阀很少有五通的，请分析可能的原因。

3) 差压控制

差压控制是利用阀芯两端受气压作用的有效面积不等(或两端气压不等)，在气压作用力的差值作用下，使阀芯动作而换向的控制方式。

图 13-12(a)是二位五通差压控制换向阀的结构示意图。当 K 无控制信号时，P 口压缩空气通过孔 C 进入主阀右端，推动阀芯左移，此时 P 与 A 相通，B 与 O_2 相通；当 K 有控制信号

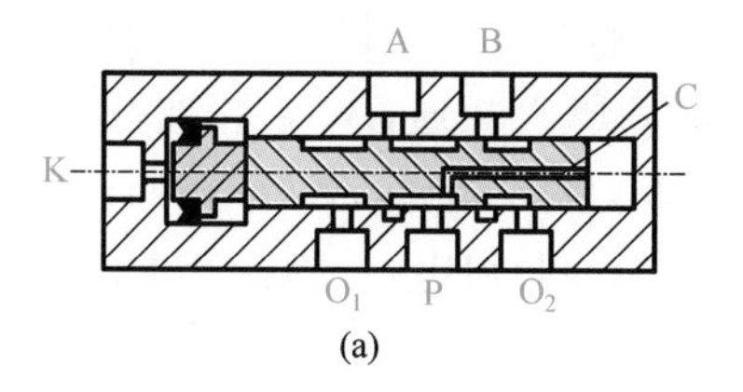

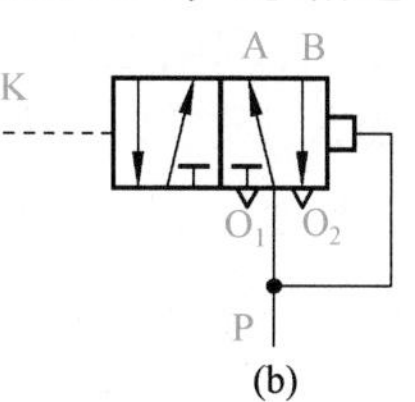

图 13-12　二位五通差压控制换向阀

时，因气控阀芯的作用面积大于主阀芯的有效工作面积，主阀芯在左右两侧气压作用力差值作用下移至右端，此时 P 与 B 相通，A 与 O_1 相通。图 13-12(b)为该阀的图形符号。

4) 时间控制

时间控制是指利用气流向由气阻（如小孔、缝隙等）和气容（储气空间）构成的阻容环节充气，经过一定时间后，当气容内压力升至一定值时，阀芯在差压力作用下迅速移动实现换向的控制。时间控制的信号输出有延时信号和脉冲信号两种。

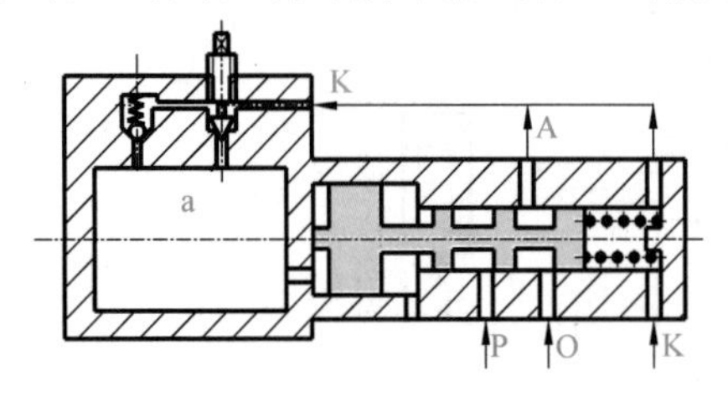

图 13-13 延时换向阀

(1) 延时阀。图 13-13 为二位三通延时换向阀，它是由延时部分和换向部分组成的。当无气控信号时，P 与 A 断开，A 腔排气；当有气控信号时，气体从 K 腔输入经可调节流阀节流后到气容 a 内，使气容不断充气，经过一定的时间，当气容内的压力上升到某一值后，推动阀芯由左向右移动，使 P 与 A 接通，A 有输出。当气控信号消失后，气容内气体经单向阀到 K 腔排空。调节节流阀开口大小，可调节延时时间的长短。这种阀的延时时间在 0～20s，常用于易燃、易爆等不允许使用时间继电器的场合。

(2) 脉冲阀。图 13-14 为脉冲阀的结构示意图，它与延时阀一样也是靠气流流经气阻、气容的延时作用使压力输入长信号变为短暂的脉冲信号输出的阀类。当有压缩气体从 P 口输入时，阀芯在气压作用下向上移动，A 端有输出，同时气流从阻尼小孔向气容充气，在充气压力达到动作压力时，阀芯下移，输出消失。这种脉冲阀的工作气压范围为 0.15～0.8MPa，脉冲时间小于 2s。

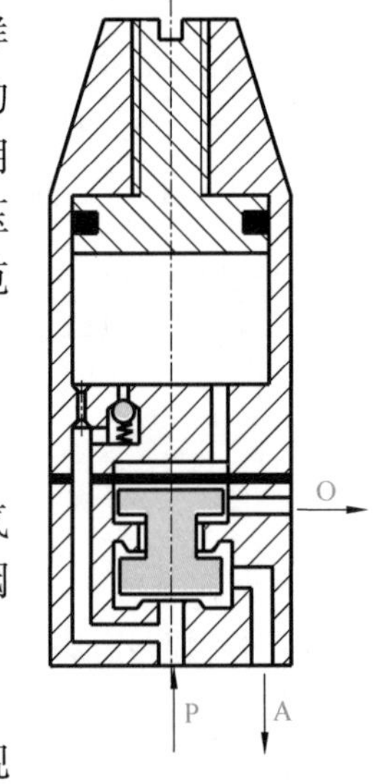

图 13-14 脉冲阀

2. 电磁控制换向阀

电磁控制换向阀，是利用电磁力的作用来实现阀的切换以控制气流的流动方向。按控制方法可分为电磁铁直接控制（直动）式电磁阀和先导式电磁阀两种。

1) 直动式电磁阀

直动式电磁阀是利用电磁铁产生的电磁力直接推动阀芯来实现换向的一种电磁换向阀。根据阀芯的复位方式可分为单电控和双电控两种。

图 13-15 为单电控直动式电磁阀的工作原理图，它是二位三通电磁换向阀。图 13-15(a)为电磁铁断电时的状态，阀芯靠弹簧复位，使 P、A 断开，A、O 接通，阀处于排气状态；图 13-15(b)为电磁铁通电时的状态，电磁铁推动阀芯下移使 P、A 相通，阀处于进气状态；图 13-15(c)为该阀的图形符号。若将单电控电磁阀中的复位弹簧改为电磁铁，就成为双电控直动式电磁阀。

图 13-16 为二位五通双电控直动式电磁阀的工作原理图。图 13-16(a)为电磁铁 1 通电、电磁铁 2 断电时的状态，阀芯 3 被推向右端，使 P、A 相通，B、O_2 相通；图 13-16(b)为电磁铁 2 通电、电磁铁 1 断电，阀处于右位工作时的状态，P、B 相通，A、O_1 相通；图 13-16(c)为其图形符号。这种阀的电磁铁只能交替得电工作，不能同时得电，否则会产生误动作。因而这种阀具有记忆功能。

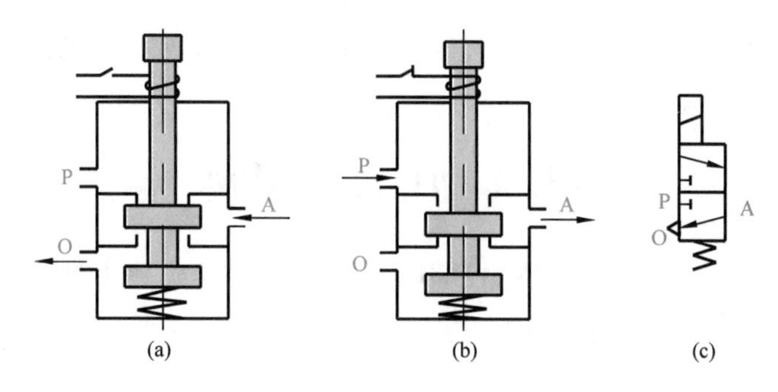

图 13-15　单电控直动式电磁阀工作原理

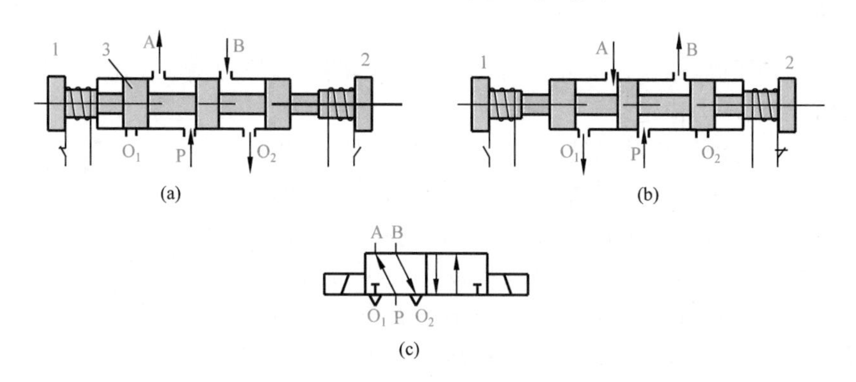

图 13-16　双电控直动式电磁阀工作原理

(a) 1、2-电磁铁；3-阀芯；(b) 1、2-电磁铁

2) 先导式电磁阀

先导式电磁阀是指由电磁先导阀(一般为直动式电磁控制换向阀)输出的气压力来操纵主阀阀芯实现阀换向的一种电磁换向阀，它实际上是一种由电磁控制和气压控制(加压、卸压、差压等)的复合控制。先导式电磁阀也分为单电控和双电控两种。

图 13-17 为双电控先导式电磁换向阀的工作原理图。图 13-17(a)为电磁先导阀 1 通电而电磁先导阀 2 断电时的状态，主阀的 K_1 腔进气、K_2 腔排气，使主阀阀芯移至右端，换向阀处于左位工作；图 13-17(b)为电磁先导阀 1 断电而电磁先导阀 2 通电时的状态；图 13-17(c)为其简化图形符号。

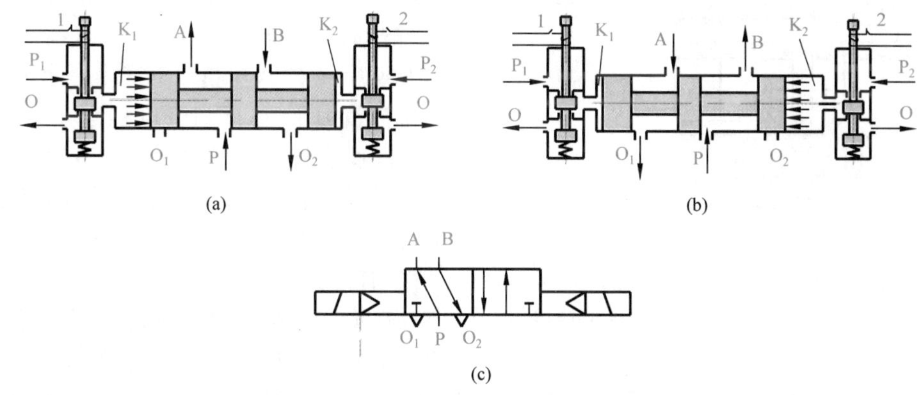

图 13-17　双电控先导式电磁阀工作原理

直动式电磁阀与先导式电磁阀相比较，前者依靠直接推动阀芯，实现通断路的切换，其通径一般较小或采用间隙密封的结构形式，常用于小流量控制或作为先导式电磁阀的先导阀。

而先导式电磁阀是由电磁先导阀输出的气压推动主阀阀芯，实现主阀通路的切换的。通径大的电磁气阀都采用先导式结构。

13.2 压力控制阀

压力控制阀主要用来控制系统中气体的压力，保证气动系统动作的稳定性和安全性，以及达到节能的目的。压力控制阀按其控制功能可分为减压阀、溢流阀和顺序阀三种。它们都是利用作用于阀芯上的空气压力和弹簧力相平衡的原理来工作的。

13.2.1 减压阀

减压阀又称调压阀，用来调节或控制气压的变化，将出口压力调节在比进口压力低的调定值上，并保持调后的压力稳定。

气压传动系统与液压传动系统不同的一个特点是，液压传动系统的液压油是由安装在每台设备上的液压源直接提供的，而气压传动系统则是由空气压缩机先将压缩空气储存在储气罐中，然后经管路输送给各气动装置使用。储气罐输出的压力通常比较高，只有经过减压，降至每台装置实际所需的压力，并使压力稳定下来才可使用。因此减压阀是气压传动系统必不可少的一种调压元件。

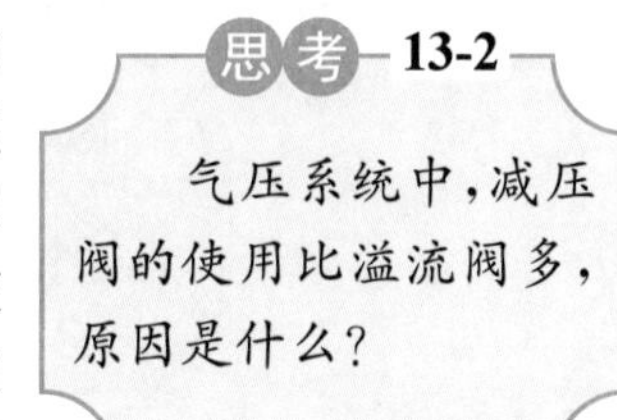

按调节压力的方式，减压阀可分为直动型和先导型两种。

1. 直动型减压阀

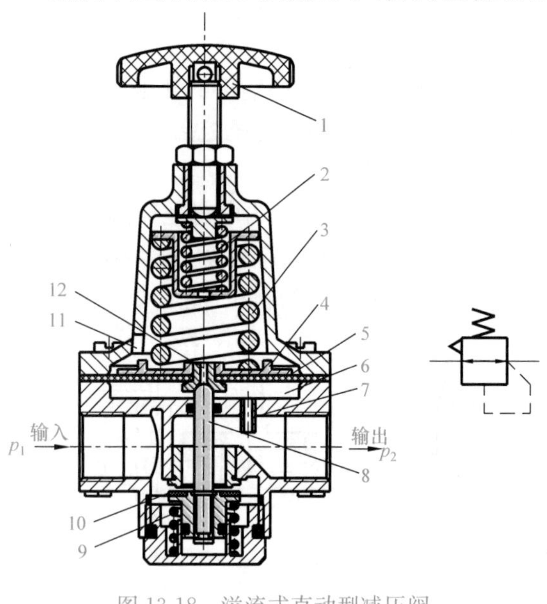

图 13-18 溢流式直动型减压阀

1-调整节柄；2、3-调压弹簧；4-溢流阀座；5-膜片；6-膜片气室；7-阻尼管；8-阀芯；9-复位弹簧；10-阀口；11-排气孔；12-溢流孔

图 13-18 为溢流式直动型减压阀（简称溢流减压阀）。压力为 p_1 的压缩空气由左端输入经阀口 10 节流后，压力降为 p_2 输出。输出压力 p_2 的大小可由调压弹簧 2、3 调节。当顺时针方向转动调整手柄 1 时，调压弹簧 2、3 推动溢流阀座 4、膜片 5 和阀芯 8 向下移动，使阀口 10 开启，气流通过阀口后压力降低为 p_2 输出。与此同时，有一部分气流由阻尼孔进入膜片气室 6，在膜片下产生一个向上的推力与弹簧力平衡，阀口开度稳定在某一值上，减压阀便有稳定的压力输出。当输入压力 p_1 升高时，输出压力 p_2 也随之升高，使膜片气室的压力也升高，破坏了原有的平衡，使膜片上移，有部分气流经溢流孔 12、排气孔 11 排出。在膜片上移的同时，阀芯 8 在复位弹簧 9 的作用下随之上移，减小进气阀口 10 的开度，节流作用加大，输出压力下降，直至达到膜片两端作用力重新平衡为止，输出压力基本稳定在调定值上；反之，若输入压力下降，则输出压力也随之下降，膜片下移，阀口开度增大，节流作用降低，使输出压力回升到调定压力，以维持压力稳定。

2. 先导型减压阀

当减压阀的输出压力较高或通径较大时,用调压弹簧直接调压,则弹簧刚度必然过大,流量变化时,输出压力波动较大,阀的结构尺寸也将增大。为了克服这些缺点,可采用先导型减压阀。先导型减压阀的工作原理与直动型的基本相同,先导型减压阀所用的调压气体是由小型直动型减压阀提供的。若将小型直动型减压阀装在阀体内部,则称为内部先导型减压阀;若将小型直动型减压阀装在阀体外部,则称为外部先导型减压阀。先导型减压阀与直动型减压阀相比,对于出口压力变化时的响应速度较慢,但流量特性、调压特性好。

图 13-19 为外部先导型减压阀的主阀。K 口接外部小型减压阀,当压缩空气的压力达到一定值时,克服弹簧力的作用使阀芯向下运动,P_1、P_2 口相通,减压阀开始工作。外部先导型减压阀可实现远距离调压,故又称为远距离控制式减压阀。

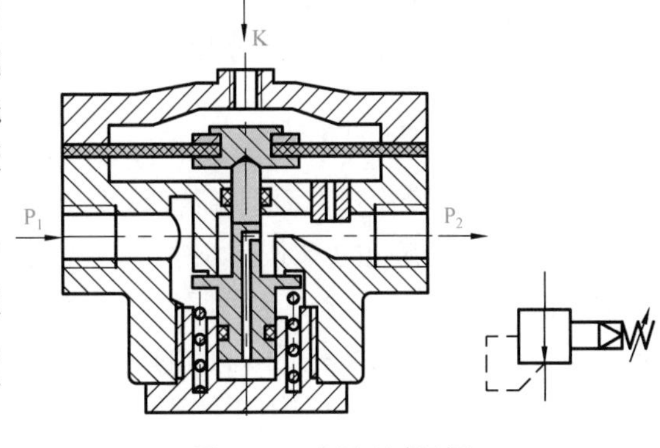

图 13-19 先导型减压阀

3. 减压阀的基本性能

1) 调压范围

指减压阀输出压力 p_2 的可调范围,在此范围内要求达到规定的精度。调压范围主要与调压弹簧的刚度有关。为使输出压力在高、低调定值下都能得到较好的流量特性,常采用两个并联或串联的调压弹簧。一般减压阀最大输出压力是 0.63MPa,调压范围是 0.1~0.63MPa。

2) 压力特性

指减压阀输出流量 q 为定值时,输入压力 p_1 波动对输出压力 p_2 波动的影响。要求在规定流量下,出口压力随进口压力变化而变化的值不大于 0.05MPa。典型的压力特性曲线如图 13-20 所示。由图可见,输出压力 p_2 必须低于输入压力 p_1 一定值时才基本上不随输入压力变化而变化。

3) 流量特性

指减压阀输入压力 p_1 一定时,输出压力 p_2 随输出流量 q 的变化而变化的特性。要求输出流量在较大范围内变化时,输出压力的变化越小越好。典型的流量特性曲线如图 13-21 所示。由图可见,输出压力越低,它随输出流量的变化波动就越小。

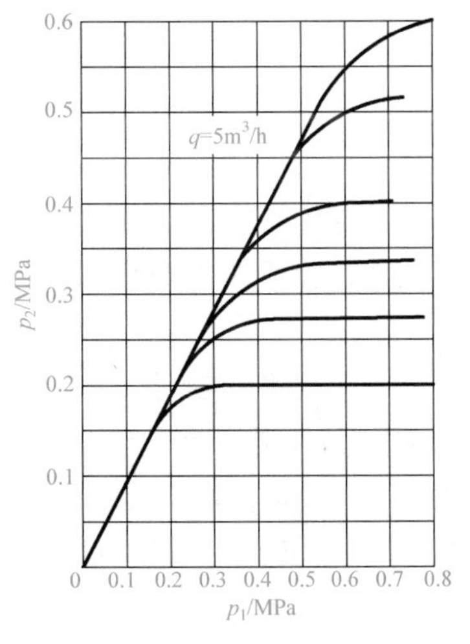

图 13-20 减压阀压力特性曲线

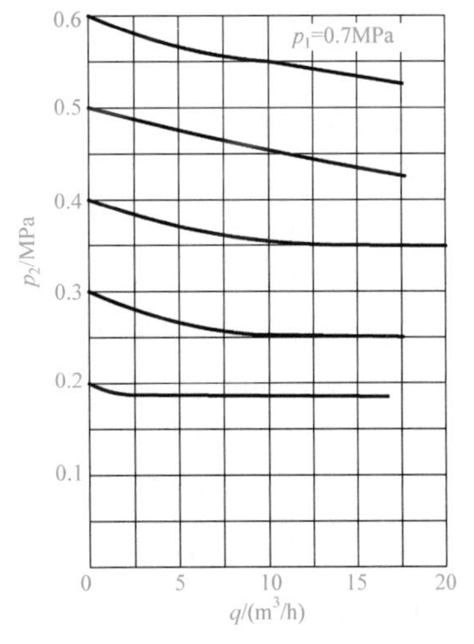

图 13-21 减压阀流量特性曲线

13.2.2 溢流阀(安全阀)

溢流阀和安全阀在结构与功能方面往往相类似,本书不加以区别。它们的作用是当系统压力超过调定值时,便自动排气,以保持进口压力的调定值。实际上,溢流阀是一种用于维持回路中空气压力恒定的压力控制阀,而安全阀是一种防止系统过载、保证安全的压力控制阀。溢流阀按控制方式分为直动型和先导型两种。

1. 直动型溢流阀

图 13-22 是膜片式直动型溢流阀(安全阀)结构简图,P 口与系统相连、O 口通大气。当系统压力升高至溢流阀的调定压力时,气体推开阀芯,经阀口从 O 口排至大气,使系统压力稳定在调定值,保证系统安全。这种阀的特点是由于膜片的受压面积比阀芯的面积大得多,阀门的开启压力与关闭压力较接近,即阀的压力特性好,动作灵敏,但阀的最大开启量较小,流量特性差。这种常用于保证回路内的工作气压恒定。

2. 先导型溢流阀

图 13-23 是一种外部先导型溢流阀。溢流阀的先导阀为减压阀,由它减压后的空气从上部控制口 K 输入,以替代直动型的弹簧控制。其特点是,阀在开启和关闭过程中,控制压力保持不变,即不会因阀的开度引起调定压力的变化,阀的流量特性好。先导型溢流阀适用于管道通径较大及远距离控制的场合。

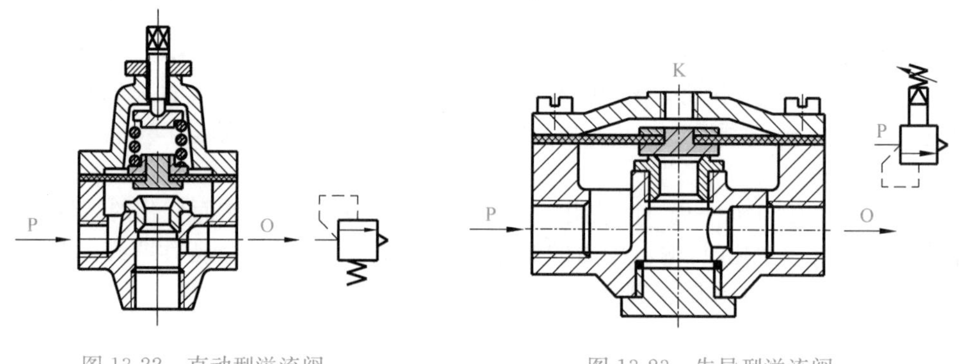

图 13-22 直动型溢流阀　　图 13-23 先导型溢流阀

13.2.3 顺序阀

顺序阀也称压力联锁阀,它是一种依靠回路中的压力变化来实现各种顺序动作的压力控制阀,常用来控制气缸的顺序动作。顺序阀常与单向阀并联组成单向顺序阀。顺序阀常用于气动装置中不便于安装机动控制阀发行程信号的场合。

图 13-24 为单向顺序阀的工作原理。当压缩空气由 P 口进入阀左腔 4 后,作用在阀芯下面的环形面积上,与调压弹簧的力相平衡。当空气压力超过调定压力时,阀芯被顶起,气压立即作用于阀芯的整个面积上,使阀达到全开状态,压缩空气则从阀左腔 4 流入阀右腔 5 此时单向阀在弹簧和进气压力的作用下不开启,气体由 A 口输出(图 13-24(a))。排气时气流反向流动(图 13-24(b)),阀左腔 4 压力迅速下降,阀芯在弹簧力的作用下使阀关闭。此时,单向阀在气压作用下克服弹簧力而开启,反向流动的压缩空气经单向阀从 O 口排出。图 13-25 为单向顺序阀的结构图。

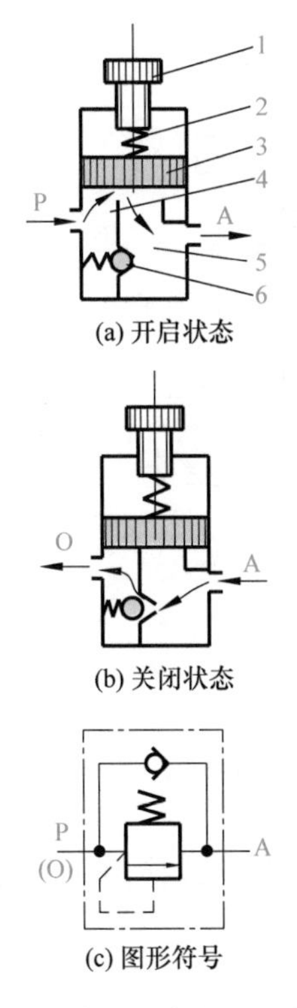

图 13-24　单向顺序阀的工作原理

1-调压手柄；2-调压弹簧；3-活塞；
4-阀左腔；5-阀右腔；6-单向阀

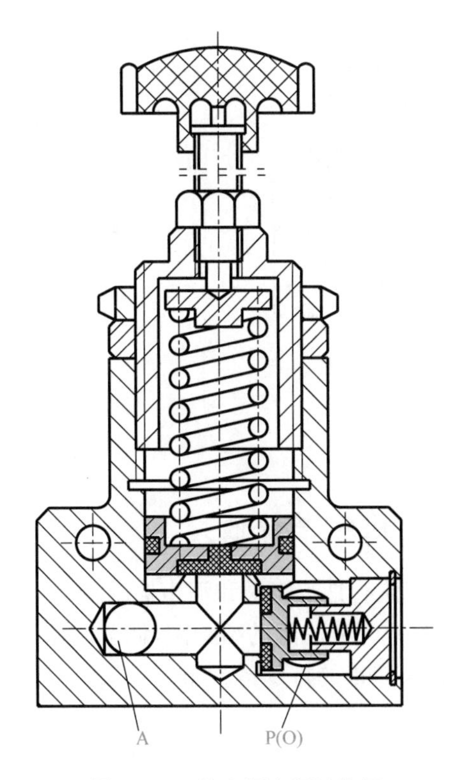

图 13-25　单向顺序阀结构图

13.3　流量控制阀

流量控制阀是通过改变阀的流通面积来实现流量控制，达到控制气缸等执行元件运动速度的气动元件。常用的流量控制阀有节流阀、单向节流阀、排气节流阀和柔性节流阀等。

13.3.1　节流阀和单向节流阀

节流阀是通过改变阀的开口大小来改变流量的控制阀。对节流阀调节特性的要求是流量调节范围大、流量稳定性好、阀芯的开口量与通过的流量呈线性关系。节流阀节流口的形状对调节特性影响较大。常用的节流阀节流口形式主要有针阀型、三角沟槽型、圆柱斜切型等，与液压节流阀节流口形式基本相同，这里不再重复。图 13-26 为针阀型节流阀结构图。

一般在气动系统中常用的是单向节流阀，即节流阀与单向阀的结合，常用于气缸调速和延时回路中。图 13-27 为单向节流阀结构原理图。当气流由 P 口至 A 口正向流动时，单向阀在弹簧和气压作用下关闭，气流经节流阀节流后流出；当由 A 口至 P(O)口反向流动时，在气压作用下单向阀被打开，无节流作用。

若用单向节流阀控制气缸的运动速度，安装时该阀应尽量靠近气缸。为了提高气缸运动稳定性，应该按出口节流方式安装单向节流阀。

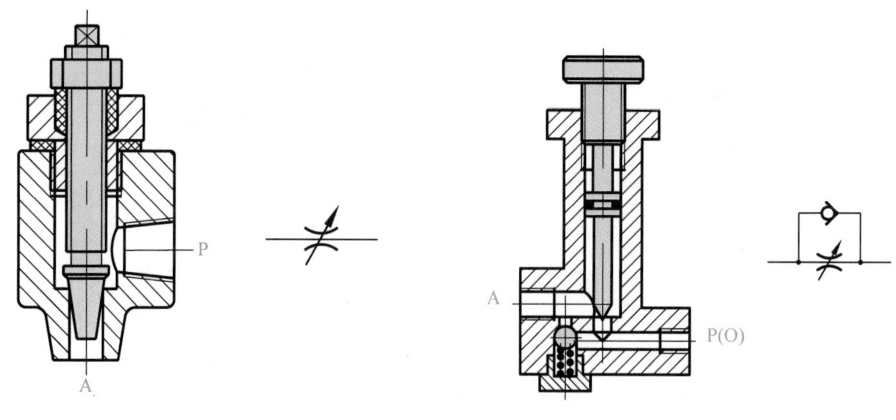

图 13-26　针阀型节流阀

图 13-27　单向节流阀

13.3.2　排气节流阀

排气节流阀是节流阀和消声器的组合，在排气节流调速的同时，由消声套减少排气噪声。图 13-28 为排气节流阀的结构图，调节旋钮 8，可改变阀芯 4 左端节流口（三角沟槽型）的开度，即改变由 A 口来的排气量大小。排气节流阀常安装在执行元件或换向阀的排气口，起单向节流阀的作用。

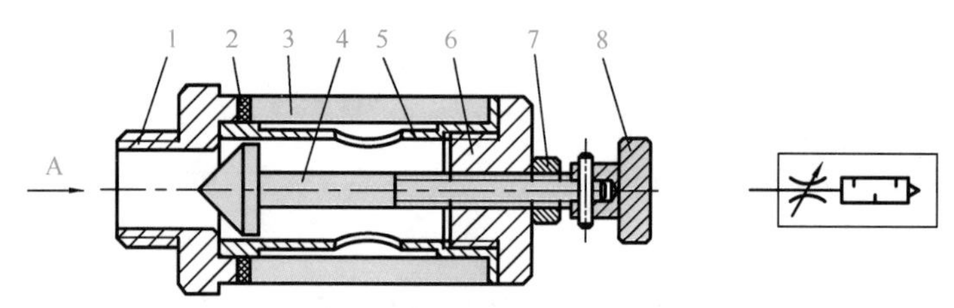

图 13-28　排气节流阀

1-阀座；2-垫圈；3-消声套；4-阀芯；5-阀套；6-锁紧法兰；7-锁紧螺母；8-旋钮

13.3.3　柔性节流阀

图 13-29 是柔性节流阀的结构原理，依靠阀杆夹紧柔韧的橡胶管而产生节流作用，也可以用气体压力来代替阀杆压缩橡胶管。柔性节流阀结构简单，压力降小，动作可靠性高，对污染不敏感，通常工作压力范围为 0.3～0.63MPa。

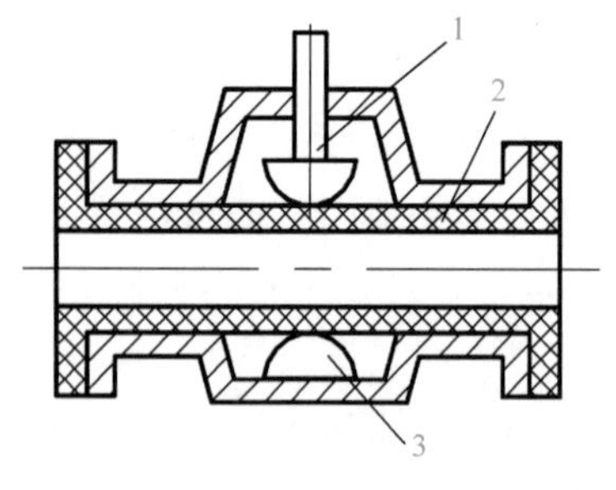

图 13-29　柔性节流阀

1-上阀杆；2-橡胶管；3-下阀杆

因气体具有可压缩性，应用气动流量控制阀对气动执行元件进行调速，比用液压流量控制阀调速困难。为防止产生爬行现象，应用气动流量控制阀调速时应注意以下几点：

（1）管道上不能有漏气现象。

（2）气缸、活塞间的润滑状态要好。

（3）流量控制阀应尽量安装在气缸或气动马达附近。

（4）尽可能采用出口节流调速方式。

外加负载应当稳定。若外负载变化较大，应借助液压或机械装置（如气液联动）来补偿由于载荷变动造成的速度变化。

13.4　气动逻辑元件

现代气动系统的逻辑控制大多采用 PLC(可编程控制器)控制，但在有些防爆防火要求特别高的场合，经常使用气动逻辑元件。气动逻辑元件是一种以压缩空气为工作介质，通过元件的可动部分在气控信号作用下动作，改变气流方向以实现一定逻辑功能的气动控制元件。实际上，梭阀、双压阀以及一些气动换向阀也具有逻辑元件的各种功能，但其输出功率、尺寸较大。气动逻辑元件因为功率、尺寸较小而广泛应用于各种气控系统中。

13.4.1　气动逻辑元件的分类及主要特点

1. 气动逻辑元件的分类

气动逻辑元件的种类很多，一般有下列几种分类方式：

(1) 按工作压力来分：高压元件(工作压力为 0.2～0.8MPa)、低压元件(工作压力为 0.02～0.2MPa)和微压元件(工作压力 0.02MPa 以下)三种。

(2) 按逻辑功能来分：是门($S=A$)元件、或门($S=A+B$)元件、与门($S=A\cdot B$)元件、非门($S=\overline{A}$)元件和双稳元件等。

(3) 按结构形式分：截止式、膜片式和滑阀式等。

2. 气动逻辑元件的主要特点

(1) 元件气流孔道较大，抗污染能力较强，对气源的净化要求较低。

(2) 元件负载能力较强，可同时带动较多的负载和执行元件。

(3) 元件在完成切换动作后，能切断气源和排气孔之间的通道，即具有关断能力，无功耗气量较低。

(4) 标准化信号孔、安装孔，在组成系统时，元件间连接方便，系统调试简单。

(5) 响应速度较慢(响应时间一般为几至几十毫秒)，不易组成运算复杂的控制系统。

(6) 因元件中存在可动部件，故不易用于强烈冲击和振动的工作环境中，否则易产生误动作。

13.4.2　高压截止式逻辑元件

高压截止式逻辑元件依靠控制气压信号直接推动阀芯或通过膜片变形推动阀芯动作，改变气流方向以实现相应的逻辑功能。其特点是行程小，流量大，工作压力高，对气源净化要求低，便于实现集成安装和集中控制，装卸方便。

1. “是门”和“与门”元件

图 13-30 为“是门”元件和“与门”元件的结构原理图，图 13-30 中 A 为输入信号口，S 为输出信号口，P 为气源口。当 A 无信号时，阀片 6 在弹簧及气源压力作用下上移，关闭阀口，封闭 P、S 通道，并使 S 与排气孔相通，S 无输出；当 A 有信号输入时，膜片 3 在输入信号作用下变形并推动阀芯 4 下移，关闭 S 与排气孔间的通道，同时接通 P、S 通路，S 有输出。元件的输入与输出始终保持相同状态，即 $S=A$。当气源口 P 改为信号口 B 时，则成“与门”元件，即只

有当A和B同时有输入信号时,S才有输出,即S=A·B。手动按钮1用于手动发信号,指示杆2用于显示S有无输出。

2. “或门”元件

图13-31为“或门”元件结构原理图。图13-31中A、B为输入信号口,S为输出信号口。当A有信号输入时,阀芯下移开启上阀口并封住信号口B,A与S相通,S有输出;当B有输入信号时,阀芯上移开启下阀口并封住信号口A,B与S相通,S也有输出。当A、B均有输入信号时,阀芯在两个输入信号作用下或上移、或下移、或保持在中位,S均会有输出。也就是说,输入信号口A、B中任一个或两个同时有输入信号时,输出信号口S均有输出,即S=A+B。

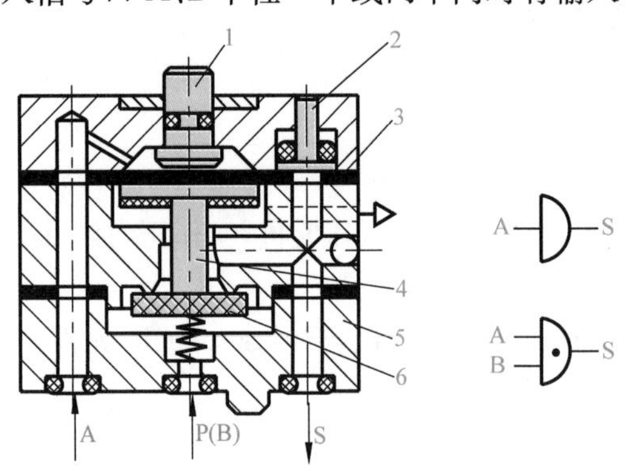

图13-30 “是门”和“与门”元件

1-手动按钮;2-指示杆;3-膜片;4-阀芯;5-阀体;6-阀片

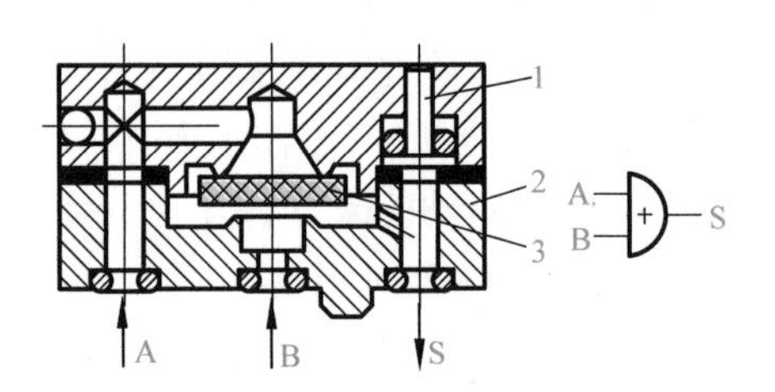

图13-31 “或门”元件

1-指示杆;2-阀体;3-阀片

3. “非门”和“禁门”元件

图13-32为“非门”和“禁门”元件的结构原理图。图13-32中,A为信号输入口,S为信号输出口,P为气源口。当A无输入信号时,阀片6在气源压力作用下上移,开启下阀口,关闭上阀口,接通P、S通路,S有信号输出;当A有信号输入时,膜片3在输入信号的作用下推动阀杆4及阀片6下移,开启上阀口,封住气源口P,切断P、S通道,开启S与排气口通道,S无信号输出。显然此时为“非门”元件,即$S=\overline{A}$。若将气源口P改为另一信号输入口B,该元件就成为“禁门”元件。在A、B均有信号输入时,阀杆4及阀片6在A输入信号作用下封住B口,S无输出;在A无输入信号而B有输入信号时,S就有输出。A的输入信号对B的输入信号起“禁止”作用,即$S=\overline{A}B$。

4. “或非”元件

图13-33为“或非”元件的结构示意图,它是在“非门”元件的基础上增加两个输入信号口构成A、B、C三个输入信号,S为输出信号口,P为气源口。当所有输入信号口均无信号时,阀芯3在气源压力的作用下上移封住排气通道,开启P、S通道,S有信号输出。只要三个输入信号口中有一个口有信号输入,都会使阀芯下移关闭下阀口,切断P、S通道,S无信号输出。即有逻辑关系:$S=\overline{A+B+C}$。

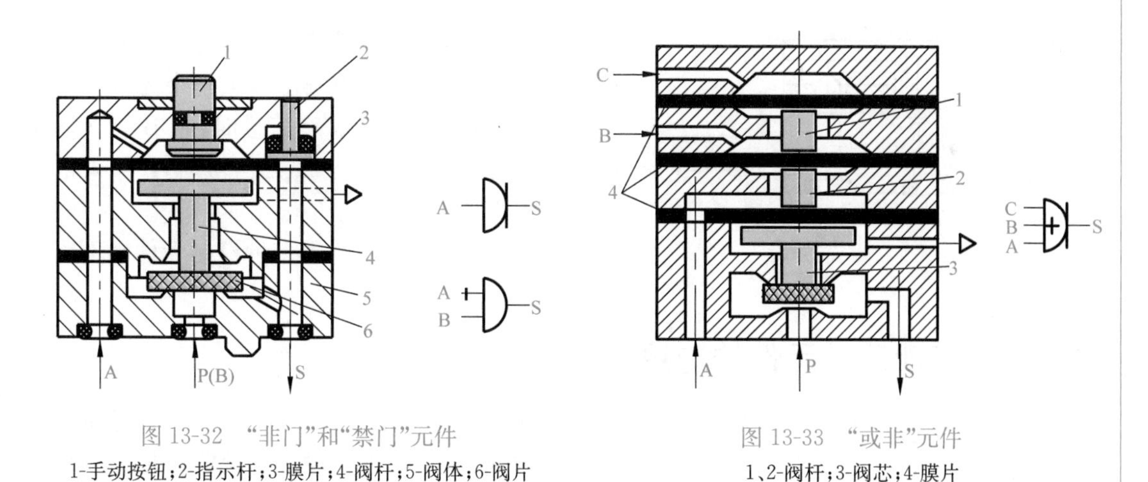

图 13-32　“非门”和“禁门”元件

1-手动按钮；2-指示杆；3-膜片；4-阀杆；5-阀体；6-阀片

图 13-33　“或非”元件

1、2-阀杆；3-阀芯；4-膜片

“或非”元件是一种多功能逻辑元件，用这种元件可实现“是门”“或门”“与门”“非门”及记忆等各种逻辑功能。

5. 双稳元件

双稳元件属记忆元件，在逻辑回路中起着重要作用。图 13-34 为双稳元件的工作原理图。A、B 为两个信号输入口，S_1、S_2 为两个信号输出口，O 为排气口，P 为气源输入口。当 A 有输入信号时，阀芯被推向右端，P 通 S_1，S_1 有信号输出，S_2 接排气口，此时“双稳”处于“1”状态；当 A 信号消失而 B 还未有信号输入时，阀芯保持原位不动，处于稳定驻留状态，S_1 总是有输出；当 B 有输入信号时，阀芯被推向左端，P 通 S_2，S_2 有信号输出，S_1 接排气口，于是“双稳”处于“0”状态；同样，当 B 信号消失后，A 信号输入前，阀芯仍保持原位不动，S_2 总有输出。所以该元件具有记忆功能，即 $S_1=K_B^A$；$S_2=K_A^B$，但是，在使用中不能在双稳元件的两个输入端同时加输入信号，那样元件将处于不定工作状态。

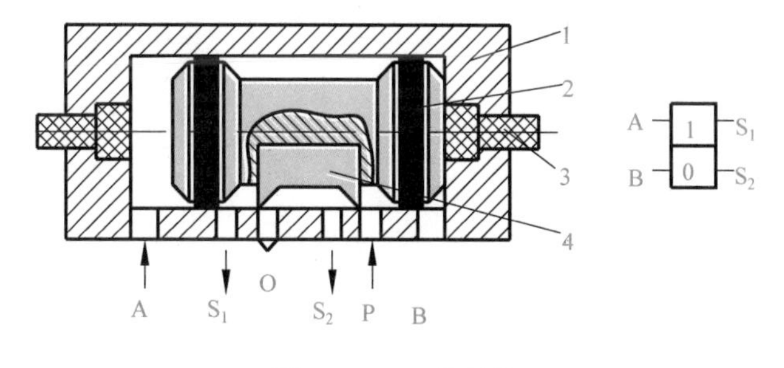

图 13-34　双稳元件

1-阀体；2-阀芯；3-气动按钮；4-滑块

13.4.3　高压膜片式逻辑元件

高压膜片式逻辑元件的可动部分是膜片，利用膜片两侧受压面积不等，使膜片变形，关闭或开启相应的通道，实现逻辑功能。高压膜片式逻辑元件的基本单元是三门元件，其他逻辑元件都是由三门元件派生出来的。

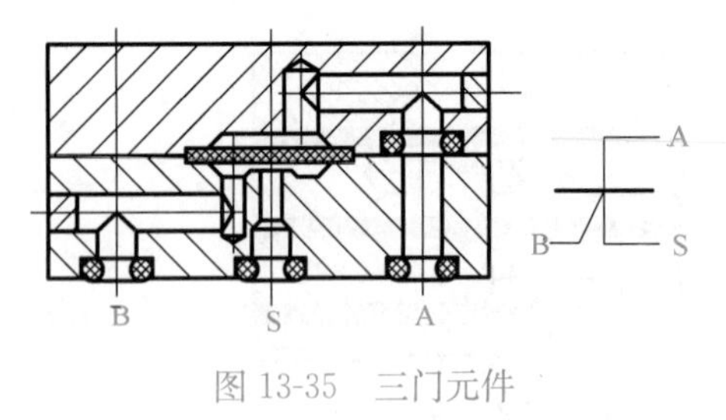

图 13-35 三门元件

三门元件的结构图如图 13-35 所示，其中 A 为控制口，B 为输入口，S 为输出口。整个元件共有三个通道，故称三门。当 A 有信号时，则 B 与 S 通路被膜片切断，S 无输出；当 A 无信号时，B 输入信号将膜片顶开并从 S 输出。

三门元件是构成双稳等多种控制元件必不可少的组成部分。

13.4.4 气动逻辑元件的选用

气动逻辑控制系统所用气源的压力变化必须保障逻辑元件正常工作需要的气压范围和输出端切换时所需的切换压力，逻辑元件的输出流量和响应时间等在设计系统时可根据系统要求参照有关资料选取。

无论采用截止式还是膜片式高压逻辑元件，都要将元件集中布置，以便于集中管理。

由于信号的传输有一定的延时，信号的发出点(如行程开关)与接收点(如元件)之间，不能相距太远。一般来说，最好不要超过几十米。

当逻辑元件要相互串联时，一定要有足够的流量，否则可能无力推动下一级元件。

另外，尽管高压逻辑元件对气源过滤要求不高，但最好使用过滤后的气源，一定不要使用加入油雾的气源进入逻辑元件。

习 题

13-1 气动速度控制回路中，常采用排气节流阀，为什么？普通节流阀与排气节流阀的区别是什么？

13-2 能否使用二位四通双气控换向阀代替双稳元件的作用？为什么？

13-3 写出双稳元件的输出 S_1、S_2 与输入 A、B 之间的逻辑关系。

13-4 有一个气缸，当信号 A、B、C 中任一信号存在时都可使其活塞返回，试设计其控制回路。

第14章

气压传动基本回路

与液压传动系统相似，构成机械设备的气压传动系统也存在多种形式，也是由不同功能的基本回路组成的。基本回路是气压传动系统的基本组成单元，因此只有熟悉常用的基本回路才能分析和设计气压传动系统。气压传动回路一般按功能对其进行分类，包括方向控制回路、压力控制回路、速度控制回路等。

本章着重介绍气动基本回路的工作原理及应用特点。

14.1 方向控制回路

方向控制回路用来控制气动系统中各气路气流的接通、切断或变向，从而实现各执行元件相应的启动、停止或换向等动作。

1. 单作用气缸换向回路

思考14-1

单作用与双作用气缸换向回路相比，各有什么优势？各自适合什么样的工作场景？

单作用气缸依靠有压气体推动向外伸出，依靠弹簧力或自重等其他外力返回。通常采用二位三通阀或三位三通阀等来实现方向控制。

采用二位三通电磁换向阀控制的单作用气缸换向回路如图 14-1所示。当电磁铁通电时，换向阀左位工作，气缸的无杆腔与气源相通，活塞杆伸出；当电磁铁断电时，换向阀右位工作，气缸在弹簧力作用下返回。

2. 双作用气缸换向回路

双作用气缸换向回路是通过控制气缸两腔的供气和排气来实现气缸的伸出和缩回运动的，通常用二位五通换向阀来控制。

采用二位五通阀手动控制的双作用气缸换向回路如图 14-2 所示，其中图 14-2(a)为采用弹簧复位的手动二位五通阀换向回路，

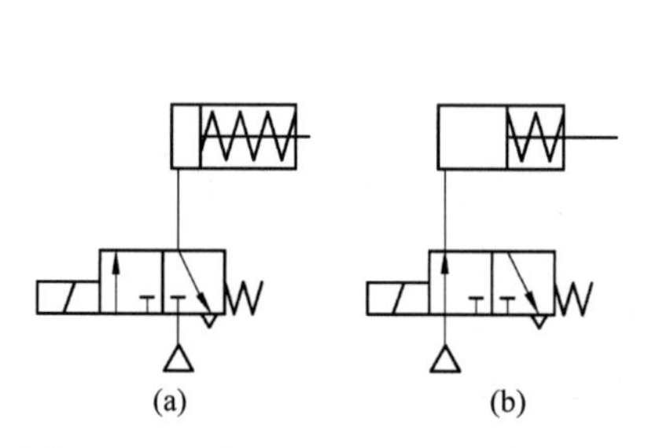

图 14-1　二位三通电磁换向阀换向回路

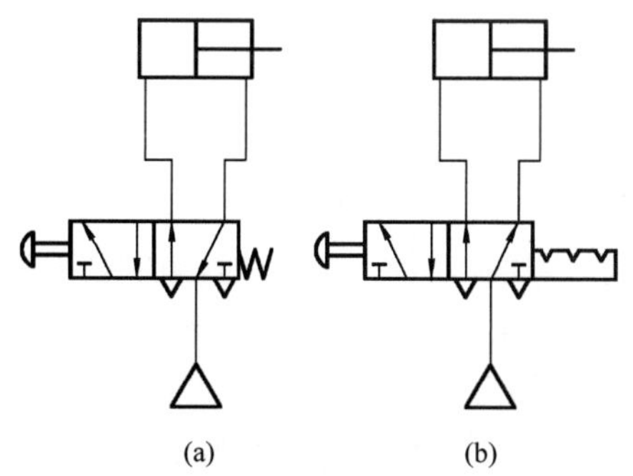

图 14-2　采用二位五通阀的手动换向回路

它是不带“记忆”功能的换向回路；图 14-2(b)为采用有定位机构的手动二位五通阀，是有“记忆”的手动控制换向回路。

14.2 压力控制回路

气压系统中，压力控制不仅是维持系统正常工作所必需的条件，也是关系系统的经济性、安全性及可靠性的重要因素。

1. 气源压力控制回路

气源压力控制回路通常又称为一次压力控制回路，如图 14-3 所示，该回路用于控制压缩空气站的储气罐的输出压力 p_s，使之稳定在一定的压力范围内，以保证用户对气体压力的需求。图 14-3(a)中，空气压缩机启动后经单向阀向储气罐内输入气体，罐内压力上升，当压力达到最大值 p_{max}时，电触点压力表 3 发出电信号，切断压缩机电源，使之停止转动，则压力不再上升；当压力下降到最小值 p_{min}时，电触点压力表 3 发出电信号，接通压缩机电源，使其启动，则压力上升。图 14-3(b)中，由压力继电器代替了图 14-3(a)中的电触点压力表 3。回路中安全阀 1 的作用是当电触点压力表、压力继电器或电路发生故障而失灵时，该安全阀就会打开，实现溢流，保障系统安全。

2. 工作压力控制回路

为了使系统正常工作，保持稳定的性能，需要对系统中的工作压力进行调节控制。如图 14-4所示，换向阀处于图示位置时，气体经单向阀进入气缸有杆腔，活塞杆缩回，无杆腔排气，单向减压阀处于不工作状态；当电磁铁通电时，换向阀换向，气缸无杆腔进气，有杆腔气体经节流阀后排出，活塞杆伸出，单向减压阀处于工作状态，将低压气体供给气动设备使用，实现了气体的二次压力控制。

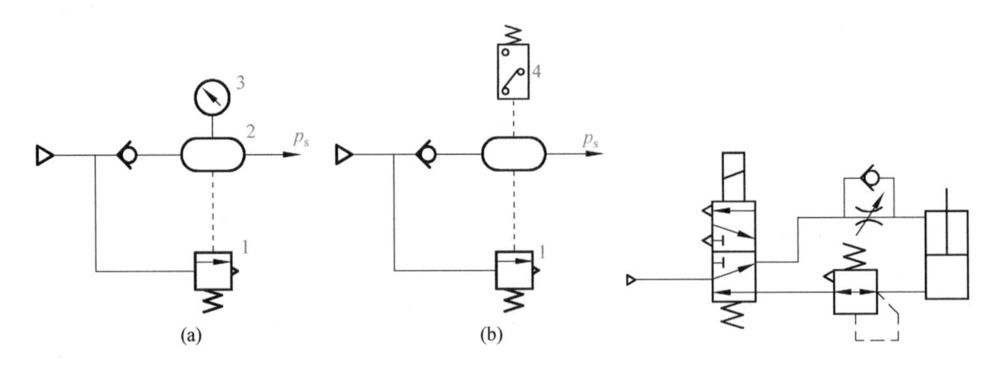

图 14-3 气源压力控制回路

1-安全阀；2-储气罐；3-电触点压力表；4-压力继电器

图 14-4 工作压力控制回路

3. 连续压力控制回路

当需要设定的压力等级较多时，就需要使用较多的减压阀和电磁阀。这时可考虑使用电/气比例压力阀代替减压阀和电磁阀来实现压力的无级控制。

图 14-5 所示为采用比例阀构成的连续压力控制回路。活塞缩回时有杆腔的压力由减压阀 1 调为定值，而活塞伸出时无杆腔的压力由计算机输出的控制信号控制比例阀 2 的输出压力来实现控制，从而使气缸的输出力得到连续控制。

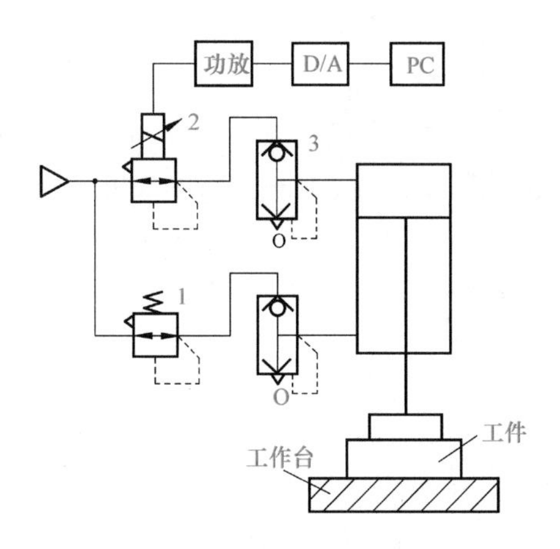

图 14-5　连续压力控制回路

1-减压阀；2-比例阀；3-快速排气阀

14.3　速度控制回路

气动执行元件的运动速度控制一般是利用改变流量控制阀的开口大小，从而改变进排气管路的有效截面积来实现速度控制。

1. 单作用气缸速度控制回路

图 14-6(a)、(b)所示的回路中分别采用了节流阀和单向节流阀，通过调节节流阀的开口面积，即可实现进气节流调速。气缸返回时，由于没有节流，可以快速返回。单作用气缸还可进行排气节流调速以及双向调速。

2. 双作用气缸速度控制回路

双作用气缸调速方式与单作用气缸基本相同，图 14-7 所示的双向节流调速回路中，图 14-7(a)所示为采用单向节流阀的双向节流调速回路，图 14-7(b)所示为采用排气节流阀的双向节流调速回路。

3. 快速往复动作回路

若将图 14-7(a)中的两个单向节流阀换成快速排气阀就构成了快速往复回路，若要实现气缸单向快速运动，则可只采用一个快速排气阀。

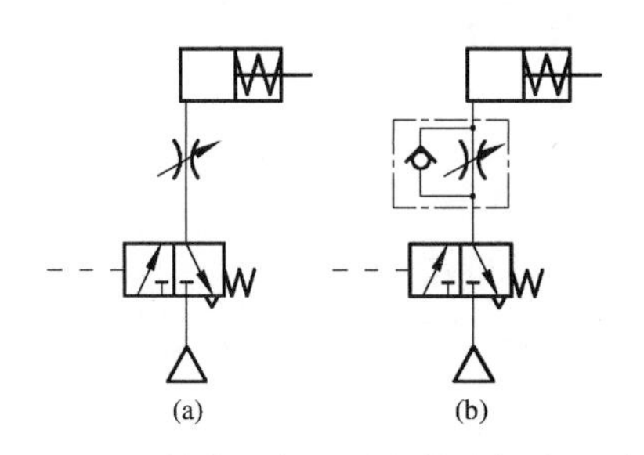

图 14-6　单作用气缸进气节流调速回路

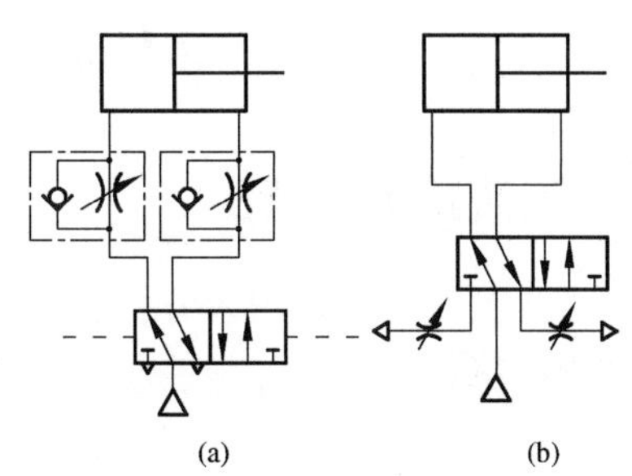

图 14-7　双作用气缸双向调速回路

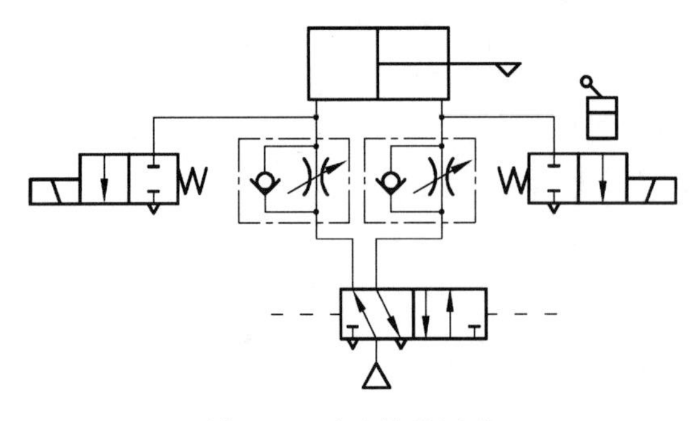

图 14-8 速度换接回路

4. 速度换接回路

速度换接回路如图 14-8 所示。当挡块压下行程开关时，发出电信号，使二位二通阀换向，改变排气通路，从而使气缸速度改变。行程开关的位置可根据需要设定。

5. 缓冲回路

在气缸行程较长、速度快、负载惯性大的场合，除采用带缓冲的气缸外，还需要采用缓冲回路来满足气缸运动速度的要求。

采用行程阀实现气缸伸出到终端时缓冲的回路如图 14-9 所示。气控换向阀左位接入回路时，活塞杆快速外伸，当活塞杆上的挡块压下行程阀后，行程阀阀芯处于上位而关闭快速排气路，气缸排气气流只能通过单向节流阀中的节流阀以及换向阀后排入大气，使气缸活塞减速缓冲直至行程终点。调节节流阀阀口开度，即可改变缓冲速度。

采用快速排气阀、顺序阀和节流阀组成的缓冲回路如图 14-10 所示。气控换向阀处于图示位置时，气缸活塞杆向左退回，开始时气缸排气腔压力较高，气流经快速排气阀 3 后打开顺序阀 2，再通过节流阀 4 排入大气，使排气腔压力快速下降。当接近行程终端时，排气腔压力下降使顺序阀关闭，这时排气腔的气流只能经节流阀 1 和气控换向阀排入大气，从而实现气缸外部缓冲。回路中节流阀 1 的开口量必须调得比节流阀 4 小，同时，顺序阀 2 和节流阀 4 的调节还应与气缸的速度、惯性相适应，使气缸在退回至终端前能实现顺序阀关闭，节流阀 1 节流缓冲。

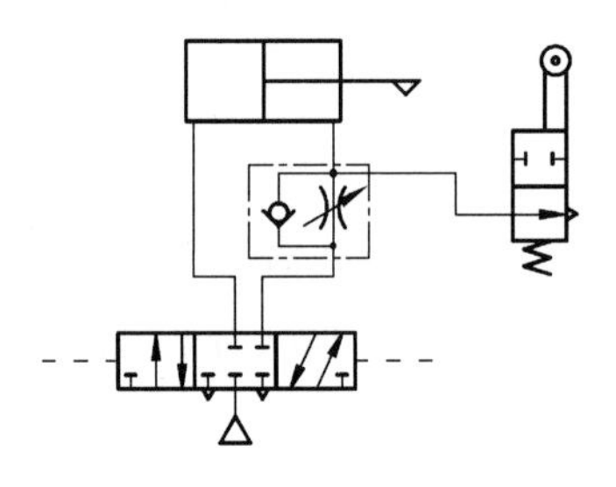

图 14-9 用行程阀的缓冲回路

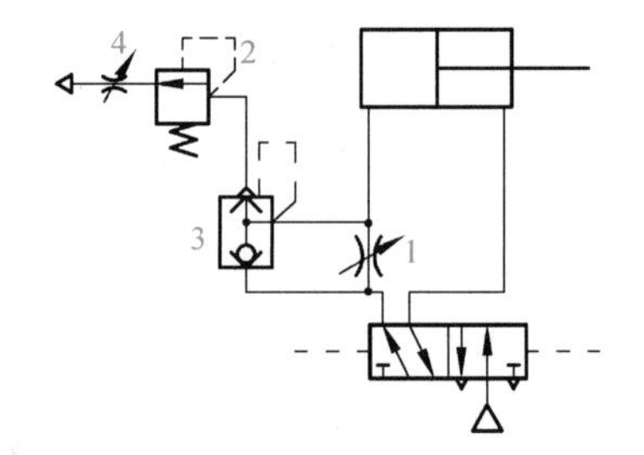

图 14-10 用快速排气阀、顺序阀和节流阀组成的缓冲回路

1、4-节流阀；2-顺序阀；3-排气阀

14.4 其他回路

14.4.1 气液联动回路

气液联动是以气压为动力，利用气液转换器把气压传动转换为液压传动，或采用气液阻尼缸来获得较为平稳和更为有效地控制运动速度的气压传动，或使用气液增压器来使传动力增大等。气液联动回路装置简单，经济性好。

1）气液转换速度控制回路

气液转换速度控制回路是利用两个气液转换器将气压转换成液压，利用液压油驱动液压缸，从而得到较为平稳、容易控制的活塞运动速度，如图 14-11 所示。调节节流阀 4、5 的开度即可改变活塞伸出或退回的速度。这种回路充分发挥了气动系统供气方便和液压系统速度容易控制的特点，因此应用场合较多。

2）气液阻尼缸速度控制回路

气液阻尼缸速度控制回路如图 14-12 所示。图 14-12(a)采用串联式气液阻尼缸，利用液压油可压缩性小的特点，通过调节回路中的单向节流阀，能够实现一个方向的无级调速，并能够获得稳定的速度，因此可实现液压缸的快速退回和慢速工进工况。补油杯 1 用来补充液压缸中的容积误差和泄漏。图 14-12(b)也采用了串联式气液阻尼缸，当 K_2 有信号时，五通阀换向，活塞向左运动，液压缸无杆腔中的油液通过 a 口进入有杆腔，气缸快速向左前进；当活塞将 a 口关闭时，液压缸无杆腔中的油液被迫从 b 口经节流阀进入有杆腔，活塞工作进给；当 K_2 消失后，有 K_1 输入信号时，五通阀换向，活塞向右快速返回。这样该液压缸就实现了机床工作中常用的快进—工进—快退的工作循环。

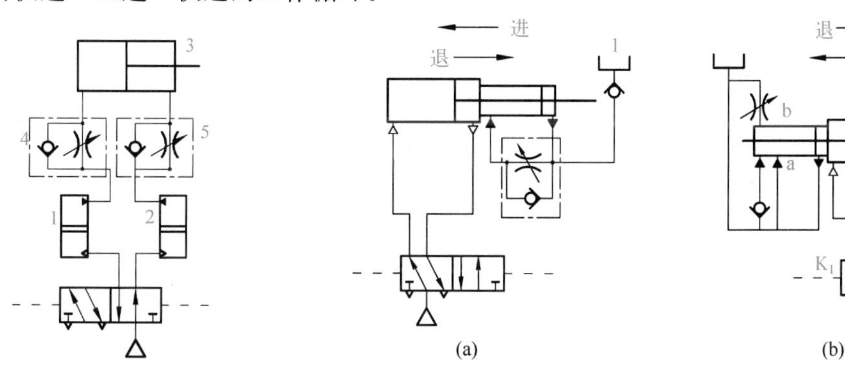

图 14-11　气液速度控制回路

1、2-气液转换器；3-液压缸；4、5-单向节流阀

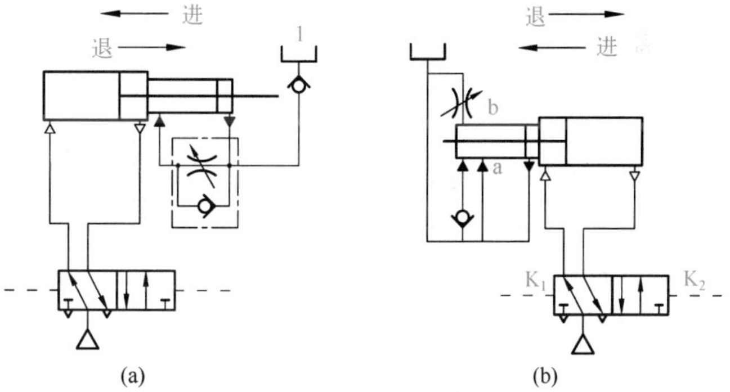

图 14-12　气液阻尼缸速度控制回路

1-补油杯

3）气液增压缸增力回路

气液增压缸增力回路如图 14-13 所示，它利用气液增压缸 1 中活塞的面积差将较低的气压增加为较高的液体压力，从而提高了气液缸 2 的输出力。

4）气液组合缸同步控制回路

采用气液组合缸的同步控制回路如图 14-14 所示。这种回路可以保证两缸负载 F_1、F_2 不等时仍能同步运动。当换向阀 7 上端有控制信号 a 时，其上位工作，气源气流经阀 7 进入气液缸下腔，从而推动负载 F_1、F_2 向上运动。此时，缸 1 上腔的液压油被压送到缸 2 下腔，缸 2 上腔的液压油则被压送到缸 1 的下腔。两液压缸尺寸完全相同，从而保证两缸同步运动。同理，当阀 7 的 b 端有信号时，保证两缸向下同步运动。

当三位五通换向阀 7 处于中位时，换向阀 3、4 下端控制气路经梭阀 6、阀 7 及出口节流阀接通大气，阀 3、4 复位，蓄能器 5 自动为液压缸两腔补偿泄漏。当阀 7 处于上、下任一工作位置时，气源气流都会经梭阀 6 进入阀 3、4 控制腔而切断蓄能器的补油通道。图 14-14 中 A、B 处接排气装置，用于排放混入油中的空气，以提高速度的稳定性和同步精度。

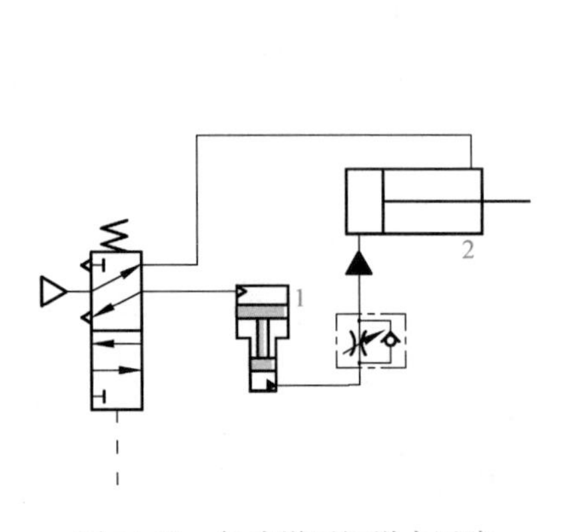

图 14-13 气液增压缸增力回路

1-气液增压缸；2-气液缸

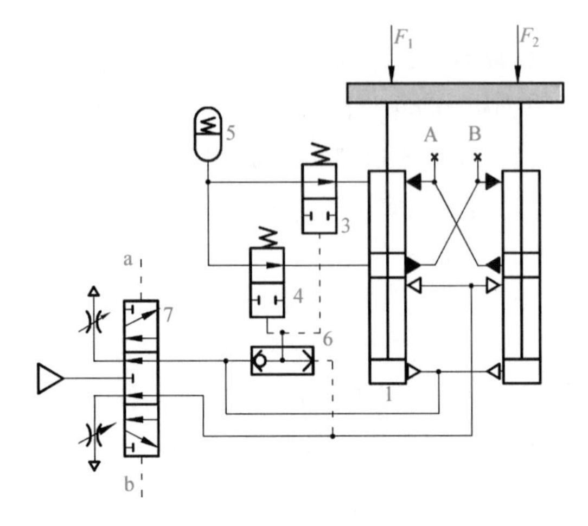

图 14-14 气液组合缸同步控制回路

1、2-气液组合缸；3、4-二位二通气控换向阀；

5-弹簧式蓄能器；6-梭阀；7-三位五通气控换向阀

14.4.2 位置控制回路

气动系统中，如果要求气动执行元件在运动过程中的某个中间位置停下来，则要求气动系统中具有位置控制功能。常采用的位置控制方式有气压控制方式、机械挡块方式、制动气缸方式等，其中气压控制方式仅适合在低速、位置精度要求不高的场合使用。

1) *用机械挡块的位置控制回路*

采用机械挡块辅助定位的控制回路如图 14-15 所示。当气缸活塞杆运动到挡块位置时，停止运动，其定位精度容易保证。为了防止系统压力过高，应在系统中设置安全阀。同时，挡块的设置既要考虑有较高的刚度来保证定位精度，同时又要具有吸收冲击的缓冲能力。

2) *串联气缸的位置控制回路*

采用串联气缸的位置控制回路如图 14-16 所示，其中的气缸由多个不同行程的双作用气缸串联组成。当换向阀 1 通电时，气缸 A 的活塞杆向右伸出，并同时推动气缸 B、C 的活塞杆伸出，直至气缸 A 的活塞运动到终点，使气缸 C 活塞杆获得一个较短行程的位置；当换向阀 2 通电时，气缸 A 的活塞保持不动，气缸 B 的活塞杆伸出，同时推动气缸 C 的活塞杆伸出，直至

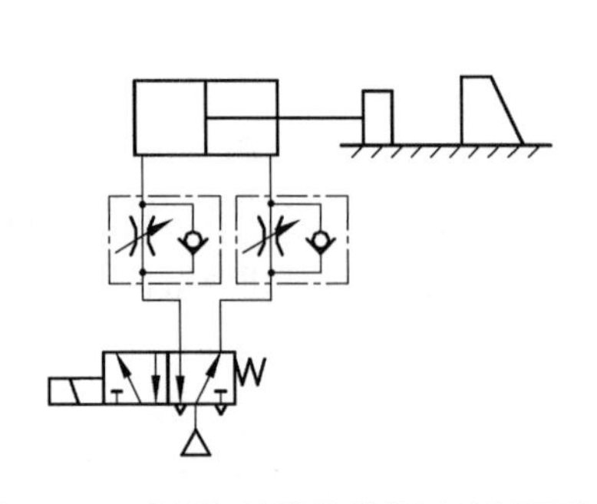

图 14-15 采用机械挡块的位置控制回路

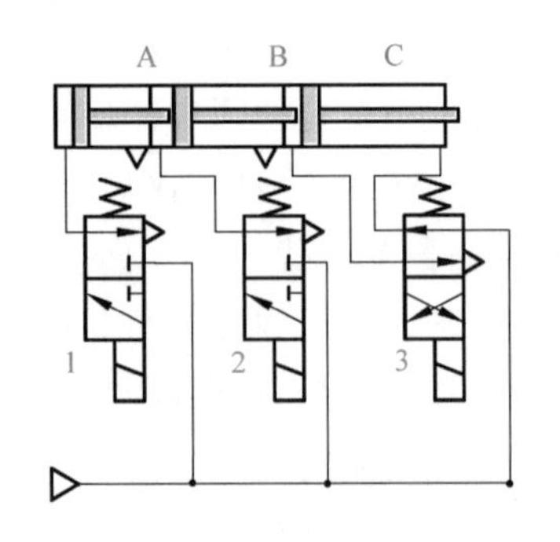

图 14-16 串联气缸的位置控制回路

1、2、3-换向阀

气缸 B 的活塞运动到终点，使气缸 C 活塞杆获得第二个行程的位置；当换向阀 3 通电时，气缸 A、B 的活塞保持不动，气缸 C 活塞杆伸出，获得第三个行程位置；当三个换向阀都断电时，依靠气缸 C 活塞的退回而将气缸 A、B 的活塞依次退回。可见，在这个回路中气缸 C 的活塞可以获得四个不同的输出位置(包括原位)。

14.4.3　计数、延时回路

1) *计数回路*

图 14-17 所示为二进制计数回路，若按下阀 1，气信号经阀 2 至阀 4 的左端使阀 4 换至左位，同时使阀 5 切断气路，此时气缸活塞杆伸出；当阀 1 复位后，原通入阀 4 左控制端的气信号经阀 1 排出，阀 5 复位，于是气缸无杆腔的气体经阀 5 至阀 2 左端，使阀 2 换至左位等待阀 1 的下一次信号输入。当阀 1 第二次按下后，气信号经阀 2 的左位至阀 4 右端，使阀 4 换至右位，气缸活塞杆退回，同时阀 3 将气路切断。待阀 1 复位后，阀 4 右端信号经阀 2、阀 1 排出，阀 3 复位并将气流引至阀 2 左端使其换至右位，又等待阀 1 下一次信号输入。这样，第 1,3,5,…次(奇数)按下阀 1，则气缸活塞杆伸出；第 2,4,6,…次(偶数)按下阀 1，则气缸活塞杆退回。

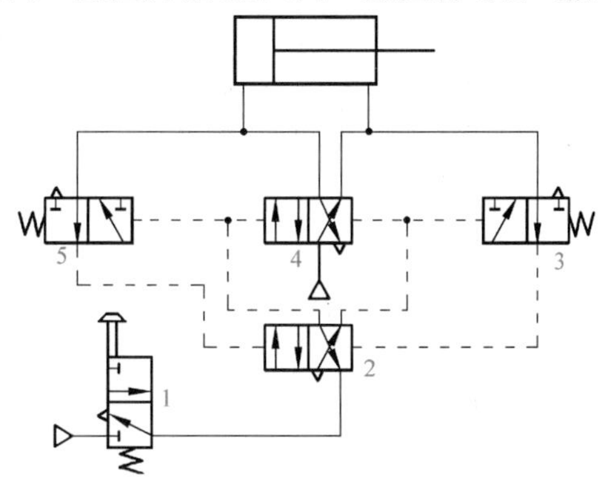

图 14-17　计数回路

2) *延时回路*

图 14-18 所示为延时回路。图 14-18(a)是延时输出回路，当有控制信号 K 输入时，阀 4 换向，此时压缩空气经单向节流阀 3 缓慢向气容 2 充气，经一段时间延时后，气容内压力升高到预定值，使主阀 1 换向，气缸活塞开始运行。当信号 K 消失后，气容 2 中的气体可经单向阀迅速排出，主阀 1 立即复位，气缸活塞返回。改变节流口开度，即可调节延时换向时间的长短。

在图 14-18(b)所示回路中，按下阀 8，则气缸活塞杆向外伸出，当气缸在伸出行程中压下阀 5 后，压缩空气经节流阀到气容 6 延时后才将阀 7 切换，气缸活塞杆退回。

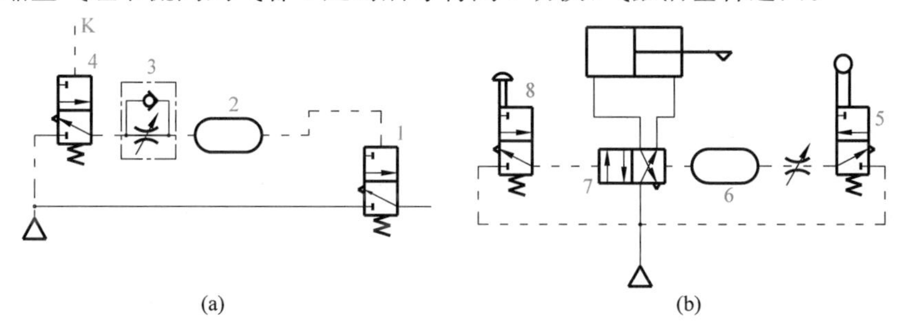

图 14-18　延时回路

14-18

14.4.4　安全保护回路

由于气体执行元件的过载、气压的突然降低以及气动执行机构的快速动作等都可能危及操作人员或设备的安全，因此在气动回路中，常常要加入安全回路。

1) *过载保护回路*

当活塞杆在伸出过程中遇到故障或其他原因使气缸过载时，活塞应该能自动返回，实现过载保护。如图 14-19 所示，按下手动换向阀 1，使二位五通换向阀 2 处于左位，活塞右移前进，正常运行时，挡块压下行程阀 5 后，换向阀 2 变换到右位，活塞自动返回；当活塞运行过程中遇到障碍物 6 时，气缸左腔压力升高超过预定值时，顺序阀 3 打开，控制气体可经梭阀 4 将主换向阀切换至右位，使活塞缩回，气缸左腔压缩空气经阀 2 排出，可以防止系统过载。

2) *互锁回路*

如图 14-20 所示，在该回路中，四通阀的换向受三个串联的行程阀控制，只有三个都接通，主换向阀才能换向。

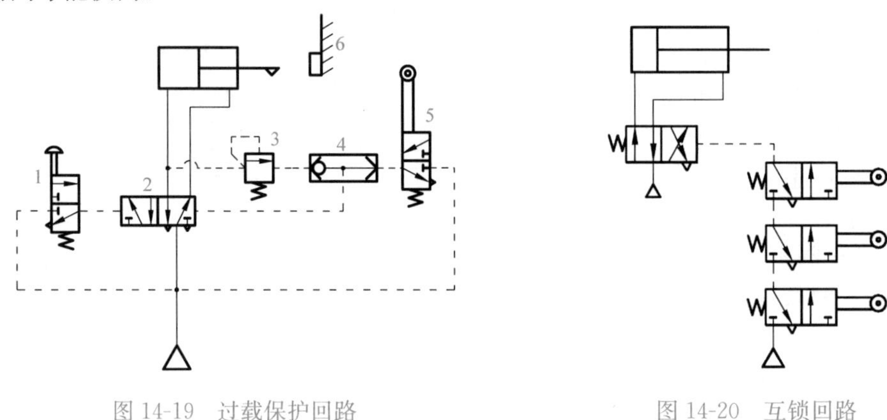

图 14-19　过载保护回路　　图 14-20　互锁回路

14-20

3) *双手操作安全回路*

所谓双手操作安全回路就是使用了两个启动用的手动阀，只有同时按动这两个阀时才动作的回路。这在锻压、冲压设备中常用来避免误动作，以保护操作者的安全及设备的正常工作。

图 14-21(a)为使用逻辑“与”回路的双手操作回路。只有双手同时按下手动阀，主阀才能换向，气缸活塞才能实现伸出动作。在操作时，如果任何一只手离开则控制信号消失，主阀复位，则活塞杆退回。图 14-21(b)为使用三位主控阀的双手操作回路。只有当双手同时按下手动阀 2、3 时，主控制阀 1 换向到上位工作，活塞杆伸出；当手动阀 2、3 同时松开时，主控制阀 1 换向到下位，活塞杆退回；若手动阀 2 或 3 任何一个动作，将使主控制阀复位到中位，活塞杆处于停止状态。

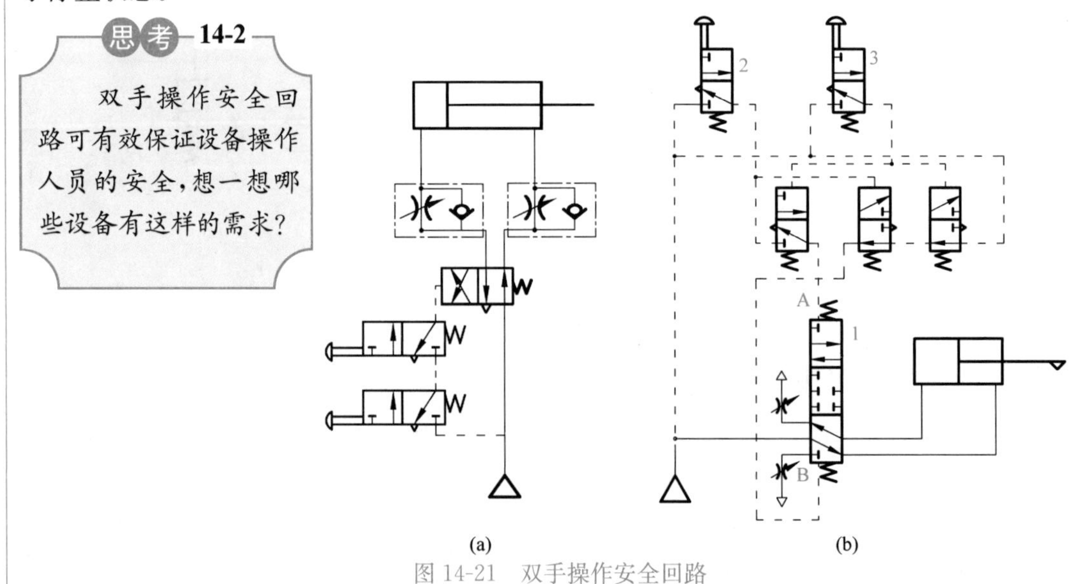

图 14-21　双手操作安全回路

(b)

14-21

14.4.5 顺序动作回路

气压系统中单个气缸可进行单往复动作、二次往复动作、连续往复动作等；双缸或多缸则有单往复及多往复等动作，这些动作按一定程序完成，就是气压回路中的顺序动作。

1. 单缸顺序动作回路

单缸顺序动作回路一般可分为单缸单往复和单缸连续往复动作回路。单缸单往复是指气缸在输入一个信号后，能完成 A_1A_0（A 表示气缸，下标“1”表示 A 缸活塞伸出，下标“0”表示活塞缩回动作）一次往复动作。单缸连续动作回路是指输入一个信号后，气缸可连续进行 $A_1A_0A_1A_0\cdots$动作。

图 14-22 为三种单往复控制回路，其中图 14-22(a)为行程阀控制的单往复回路。当按下阀 1 的手动按钮后，压缩空气使阀 3 换向，活塞杆伸出，当挡铁压下行程阀 2 时，阀 3 复位，活塞杆缩回，完成 A_1A_0 动作；图 14-22(b)所示为压力控制的单往复回路，按下阀 1 的手动按钮后，阀 3 左位工作，气缸无杆腔进气，活塞杆伸出，当活塞行程达到终点时，气压升高，打开顺序阀 2，使阀 3 换向，气缸返回，完成 A_1A_0 过程；图 14-22(c)是利用阻容回路形成的时间控制单往复回路，当按下阀 1 的按钮后，阀 3 换向，气缸活塞杆伸出，当压下行程阀 2 后，经过一段时间后，阀 3 换向，再使气缸返回完成 A_1A_0 的动作。可见，在单往复回路中，每按下一次按钮，气缸可完成一个 A_1A_0 的动作循环。

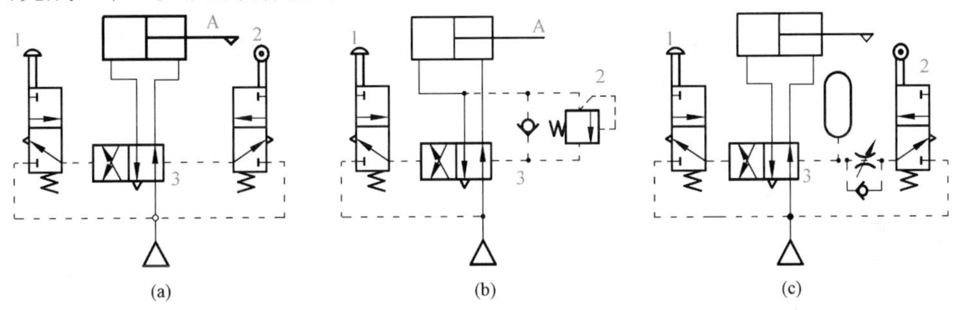

图 14-22　单往复控制回路

(a)
14-22

图 14-23 所示的回路为一个连续往复动作回路，能完成连续的动作循环。当按下阀 1 的按钮后，阀 4 换向，活塞伸出，这时由于阀 3 复位将气路封闭，阀 4 不能复位，活塞继续伸出。到行程终点时压下行程阀 2，使阀 4 控制气路排气，在弹簧作用下阀 4 复位，气缸返回，在终点压下阀 3，阀 4 换向，活塞再次伸出，形成了 $A_1A_0A_1A_0\cdots$的连续往复动作，在提起阀 1 的按钮后，阀 4 复位，活塞返回而停止运动。

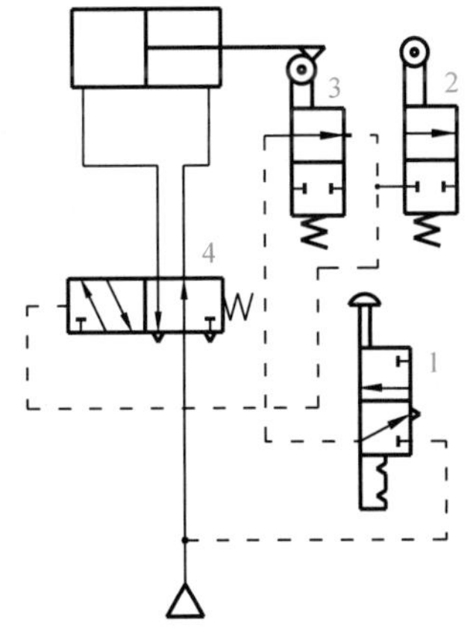

图 14-23　连续往复动作回路

2. 多缸顺序动作回路

多缸顺序动作回路是指两个或两个以上的气缸按一定顺序动作的回路，其应用较广泛。在一个循环顺序中，若气缸只做一次往复，称为单往复顺序动作，若某些气缸做多次往复动作，则称为多往复顺序动作。若用 A,B,C,…表示气缸,仍用下标 1、0 表示活塞的伸出和缩回,则两个气缸的基本顺序动作有 $A_1B_0A_0B_1$、$A_1A_0B_0B_1$ 和 $A_1A_0B_1B_0$…。而若三个气缸,则其基本动作有 $A_1B_1C_1A_0B_0C_0$、$A_1A_0B_1C_1B_0C_0$、$A_1A_0B_1C_1B_0C_0$…。这些顺序动作回路都属于单往复顺序动作。多往复顺序动作回路,其顺序的形成方式比单往复更多。

在程序控制系统中,这些顺序动作回路都称为程序控制回路。

习　　题

14-1　气液转换速度控制回路有何特点?

14-2　分析如图 14-24 所示回路的工作过程,并指出元件的名称。

14-3　试设计一个气缸控制回路,当信号 A、B、C 中任一信号存在时都可以使气缸活塞返回。

14-4　试用两个梭阀组成一个能在三处不同场合均可操作气缸的气动回路。

14-5　用单电控二位四通换向阀、气动顺序阀各一个及两个双作用单杆气缸,组成顺序动作回路。

14-6　试分析图 14-25 所示位置控制回路的工作过程,说明分别单独按下手动阀 1、2、3 时气缸如何动作? 气缸能有几个控制位置? 如果改为缸体固定、两活塞杆运动,情况又如何?

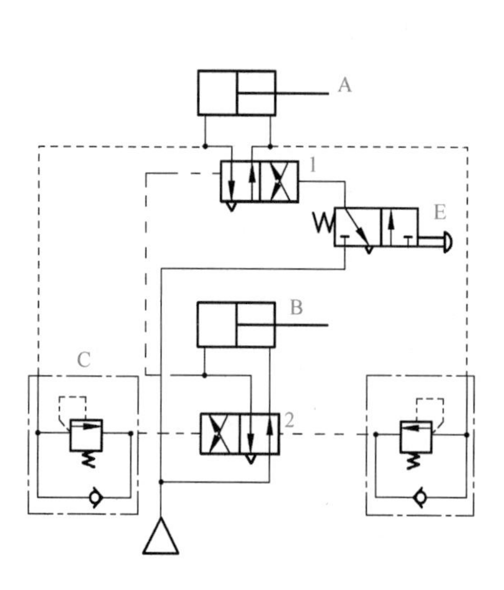

图 14-24　题 14-2 图

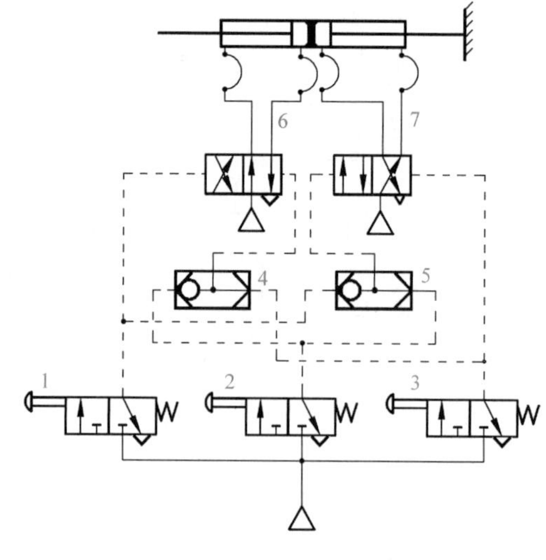

图 14-25　题 14-6 图

第15章 气压传动系统设计

在气压传动系统中，大部分的控制系统属于程序控制系统（又称为“顺序控制”）或逻辑控制系统。所谓程序控制，就是根据生产过程的要求，使被控制的执行元件按预先规定的顺序协调动作的一种自动控制方式。所谓逻辑控制，是指被控制执行元件的输出与时间、动作顺序无关的一种自动控制方式。两种不同的控制系统都可以通过压缩空气驱动（气动）的形式完成各自的动作，也可以通过电气控制的形式完成。本章将重点介绍两种不同控制方式的系统设计方法。

15.1 气动控制气压系统设计

气动控制形式的气压系统设计包括程序系统设计和逻辑系统设计两类。对于逻辑系统，可应用逻辑代数设计法、卡诺图设计法等进行设计。生产过程中，多数自动机械或自动生产线是按程序工作的，因此本节仅介绍气动控制的程序系统设计。

15.1.1 多缸单往复行程程序控制系统设计

多缸单往复行程程序控制系统，是指在一个循环程序中，所有的气缸都只做一次往复运动。常用的行程程序系统设计方法有信号-动作（X-D）状态图法和卡诺图图解法等。利用 X-D 状态图法设计行程程序控制系统、故障诊断和排除比较简单、直观，设计出的气动系统控制准确、使用和维护方便。由于篇幅所限，本节只介绍 X-D 状态图法。

1. 障碍信号的判断和排除

障碍信号是指行程程序控制系统中那些相互干扰的信号，其存在各种形式，如一个信号妨碍另一个信号的输出，两个信号同时控制一个动作等，这种情况下系统执行元件的动作将不能正常进行，构成了有障系统。

图 15-1 为一个行程程序控制系统，其动作要求为气缸的单往复运动过程，即 $A_1B_1B_0A_0$。该回路是一个有障系统，分析如下：

当手动阀 q 在图示位置时，压缩空气通过 b_0 作用在主换向阀 A 的右端，主换向阀 B 两端无压缩空气，因此两换向阀右位工作，两气缸 A、B 处于缩回状态。当按下手动阀 q 后，压缩空气通过 a_0 作用到主换向阀 A 左端，由于阀 b_0 一直受压，信号 b_0 就一直供给主换向阀 A 右端，这样阀 A 就不能切换，缸 A 不能伸出。可见，信号 b_0 对 q 是一个障碍信号。

如果没有 b_0 信号，按下手动阀 q 后，压缩空气通过 a_0 进入主换向阀 A 左端，使 A_1 位工作，压缩空气进入缸 A，使活塞杆伸出，a_0 信号消失，发出信号 a_1。信号 a_1 将压缩空气引入主换向阀 B 左端，使 B_1 位工作，活塞 B 伸出，发出信号 b_1。压缩空气经阀 b_1 作用在主换向阀 B 右侧，但此时信号 a_1 仍在将压缩空气引入阀 B 左端，因此阀 B 不能切换，气缸 B 活塞无法退

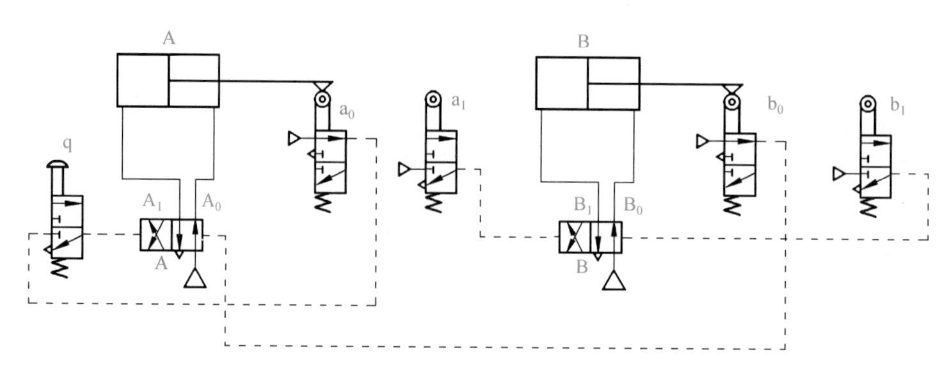

图 15-1 有障碍信号的系统原理图

回。可见，信号 a_1 妨碍了 b_1 信号的输入。

所以，在上述回路中，信号 b_0 和 a_1 都妨碍了其他信号的输入，形成了障碍，导致系统不能正常工作，必须设法将其消除。

这种一个信号妨碍另一个信号输入，使程序不能正常进行的信号，称为Ⅰ型障碍信号，它经常发生在单往复程序系统中。由于多次出现而产生的障碍信号，称为Ⅱ型障碍信号，这种障碍通常发生在多往复系统中。

2. 行程程序系统的设计步骤

气动行程程序系统设计主要是为了解决信号和执行元件之间的协调与连接问题，其设计步骤是：

(1) 根据生产自动化的工艺要求，列出工作程序或工作程序图。

(2) 绘制 X-D 状态图。

(3) 找出障碍信号并排除，列出所有执行元件控制信号的逻辑表达式。

(4) 绘制逻辑原理图。

(5) 绘制气动回路的原理图。

3. X-D 状态图中的规定符号

由于气动行程程序控制系统的元件、动作较多，为了在设计中能准确表达程序动作与信号间的关系，必须用规定的符号、数字来表示，如表 15-1 所示。

表 15-1 行程程序控制系统符号规定与说明

符号	说明
A、B、C…	依运动顺序表示气缸和对应的主控阀
A_1、A_0、B_1、B_0…	表示各执行元件两个不同的动作状态及相应主控阀对应的工作位置：下标为“1”表示气缸活塞伸出，下标为“0”表示气缸活塞缩回
a、b、c	表示各执行元件相对应的行程阀发出的信号
a_1、a_0、b_1、b_0	表示执行元件对应于不同动作状态终端的行程阀发出的原始信号，下标为“1”表示活塞杆伸出时发的信号，下标为“0”表示活塞杆退回时发出的信号
q	程序启动开关信号
a_1^*、a_0^*、b_1^*、b_0^*	经过逻辑处理而排除障碍后的执行信号

4. 用 X-D 状态图设计系统

1) 绘制 X-D 状态图

利用 X-D 状态图设计系统时首先要明确执行元件的动作顺序，如以上料夹紧装置为例，A 为上料缸，B 为夹紧缸，其循环动作为：启动→上料缸进→夹紧缸进→夹紧缸退→上料缸退，用字母简化为

$$q \xrightarrow{qa_0} A_1 \xrightarrow{a_1} B_1 \xrightarrow{b_1} B_0 \xrightarrow{b_0} A_0 \xrightarrow{a_0}$$

如果忽略箭头和小写字母表示的控制信号，则可进一步简化为 $A_1B_1B_0A_0$。

X-D 动作状态图（简称 X-D 图），是一种图解法，它可以把各个控制信号的存在状态和气动执行元件的工作状态较清楚地用图线表示出来，从图中还能分析出障碍信号的存在状态，以及消除信号障碍的各种可能性。下面以前述的上料夹紧的 $A_1B_1B_0A_0$ 工作程序图为例，说明 X-D 图画法。

(1) 绘制方格图。如图 15-2 所示，根据程序的动作顺序及数量，从左至右、从上至下用细实线绘制出需要的方格（一般为 $2N+2$，N 为执行元件数）。上面两行从左至右按顺序分别填写程序序号 1、2、3 等和相应的动作状态 A_1、B_1、B_0、A_0，在最右边填写“执行信号表达式”（简称执行信号）。左边两列从上至下填上控制信号及控制动作状态组的序号（简称 X-D 组）1，2，…。每个 X-D 组包括上下两行，上行为行程信号行，下行为该信号控制的动作状态。例如，$a_0(A_1)$ 表示控制 A_1 的动作信号是 a_0。下面的备用格可根据具体情况填入中间记忆元件（辅助阀）的输出信号、消障信号等。

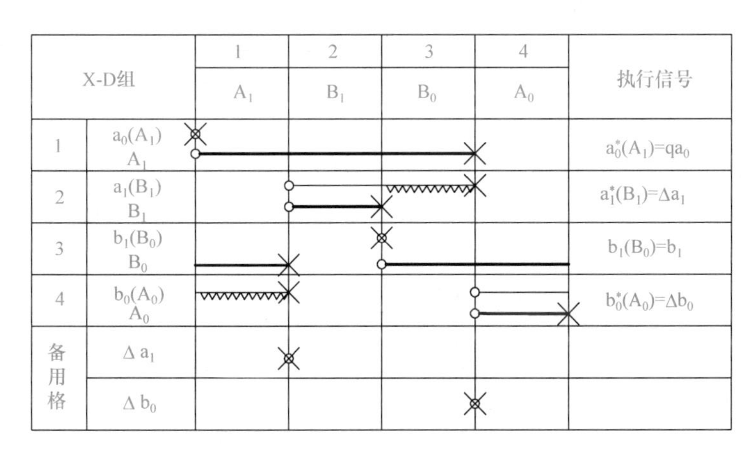

X-D组		1 A_1	2 B_1	3 B_0	4 A_0	执行信号
1	$a_0(A_1)$ A_1					$a_0^*(A_1)=qa_0$
2	$a_1(B_1)$ B_1					$a_1^*(B_1)=\Delta a_1$
3	$b_1(B_0)$ B_0					$b_1(B_0)=b_1$
4	$b_0(A_0)$ A_0					$b_0^*(A_0)=\Delta b_0$
备用格	Δa_1					
	Δb_0					

图 15-2　$A_1B_1B_0A_0$ 的 X-D 图

(2) 绘制动作状态线（D 线）。在每一横行下半部用粗实线绘制各执行元件的动作状态线。动作状态线的起点是该动作程序的开始点，用符号“○”画出，动作状态线的终点用符号“×”画出。动作状态线的终点是该动作状态改变（如 $A_1 \to A_0$）的变化点，用粗实线连接起点和终点。应注意的是，两对立动作（如 A_1、A_0）的 D 线叠加在全程序中应刚好闭合（填满全程序所有方格）。

(3) 绘制信号线（X 线）。在每一横行上半部用细实线绘制各对应的信号线。信号线的起

点与同一组中动作状态线的起点相同，用符号“○”画出，其终点和上一组中产生该信号的动作线终点相同，用“×”画出。需要指出的是，若考虑到阀的切换及气缸启动等的传递时间，信号线的起点应超前于它所控制动作的起点，而信号线的终点应滞后于产生该信号动作线的终点。当在 X-D 图上反映这种情况时，则要求信号线的起点和终点都应伸出分界线，但因为这个值很小，因而除特殊情况外，一般不予考虑。

若信号的起点与终点同在一条分界线上，则表明该信号为脉冲信号，用“⊠”表示，如图 15-2 中的 a_0、b_1。脉冲信号的脉冲宽度等于行程阀发出信号、主控阀换向、气缸气动及信号传递及信号在管路中传输等所需时间的总和。

2) 判别障碍信号

在 X-D 图中，若各信号线均比所控制的动作线短（或等长），则各信号均为无障碍信号；若有某些信号线比所控制的动作线长，则该信号为障碍信号，长出的那部分线段就是障碍段，用波浪线“∧∧∧∧”表示。图 15-2 中的 a_1、b_0 就是障碍信号。障碍信号影响执行元件的正常运行，必须加以排除。

3) 排除障碍

排除障碍的实质是缩短障碍信号线的长度，使实际执行信号线短于动作线。其原则是使障碍信号中的执行段保留，使障碍段失效或消失。常用的方法有以下几种。

(1) 脉冲信号法。这种方法的实质是将所有的有障信号变为脉冲信号，使其在命令主控阀完全换向后立即消失，这就必然消除了任何 I 型障碍。如将图 15-2 中的有障信号 a_1 和 b_0 变成脉冲信号 Δa_1、Δb_0，则两个有障信号就变成了无障信号。Δa_1 和 Δb_0 代表 a_1 和 b_0 的脉冲形式，这样信号 a_1 的执行信号就是 $a_1^*(B_1)=\Delta a_1$；信号 b_0 的执行信号就是 $b_0^*(A_0)=\Delta b_0$。将它们填入 X-D 图后，就成为图 15-2的形式。

脉冲信号可以采用机械法或脉冲回路法产生。

机械法就是利用挡块或通过式行程阀发出脉冲信号的排障方法。如图 15-3(a)所示为利用挡块使行程阀发出的信号变成脉冲信号的示意图，当活塞杆伸出时行程阀发出脉冲信号，而当活塞杆缩回时，行程阀不发信号。图 15-3(b)为采用单向滚轮式行程阀发出脉冲信号的示意图，当活塞杆伸出时压下行程阀发出脉冲信号，活塞杆退回时因行程阀的头部具有可折性触销，因而行程阀不被压下而不发信号。如将图 15-2 中的有障行程阀 a_1、b_0 换成这种方法排障，其成本较低。

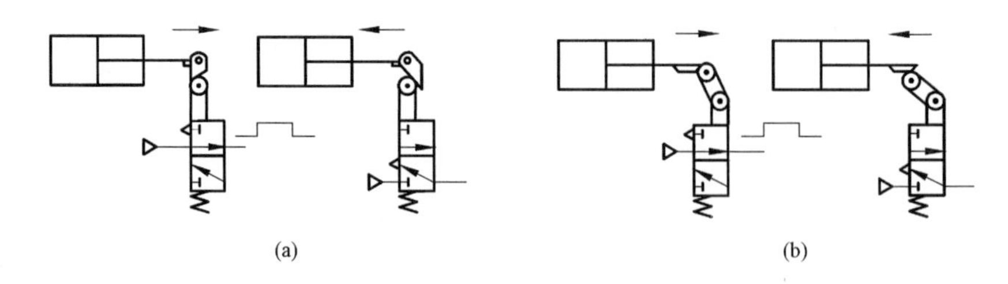

图 15-3　机械式脉冲排障

这种方法简单，可节省元件和管道。但此法不可将行程阀用来限位，因为不可能把这类行程阀安装在活塞杆行程的末端，而必须保留一段行程以便使挡块或凸轮通过行程阀。这种排障方法只适用于定位精度要求不高、活塞运动速度不太高的场合。

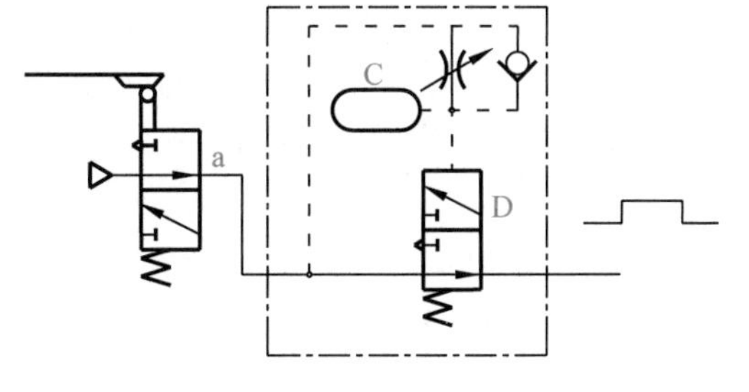

图15-4 脉冲回路排障原理图

脉冲回路法排障，就是利用脉冲回路(或脉冲阀)将有障信号变成脉冲信号。如图15-4所示，当有障信号a发出后，换向阀D出口即有输出，同时信号a经气阻(节流阀)、气容C后进入阀D控制端，经气阻、气容延时至气容压力升至D阀切换压力时D阀换向，输出信号a即被切断，从而使原长信号a变为脉冲信号。调整脉冲阀中节流阀的开口量就可以得到合适的脉冲时间。此法适用于定位精度要求较高或安装机械脉冲行程阀受空间限制的场合。如将图15-2中所示的有障行程阀a_1、b_0换成这种方法排障，其成本相对较高。

(2) 逻辑回路阀。这种方法是利用逻辑门的性质，将有障碍的原始长信号变为无障碍的短信号。

逻辑"与"排障法如图15-5(a)所示，为了排除障碍信号m的障碍段而引入制约信号x，使m、x进行逻辑与运算后得到消障后的无障碍信号m^*，即$m^*=mx$。逻辑"与"排障的关键是选择制约信号x，选用时应尽量选用系统中合适的原始信号，这样可不增加元件。原始信号选为制约信号的条件是：起点应在m开始之前，终点应在m的无障碍段中，使其信号线与无障碍信号执行段有重合而与有障碍段不重合。这种方法可直接用逻辑"与"元件，也可用行程阀组合，如图15-5(b)、(c)所示。

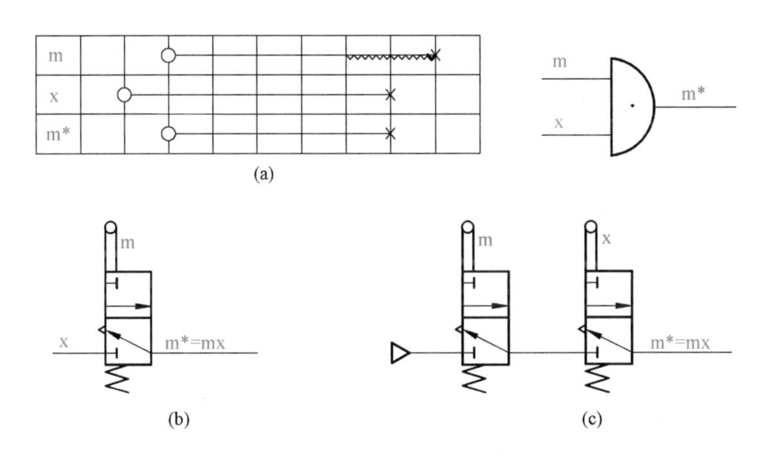

图15-5 逻辑"与"排障

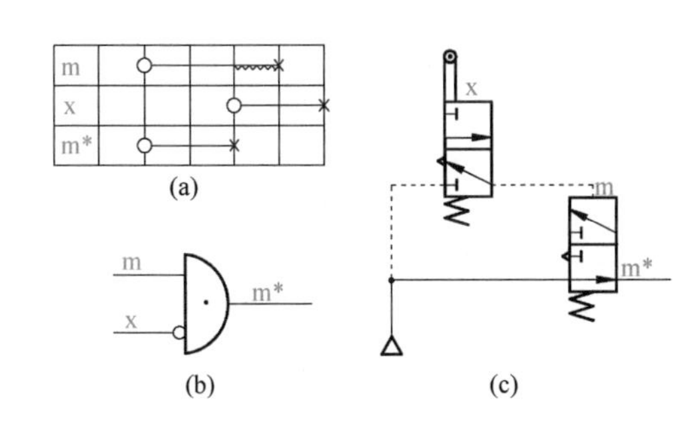

图15-6 逻辑"非"排障

逻辑"非"排障法如图15-6(a)所示，利用原始的障碍信号m与经逻辑非运算得到的反相信号排除障碍，得到无障碍信号m^*，即$m^*=m\cdot\overline{x}$。原始信号做逻辑"非"(即制约信号)的条件是其起始点要在有障信号m的执行段之后，m的障碍段之前，终点应在m的障碍段之后。这种方法也可直接用逻辑元件，或与行程阀组合，如图15-6(b)、(c)所示。

（3）辅助阀法。若在 X-D 图中找不到可用来作为排除障碍的制约信号，可采用增加一个辅助阀的方法来排除障碍，这里的辅助阀就是中间记忆元件，即双稳元件。其方法是用辅助阀输出的信号作为制约信号，用它和有障信号 m 相“与”以排除 m 中的障碍。排障逻辑表示式为

$$m^* = m \cdot K_d^t \tag{15-1}$$

式中，m 为有障碍信号；m^* 为排障后的执行信号；K 为辅助阀（中间记忆元件）输出信号；t、d 为辅助阀 K 的两个控制信号。

> **思考**
>
> 辅助阀法中的辅助阀为双气控阀，两侧的控制气体可能来源于哪里？需要单独的气泵供气么？

图 15-7(a)、(b)所示为用辅助阀排除障碍的逻辑原理图和气路图。辅助阀 K 为双气控二位三通（或二位五通）阀，当 t 有信号时 K 阀有输出，而当 d 有信号时 K 阀无输出。显然，t、d 两信号不能同时存在，只能一先一后，否则将产生干涉，其逻辑代数式应满足 $t \cdot d = 0$。辅助阀 K 排障中，辅助阀控制信号 t、d 应选用系统中合适的原始信号，其选用原则是：t 是使 K 阀接通有输出的信号，其起点应在障碍信号 m 起点之前（或同时），其终点应在 m 的无障碍段中；d 是使 K 阀切断输出的信号，其起点应在信号 m 起点之后，其终点应在 m 障碍段结束之前；t 与 d 起点之间不应有 m 的障碍段。图 15-8为辅助阀控制信号选择的示意图。

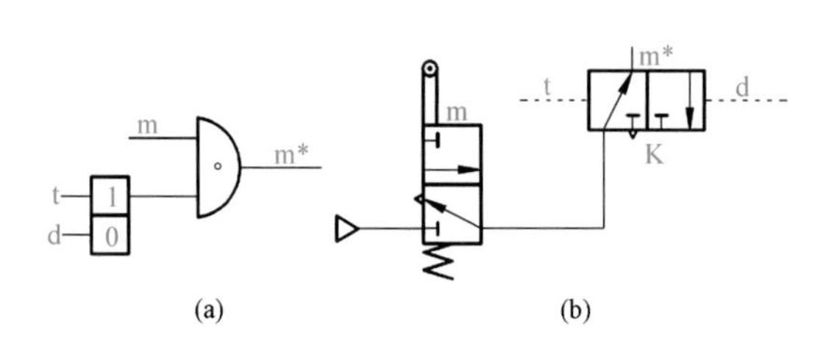

图 15-7 采用中间记忆元件排障

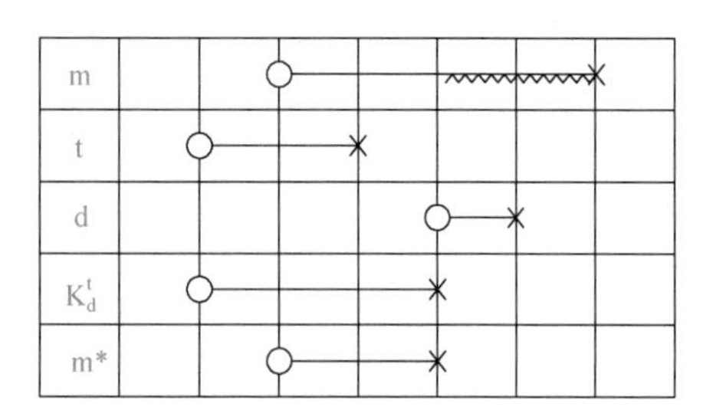

图 15-8 记忆元件控制信号的选择

图 15-9 为图 15-1 所示回路在动作程序为 $A_1B_1B_0A_0$，且有障碍信号 a_1 和 b_0 时，用辅助阀排障的 X-D 图。

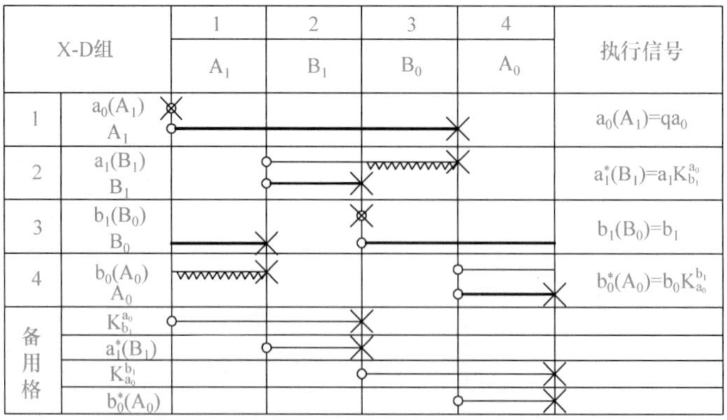

X-D组		1	2	3	4	执行信号
		A_1	B_1	B_0	A_0	
1	$a_0(A_1)$ A_1					$a_0(A_1)=qa_0$
2	$a_1(B_1)$ B_1					$a_1^*(B_1)=a_1K_{b_1}^{a_0}$
3	$b_1(B_0)$ B_0					$b_1(B_0)=b_1$
4	$b_0(A_0)$ A_0					$b_0^*(A_0)=b_0K_{a_0}^{b_1}$
备用格	$K_{b_1}^{a_0}$ $a_1^*(B_1)$ $K_{a_0}^{b_1}$ $b_0^*(A_0)$					

图 15-9 $A_1B_1B_0A_0$ 辅助阀排障的 X-D 图

需要指出的是，在 X-D 图中，若信号线与动作线等长则此信号可称为瞬时障碍信号，它不加排除也能自动消失，仅使某个行程的开始比预定的程序产生稍微的时间滞后，一般不需要考

虑。在图 15-9 中排除障碍后的执行信号 $a_1^*(B_1)$和 $b_0^*(A_0)$实际上也还是属于这种类型。

4) 列写执行信号

将无障的原始信号和排障后的无障信号逐一写出执行信号表达式,对应填入 X-D 图中最右一列各行中。

5) 绘制系统逻辑原理图

根据 X-D 图求得的执行信号表达式,并考虑系统必要的手动、启动、复位等绘制出逻辑原理图。逻辑原理图是从 X-D 图到最终绘制的系统气路图的必要过程。

(1) 气动逻辑原理图的基本组成及符号。逻辑原理图中主要用“是”“或”“与”“非”“记忆”等逻辑符号。应注意的是图中的任一符号只表示逻辑运算符号,不总代表某一确定元件,某一逻辑符号在气动原理图中可有多种方案实现。执行元件的动作由主控阀输出表示,因为主控阀常具有记忆能力,因而可用逻辑记忆符号表示。行程发信装置主要为行程阀、启动阀、复位阀等,用小方框表示,并在框内填上原始信号符号,也可不画出方框只写原始信号符号。

(2) 气动逻辑原理图的画法。根据 X-D 图中执行信号栏的逻辑表达式,使用上述符号按下列步骤绘制:

① 把每个执行元件的两种状态与主控阀相连后,自上而下地画在系统图的右侧。

② 把发信装置(行程阀等)大致对应于所控制的元件画在系统图的左侧。

③ 将其他元件符号画在系统图中间合适的位置,并按逻辑关系连接相关气路。

④ 绘图过程中要不断调整元件位置,使连线尽量短、交叉尽可能少。

根据图 15-2 所示的 X-D 图绘制出的程序 $A_1B_1B_0A_0$ 逻辑原理图,如图 15-10 所示。

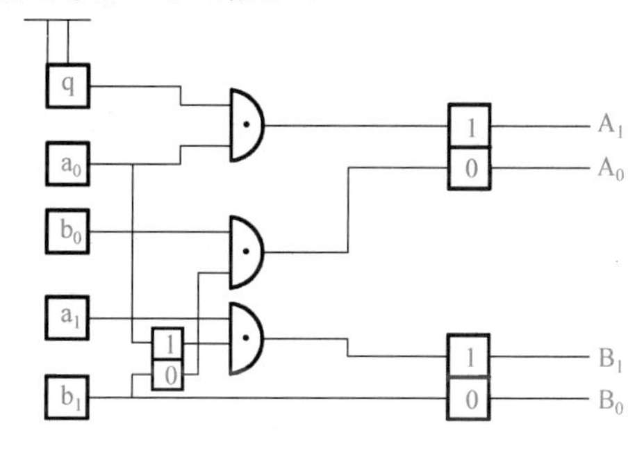

图 15-10　程序 $A_1B_1B_0A_0$ 逻辑原理图

6) 绘制气动程序控制系统图

根据所绘制的逻辑原理图,便可绘制出气动程序控制系统图,其步骤及注意事项如下:

(1) 根据实际情况选用气阀、逻辑元件等来实现相应的逻辑功能。

(2) 一般规定,气动程序控制系统原理图是以程序终了时刻作为气路的初始状态,因此气动系统原理图中各元件及气路连接均按初始静止状态绘制。

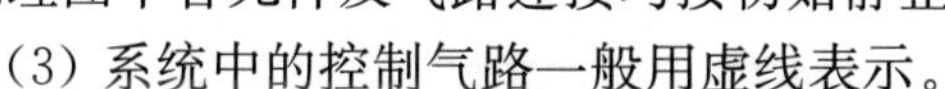

(3) 系统中的控制气路一般用虚线表示。

(4) 系统中各元件的排列布置尽量整齐、直观、连线少、交叉少。

(5) 在画各元件间的连线时要特别注意哪个行程阀为有源元件(即直接与气源相接),哪个行程阀为无源元件(即不直接与气源相连)。其一般规律是无障碍的原始信号为有源信号,如图 15-11 中的 a_0、b_1。对于有障碍的原始信号,用逻辑回路法排障为无源元件;若用辅助阀排障,则只需使它们与辅助阀、气源串接即可,如图 15-11 中的 a_1、b_0。

根据上述原则和图 15-10,可绘制程序 $A_1B_1B_0A_0$ 的气动系统图,如图 15-11 所示。

15.1.2　多缸多往复行程程序控制系统设计

多缸多往复行程程序控制系统是指在同一个动作循环中,某一个或几个气缸往复动作两次或两次以上,其设计步骤与前述多缸单往复行程程序系统设计步骤基本一致。本节以双缸多往复行程程序系统为例来简要说明该系统的设计方法,该系统的动作顺序图为

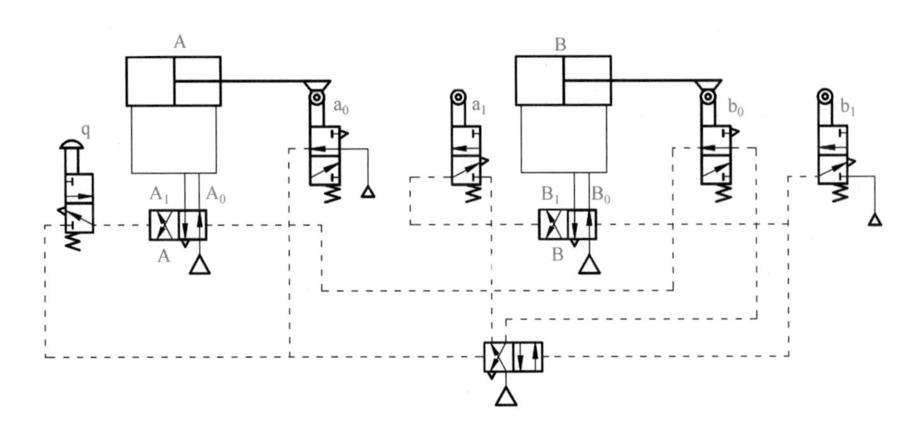

图 15-11 程序 $A_1B_1B_0A_0$ 气动系统图

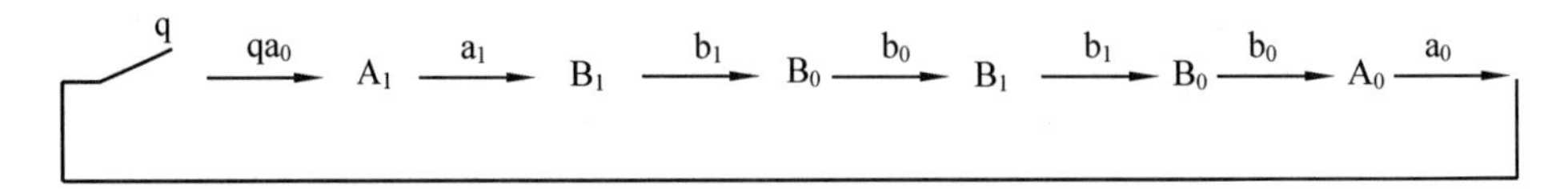

忽略箭头和小写字母表示的控制信号，则可简化为 $A_1B_1B_0B_1B_0A_0$。

1. 画 X-D 图

根据多缸单往复系统设计中所介绍的 X-D 图绘制方法，将不同节拍出现的同一种动作线画在 X-D 图的同一横行内，如 B_1 的 D 线同在第二行，并把控制同一动作的不同信号线也对应画在动作线的上方，如 $a_1(B_1)$、$b_0(B_1)$分别画在控制动作线 B_1 的上方。此外，把控制不同动作的同名信号线在相对应的格内补齐，如第二行的 $b_0(B_1)$要在第二行补齐，$b_0(A_0)$要在第四行补齐。这样就得到了 $A_1B_1B_0B_1B_0A_0$ 的 X-D 图，如图 15-12 所示。

X-D组		1 A_1	2 B_1	3 B_0	4 B_0	5 B_1	6 A_0	执行信号
1	$a_0(A_1)$ A_1							$a_0(A_1)=qa_0$
2	$a_1(B_1)$ $b_0(B_1)$ B_1							$a_1^*(B_1)=\Delta a_1$ $b_0^*(B_1)=b_0J_g^f$
3	$b_1(B_0)$ B_0							$b_1(B_0)=b_1$
4	$b_0(A_0)$ A_0							$b_0^*(A_0)=b_0k_{a_0}^{b_1}J_f^g$
备用格	Δa_1							
	$k_{b_1}^{a_0}$							
	J_g^f							
	J_f^g							
	$b_0k_{a_0}^{b_1}J_f^g$							

图 15-12 $A_1B_1B_0B_1B_0A_0$ 的 X-D 图

2. 判断和排除障碍、列写执行信号

多缸多往复程序控制系统的 X-D 图中，凡是信号线长于动作线的信号是Ⅰ型障碍信号，而有信号线无动作线或信号线重复出现而引起的障碍是Ⅱ型障碍信号。在图 15-12 中，a_1 信号存在Ⅰ型障碍，b_0 信号既有Ⅰ型障碍，又有Ⅱ型障碍。因而在多缸多往复行程程序系统中

其障碍信号有其本身的特点，其排除障碍信号的方法与前述也不完全相同。

(1) 系统中包含有Ⅰ型障碍信号和Ⅱ型障碍信号。消除Ⅰ型障碍信号的方法与前述相同，如 a_1 信号的排障方法就是脉冲信号法。

(2) 不同节拍的同一动作，由不同信号控制。这样仅需要“或”元件对两个信号进行综合就可解决，如 $a_1^* + b_0^* \rightarrow B_1$。

(3) 重复出现的信号在不同节拍内控制不同动作，这就是Ⅱ型障碍信号的实质。排除Ⅱ型障碍的根本方法是对重复信号给予正确的分配。

由系统动作过程可知，第一个 b_0 信号应是动作 B_1 的主令信号，而第二个 b_0 信号应是动作 A_0 的主令信号，为了正确分配重复信号 b_0，需要在两个 b_0 信号之前确定两个辅助信号 a_0 和 b_1 信号。a_0 信号是出现在第一个 b_0 信号前的独立信号，而 b_1 虽然是非独立信号，它却是重复信号间的唯一信号，借助这些信号组成分配回路如图 15-13(a)所示。图中“与”门 Y_3 和单输出记忆元件 R_1 是为提取第二个 b_1 信号做制约信号而设置的元件。

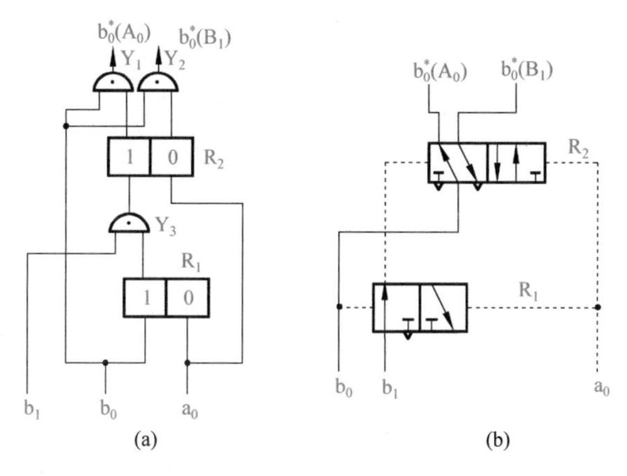

图 15-13　重复信号 b_0 的分配回路

信号分配的原理是：a_0 信号首先输入，使双稳元件 R_2 置零，为第一个 b_0 信号提供制约信号，同时也使单输出记忆元件 R_1 置零，使它无输出。当第一个 b_1 输入之后，“与”门 Y_3 无输出，而第一个 b_0 输入后，“与”门 Y_2 输出执行信号 $b_0^*(B_1)$，去控制 B_1 动作，同时 R_1 置 1，为第二个 b_0 信号提供制约信号。在第二个 b_0 到来时，“与”门 Y_3 输出使 R_2 置 1，为第二个 b_0 提供制约信号，第二个 b_0 输入后，“与”门 Y_1 输出执行信号 $b_0^*(A_0)$去控制 A_0 动作。至此完成了重复信号 b_0 的分配。图 15-13(b)是信号分配回路图，按此原理可组成多次重复信号分配原理图，但回路变得很复杂。因此可采用辅助机构和辅助行程阀或定时发信装置完成多缸多次重复信号的分配。它们的特点是在多往复行程终点设置多个行程阀或定时发信装置，使每个行程阀只允许一个动作或根据程序定时给出信号，这样就排除了Ⅱ型障碍。

3. 绘制系统逻辑原理图

根据动作顺序 $A_1B_1B_0B_1B_0A_0$、图 15-12 的 X-D 状态图和图 15-13 的重复信号 b_0 的分配回路，可画出 $A_1B_1B_0B_1B_0A_0$ 的逻辑图，如图 15-14 所示。

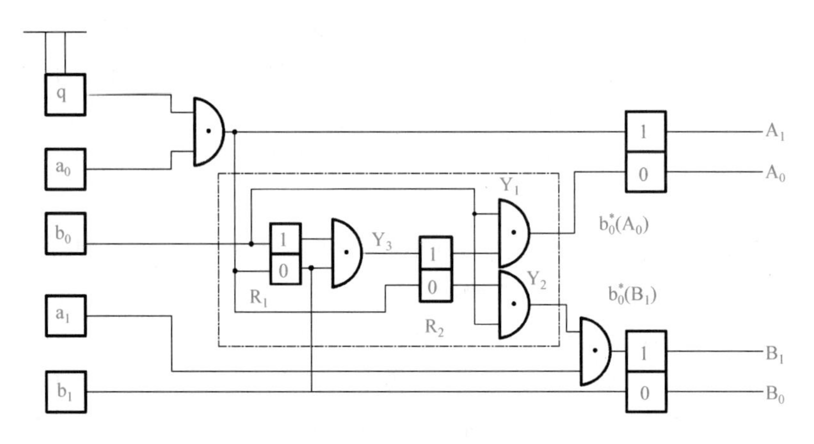

图 15-14 $A_1B_1B_0B_1B_0A_0$ 的逻辑原理图

4. 绘制气动控制系统图

在系统逻辑原理图基础上，综合Ⅰ型和Ⅱ型排障的方法可绘制出 $A_1B_1B_0B_1B_0A_0$ 的气动控制系统，如图 15-15 所示。

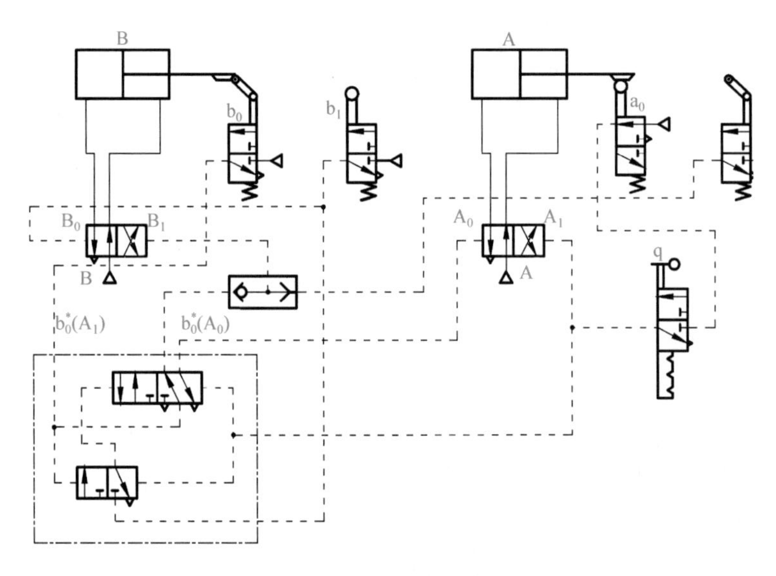

图 15-15 $A_1B_1B_0B_1B_0A_0$ 气动系统图

15.2 电气控制气压系统设计

气压系统设计除了可应用上述的气压控制形式之外，还可以直接采用电气控制的形式。在一些特殊的工作场合，如易燃易爆、难以连接电源等场合常使用气压控制的气动系统，但对于一般的工作场合，采用电气控制更为方便、系统设计更灵活，尤其当采用 PLC 进行控制时，可以实现规模更大、逻辑更复杂的控制系统。本节仅以 PLC 控制的一种多缸单往复行程控制系统为例，简介其设计过程。

15.2.1　PLC 控制的行程程序系统设计步骤

与气动控制的气压系统设计类似，电气控制（这里仅介绍 PLC 控制，有关 PLC 的详细内容请参考其他书籍）气压系统只是将控制阀的气控换向阀换成电磁换向阀，气动行程开关换成电触点行程开关，气动按钮阀换成电气按钮，气动模块换成 PLC 程序模块。

利用 PLC 控制行程程序控制系统，其设计大致可分为下述几个步骤：

（1）系统分析。根据设计任务要求，分析控制系统的工艺要求、控制的操作方式（手动、自动；连续、单步、单周期等）。根据控制要求确定所需的信号输入元件、输出执行元件，从而确定系统的 I/O 点数。

（2）机型选择。根据输入/输出点数以及控制的其他要求来选择适当的 PLC 机型。

（3）I/O 地址分配。定义输入输出设备，对所有的输入输出设备进行编号，这些编号对以后的程序编制、程序调试和修改等都是重要依据，也是现场接线的依据。

（4）画出功能表图。功能表图又称为状态图或流程图，是描述控制系统的控制过程、功能和特性的一种图形，利用它可以方便地设计出顺序控制的梯形图。

（5）绘制梯形图、编写程序。根据功能表图画出对应的梯形图，编写程序文件。

（6）编制技术文件，包括电气原理图、软件清单、使用说明书、元件明细表等。

15.2.2　PLC 控制的多缸单往复行程程序系统设计

下面以动作顺序为 $A_1B_1C_0B_0A_0C_1$ 的气动系统（图 15-16）设计为例来简要说明用 PLC 设计气动程序系统的方法。

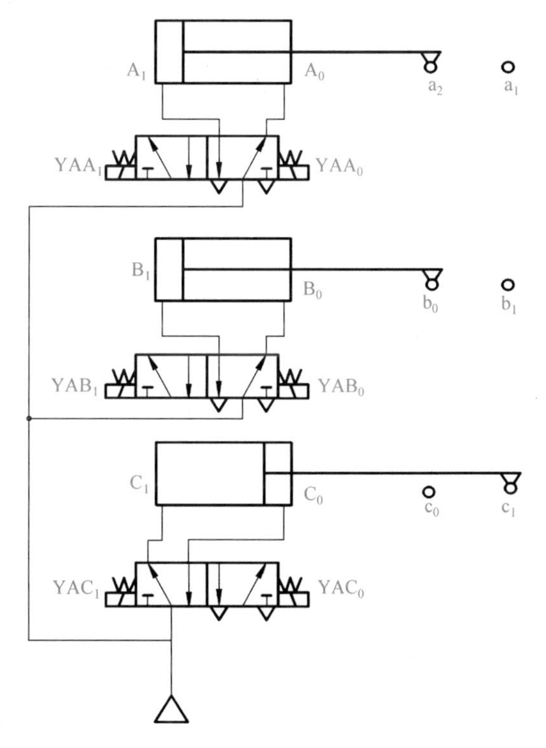

图 15-16　动作顺序为 $A_1B_1C_0B_0A_0C_1$ 的气动系统

1) I/O 分配

该系统的输入、输出均为开关量，输入、输出总点数为 13 点，因此可选择简单的欧姆龙系列 PLC 控制器，对输入、输出点地址分配如表 15-2 所示。

表 15-2　I/O 分配表

输入		输出	
启动按钮 q	00000	YAA_0	01000
a_0	00001	YAA_1	01001
a_1	00002	YAB_0	01002
b_0	00003	YAB_1	01003
b_1	00004	YAC_0	01004
c_0	00005	YAC_1	01005
c_1	00006		

2) 功能表图

可以看出，气缸动作过程分为 7 步，功能表图如图 15-17(a)所示。其中初始步是等待步，行程阀 a_0、b_0、c_1 被压下，系统等待按启动按钮 q；启动按钮按下后，气缸顺次运动，功能表图可进一步改画为图 15-17(b)。

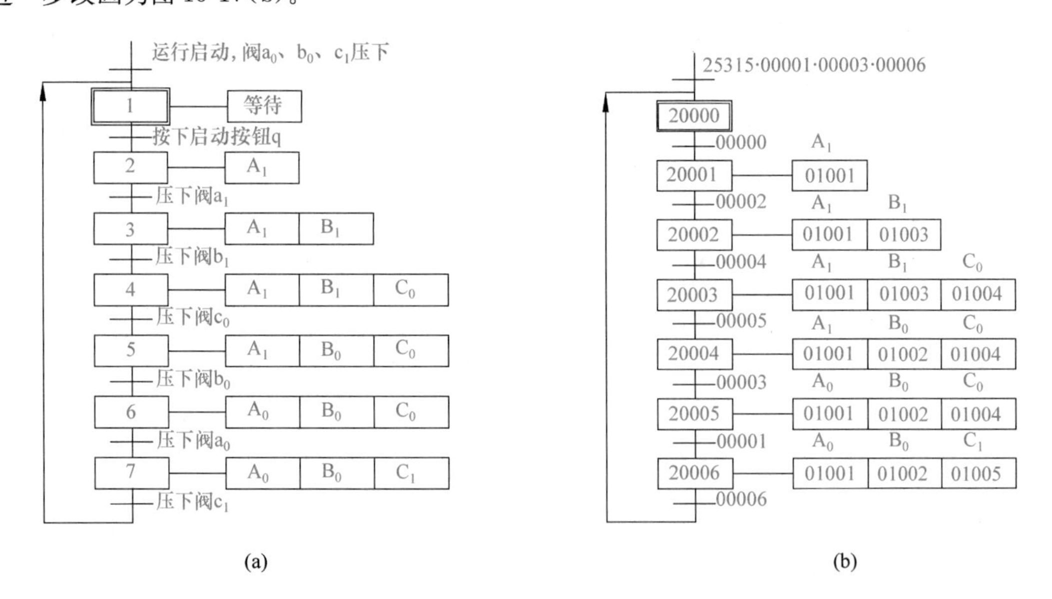

图 15-17　系统功能表图

3) 梯形图

根据功能表图画出梯形图，如图 15-18 所示。

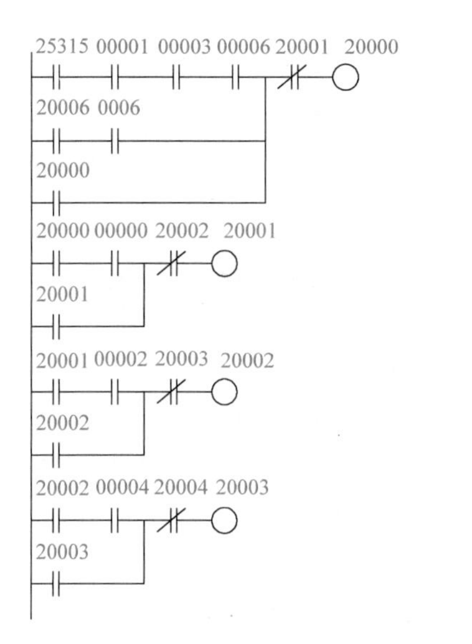

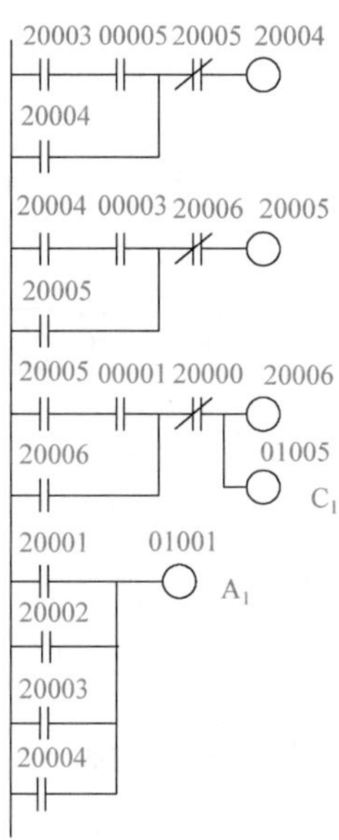

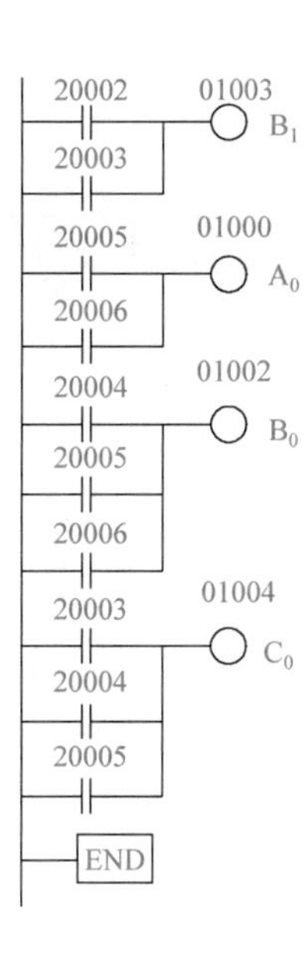

图 15-18　系统梯形图

习　　题

15-1　如何画信号动作状态图？如何判断有无障碍信号？如何消障？

15-2　说明行程程序控制系统Ⅰ型和Ⅱ型障碍的特点及排障方法。

15-3　试绘制 $A_1B_1A_0B_0$ 的 X-D 图和逻辑回路图，并绘制脉冲排障法和辅助阀排障的气动控制回路图。

15-4　试用 X-D 图设计程序为 $A_1B_1\begin{Bmatrix}C_1\\D_1\end{Bmatrix}D_0B_0C_0A_0$ 的逻辑原理图和气动控制回路。

15-5　试绘制 $A_1C_1B_1B_0B_1B_0\begin{Bmatrix}C_0\\A_0\end{Bmatrix}$ 的 X-D 图与气动控制回路图。

第16章

气压传动系统实例

气压传动系统使用安全、可靠，可以在高温、振动、腐蚀、易燃、易爆、多尘埃、强磁、辐射等恶劣环境下工作，因此其应用越来越广泛，成为实现工业生产自动化和半自动化的主要传动方式之一。本章将介绍在生产中应用的几个气压传动系统的实例。

16.1 气动机械手气压传动系统

机械手是自动生产设备和自动生产线上的重要设备之一，它可以根据各种自动化设备的工作需要，按照预定控制程序、轨迹和工艺要求模拟人手的部分动作，实现自动抓取、输送工件以完成自动取料、上料、卸料等操作。因此，在机械加工、冲压、锻造、铸造、热处理、装配等劳动强度大的生产过程中以及易燃、易爆、有毒、多尘等恶劣工作环境中，机械手被广泛应用。气动机械手是机械手的一种，它具有结构简单、质量轻、动作迅速、可靠和节能等优点。

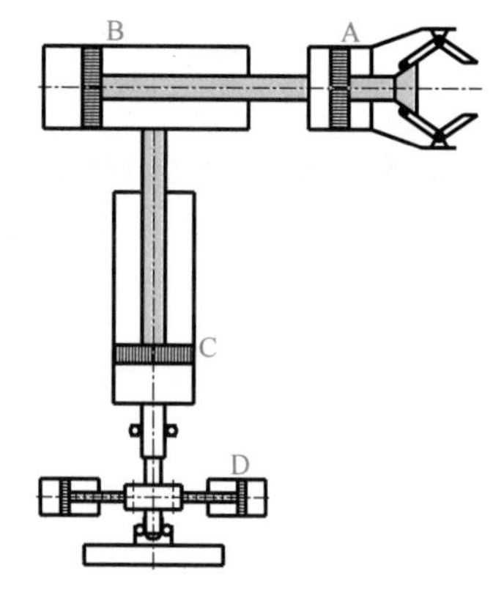

图 16-1 气动机械手结构示意图

1. 主要结构

图 16-1 是一种简单的气动机械手结构示意图，它由四个气缸组成，可在三个坐标内工作。图中 A 为抓取缸，其活塞退回时夹紧工件，活塞前进时松开工件；B 为手臂伸缩缸，可实现机械手的伸出和缩回动作；C 为立柱升降缸；D 为立柱回转缸，该气缸是齿轮齿条摆动缸，通过两个相连的带齿条的活塞杆将活塞的往复直线运动转换为齿轮的回转运动，从而实现立柱的回转运动。

2. 工作程序

该气动机械手的工作程序为：启动→立柱下降→伸臂→夹紧工件→缩臂→立柱顺时针转→立柱上升→松开工件→立柱逆时针转，其工作程序图为

$$q \quad \xrightarrow{qd_0} C_0 \xrightarrow{c_0} B_1 \xrightarrow{b_1} A_0 \xrightarrow{a_0} B_0 \xrightarrow{b_0} D_1 \xrightarrow{d_1} C_1 \xrightarrow{c_1} A_1 \xrightarrow{a_1} D_0 \xrightarrow{d_0}$$

可简写为 $C_0B_1A_0B_0D_1C_1A_1D_0$。

由以上分析可知，该气动系统属多缸单往复系统。

3. 用 X-D 图法设计系统

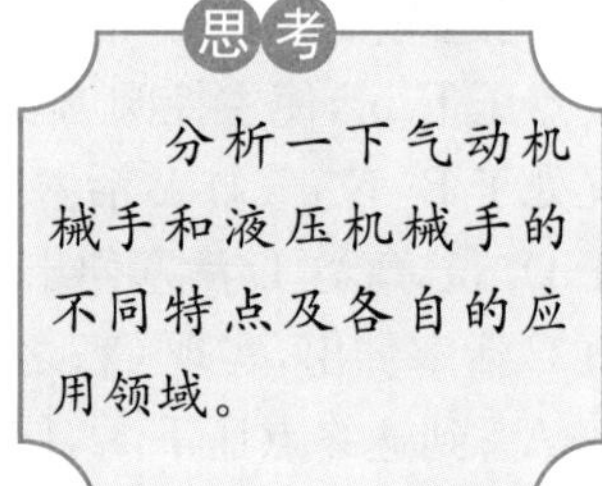

根据第 15 章的方法可以画出气动机械手在 $C_0B_1A_0B_0D_1C_1A_1D_0$ 动作程序下的 X-D 图，如图 16-2 所示。从图中可以看出其原始信号 c_0 和 b_0 均为障碍信号，必须加以排除才能使系统正常工作。为了减少整个气动系统中元件的数量，这两个障碍信号都采用逻辑回路来排除，其消障后的执行信号分别为 $c_0^*(B_1)=c_0a_1$ 和 $b_0^*(D_1)=b_0a_0$。

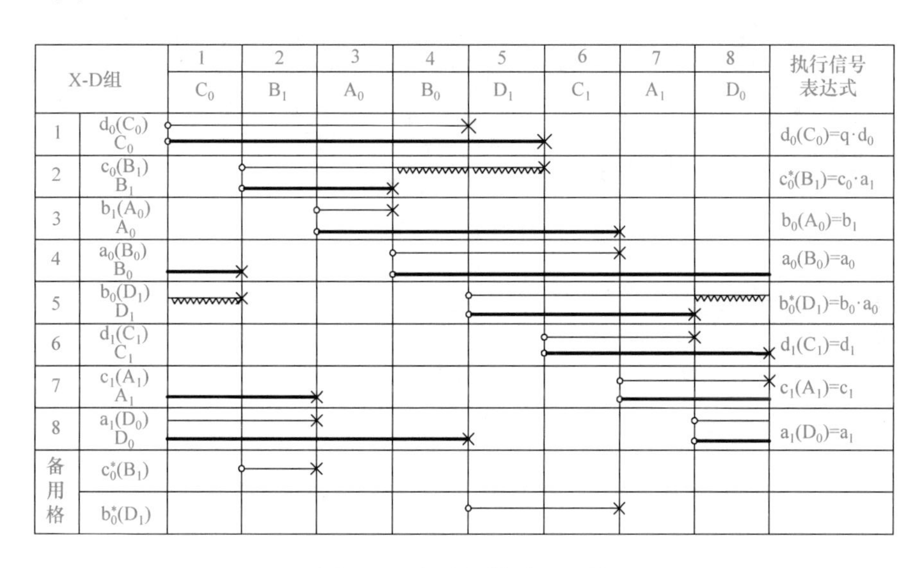

图 16-2 气动机械手 X-D 图

4. 逻辑原理图

依据上述气动机械手 X-D 图中的执行信号形式画出其逻辑原理图，如图 16-3 所示。图中列出了四个缸的八个状态以及与它们相对应的主控阀，图中左侧列出的是由行程阀、启动阀等发出的原始信号。在三个与门元件中，中间一个与门元件说明启动信号 q 对 d_0 起开关作用，其余两个与门起排障作用。

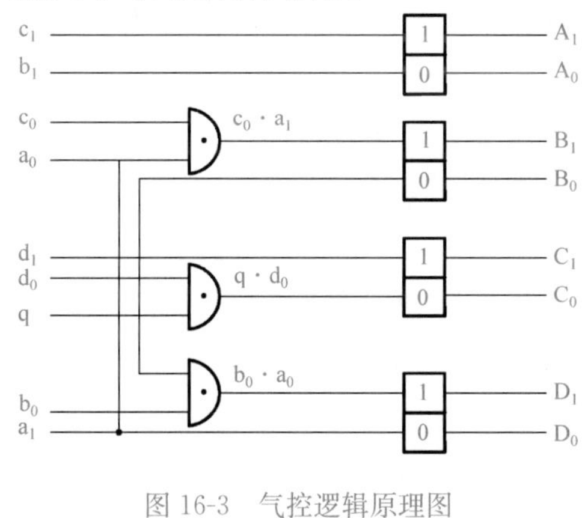

图 16-3 气控逻辑原理图

5. 气动系统原理图

按图 16-3 的气控逻辑原理图可以绘制出该机械手的气动系统图，如图 16-4 所示。在 X-D 图中可知，原始信号 c_0、b_0 均为障碍信号，而且是逻辑回路法消障，故它们应为无源元件，即不能直接与气源相接，按排障后的执行信号表达式 $c_0^*(B_1)=c_0a_1$ 和 $b_0^*(D_1)=b_0a_0$ 可知，原始信号 c_0 要通过 a_1 与气源相连，原始信号 b_0 要通过 a_0 与气源相连。

由图 16-3 可以看出，当按下启动阀 q 后，主控阀 C 处于 C_0 位，气缸 C 活塞退回，实现动作

C_0；到达终点压下 c_0，信号 a_1c_0 将使主控阀 B 处于 B_1 位，气缸 B 活塞伸出，实现动作 B_1；到达终点压下 b_1，使主控阀 A 处于 A_0 位，气缸 A 活塞伸出，实现动作 A_0；活塞压下 a_0，使主控阀 B 又处于 B_0 位，气缸 B 活塞缩回，实现动作 B_0；活塞缩回后压下 b_0，信号 a_0b_0 又使主控阀 D 处于 D_1 位，气缸 D 活塞伸出，实现动作 D_1；活塞运动到终点压下 d_1，使主控阀 C 处于 C_1 位，气缸 C 活塞伸出，实现 C_1；之后压下 c_1，主控阀 A 在 c_1 作用下处于 A_1 位，气缸 A 伸出，实现动作 A_1；到达终点压下 a_1，使主控阀 D 处于 D_0 位，则气缸 D 活塞缩回，实现 D_0；气缸 D 活塞压下 d_0，如果启动阀处于启动状态，则主控阀 C 又处于 C_0 位，该机械手进行一个新的动作循环。

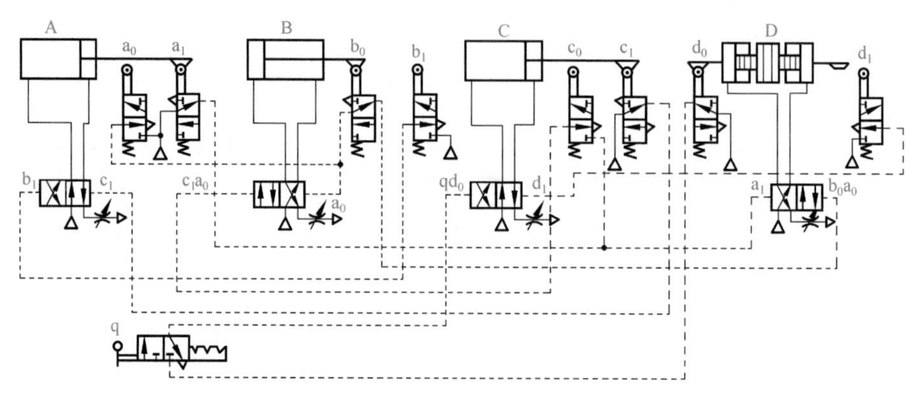

图 16-4 气动机械手气压传动系统

6. 气动系统的特点

机械手采用气动控制适用范围广，特别适合于易燃易爆的场合。自动化程度高，无论采用行程阀发出信号还是用逻辑“非门”发出信号，都能实现半自动和自动方式工作。

16.2 气动钻床气压传动系统

气动钻床中钻头的主体回转运动一般由电气传动与机械传动完成，而切削刀具或工件的进给则由气动滑台自动实现，工件的定位、夹紧等辅助工作也由气动完成。根据工作需要，钻床上还可安装由摆动气缸驱动的回转工作台，这样一个工位加工时，另一个工位则装卸工件，使辅助时间与切削时间重叠，从而提高生产效率。

本节介绍的气动钻床气压传动系统，是利用气压传动来实现进给运动和送料、夹紧等辅助动作的，共有送料缸 A、夹紧缸 B、钻削缸 C 三个气缸。

1. 工作程序图

该气动钻床气压传动系统要求的动作顺序为

$$启动\rightarrow送料\rightarrow夹紧\rightarrow\left\{\begin{matrix}送料后退\\钻孔\end{matrix}\right\}\rightarrow钻头退\rightarrow松开$$

其工作程序图为

$$q\ \xrightarrow{qd_0} A_1 \xrightarrow{a_1} B_1 \xrightarrow{b_1} \left\{\begin{matrix}A_0\\C_1\end{matrix}\right\} \xrightarrow[c_1]{(a_0)} C_0 \xrightarrow{c_0} B_0 \xrightarrow{b_0}$$

为了缩短辅助工作时间、提高生产效率，将送料缸后退（A_0）与钻削缸进给（C_1）设定为同时开始，考虑到 A_0 动作对下一个执行没有影响，因而可不考虑它们之间的联锁，控制中只用 c_1 作为下一程序的发信元件而省去另一个发信元件 a_0。这样可克服若 C_1 动作先完成，而 A_0 动作尚未结束时，C_1 等待造成钻头与孔壁摩擦，降低钻头使用寿命的缺点。因此，在工作过程中只要 C_1 动作一旦完成，即可发出 c_1 信号执行下一程序动作 C_0，而不影响 A_0 动作的继续进行直至结束。

气动钻床的动作顺序可简写为 $A_1B_1\begin{Bmatrix}A_0\\C_1\end{Bmatrix}C_0B_0$。

2. 用 X-D 图法设计系统

按照上述的工作程序可以绘制出该气动钻床的 X-D 图，如图 16-5 所示。

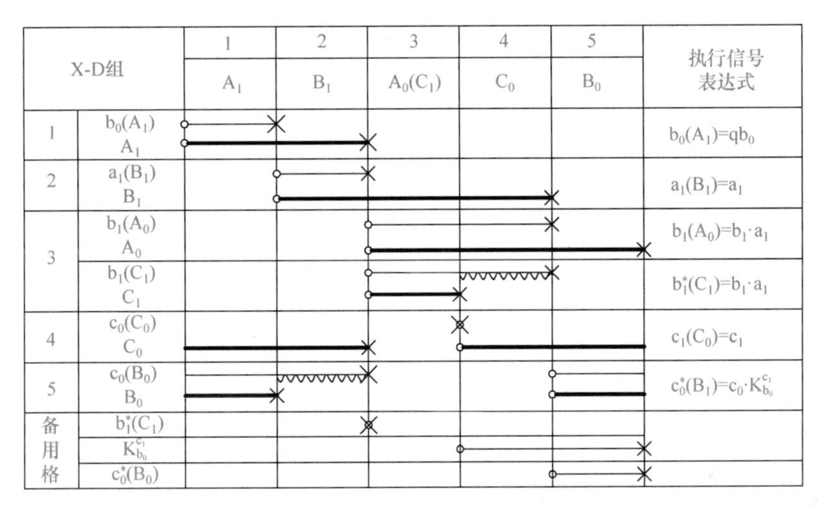

图 16-5　气动钻床 X-D 图

由图 16-5 可见，信号 $b_1(C_1)$ 和 $c_0(B_0)$ 是障碍信号，对信号 $b_1(C_1)$ 采用逻辑回路法消障，而对信号 $c_0(B_0)$ 采用辅助阀法消障。

3. 逻辑原理图

根据图 16-5 的 X-D 图，可以绘制出气动钻床的逻辑原理图，如图 16-6 所示。

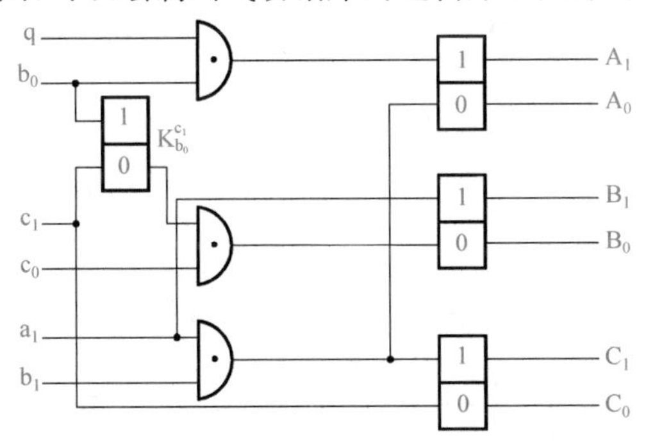

图 16-6　气动钻床逻辑原理图

4. 气动系统原理图

利用气动钻床的逻辑原理图即可画出该钻床的气压传动系统图，如图 16-7 所示。从图 16-5 的X-D图中可以看出，信号 a_1、b_0、c_1 均为无障碍信号，因而它们是有源元件，在气动系统图中直接与气源相连，而 b_1、c_0 为有障碍的原始信号，按照其消障后的执行信号表达式 $b_1^*(C_1)=b_1a_1$ 和 $c_0^*(B_0)=c_0K_{b_0}^{c_1}$ 可知，原始信号 b_1 为无源元件，应通过 a_1 与气源相接；原始信号 c_0 只需与辅助阀、气源串接即可。同时，在设计中省略了 a_0 信号，即气缸 A 活塞缩回结束时不发出信号。

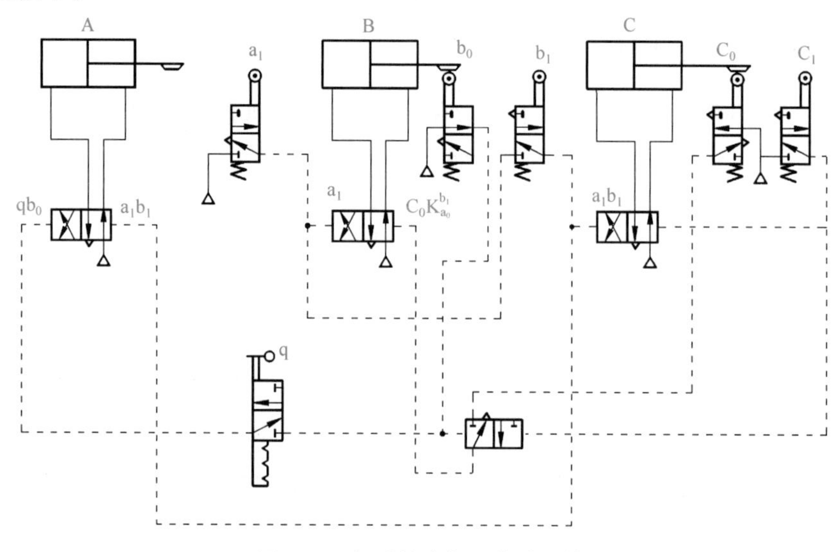

图 16-7　气动钻床气压传动系统

5. 气动系统特点

该气动钻床气压传动系统具有以下特点：

(1) 系统简单，能实现半自动、自动工作。

(2) 送料缸后退与钻削缸进给同时开始，缩短了辅助工时，提高了生产效率。

(3) 为减少钻具的磨损，省去了送料缸后退到终点时的发讯行程阀，使系统进一步简化。

16.3　气液动力滑台气压传动系统

为了得到平稳的进给运动速度，在机械设备中常采用气液阻尼缸作为执行元件，组成气液动力滑台系统。图 16-8 为气液动力滑台气压传动系统的原理图，该气液动力滑台能完成两种工作循环，下面对其进行简单介绍。

试着利用 X-D 图法设计气液动力滑台的气压传动控制系统。

1. 快进→慢进(工进)→快退→停止

当图 16-8 中的手动阀 4 处于右位工作时，该系统就可以实现快进→慢进(工进)→快退→停止的动作循环，其动作原理如下：

当手动阀 3 切换到右位时，气源的压缩空气进入气缸的上腔，下腔通过手动阀 3 排气，使气缸向下运动，液压缸中活塞也同样向下运动，油液从下腔通过行程阀 6 的左位，经单向阀 7 进入液压缸上腔，实现活塞所带动力滑台的快进动作；当快进到活塞杆上的挡铁 B 压下行程阀 6 后，阀 6 处于右位工作，油液只能从节流阀 5 进入液压缸上腔，调节节流阀开口大小，即可调节气液缸运动速度，因此活塞开始慢进(工进)；当慢进到挡铁 C 使行程阀 2 切换时，阀 2 左位工作，手动换向阀 3 在压缩空气作用下处于左位工作，这时气缸活塞开始向上运动。液压缸上腔的油液经行程阀 8 的左位和手动阀 4 的右位进入下腔，实现动力滑台的快退；当快退到挡铁 A 压下行程阀 8 后，阀 8 右位工作，油液的回油路被封闭，活塞停止运动。图 16-8 中单向阀 9 和补油箱 10 起到补充系统由于泄漏而减少的油液的作用。

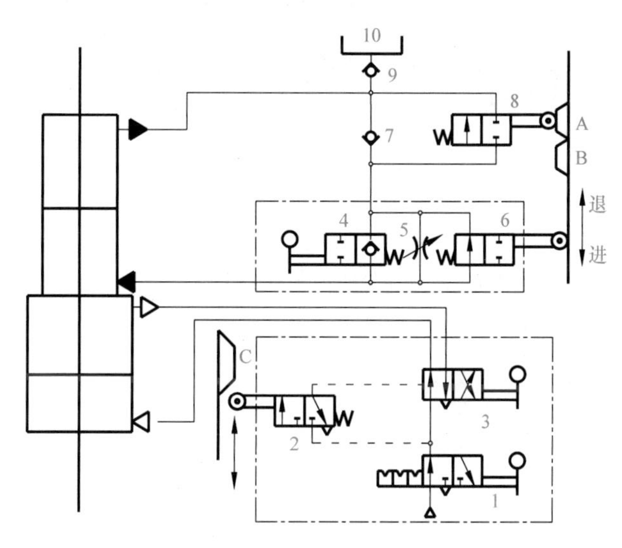

图 16-8　气液动力滑台气压传动系统

1、3、4-手动换向阀；2、6、8-行程阀；5-节流阀；7、9-单向阀；10-补油箱

2. 快进→慢进→慢退→快退→停止

当手动阀 4 处于左位时，动力滑台就可以实现快进→慢进→慢退→快退→停止的双向进给动作。其动作循环中的快进→慢进的动作原理与上述相同。当慢进到挡铁 C 切换行程阀 2 至左位时，输出气信号使阀 3 切换到左位，气缸活塞开始向上运动，这时液压缸上腔的油液经行程阀 8 的左位和节流阀 5 进入液压缸下腔，实现了慢退(反向进给)；当慢退到挡铁 B 离开行程阀 6 时，阀 6 复位(左位工作)，液压缸上腔的油液经阀 6 左位进入液压缸下腔，活塞开始快退；快退到挡铁 A 压下行程阀 8 时，阀 8 右位工作，回油通道被封闭，活塞就停止运动。

该系统中带定位机构的手动阀 1、行程阀 2 和手动阀 3 组合成一个组合阀块，阀 4、5 和 6 组合成一个组合阀块。这样系统即可使用简单的几个阀组实现较为复杂的功能。

习　　题

16-1　试分析如图 16-9 所示的槽形弯板机的气压传动系统，其动作顺序为

$$A_1\begin{Bmatrix}B_1\\C_1\end{Bmatrix}\begin{Bmatrix}D_1\\E_1\end{Bmatrix}A_0\begin{Bmatrix}B_0\\C_0\end{Bmatrix}\begin{Bmatrix}D_0\\E_0\end{Bmatrix}$$

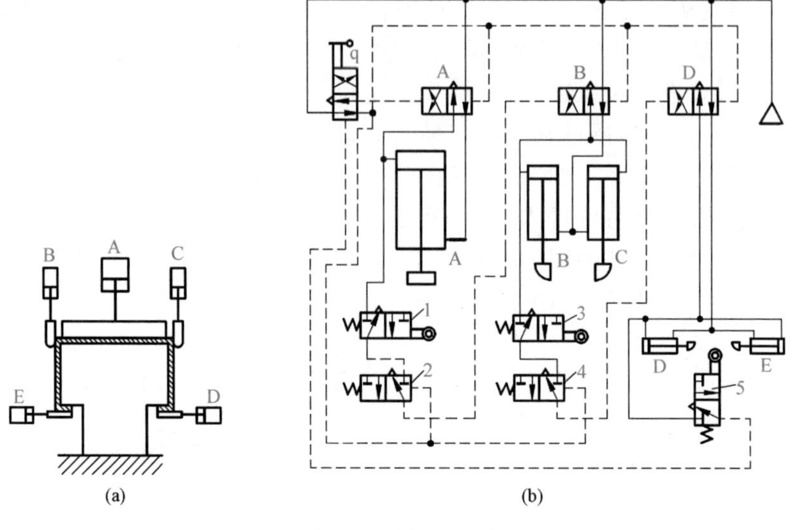

图 16-9 题 16-1 图

16-2 公共汽车门采用气动控制，驾驶员和售票员各有一个气动开关，控制汽车门的开和关。试设计车门的气控回路，并说明其工作过程。

参考文献

曹建东,龚消新,2017. 液压传动与气动技术. 3版. 北京:北京大学出版社.

邓英剑,刘忠伟,2020. 液压与气压传动. 3版. 北京:化学工业出版社.

丰章俊,2022. 液压与气压传动技术. 北京:北京航空航天大学出版社.

黄志坚,2014. 液压伺服比例控制及PLC应用. 北京:化学工业出版社.

姜继海,宋锦春,高常识,2019. 液压与气压传动. 3版. 北京:高等教育出版社.

蔺心书,2019. 液压与气压传动技术运用. 成都:西南交通大学出版社.

刘忠,刘金丽,2018. 液压与气压传动. 武汉:华中科技大学出版社.

马振福,2021. 液压与气压传动. 3版. 北京:机械工业出版社.

盛小明,张洪,秦永法,2018. 液压与气压传动. 2版. 北京:科学出版社.

宋锦春,2021. 液压与气压传动. 4版. 北京:科学出版社.

宋锦春,陈建文,2013. 液压伺服与比例控制. 北京:高等教育出版社.

王春行,2021. 液压控制系统. 北京:机械工业出版社.

王积伟,2018. 液压与气压传动. 3版. 北京:机械工业出版社.

吴晓明,高殿荣,2022. 液压变量泵马达变量调节原理与应用. 2版. 北京:机械工业出版社.

张利平,2013. 液压控制系统设计与使用. 北京:化学工业出版社.

张玉平,2021. 液压与气压传动. 武汉:华中科技大学出版社.

赵雷,陈翠,2022. 液压与气压传动技术. 2版. 成都:西南交通大学出版社.

左建民,2016. 液压与气压传动. 5版. 北京:机械工业出版社.

RABIE M G, 2009. Fluid power engineering. New York: The McGraw-Hill Companies, Inc.